MESSGERÄTE
IM INDUSTRIEBETRIEB

VON

GUIDO WÜNSCH UND HANS RÜHLE
BERLIN-FRIEDENAU · BERLIN-CHARLOTTENBURG

MIT 371 TEXTABBILDUNGEN

BERLIN
VERLAG VON JULIUS SPRINGER
1936

ISBN-13: 978-3-642-98130-2   e-ISBN-13: 978-3-642-98941-4
DOI: 10.1007/978-3-642-98941-4

Vorwort.

In den letzten Jahren ist in den Industriebetrieben eine besondere Meßtechnik entstanden und zu solchem Umfang entwickelt worden, daß ihre Beherrschung nicht mehr „nebenbei" möglich ist. Die großen Industriewerke haben besondere Abteilungen eingerichtet, die mit Fachleuten für Meßtechnik besetzt sind, und deren Hauptaufgabe die messende Verfolgung und Überwachung der Betriebsvorgänge und des Verbrauchs an Gas, Kohle, Wasser, Strom, Wärme usw. ist. Als Hilfsmittel hierzu sind eine Unzahl von Meßgeräten und Meßverfahren herausgebracht worden, und es kommt täglich Neues hinzu.

Dem Betriebsmann im kleinen und mittleren Betrieb sind nun zwar die meßtechnischen Einrichtungen für die Fertigung geläufig, da er täglich mit ihnen umgeht; es ist jedoch für ihn sehr schwer, z. B. auch Fragen der Energiewirtschaft richtig zu beurteilen, die seltener an ihn herantreten und meistens auch schwieriger zu beantworten sind. Er wird unverhältnismäßig viel Zeit darauf verwenden müssen, das geeignete Meßverfahren herauszufinden und an Hand der ungleichartigen Angebote der verschiedenen Lieferwerke das für den vorliegenden Zweck beste Gerät auszusuchen, wenn er nicht auf ein eigenes Urteil verzichten und sich auf die Werbeangaben der Hersteller verlassen will.

Es erschien deshalb angebracht, das Material, das in der Fachliteratur, in den Werbeschriften der Hersteller und in unveröffentlichten Erfahrungen vorliegt, zu sichten, nach bestimmten Gesichtspunkten zu bearbeiten und zu ordnen und damit eine Übersicht zu schaffen, mit deren Hilfe auch scheinbar schwierige Zusammenhänge auf eine einfache Form gebracht werden können. Es dürfte damit auch allen denen gedient sein, die auf Fachschulen und in der Praxis eine Anleitung suchen.

Unter diesen Voraussetzungen ist das vorliegende Buch entstanden. Es erhebt keinen Anspruch, als „wissenschaftlich" zu gelten, und kann auch nicht „vollständig" sein, da ja die Entwicklung dauernd fortschreitet; es möchte lediglich dem Betriebsmann Hilfe und Wegweiser werden.

Wer sich ausführlicher unterrichten will, der sei auf Sammelwerke wie das „Archiv für technisches Messen (‚ATM')", den „Chemie-Ingenieur" u. a. verwiesen.

Berlin, im Februar 1936.

Die Verfasser.

Inhaltsverzeichnis.

Zweiter Teil.
Verfahren und Bauarten, nach Meßwerten geordnet.

Inhaltsverzeichnis. VII

Ein Verzeichnis der im Buch erwähnten,
Meßgeräte bauenden Firmen und der benutzten Abkürzungen ihrer Namen
befindet sich auf S. 307—308.

Zweck der Messung.

Die Meßtechnik liefert die Unterlagen für Verbesserungen in der Betriebswirtschaft, insbesondere der Wärmewirtschaft, indem sie Aufklärung über die inneren Vorgänge gibt. Dabei hilft sie auch durch Sichtbarmachen von Verlustquellen, mit den von der Natur gebotenen Energievorräten sparsam umzugehen. Der Endzweck der Meßtechnik ist nicht das Bestreben, mit dem geringsten Aufwand eines Stoffes auszukommen und damit den Einzelwirkungsgrad einer bestimmten Vorrichtung hochzutreiben, sondern sie soll im Hinblick auf die Wirtschaftlichkeit des zusammengehörigen Betriebsganzen eine Übersicht über Verbesserungsmöglichkeiten bieten.

Die Apparaturen der Meßtechnik sind die Hilfsmittel zur Entdeckung der Verlustquellen. In den letzten fünf Jahren sind dem Ingenieur Ausführungen zur Verfügung gestellt worden, die ihm als wirklich zuverlässige Werkzeuge dienen können. Auf allen Gebieten der Meßtechnik ist es zu weitgehender Klärung der wissenschaftlichen Grundlagen gekommen; es sei in diesem Zusammenhang nur an die Mengenmessung mit Drosselgeräten und die Messung hoher Temperaturen erinnert.

Eine rohe, aber doch fast durchgehend zutreffende Gliederung der Instrumente sieht folgende Einteilung vor:

a) Instrumente als Hilfsmittel für die Bedienung im Betriebe . . . . Anzeiger,
b) Instrumente für die Überwachung der Bedienung und des Zustandes der Anlagen . . . . Schreiber,
c) Instrumente für die Verrechnung und Statistik . Zähler,
d) Instrumente für Versuche und Prüfungen . . tragbare Ausführungen von a) und b).

Der Mann im Betriebe braucht ein Gerät, das ihm die nötigen Anweisungen für die beste Einstellung seiner Maschine oder seiner Anlage gibt. Dieser Apparat muß sich leicht ablesen lassen; er soll also ein Zeigerinstrument wie das Manometer sein oder wenigstens wie das Wasserstandsglas die Möglichkeit zu einer sofortigen, keinen Irrtümern ausgesetzten Ablesung bieten. Instrumente mit großen Skalen werden bevorzugt. Sie müssen sich am Ort der Bedienung befinden oder von dort aus gut sichtbar sein, so daß der Bedienungsmann, der eine notwendig gewordene Verstellung am Schieber oder Schalter vornimmt, auch gleich die Wirkung seines Eingriffs verfolgen kann.

Die Überwachung der Anlage soll rückwärtsschauend über den Zustand, insbesondere die allmähliche Verschlechterung der Betriebseigenschaften Auskunft geben. Ferner soll sie auch der Kontrolle des Bedienungspersonals dienen. Hierfür kommen vorzugsweise Schreibinstrumente in Frage.

Die dritte Gruppe der zur Verrechnung dienenden Instrumente ist zum Teil mit denen der zweiten Gruppe identisch. Es handelt sich meistens um die Feststellung von Mengen, die zwischen Hersteller und Verbraucher verrechnet werden. Oben sind sie kurz Zähler genannt worden. Die Aufzeichnungen der Überwachungsinstrumente können zwar häufig durch Planimetrieren für die Zwecke der Verrechnung brauchbar gemacht werden. Doch tritt unverkennbar in den letzten Jahren das Bestreben hervor, für alle Stoffe und Meßbedingungen selbständige Zählwerke nach Art der bekannten Gas- und Wasserzähler zu schaffen. Man erkennt hier eine besondere Gruppe von Verrechnungsinstrumenten.

Versuchsapparaturen setzen sich aus den Instrumenten aller drei Gruppen, jedoch überwiegend der ersten zwei zusammen. Sie werden, da es sich meist um Wandermessungen handelt, lediglich in eine handlichere Form gebracht. Eine besondere Stellung, die mit den drei übrigen Gruppen gleichberechtigt wäre, kommt ihnen im Grunde nicht zu.

Jedes Instrument soll an seinem Platze wirklich gebraucht werden, sonst verfehlt es seinen Zweck, stört und lenkt ab. Seine Anzeige muß von Einfluß auf die Betriebsführung sein, sonst ist es entbehrlich. Ein unbrauchbares, vielleicht auch nur unpraktisch gebautes Instrument bringt die Gefahr mit sich, das Vertrauen zu sämtlichen anderen zu untergraben. Eine zu große Zahl von Bedienungsinstrumenten wirkt sich dahin aus, daß sie alle nur als lästig empfunden werden und keins mehr die nötige Beachtung erhält. Man beschränkt sich daher besser auf wenige, aber anerkannt gut gebaute und unmittelbar nützliche Ausführungen, als daß man durch Überzahl den, der sie brauchen soll, zur allgemeinen Nichtbeachtung verleitet.

Sehr wesentlich ist hierbei die Genauigkeit und damit in gewissem Zusammenhang die Größe des Meßbereiches. Jeder Meßwert hat einen größten und einen kleinsten Wert, der noch mit gemessen werden soll. Gewöhnlich läßt sich auch ein mittlerer Wert angeben. Dieser soll im Meßbereich möglichst hoch liegen, weil die Genauigkeit aller Instrumente nach dem Skalenende zu größer wird. Als üblich gilt, daß sich der Meßwert etwa auf ⅔ des Bereiches bewegen soll. Einzelheiten dieser Fragen sollen später erörtert werden. Die Genauigkeit wird, allerdings fälschlich, fast immer an die Spitze aller Forderungen gestellt; deshalb ist ihrer Erörterung (s. S. 84) breiterer Raum gegeben.

Die allgemeine Normung der Instrumente ist noch nicht weit gediehen. Sie beschränkt sich zur Zeit auf einige Teile der Ausrüstung; deren Bedeutung darf aber doch nicht unterschätzt werden, so sind z. B. Schreibbreiten und Uhrwerksvorschub genormt. Im übrigen ist es gewissermaßen zu Werksnormen gekommen. Bestimmte Bauformen beginnen sich allgemeine Anerkennung zu erobern (Profilinstrument). Doch ist dieser Fortschritt zunächst auf die allgemeine Form beschränkt geblieben; die Abmessungen zeigen noch wenig Übereinstimmung.

Die systematische Behandlungsweise gliedert den Stoff in der vorliegenden Darstellung nach zwei Gesichtspunkten, so daß sich zwei große Teile ergeben:

1. Teil: allgemeine Eigenschaften aller Instrumente, Herausstellen der als günstig befundenen Bauweisen,

2. Teil: Apparate und Verfahren, nach Meßwerten geordnet.

Im ersten Teil ist das Systematische weitergetrieben, indem z. B. Bauteile, die allgemein wiederkehren, nur einmal ausführlich behandelt werden. So wird tatsächlich Zusammengebautes vielfach getrennt; an den folgenden Teilen des Mehrfarbschreibers sei das kurz gezeigt. Zeiger und Fallbügel sind unter dem allgemeinen Kennzeichen „Übertragungswerk" im Kapitel „Moderne Registrierung" eingereiht. Das Farbband findet seine Erörterung neben einschlägigen Beispielen zusammen mit Feder und Tinte im Abschnitt „Schreibwerk". Dem Diagrammpapier ist ein eigener Abschnitt gewidmet. Form und allgemeiner Aufbau werden mit Beispielen anderer Art im ersten Teil „Äußere Merkmale" dieses Kapitels vorgeführt.

So wurde zwar der einzelne Apparat nicht immer im Zusammenhang geschildert; aber der Zweck der Darstellung ist ja auch, das Typische durch Vergleich hervortreten zu lassen.

Wenn möglich, wurde vom Bekannten zum Unbekannten vorgeschritten. Hinweise auf spätere Kapitel sind tunlichst vermieden und Allgemeines über bestimmte Fragen bei der ersten Erwähnung im Zusammenhang gebracht. Es ließ sich natürlich nicht vermeiden, von vornherein z. B. mit „at" zu arbeiten, obwohl eine Zusammenstellung der Druckeinheiten erst im Kapitel „Druck" gegeben wird. Das sind aber nur geringfügige Schönheitsfehler, die der praktischen Verwendbarkeit bei dem vorausgesetzten Verständnis kein Hindernis bereiten können.

Erster Teil

Allgemeine Grundlagen.

I. Allgemeines über Meßsysteme und Meßverfahren.

A. Mechanische Meßsysteme.

Die Grundelemente einer Meßanordnung sind:
das Gebe- oder Impulssystem,
das eigentliche Meßsystem und
das Anzeige- (Schreib- oder Zähl-) System.
Die einzelnen Teile sind nicht immer scharf voneinander zu trennen.
Häufig sind zwei von ihnen so miteinander verschmolzen, daß die Anordnung nicht in obiges Schema zu passen scheint. Bei der Gasuhr
kann man z. B. die beiden ersten nicht voneinander trennen. Beim
Wasserstandsglas sind im Grunde alle drei Teile in der Wassersäule
verwirklicht. Je einfacher der Meßapparat ist, desto weniger gelingt es,
die drei Teile auseinander zu halten.

Bei einem Mengenmesser nach dem Differenzdruckprinzip, z. B.
bei einem Schwimmermanometer (s. S. 216), ist die Dreiteilung dagegen
sehr deutlich:
der Geber ist die in die Leitung eingebaute Drossel,
das eigentliche Meßsystem ist der Schwimmer,
das Anzeigesystem bilden die Zahnstange, Skala und Zeiger.
Bei angehängter elektrischer Fernmeldung (s. S. 66) setzt eine neue
dreifache Kette an:
der Geber ist die Widerstandswalze,
das Meßsystem die Drehspule usw.
Das Meßsystem setzt den Impuls, z. B. zwei ungleiche Wassersäulen
in einen Anzeigewert um. Dieser ist bei Skaleninstrumenten eine Bewegung, bei Ausgleichinstrumenten eine Kraft.

Gebräuchliche mechanische Meßsysteme sind:

1. Die Membran,	4. die Ringwaage,
2. die Röhrenfeder,	5. der Schwimmer,
3. die Tauchglocke,	6. die Gefäßwaage.

Es ist in diesem Abschnitt nicht der Ort, das Wesen, die Theorie und
die Verwendung dieser Systeme zu erörtern. Die mechanischen Meßsysteme werden alle in den entsprechenden Kapiteln des zweiten Teiles ausführlich behandelt. Auch ein kurzer Abriß erübrigt sich daher
an dieser Stelle. Membran, Röhrenfeder, Tauchglocke und Ringwaage

werden im Kapitel Druckmessung, Schwimmer und Gefäßwaage im Kapitel Mengenmessung in ihren Eigenschaften ausführlich dargestellt.

Die elektrischen Systeme werden nur der Vollständigkeit wegen kurz behandelt (s. S. 10). Jener Teil der elektrischen Meßkunde, der hier in Frage kommt, ist bereits mehrfach unter ähnlichen Gesichtspunkten bearbeitet worden[1].

B. Übersicht über die Werkstoffe des Meßinstrumentenbaues.

Eine kurze Übersicht über die benutzten Werkstoffe erscheint angebracht. Lückenlosigkeit ist natürlich unmöglich, denn von den Sonderaufgaben, die die Meßtechnik zu lösen hat, können nur gewisse mit in den gestellten Rahmen hineingenommen werden.

Mechanische Meßsysteme benötigen Leitungen, in denen das Gas oder die Flüssigkeit bis an das System herantritt. Das einfachste Beispiel bietet ein Druckmesser mit Membran. Die mechanischen Meßsysteme stehen in dieser Hinsicht im Gegensatz zu den elektrischen, wo das Medium nur den Geber erfüllt oder berührt, an das eigentliche Meßsystem aber nicht herantritt. Ein Beispiel hierfür ist ein nacktes Thermoelement und das dazugehörige Drehspulinstrument.

In den weitaus meisten Fällen hat man hinsichtlich des Materials bei den mechanischen Meßsystemen keine Schwierigkeiten. Als Baustoffe werden für Instrumente Messing und Neusilber bevorzugt, im übrigen Gußeisen und Aluminium für Gehäuse verwendet, Stahl für die Achsen und sonstige beanspruchte Teile. Aluminiumlegierungen und andere Leichtmetalle kommen besonders für tragbare oder für Flugzeuginstrumente in Frage, Preßstoffe allgemein in steigendem Maße.

Für dampfberührte Teile, z. B. für Blenden (s. S. 196) oder für die Membran der Strömungsteiler (s. S. 230) wird häufig Monelmetall verwendet. Gelegentlich ist aber auch dieses noch zu weich, wie zahlreiche Erfahrungen bei Hochdruckdampf ergeben haben; es bleiben dann nur V 2a und andere Sonderstähle übrig.

Bei bestimmten Gasen und Flüssigkeiten fallen einige Metalle für die Verwendung an Meßsystemen aus:

Azetylen darf nicht mit Kupfer oder Kupferlegierungen zusammenkommen. Weichlot ist ebenfalls unstatthaft.

Ammoniak in Gas- oder Flüssigkeitsform verträgt sich mit Gußeisen, Stahl, Monel und Aluminium gut. Bei sehr geringem Ammoniakgehalt können auch Messing und Neusilber verwendet werden, aber nur in starken Teilen, da diese durch einen langsam entstehenden Überzug vor weiterem Angriff bewahrt bleiben. Hartgummi, das man vielfach für die Einsätze hydrostatischer Waagen und für die Flügelräder und andere Teile von Wasserzählern benutzt, wird allmählich zerstört; doch sind die Erfahrungen darüber nicht ganz einheitlich. An Flüssigkeiten werden in Verbindung mit Ammoniak Quecksilber und Azetylentetrabromid z. B. als Füllflüssigkeit für Manometer verwendet; die Eignung von Quecksilber ist aber umstritten. Als Dichtungsmittel dient trockner Asbest.

---

[1] **Keinath:** Die Technik elektrischer Meßgeräte. Oldenbourg 1928.

Chlor, wenn ganz trocken, ist harmlos, selbst Messing gegenüber, das in solchen Fällen häufig als Membran benutzt worden ist. Feuchtes Chlor ist dagegen sehr schwierig zu behandeln. Es bleiben als einigermaßen beständige Metalle nur Gußeisen, Va-Stähle und Monel. Nach den Erfahrungen an Armaturen scheint auch Deltametall brauchbar zu sein. Zinn, d. h. also Weichlot, ist unter allen Umständen zu vermeiden; auch Kupfer, Silber und Gold sind nicht verwendbar. Hartgummi soll dagegen beständig sein.

Quecksilber legiert sich fast mit allen Metallen. An Aluminiumlegierungen werden Lautal und KS-Seewasser nur sehr wenig bzw. fast gar nicht angegriffen. Auch reines Kupfer ist verhältnismäßig beständig. Lötungen aller Art werden aufgelöst. Durch die Poren des Gußeisens dringt das Quecksilber in beachtlicher Menge, besonders wenn es unter Druck steht. Schweißstellen halten auf die Dauer nur, wenn sie ganz einwandfrei ausgeführt sind. Die gewöhnlichen Dichtungsmaterialien werden zweckmäßig vermieden und statt dessen metallische (Kanten-) Dichtungen vorgesehen.

Wenn ein Gas Ammoniak enthält, könnte erwogen werden, die Membran eines Druckmessers statt aus Messing, wie es normal geschieht, aus Monelmetall herzustellen. Technische Schwierigkeiten treten dabei nicht ein. Jedoch erscheint es für die Fabrikation der Meßinstrumente zweckmäßig, Sonderausführungen zu vermeiden und lieber Schutzmaßnahmen zu ergreifen, die außerhalb des betreffenden Instrumentes liegen, und z. B. Filter oder Schutzgas zu verwenden (s. S. 10).

Auch organische Stoffe werden im Instrumentenbau benutzt. Alle trockenen Gaszähler besitzen zum Abteilen ihrer Füllräume Ledermembranen, desgleichen in den meisten Fällen die Druckwandler und Regler (s. S. 162). Zum Ersatz des Leders kommen gelegentlich auch Stoffe wie Cellophan und Ballonstoff in Frage[1]. Werbend für die vielfache Anwendung des Leders ist seine nahezu unbegrenzte Haltbarkeit im Leuchtgas. Bestimmend ist dabei für die Haltbarkeit das Fehlen des Luftsauerstoffes, der die Membran, auch wenn sie gut mit Öl getränkt ist, allmählich hart und steif macht. Goldschlägerhaut, ein besonders dünnes Leder aus Rindsdarm, wird in Sonderfällen herangezogen; für allgemeinere Verwendung ist sie zu teuer.

Zelluloseglashaut ist als guter Baustoff für Membranen, insbesondere zur Messung von Brennstoffen erkannt worden. Zum praktischen Gebrauch wird sie auf Leder aufgeklebt, wobei dann das Leder die Formänderung übernimmt, die Zellulosehaut den Schutz und das Dichthalten. Zu gasdichten Membranen sind übrigens selbst Asbestfasern und Metalldraht verwebt worden.

C. Meßleitungen, Anschlüsse und Schutzmaßnahmen.

Die Meßleitungen mechanischer Meßsysteme sollen nicht stärker ausgeführt werden, als für den betreffenden Zweck notwendig ist. Meistens genügen Gasrohre von $^3/_8$ Zoll oder Kupferrohr von 6 oder

---

[1] Halama, M.: Die wetterfeste Transparentfolie. Zellstoff u. Papier 1933 S. 393/394. — S. a. S. 296.

10 mm l. W. Starke Rohrleitungen sind in der Verlegung schwieriger und unnötig teuer. ¾ Zoll genügt auch für die längsten vorkommenden Leitungen von einigen hundert Metern Länge. Maßgebend für die lichte Weite ist neben der Leitungslänge der Hubraum des Meßgerätes. Großes Füllvolumen erfordert weite Querschnitte, damit die Auffüllung bei einer Meßwertänderung nicht zu sehr gedrosselt wird und daher der Ausgleich nicht zu lange dauert.

Liegt die Gefahr der Verstopfung durch Staub und Teer vor, dann ist die Rohrweite auf 1, ja 2 Zoll zu erhöhen. Zweckmäßig ist auf jeden Fall eine besondere Ausgestaltung des Meßanschlusses etwa nach Abb. 1. An die Rohrleitung ist zunächst ein Stutzen von größerem Durchmesser angeschlossen, der etwa das Hubvolumen des Apparates und das Füllvolumen der Leitung faßt; erst an dessen oberstem Ende setzt die eigentliche Meßleitung rechtwinklig an. Beimengungen und Kondensate haben in dem breiten Stutzen die Möglichkeit, sich abzusetzen, und bei einer Drucksteigerung füllt sich die Leitung aus dem vorgereinigten Gas des Stutzens auf. Die Reinigung dieser Absetzstutzen erfolgt vom äußeren Ende her, das daher nur mit einem abnehmbaren Stopfen verschlossen wird.

Selbstverständlich ist auch die Einschaltung regelrechter Filter ein gangbarer Weg. Sie müssen nur eine für die Art der Beimengungen günstige Anordnung aufweisen und reichlich bemessen sein, damit keine wesentliche Drosselung eintritt.

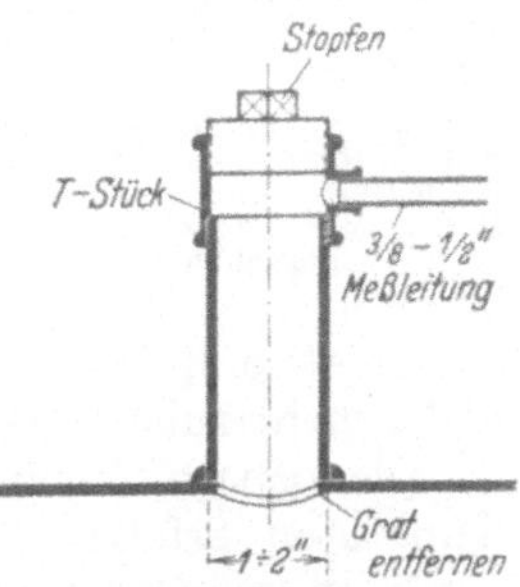

Abb. 1. Meßleitungsstutzen für unreine Gase.

Meßleitungen, die Wasser enthalten, müssen größere Querschnitte erhalten, denn die Zähigkeit von Wasser ist etwa 1000 mal so groß wie die von Luft. Schon eine geringe Vergrößerung des Leitungsdurchmessers vermindert den Reibungswiderstand ganz erheblich. Wassergefüllte Meßleitungen, die durchs Freie führen oder in ungeheizten Räumen liegen, müssen im Winter vor dem Einfrieren geschützt werden. Am besten wird schon bei der Leitungsverlegung auf diese sicher im voraus bekannten Gefahren Rücksicht genommen. Wenn man von der Möglichkeit absieht, eine Fernanzeige auf elektrischem Wege vorzunehmen, dann gibt es noch zwei Mittel, das Einfrieren zu verhüten. Falls eine Kondensat- oder Dampfleitung denselben Weg führt, können die Meßleitungen unter deren Isolation verlegt werden; bei starker Erwärmung ist dabei auf Abführung der sich abscheidenden Luft zu achten. Der zweite Ausweg besteht darin, die gefährdeten Rohrstrecken mit einem Öl von genügend tiefem Stockpunkt zu füllen. Die Trennfläche von Wasser und Öl muß für die Beobachtung frei in einem Glasgefäß liegen. Statt Öl sind auch Alkohol- und Salzlösungen, ferner Glyzerin und Glysanthin und ähnliche Frostschutzmittel brauchbar[1].

Horizontale Rohrstrecken soll man nicht verlegen. Eine schwache Neigung ist erforderlich, damit die nie ganz vermeidbaren flüssigen Ab-

---

[1] Holzhausen: Meßtechn. 1925 Heft 2 S. 35—37.

scheidungen sicher abgeführt werden können. An jeder tiefsten Stelle der Leitung sind Entwässerungsvorrichtungen einzubauen, etwa nach Art des Syphons der Abb. 2. Bei wassergefüllten Meßleitungen muß umgekehrt an der höchsten Stelle eine Entlüftung vorgesehen werden. Man lasse sich auch keinesfalls durch ästhetische Rücksichten zu horizontaler Verlegung verführen. Für Einzelheiten wird auf die Ausführungen S. 201 verwiesen.

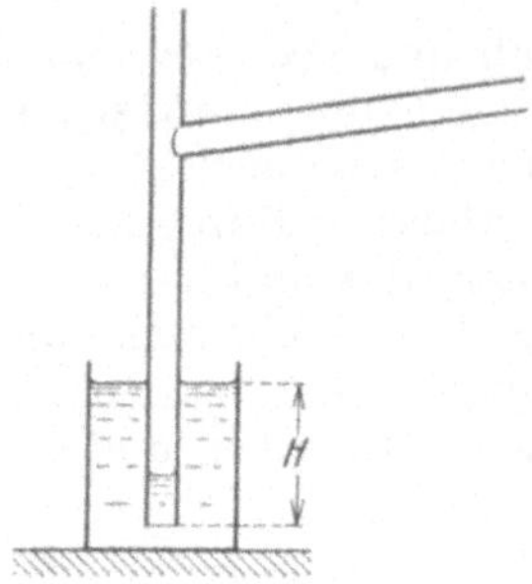

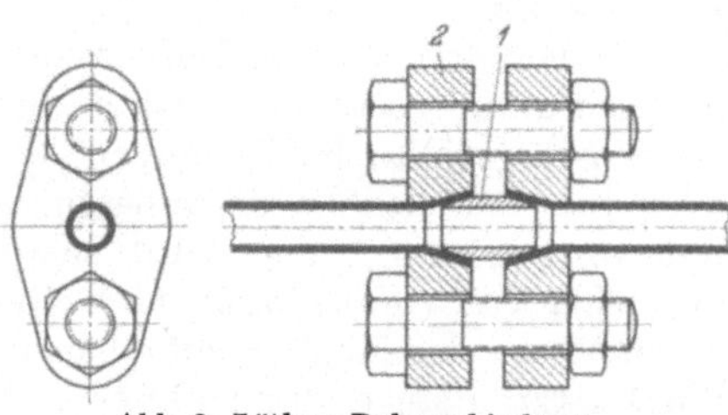

Abb. 2. Syphon zur Ableitung von Niederschlägen aus der Meßleitung (bis höchstens H mm WS statischem Druck brauchbar).

Als Materialien werden verwandt: Gasrohr, Kupfer- oder Messingrohr und Stahlrohr. Kupferrohre untereinander bzw. Kupferrohr und Verschraubungsnippel werden hart gelötet, da Weichlot bei Verbiegungen und Erschütterungen nicht haltbar ist. Stahlrohre werden verschraubt oder geschweißt. Schläuche kommen nur bei Versuchen oder zur Überbrückung kurzer und veränderlicher Abstände in Frage. Bei Niederdruckleitungen ist das Gasrohr im allgemeinen die billigste Ausführung. In der Verlegung ist jedoch das Kupferrohr häufig bequemer, weil es sich viel leichter biegen läßt und daher u. a. keine besonderen Winkelstücke erfordert. Stahlrohr nimmt man im allgemeinen erst bei hohen Drücken und Temperaturen, wo Kupferrohr nicht mehr zulässig ist, also etwa von 60 at ab.

Die lösbare Verbindung von Rohrleitungen miteinander oder an den Apparaten erfolgte früher ausschließlich durch Flachdichtungen mit Einlagen aus Gummi oder Klingerit. Der Apparatebau ist heute vielfach dazu übergegangen, die Flachdichtung auch bei Niederdruck durch die für die Montage einfachere, allerdings etwas teurere metallische Dichtung (Konus oder Kegel-Kugel) zu ersetzen. Diese Dichtungen halten schon beim Anziehen der Überwurfmuttern ohne Schlüssel dicht. Für den Anschluß am Instrument ist das Kupferrohr mit Lötnippel und Überwurfmutter praktischer áls Gasrohr. Gasrohre machen überhaupt häufig bei Montagen und Demontagen bedeutende Schwierigkeiten.

Abb. 3. Lötlose Rohrverbindung. *1* Linse, *2* Flansch.

Auch das Hartlöten der Kupferrohre an den Verbindungsstellen wird neuerdings gern mit Hilfe sogenannter lötloser Rohrverbindungen umgangen. Bei diesen werden die Enden der Rohre konisch aufgeweitet und ohne Lötnippel unmittelbar durch Überwurfmutter auf die konische Fläche einer Linse (Doppelkonus) aufgezogen (Abb. 3).

Besondere Aufmerksamkeit ist auch den Anschlußstellen für die Druckentnahme zuzuwenden. Diese müssen, gleichgültig ob es sich um Druck- oder Mengenmessungen handelt, ohne jeden Grat von der Meßstelle abzweigen. Eine vorbildliche Ausführung ist in der Abb. 4 dargestellt.

Jedes Instrument sollte ferner von der Meßleitung und diese wiederum von der Impulsstelle abschaltbar sein, da dies für Betriebsunterbrechungen, zur Reinigung und zur Überprüfung unerläßlich ist. Bei Niederdruckmessungen kann man zur Not den Meßleitungsanschluß auch mit einem Stopfen zeitweilig verschließen.

Befinden sich am Instrument zwei Zuleitungen, wie bei jedem Druckunterschied- oder Mengenmesser, so sind Vorkehrungen nötig, die das Öffnen und Schließen beider Leitungen im gleichen Augenblick gewährleisten. Dazu werden am Instrument zweckmäßig Doppelhähne (s. S. 114) vorgesehen oder wenigstens gekuppelte Hähne, die oft dieselben Dienste leisten. Wenn sich eine Ausgleichsleitung zwischen den beiden Zuleitungen nicht selbsttätig beim Drehen der Hähne einschaltet, wie etwa durch eine

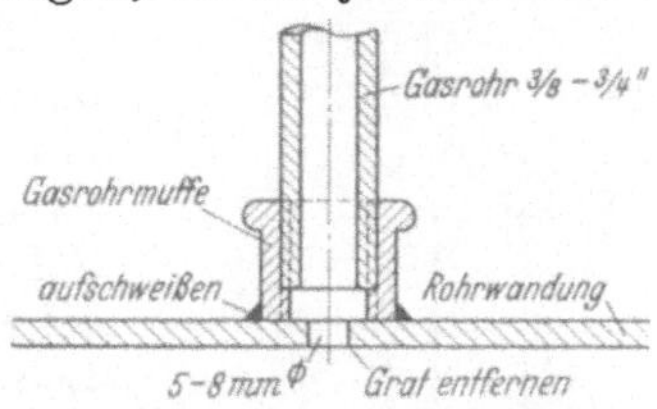

Abb. 4. Vorbildliche Druckentnahme (nach Mitt. 76 d. Wärmestelle Düsseldorf).

verbindende Nut in dem gemeinsamen Küken eines Doppelhahns, müssen besondere Ausgleichshähne vorgesehen werden. Man beachte, daß die Reihenfolge in der Betätigung der Absperrorgane bei höheren Drükken nicht gleichgültig ist. Sind die Messer schon von sich aus oder durch besondere Vorkehrungen einseitig vollständig überlastbar, dann brauchen die genannten Vorsichtsmaßregeln natürlich nicht getroffen zu werden.

Enthält das Gas Beimengungen von chemisch auf bestimmte Stoffe einwirkenden Gasen, die, wenn auch langsam, bis zum Instrument hindurch diffundieren könnten, so helfen Filter, in denen sich eine passende Reinigungsmasse befindet. Die kolloidale Lux- oder Lautamasse nimmt z. B. Schwefelwasserstoff auf. Bei der in den meisten Fällen geringen Menge der Beimengungen haben solche Filter eine lange Lebensdauer. Die Art der Masse und die Zeitdauer der Verwendung sind natürlich von Fall zu Fall gesondert zu bestimmen.

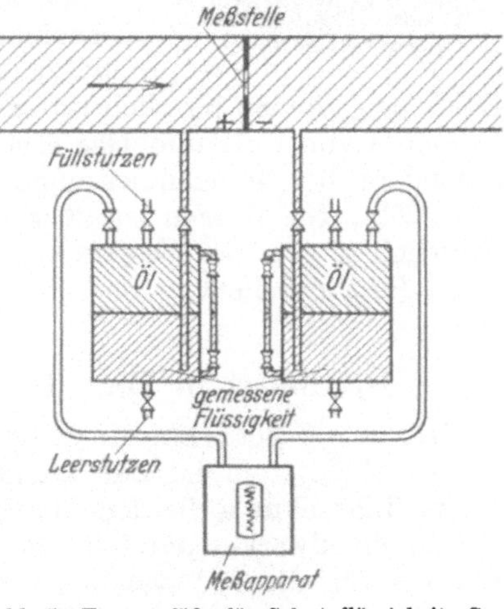

Abb. 5. Trenngefäße für Schutzflüssigkeit. Gemessene Flüssigkeit ist schwerer als die Schutzflüssigkeit.

In besonderen Fällen genügt es auch, Metallteile mit einem Schutzüberzug zu versehen. Es gibt verschiedene Lacke, die sich chemisch sehr widerstandsfähig gezeigt haben, wie Bakelit, Zapon, Herolith u. a.

Große Verbreitung zum Schutz der Meßsysteme hat das Schutzgasverfahren erlangt. Es ist nicht nur bei Gasmessungen, sondern auch bei Flüssigkeitsmessungen verwendbar. Bei Flüssigkeiten kann man auch entsprechend mit einer Schutzflüssigkeit arbeiten. Man kommt da aller-

dings häufig schon mit Trenngefäßen aus, in denen sich zwei Flüssigkeiten von verschiedenem spezifischem Gewicht befinden, die sich nicht
mischen und so der angreifenden Flüssigkeit den Durchtritt zum Instrument verwehren (Abb. 5). Als Trennflüssig-
keiten kommen besonders die schweren Mineral-
öle in Betracht.

Eine solche Schutzgasarmatur ist in Abb. 6
dargestellt. Durch Einstellen des Nadelventils
läßt sich die ausströmende Menge einregeln.
Eine weite Leitung braucht natürlich mehr
Schutzgas als eine enge Leitung, denn die Ge-
schwindigkeit, mit der das Schutzgas durch die
Leitung strömt, muß so groß sein, daß sie die
Diffusion des schädlichen Gases genügend auf-
hält. Als Schutzgas wird in den meisten Fällen
Luft verwendet, manchmal auch gereinigtes
Leuchtgas, sonst Kohlensäure und Stickstoff.
Der Verbrauch schwankt etwa zwischen 10 und
50 l/h.

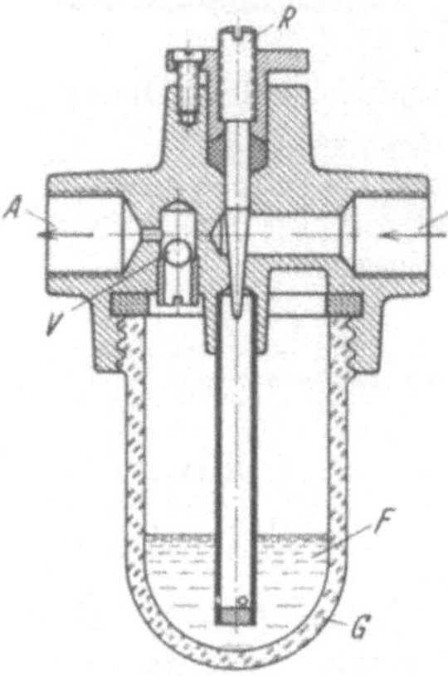

Abb. 6. Schutzgasarmatur.
E Schutzgas-Eintritt, *A* Schutz-
gas-Austritt, *F* Wasser oder Öl,
G Glasglocke, *R* Regulierventil,
V Rückschlagventil.

Bei leichten Gasen, wie Leuchtgas oder
Koksofengas, ist bei Verwendung von Luft als
Schutzgas große Vorsicht am Platze. Längere
Gassäulen können nämlich infolge der stark verschiedenen spezifischen
Gewichte von Luft und Gas erhebliche Fehlanzeigen hervorrufen. Ins-
besondere bei Mengenmessungen muß dann sehr aufgepaßt werden
(s. S. 202). Im übrigen ist aber das Schutzgasverfahren infolge seiner
Einfachheit eine der besten Lösungen für das Fernhalten von aggres-
siven Bestandteilen.

D. Übersicht über die elektrischen Meßsysteme[1].

Das in der betrieblichen Meßtechnik am meisten angewendete elektrische Meßsystem ist das Drehspulmeßwerk. Viel benutzt wird seit
einem Jahrzehnt außerdem das Kreuzspulsystem, das eine Abart des
Drehspulmeßwerkes darstellt. Weicheiseninstrumente wurden in neuen
Formen für die industrielle Anwendung wieder mehr herangezogen.
Hitzdrahtmesser kommen kaum vor, ebenso Bimetallmesser und
elektrodynamische Instrumente. Induktions- oder Drehfeldsysteme sind
auf gewisse Fernmeßverfahren beschränkt.

Die Eigenschaften der elektrischen Meßgeräte, insbesondere die Genauigkeit, sind durch eine Klasseneinteilung, die den mechanischen
Meßgeräten vorläufig noch fremd ist, festgelegt. Regeln für die Be-
wertung und Prüfung von elektrischen Meßgeräten wurden 1922 vom
Verband Deutscher Elektrotechniker beschlossen[2]. Die Betriebssicher-

---

[1] Keinath: Die Technik elektrischer Meßgeräte Bd. 1 u. 2 Anhang. Oldenbourg 1928.
[2] Elektrotechn. Z. 1922 Nr. 9 S. 290; Nr. 33 S. 1074. Keinath: Bd. 2 Anhang.

heit wird durch Vorschriften über mechanische, thermische und Spannungsfestigkeit und Schutz gegen Staub und Dämpfe gewährleistet[1].

Das Drehspulmeßwerk besitzt in seiner einfachsten Form einen feststehenden Magneten und eine Spule, die bei Stromdurchgang elektromagnetisch gedreht wird. Magnet und Spule haben im Laufe der Zeit

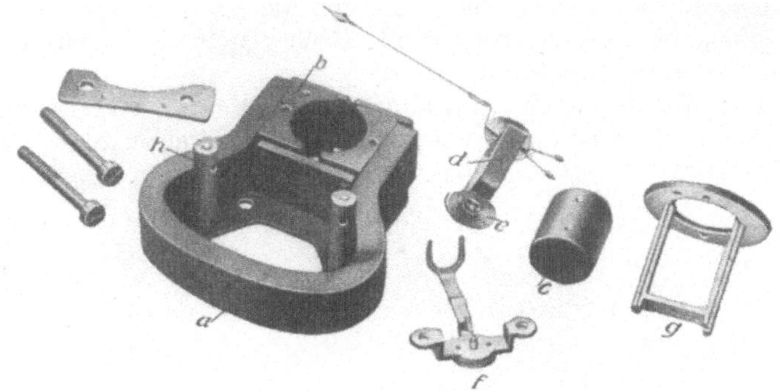

Abb. 7. Einzelteile eines Drehspul-Meßwerks (S. & H.).
a Magnet, *b* Polschuhe, *c* Polkern, *d* Drehspule, *e* Stromzuführungsfeder, *f* Brücke mit oberem Lager, *g* Zentrierkörper mit unterem Lager, *h* Skalenträger.

alle nur denkbaren Formen erhalten. Die Einzelteile der heutigen normalen Ausführung eines Betriebsmeßgerätes sind in Abb. 7 dargestellt. Durch die Form der Polschuhe, d. h. durch ungleichen Luftspalt zwischen Magnet und Spule, wird der Charakter der Skalenteilung beeinflußt.

Spiegelgalvanometer sind Drehspulmeßwerke von großer Empfindlichkeit, die mit Lichtzeiger arbeiten. Die Drehspule ist bei ihnen an einem Bändchen aufgehängt, nicht auf Spitzen gelagert, wie bei den normalen Meßwerken. Schleifengalvanometer, deren Spule nur eine einzige leichte Drahtschleife ist, weisen sehr hohe Eigenschwingungszahlen auf und werden daher als Meßwerke für Oszillographen verwendet.

Das Kreuzspulmeßwerk ist ein Drehspulsystem mit zwei gekreuzten Drehspulen, drei Stromzuführungen und ungleichen Luftspalten. Abb. 8 zeigt schematisch den Aufbau. Der Winkel zwischen beiden Spulen ist je nach der beabsichtigten Verwendung

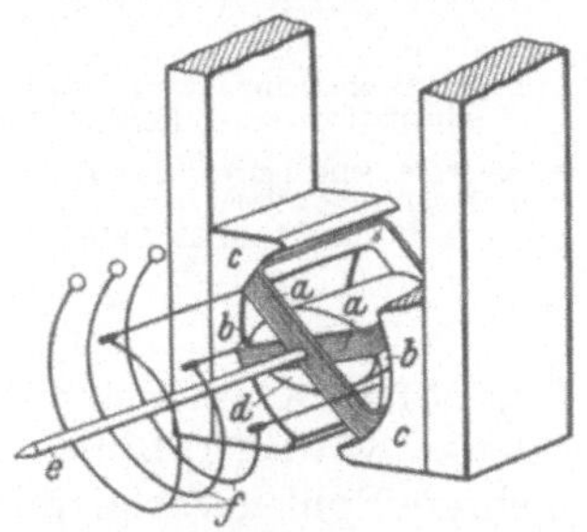

Abb. 8. Schematische Darstellung des Kreuzspulsystems (aus: Keinath Bd. 1).
a Gekreuzte Drehspulen, *b* Luftspalt, *c* Polschuhe, *d* Kern, meist elliptisch, *e* Systemachse, *f* Nachgiebige Stromzuführungen.

des Gerätes verschieden und schwankt etwa zwischen 5 und 90 Grad. Die Spulen werden von zwei verschiedenen Strömen durchflossen, deren Verhältnis gemessen wird (Quotientenmesser). Die notwendige Verschiedenheit der Feldstärke erreicht man durch ungleiche Weite des Luftspaltes. Zu dem Zweck bekommt der Eisenkern meist einen elliptischen

---

[1] Keinath: Die Betriebssicherheit elektrischer Meßgeräte. Z. VDI 1926 Nr. 6 S. 187—193.

Querschnitt; in besonderen Fällen werden auch die Polschuhe angefräst. Übrigens wird das Kreuzspulmeßwerk nur selten wirklich zur Messung eines Quotienten zweier unabhängiger Meßwerte benutzt. Tatsächlich sind die beiden Stromstärken meistens irgendwie voneinander abhängig; sie stellen im Grunde nur eine einzige Meßgröße dar, und durch ihren Vergleich soll die Anzeige lediglich von der Betriebsspannung unabhängig gemacht werden. Eine große Rolle spielt das Kreuzspulinstrument in der Fernmeßtechnik[1].

Dreheisenmeßwerke, im allgemeinen Weicheiseninstrumente genannt, bestehen aus einem beweglichen Weicheisenstück, das vom

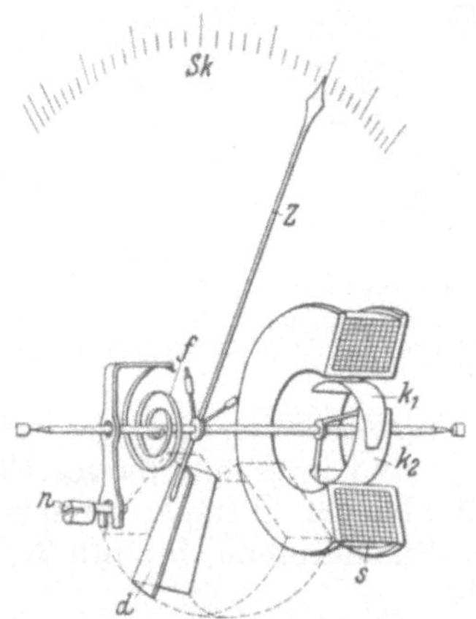

Abb. 9. Dreheisenmeßwerk, Rundspultype, schematisch (aus: Keinath Bd. 1).

k_1, k_2 festes und bewegliches Eisen, d Dämpfungsflügel am Zeiger, n Nullverstellung, f Stellkraft durch Spiralfeder.

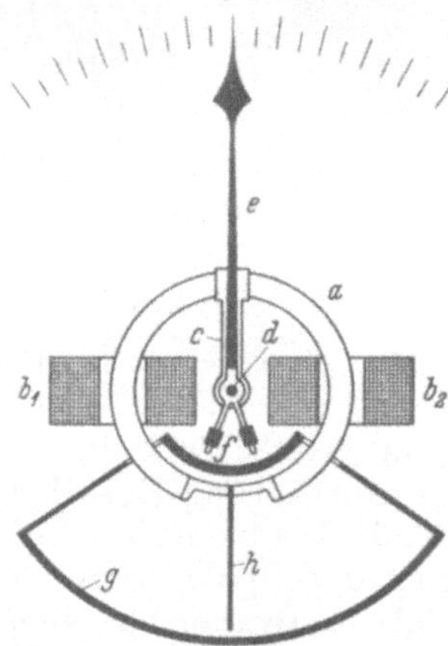

Abb. 10. Ringeisenmeßwerk (Joens).

a Dreheisen, aus hochlegiertem Transformatorenblech gestanzt. $b_1 b_2$ Meßwerkspulen, um 180° versetzt, c Hebel unmagnetisch, d Systemachse, e Zeiger, f Ausgleichgewichte, g Dämpfungskammer, h Dämpfungsflügel (Luftdämpfung).

Magnetfeld einer festen, stromdurchflossenen Spule gedreht bzw. abgelenkt wird (Abb. 9). Es können auch mehrere Eisenstücke und mehrere Spulen vorhanden sein. In der in Abb. 10 gezeigten besonderen Form als Ringeisenmeßwerk mit zwei Spulen dient es in ähnlicher Art wie das Kreuzspulsystem als Quotientenmesser, d. h. meistens nur zum Erreichen von Spannungsunabhängigkeit[2]. Vorzüge sind, daß es auch für Wechselstrom verwendbar ist und keine beweglichen Stromzuführungen besitzt.

Bimetallmeßwerke, die die Formänderung eines Bimetallstreifens infolge der Erwärmung bei Stromdurchgang als Maß für die Stromstärke benutzen, sind sehr einfach in ihrem Aufbau. Gelegentlich erweisen sie sich als praktisch, weil sie recht träge sind und infolgedessen

---

[1] Möller: Das Kreuzspulohmmeter in der Fernmeßtechnik. Meßtechn. 1930 Nr. 6 S. 149—152.

[2] Geyger: Elektrotechn. Z. 1931 Nr. 9 S. 286—287. Bericht über Arch. Elektrotechn. Bd. 25 (1931) Nr. 1 S. 1; s. a. Z. VDI 1932 Nr. 12 S. 298—299.

Diagramme mit schnell aufeinanderfolgenden Spitzen als geschlossene Kurven aufzeichnen[1].

Über die Elektrizitätszähler ist an allgemeinen Angaben nicht viel erforderlich. Der Elektrolytzähler[2] (Stiazähler) ist aus der Elektrizitätswirtschaft als Leistungsmesser fast ganz verschwunden. In der betrieblichen Meßtechnik hat er nur an wenigen Stellen Verwendung gefunden, z. B. als Rauchgas- oder Wärmezähler (s. S. 247 u. 289), obwohl er ein empfindlicher spannungsunabhängiger Amperestundenzähler ist und auf Grund dieser Eigenschaft eigentlich den Bedürfnissen der industriellen Meßtechnik entgegenkommt. Der Grund ist wohl in der nicht sehr betriebssicheren äußeren Gestalt zu suchen. Die Wirkungsweise ist sehr einfach (Abb. 11): Proportional dem Stromdurchgang wird aus Jod-Quecksilber das Quecksilber (Schott u. Gen., Jena) oder aus verdünnter Phosphorsäure der Wasserstoff (SSW) ausgeschieden und in einem Meßglas gesammelt. Ist dieses gefüllt, so wird es gekippt und dadurch das abgeschiedene Quecksilber oder Gas wieder in den Kreislauf zum Anodenraum zurückgegeben. Diese Elektrolytzähler sind den Motorzählern überlegen, wenn es sich um die Messung sehr schwacher Ströme handelt.

Von den Motorzählern kommt für Gleichstrom im wesentlichen der Amperestundenzähler in der Gestalt des Magnetmotorzählers in Frage, für Wechselstrom der Induktionszähler.

Der Magnetmotorzähler zählt wie der Stiazähler nur die eine Komponente der Leistung, den Strom; er verzichtet also auf die tatsächliche Messung der Arbeit. Unter der Voraussetzung konstanter Spannung ist aber auch der Arbeitsverbrauch der Amperestundenzahl proportional.

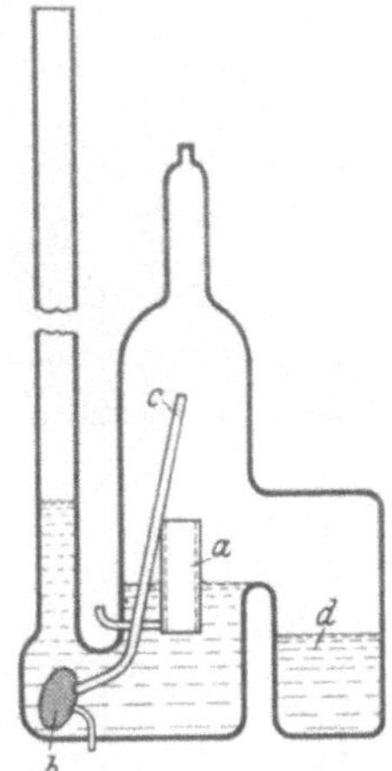

Abb. 11. Elektrolytzähler (SSW).

a Anode, *b* Kathode, *c* Bürette, *d* Überlaufgefäß.

Das Meßwerk besteht aus einem zwischen den Polen zweier Hufeisenmagnete drehbaren Aluminiumanker, der die stromführende Spule trägt; er entspricht also im Aufbau dem Drehspulinstrument. Die Umdrehungen werden auf ein Zählwerk übertragen.

Beim Induktionszähler werden durch ein Wechselfeld Wirbelströme in einer Metallscheibe erregt. Durch die Kraftwirkung eines Magnetfeldes auf die Wirbelströme entsteht ein der Leistung proportionales Drehmoment, das die Scheibe in Drehung versetzt.

E. Kompensationsverfahren.

Eine immer größer werdende Rolle spielen in der industriellen Meßtechnik die Kompensationsverfahren. Diese Meßmethoden sind an sich alt. Das einfachste Beispiel bietet die Balkenwaage: die Last wird durch Auflegen von Gewichten auf der anderen Seite des Balkens ausgewogen,

---

[1] Elektrotechn. Z. 1930 Nr. 9 S. 324—325; Meßtechn. 1930 Nr. 4 S. 98—99. Versuche mit kleinen Registriergeräten. Meßtechn. 1931 Nr. 4 S. 97—99.

[2] Siemens-Z. 1926 S. 120.

bis sich das ganze System wieder in der Nullage befindet; dann ist — von ungleichen Hebelarmen abgesehen —: Last = Gewicht. Das zur Nullmethode gewordene Kompensationsverfahren kann auch so ausgeführt werden, daß — um beim Beispiel der Waage zu bleiben — die Last durch ein Gewicht bis auf einen verhältnismäßig kleinen Rest ausgeglichen wird und daß dieser Rest dann aus der Größe des Ausschlagwinkels geschätzt wird (Zeiger mit Hilfsskala an der Waage).

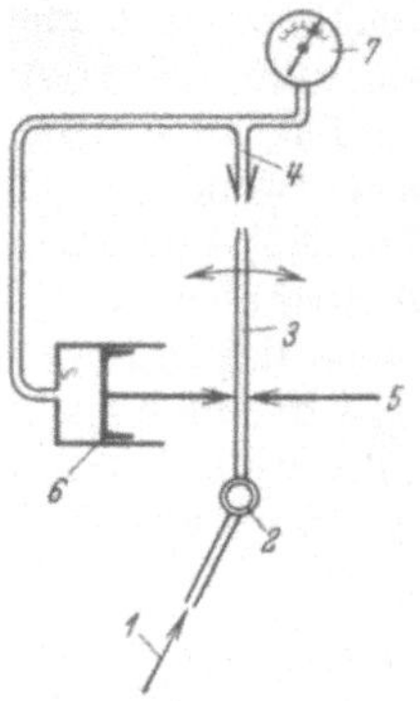

Übertragen auf die technische Messung bedeutet das Kompensationsverfahren also die Ausgleichung eines Impulswertes durch einen — mit Hilfe einer Übersetzung meist verstärkten — Anzeigewert. Das Nullverfahren ist insbesondere für elektrische Messungen üblich geworden, wo die Wheatstonesche Brücke gewissermaßen das Gegenstück zur Balkenwaage bildet.

Den richtigen Wert für die betriebliche Meßtechnik bekommen die Kompensationsverfahren aber erst durch die Automatisierung der Abgleichung zwischen Impuls und Anzeigewert. Bei dieser Umgestaltung der Verfahren ist es wesentlich, daß die an sich sehr große Genauigkeit, die den Ausgleichsverfahren eigen ist, nicht verlorengeht, sondern durch zweckmäßige Gruppierung der Elemente und durch Ausschaltung von Reibung, Deformationen und Schwingungen möglichst weitgehend erhalten bleibt[1].

Als einfachstes Beispiel für ein technisch verwertetes Kompensationsverfahren ist in Abb. 12 das Schema des Druckwandlers dargestellt. Dieser Apparat diente ursprünglich, wie schon der Name verrät, dazu, um Drücke — und zwar hauptsächlich solche, die zur unmittelbaren Darstellung an Anzeigeinstrumenten zu klein waren — auf eine angemessene Größe zu übersetzen. Abb. 12 zeigt die Schaltung unabhängig von der Eigenart eines Impulssystemes. Dieses kann eine Membran, eine Gefäßwaage, aber auch ein elektromagnetisches System sein. Jedenfalls äußert sich der Impuls in Gestalt einer der Meßgröße proportionalen (oder vielleicht auch quadratisch proportionalen) Kraft, die das Strahlrohr in ihrer Richtung zu verschieben trachtet. Das Strahlrohr bläst Druckluft, Drucköl oder Druckwasser aus und trifft dabei je nach seiner Stellung mehr oder weniger zentral auf eine Düse, die ihrerseits

Abb. 12. Druckwandler, Grundprinzip (Askania).

1 Drucköl, Druckluft, 2 Zufluß durch senkrechte, drehbare Achse, 3 schwenkbares Strahlrohr, 4 Druckaufnehmerdüse, 5 Impuls in Gestalt einer Kraft, 6 Rückführkolben, 7 Druckanzeiger.

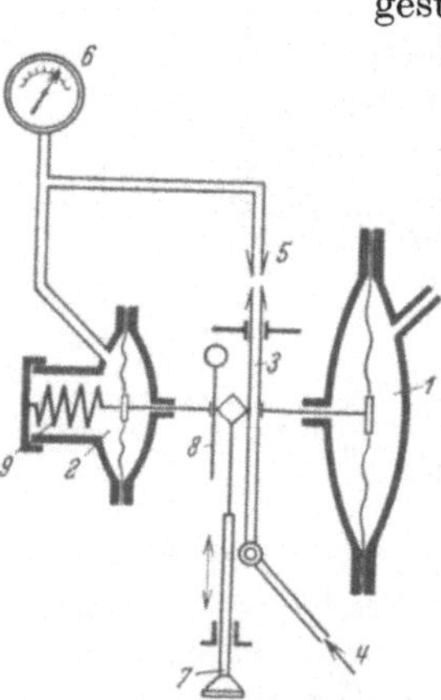

Abb. 13. Druckwandler, Schema des normalen Aufbaues.

1 Impulssystem (niedriger Druck), 2 Rückführsystem (höherer Druck), 3 Strahlrohr, 4 Zufluß von Druckluft, 5 Aufnahmedüse, 6 Druckanzeiger, 7 Einstellschieber zur Veränderung der Übersetzung, 8 Gegenhebel, 9 Vorspannfeder zur Unterdrückung eines Teils vom Meßbereich.

seiner Stellung mehr oder weniger zentral auf eine Düse, die ihrerseits

---

[1] Blasig, K.: Meßwertwaagen. Wärme 1933 S. 584—588.

mit einem Druckmesser und mit einem Kolben in Verbindung steht. Der in der Düse und der Anschlußleitung entstehende Druck wirkt mit Hilfe des Kolbens wieder der Impulskraft entgegen. Ist er größer als diese, so drückt er das Strahlrohr zurück; dann wird weniger Druck auf die Düse treffen. Ist er kleiner, dann weicht der Kolben zurück und gibt dem Strahlrohr die Möglichkeit, voller vor die Düse zu treten. Es muß sich also ein Gleichgewichtszustand einstellen. Der zugehörige Sekundärdruck ist am Manometer ablesbar.

Die Übersetzung kann in Abb. 12 z. B. durch die Größe des Kolbens verändert werden. Praktisch geschieht diese Veränderung aber durch eine einstellbare Hebelübersetzung. Die sogenannte Rückführung wird auch nicht mit einem Kolben betätigt, sondern in den meisten Fällen mit einer schlaffen, also charakteristiklosen Membran (s. S. 106). Der Meßbereich kann auch auf einen beliebigen Teil des vorliegenden Gesamtmeßbereiches der Meßgröße beschränkt werden. Das geschieht, ganz entsprechend dem Ausgleich bei der Balkenwaage, durch Vorbelastung von der Impulsseite oder von der Rückführseite her. Das Schema der wirklichen Ausführung ist in Abb. 13 gegeben. Weitere Abbildun-

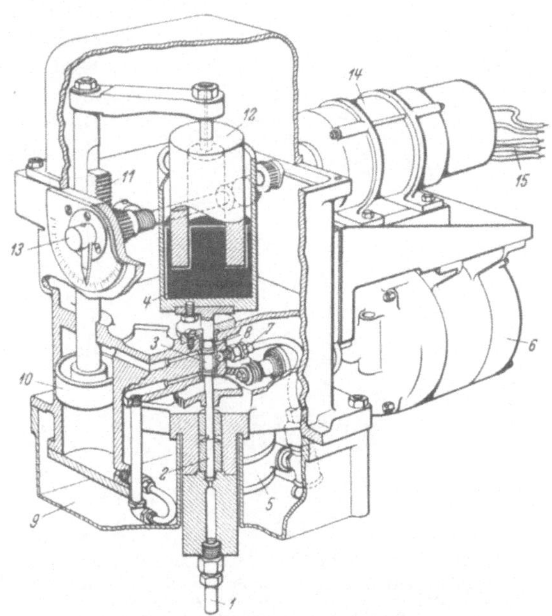

Abb. 14. Druckwandler für unmittelbare elektrische Fernmessung (Bailey).

1 Druckanschluß, 2 Druckkolben, 3 Schlitzsteuerung, 4 Gefäß mit Hg. 2, 3, 4 rotieren, angetrieben zusammen mit 5 Ölpumpe durch 6 Motor, 7 Druckölzuleitung zur Steuerung, 8 Ölabfluß, 9 Ölsumpf, 10 Kraftkolben mit 11 Zahnstange und 12 Verdränger (gibt Rückführung zu 2), 13 durch Ritzel von 11 angetriebener Anzeiger, 14 Selsynmotor (s. S. 68), 15 Fernleitungsanschlüsse der elektrischen Fernmessung.

gen, besonders solche ausgeführter Apparate, befinden sich auf S. 110 unter „Druckmessung" und S. 234 unter „Mengenmessung".

Eine Ausführung des gleichen Gedankens unter Benutzung ganz anderer Konstruktionselemente zeigt die Abb. 14. Dort wird ein Druck über einen langen, dünnen Steuerkolben gegen den Auftrieb eines in Quecksilber eintauchenden Verdrängers ausgewogen. Die jeweilige Gleichgewichtsstellung dieses Verdrängers ist das Maß für den Druck und wird in der Anordnung der Abb. 14 sogleich mit einer Zahnstange auf einen Selsynmotor zur Fernmessung nach dem Induktionsverfahren übertragen (s. S. 68).

Die unmittelbare Umwandlung beliebiger Impulswerte in elektrische

Meßwerte (Stromstärke) ohne den Umweg über ein mechanisches Meßgerät geschieht in Kompensationsverfahren ähnlicher Art. Abb. 15 zeigt das Schema des sogenannten P/J-Wandlers, einer Stromwaage, deren Name die Abkürzung von Druck-Strom-Wandler ist. Das wiederum ganz beliebige Impulssystem drückt einen Hebel beiseite, der eine Reihe in Brückenschaltung befindlicher geheizter Widerstandsdrähte durch Schieberflügel je nach seiner Stellung mehr oder weniger abdeckt. Durch die eintretende verschiedene Kühlung der Drähte verändert sich deren Widerstand, so daß die Brücke aus dem Gleichgewicht kommt. Der entstehende Ausgleichsstrom fließt nun durch eine Spule, die, im Felde eines permanenten Magneten beweglich, der Impulskraft entgegenwirkt. Beide Kräfte wägen sich selbsttätig bis zum Gleichgewicht aus. Die Stromstärke im Sekundärkreis ist der Anzeigewert. Ihre Größe ist unabhängig von den Spannungsschwankungen der Stromquelle und auch von Änderungen im Widerstand der Fernleitungen, da infolge des verwendeten Waageprinzips zu einem Meßwert eine bestimmte Stromstärke gehören muß.

Soll die Anzeige proportional der Wurzel aus dem Impuls sein, was für Mengenmessungen nach dem Differenzdruckverfahren wichtig ist, dann wird statt des permanenten Magneten ein Elektromagnet verwendet, dessen Spule vom Sekundärstrom selbst durchflossen werden muß.

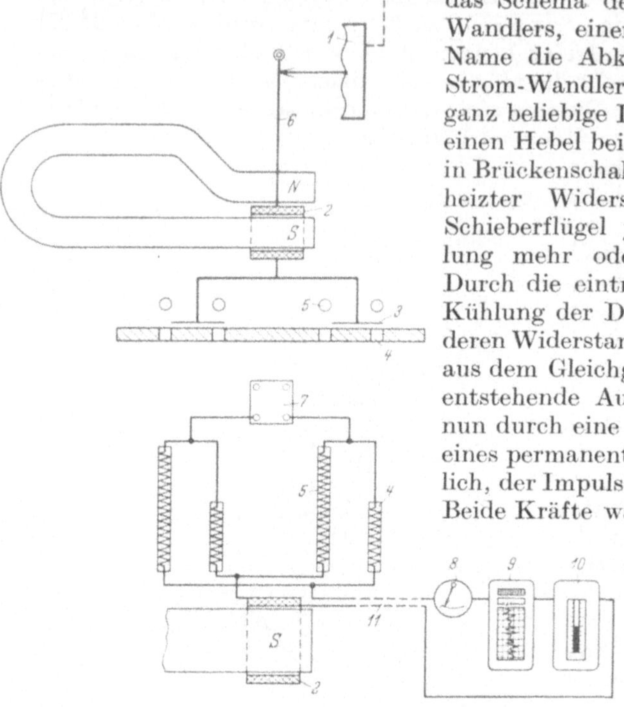

Abb. 15. P/J-Wandler (Druck-Strom-Wandler) (Askania).
1 Membransystem, *2* Spule, *3* Schieberflügel, *4* Kühlluftöffnungen, *5* Nickeldrahtwendeln, *6* Hebel, *7* Gleichrichter, *8* Anzeiger, *9* Schreiber, *10* Zähler, *11* Fernleitungen.

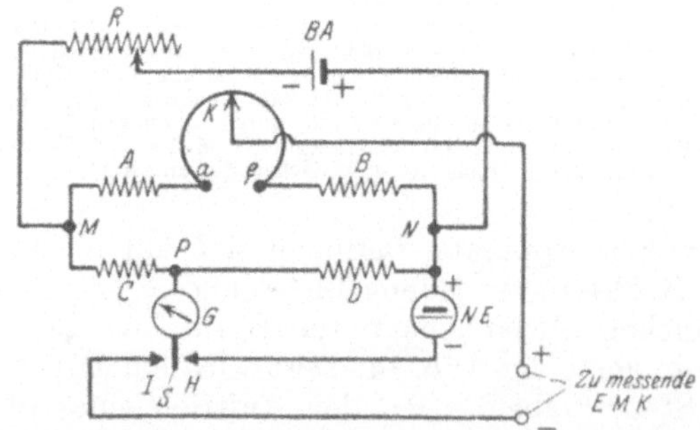

Abb. 16. Schaltung des Potentiometers von Leeds & Northrup.
A, B, C, D Widerstände, *BA* Potentiometerbatterie, *NE* Normalelement, *S* Wechselschalter, *G* Galvanometer, *K* Kurbel (Schleifwiderstand auf drehbarer Scheibe *H*, s. Abb. 17/18).

Auf dem gleichen Prinzip läßt sich auch ein elektrischer Verstärker aufbauen, indem beide Seiten der Stromwaage von Kraftäußerungen elektrischer Ströme belastet werden[1]. Übrigens gehören auch sämtliche Fernmeßverfahren für größere Entfernungen zu den Kompensationsverfahren.

Die heutzutage vielgenannten Potentiometer sind ebenfalls Nullverfahren. Das eigentliche Potentiometer ist dabei ein selbsttätiges Ausgleichsgetriebe, das mit einem Kontaktwerk zusammenarbeitet. Die bekannteste Bauart ist wohl das Potentiometer von Leeds & Northrup, das insbesondere als Registrierapparat, aber auch als Regler verwendet

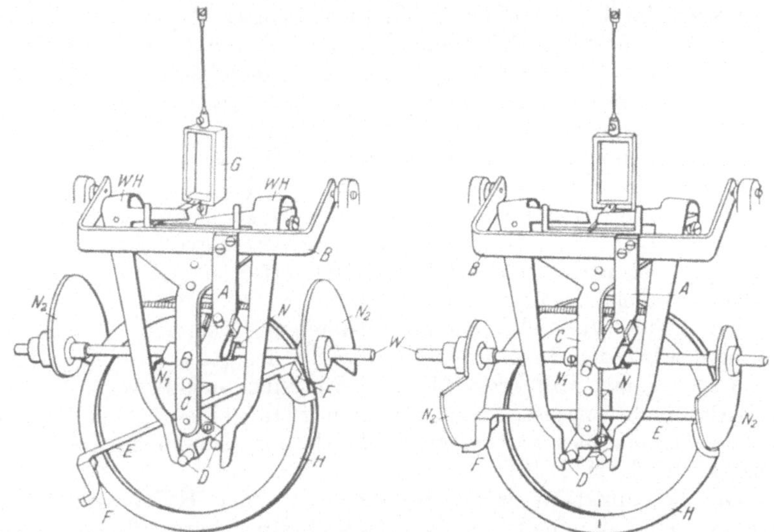

Abb. 17 u. 18. Ausgleichwerk (Hebel- und Nockengetriebe) des Potentiometers von Leeds & Northrup. Abb. 17 bei Galvanometerausschlag ausgelenkt, Abb. 18 in Ruhe.

Wenn das Galvanometer G ausschlägt, steht der Zeiger unter dem einen Arm des drehbaren Winkelhebels WH. Die Welle W, mit angetrieben vom Motor des Schreibwerks, trägt die Nocken N, N_1, N_2. Nocken N betätigt über die Blattfeder A den Bügel B, durch dessen Steigen der Winkelhebel WH gedreht wird. Nocken N_1 drückt die Blattfeder C nach vorn ab. Winkelhebel WH stößt bei der Drehung an die Nase D, die daraufhin über ein Dreieckstück den Balken E dreht (Abb. 17). Nocken N_1 gibt jetzt die Blattfeder C wieder frei, welche nun ihrerseits den Balken E mit Filzklötzen F auf den Rand der Scheibe H drückt. Jetzt drücken die großen Nockenscheiben N_2 (Steuerkurven) den Balken E wieder in die Waagerechte (Abb. 18) und dieser nimmt dabei die Scheibe H, die den Schleifdraht trägt, mit.

wird und infolge seiner Leistungsfähigkeit berechtigtes Aufsehen erregt hat[2].

Die zu messende EMK wird von der regelbaren EMK des Potentiometers ausgeglichen (Abb. 16); das Galvanometer zeigt dann durch Stromlosigkeit das Gleichgewicht an. Die mechanische Arbeit wird durch ein elektrisch angetriebenes Hebel- und Nockengetriebe geleistet (Abb. 17 und 18). Das Galvanometer steuert lediglich die Richtung dieser Ausgleichsbewegung, in deren Verlauf das Verhältnis zweier im Nebenschluß zum Potentiometerstromkreis liegender Widerstände geändert wird. In-

---

[1] Schützler, G.: Meßtechn. 1929 Nr. 10 S. 275—278.
[2] Z. VDI 1928 Nr. 24 S. 863—864; Elektrotechn. Z. 1930 Nr. 12 S. 430—431.

folge des Ausgleichens zweier EMK fließt in den Fernleitungen kein Strom, so daß das Verfahren praktisch unabhängig von der Größe des Leitungswiderstandes wird. Die Spannung der Stromquelle wird automatisch nach einem Normalelement eingeregelt. Hauptanwendungsgebiet ist die thermoelektrische Temperaturmessung.

F. Schrittschaltwerke und Relaisapparate mit besonderer Hilfskraft.

Schrittschaltwerke werden elektromagnetisch betätigt. Der Meßwert wird durch eine seiner Größe proportionale Anzahl von Kontaktschlüssen dargestellt. Bei jedem Kontaktstoß rückt ein Klinkwerk um einen Zahn weiter. Der Zeiger des Instrumentes wird während des Klinkvorganges auf dem bisherigen Wert festgehalten und erst nach Beendigung des Schaltvorganges wieder zur neuen Einstellung freigegeben. Es kann auch eine Spiralfeder durch die aufeinanderfolgenden Kontakte immer weiter gespannt werden, so daß sie sich nach Freigabe der Hemmung in die neue Entspannungslage begibt und dabei den Zeiger auf den neuen Wert einstellt. Dies Anzeigeverfahren eignet sich besonders für periodisch arbeitende Meßverfahren (automatischer chemischer Rauchgasprüfer Mono).

Um große Verstellkräfte an schwachen Systemen verwenden zu können, wird der Systemzeiger zeitweilig festgehalten und dann der Schauzeiger mit Hilfskraft bis zum Anschlag nachbewegt. Das kann z. B. durch absatzweises Magnetisieren mit Hilfe eines regelmäßig wiederholten Stromstoßes geschehen, wodurch der bewegliche Zeiger nachgezogen wird (H. & B.).

Die bekanntesten Apparate, die von einer Hilfskraft Gebrauch machen, sind die meist als Mehrfachschreiber verwendeten Apparate ähnlich Abb. 49. Bei diesen wird das Schreibwerk von einer Hilfskraft (Kleinmotor) bis zum Anschlag an den festgehaltenen Systemzeiger bewegt.

In gleicher Art arbeiten Großanzeiger von dem Format des Thermometers am Deutschen Museum mit einer vom Meßsystem gesteuerten Hilfskraft, die die Zeigermarken bewegt (s. S. 33).

G. Energieverbrauch bei Messungen.

Der Energieverbrauch für die Messung ist meistens unerheblich. Ein Druckmesser braucht nur einmalig zur Einstellung einen winzigen Betrag, dann nicht mehr. Es kommt dabei allerdings auch auf die Größe der gesamten zur Verfügung stehenden Energie an, d. h. beim Druckmesser auf die Größe des unter Druck stehenden Raumes. Für die Druckmessung an einer Kolbenmaschine kann der Füllraum des Indikators im Vergleich zum schädlichen Raum des Zylinders durchaus von Belang sein. Es wird dann nicht der Druck im Zylinder gemessen, sondern der gemeinsame Ausgleichsdruck.

Wesentlich ungünstiger steht es bei Mengenmessungen. Gaszähler und Wasserzähler verursachen einen dauernden, nicht wieder einbringbaren Druckverlust. Desgleichen entsteht bei Verwendung einer in der Rohrleitung eingebauten Blende ein Differenzdruck, der zum großen Teil dem statischen Druck verlorengeht (s. S. 193). Insbesondere bei niedrigem Überdruck kann der Druckverlust so groß werden, daß Schwierigkeiten in der Aufrechterhaltung des Betriebes entstehen und andere Wege zur Messung beschritten werden müssen.

Auch bei den elektrischen Meßgeräten spielt der Energieverbrauch im allgemeinen keine Rolle, obwohl, wie z. B. beim Drehspulinstrument, dauernd die Energie des hindurchfließenden Stromes verbraucht wird. Der Verbrauch eines einzelnen Zählers fällt ebenfalls nicht ins Gewicht, nur wenn viele tausend in einem Netz arbeiten (bei verhältnismäßig geringer Nutzentnahme), wird der Verbrauch merklich.

H. Das statische Verhalten der Meßsysteme[1].

Die den Zeiger in seine Anzeigestellung treibende Kraft nennt man die Verstellkraft. Sie ist gleich dem Betrage, um den die äußere Richtkraft die innere Gegenrichtkraft überwiegt, und wird beim Einspielen des Systems auf die Sollstellung zu Null, da sich dann beide Kräfte das Gleichgewicht halten. Zur Kennzeichnung der Stärke eines Meßsystems benutzt man Angaben über das verfügbare Drehmoment. Für einen einfachen Vergleich der Größenordnungen seien folgende Zahlen gegeben:

Unter 0,010 mgcm — Spiegelgalvanometer,
etwa 1...1000 „ — elektrische Zeigergeräte,
„ 80 gcm — elektrische Tintenschreiber,
„ 100 „ — Membraninstrumente (Druckmesser),
500 bis 2000 „ — hydrostatische Apparate wie Ringwaagen und Quecksilberwaagen,
über 20000 „ — Tauchglockenmesser. [2]

Die Gegenkraft erwächst der äußeren Einwirkung entweder durch die Schwerkraft oder durch Federkraft; jenes bei hydrostatischen Geräten und dieses z. B. bei Membranmano-
metern. Eine elektromagnetische Ge-
genkraft wird nur bei einigen elektrischen Instrumenten angewendet.

In Abb. 19 ist gezeigt, daß z. B. bei einem Membrandruckmesser Verstellkraft und Druck proportional an-
wachsen (Kurve a), dagegen bei einem Mengenmesser Verstellkraft und Menge nach quadratischem Gesetz (Kurve b). Daraus geht hervor, daß bei letzterem in einem gewissen Bereich am Null-

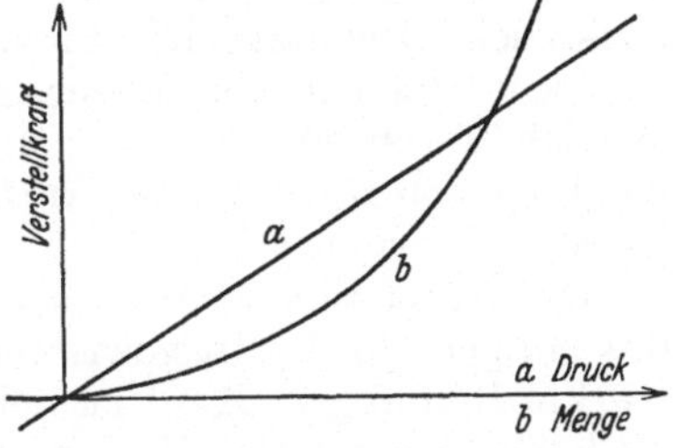

Abb. 19. Verstellkraft bei Druckmesser und Mengenmesser (vgl. auch Abb. 298).

punkt die Einstellkraft sehr gering ist und damit die Einstellgenauigkeit der Null durch die unvermeidliche Reibung sehr beeinträchtigt wird. Über diesen Mangel hilft auch keine eingeschaltete Übersetzung hinweg.

---

[1] Vgl. Keinath: Der Gütefaktor. ATM J 011—1 (1933).
[2] Nach Keinath Bd. 1 S. 10.

Zur Nullprüfung kann man lediglich die Reibungswiderstände des Systems durch Abschalten eines Teiles des Meßwerkes, insbesondere eines von außen angetriebenen Schreibwerkes, verringern und dadurch die Einstellung trotz der geringen Kraft etwas beschleunigen. Ohne Schwierigkeiten ist das natürlich nur möglich, wenn etwa das Schreibwerk durch Kurvenscheibe und Federdruck lose mit dem Meßwerk in Berührung steht, wie das z. B. bei dem Mengenmesser nach Abb. 279 u. 284 der Fall ist.

Ein weiteres Verfahren zur Einstellung der Null benutzt eine magnetische Hilfsrichtkraft. Ein in der Zeigerachse sitzendes Eisenstück wird von 2 kleinen Magneten in die Nullage gezogen, sobald es nicht mehr weit davon entfernt ist (S. & H.). Damit ist natürlich keine Erleichterung der Nullkontrolle an sich gegeben, nur das Einspielen kann dadurch beschleunigt werden. Ob die Nullstellung tatsächlich richtig ist bzw. ob der Zeiger sonst richtig über der Skala spielt, wird dabei nicht geprüft. Der Wert der genauen Nullstellung ist ja überhaupt besonders bei den Mengenmessern sehr fragwürdiger Natur, doch gibt sie immerhin einen Anhalt über die Unversehrtheit des Instrumentes. Damit ist beim Fehlen eines Kontrollapparates schon viel gewonnen.

Das mechanische Einstellen oder Berichtigen der Null bringt meistens nur geringe Rückwirkungen auf System oder Anzeige mit sich. Das ist wichtig, denn im Betrieb ereignen sich dauernd kleine unvermeidliche Vorfälle, anormale Raumtemperatur, kleine Verschiebungen der Uhrwerkstrommel oder auch Verschiedenheiten des Registrierstreifens und anderes, die die Null immer wieder verschieben.

Der unvermeidliche tote Gang wird durch eine kleine Spiralfeder aufgehoben, die die Teile des Meßwerkes aneinander zieht. Greift sie außerhalb des Meßwerkes an, so muß ihre Kraft so gering sein, daß sie gegen die Verstellkraft zu vernachlässigen ist, oder die verursachte Vorspannung muß eingeeicht werden. Durch allmähliches Ausarbeiten der Gestänge wird der tote Gang mit der Zeit immer größer und beeinflußt dann die Genauigkeit durch veränderte Hebelarme und durch zusätzliche Reibung. Die tatsächliche Größe des toten Ganges bleibt infolge der kleinen Spiralfeder unerkannt. Gutes Material und schonender Betrieb durch Fernhalten von Staub und Schmutz und durch Vermeidung von freien Massenkräften im Gestänge sind Vorbedingung für lange Lebensdauer.

Das Kippen in der oberen Führung bei Spitzenlagerungen ist wegen des nötigen Spieles in gewissem Grade unvermeidlich, sonst wäre verstärkte Reibung in Kauf zu nehmen. Das Kippen bringt genau wie die Reibung eine gewisse Unsicherheit in die Anzeige, die möglichst klein zu halten ist. Lagerungen auf nur einer Spitze oberhalb des Systemschwerpunktes ohne jede weitere Führung sind selten und mit wechselndem Erfolg ausgeführt worden. Die Spitzenlagerung kann nur bei leichten Systemen und im allgemeinen ruhiger Bewegung verwendet werden, weil sonst die Flächenpressung an der Spitze zu groß wird.

Eine Schmierung im Sinne des Maschinenbaues kennt der Instrumentenbau nicht. Der Schmiervorgang selbst ist auch ganz anders als dort; der verwendete Tropfen Öl muß unter Umständen jahrelang seine Wirkung tun. Haltbarkeit ist daher die wesentlichste Eigenschaft[1]. Schwefel und Phosphor im Isoliermaterial und im Stahl wirken, auch wenn sie in sehr geringem Prozentsatz vorhanden sind, zersetzend auf das Öl ein; bisher hat die Materialauswahl jedoch noch keine Rücksicht auf diese Zusammenhänge genommen. Eine abschließende Klärung der Schmierungsfrage in der Feinmechanik ist noch nicht erfolgt.

Die Reibung setzt sich also zusammen aus den Bewegungswiderständen in Gehäusedurchführungen, Gelenken, Zapfen- und Spitzenlagern. Die Folge der inneren Reibung ist, daß der Zeiger vor Erreichen des tatsächlichen Skalenwertes stehenbleibt, und zwar kurz unterhalb bei wachsendem Meßwert, kurz oberhalb bei fallendem. Der Betrag der Reibung ist je nach Güte und Behandlung des Instrumentes verschieden. Bei Tafelinstrumenten ist etwa $^1/_{200}$ der Skalenlänge als zulässige Grenze der Abweichung anzusehen. Bei Schreibinstrumenten spielt die Reibung zwischen Papier und Feder eine erhebliche Rolle, so daß man manchmal unter erschwerenden Umständen selbst 1 bis 2 mm Abweichung noch zulassen muß. ½ mm sollte aber auch bei Schreibern als erreichbar angestrebt werden. Durch die Bewegungen und Erschütterungen des Meßwerkes vermindern sich diese Abweichungen und im Mittelwert hebt sich der Reibungseinfluß praktisch ganz heraus. Klopfen am Instrument ist vor genauen Ablesungen durchaus statthaft, damit die Reibung für Augenblicke aufgehoben und dadurch die richtige Einstellung gefördert wird.

Die Reibung begrenzt im Grunde genommen nur die Anlaufempfindlichkeit aus der Ruhe heraus, also von Null oder einem konstant gewesenen Meßwert aus. Ist das System in steter Bewegung, so wird auch jede kleine Bewegung, die noch unterhalb des durch die Anlaufempfindlichkeit gegebenen Maßes liegt, ausgeführt. Diesbezügliche Versuche an mechanischen Schwingungsmessern haben sogar gezeigt, daß eine gewisse Reibung u. U. durchaus von Vorteil sein kann[2]. Diese Erfahrung darf natürlich nicht ohne weiteres auf die im allgemeinen verhältnismäßig ruhige Bewegung bei wärmetechnischen Meßgrößen übertragen werden.

Gutes statisches Verhalten der Meßsysteme ist auch durch eine gewisse Unabhängigkeit gegen mechanische und thermische Einflüsse gekennzeichnet. Die genaue Eichung eines Instrumentes ist nicht das allein Ausschlaggebende für die Brauchbarkeit. Transportsicherheit und Unempfindlichkeit gegen Dauer- und Stoßüberlastung sind mindestens genau so wichtig, bei Betriebsinstrumenten viel wichtiger. Erstlingsausführungen werden daher zweckmäßig allen Unbilden des Transportes und der weiteren Behandlung bis zur beendeten Montage ausgesetzt; alle sich bemerkbar machenden schwachen Stellen müssen dann sorgsam beobachtet werden. Besondere Vorrichtungen hierzu, wie Rütteltische, scheinen zur schnelleren Aufdeckung von Mängeln gute Dienste ge-

---

[1] Cuypers: Mitt. Verb. f. d. Materialprüfungen in d. Techn. Heft 17; Elektr.-Wirtsch. Mai 1930 S. 205—209; Ber. in Z. Instrumentenkde. 1930 Nr. 11 S. 660/61.
[2] Z. angew. Math. Mech. 1930 Nr. 1 S. 32—40.

leistet zu haben. Aufmerksamkeit ist beim Transport auch einer möglichst einwandfreien Befestigung schwerer oder langer Meßwerksteile, wie der Schreibhebel, zu widmen, damit Massenwirkungen auf Achsen, Lager und Spitzen vermieden werden.

Beschädigungen durch Überlastung sind in ihrer Stärke erheblich vom Charakter der Skala abhängig. Wird diese nach oben immer enger, so können auch starke Überlastungen verhältnismäßig harmlos verlaufen. Bekannt hierfür sind Dreheiseninstrumente, die als Schaltkasten-Strommesser stark überlastet werden können. Erreicht wird diese Fähigkeit durch die Form der Eisenkerne. Anders verhält es sich dagegen bei einem quadratisch geteilten Mengenmesser, bei dem schon eine kleine Überlastung je nach ihrer Schärfe den Zeiger um viele Winkelgrade über den Skalenendwert hinausschleudern kann. Aus diesem und anderen Gründen ist gerade bei Mengenmessern auf den Überlastungsschutz von jeher viel Mühe verwendet worden (s. S. 209).

Anschläge am Zeiger müssen elastisch sein. Wird ein fester Anschlag vorgesehen, so darf dieser nicht am Zeiger angreifen, sondern vor der Übersetzung, also bei einem Membrandruckmesser an der Membran, bei einer Ringwaage am Waagering. Der Zeiger würde sich sonst nur verbiegen und das System doch kaum aufhalten. Kurzzeitige Stoßüberlastungen finden häufig schon im Instrument, z. B. bei quecksilbergefüllten Mengenmessern, eine genügende Bremsung, so daß sie sich gar nicht bis zum Zeiger bemerkbar machen.

Im übrigen helfen Flüssigkeitsdämpfungen, deren Wirkung proportional der Überlastungsgeschwindigkeit anwächst, z. B. am Zeiger befestigte Drahtbügel oder Flügel, die durch Öl gezogen werden müssen (s. S. 25). Doch ist auch hier wieder der Einwand zu machen, daß die mechanische Widerstandsfähigkeit des Zeigers begrenzt ist; er wird dabei erheblich auf Biegung und Verdrehung beansprucht. Bei elektrischen Strommessern findet sich eine Anordnung, bei der der Eisenkern durch Induktion einen gegenläufigen Antrieb bekommt, der schneller als der normale Antrieb wächst und diesen bei plötzlichen hohen Stromstärken aufhebt.

Die verschiedenen Maßregeln, die bei hydrostatischen Druck- und Mengenmessern ergriffen werden, um das Überlaufen der Meßflüssigkeit zu verhindern, sind in diesem Zusammenhange auch erwähnenswert, da sie ebenfalls eine Impulsbegrenzung am Ursprung der Kraft bedeuten (Rückschlagventil, Fangtöpfe). Sie dienen allerdings nur als Durchschlagsicherung, denn die Kraftäußerung des Meßmittels ist sowieso durch seine Menge begrenzt (s. S. 209).

Plötzliches Ausschalten kann unter Umständen die gleiche Wirkung haben wie eine Stoßüberlastung, besonders bei unterdrücktem Meßbereich, wo das Meßwerk bereits am Anfang der Skala unter starker Vorspannung steht (z. B. Membrandruckmesser).

Allgemein anerkannte Normen für eine Gewährleistung der Überlastfähigkeit, wie sie bei den elektrischen Meßinstrumenten für die Prellschläge angegeben werden können, sind für mechanische Apparate nicht vorhanden.

Thermische Unabhängigkeit eines Meßsystems bedeutet, daß die Höhe der äußeren Umgebungstemperatur (der Raumtemperatur) nur geringen Einfluß auf die Anzeige haben soll. Meist ist ja der Temperaturwechsel klein, besonders in geheizten Räumen. Die Einwirkung macht sich durch Änderung der Elastizität der Federn und der Längen aller Einzelteile bemerkbar, so daß Hebelarme verlängert und verkürzt und Schwerpunkte merklich verschoben werden können.

Das bekannteste Beispiel für die Notwendigkeit der Temperaturberücksichtigung sind die Indikatoren. Für Druckmessungen bei Dampf wird die Indikatorfeder außerhalb des Gehäuses angeordnet (Kaltfeder-Indikatoren), damit sie nicht unmittelbar der Einwirkung der Dampfwärme ausgesetzt ist. Es bleibt dann als Fehler nur noch der Einfluß des vergrößerten Kolbendurchmessers.

Weniger bekannt ist, daß alle Instrumente, die im Freien benutzt werden, also insbesondere Flugzeuginstrumente, Vorkehrungen zur Verminderung der Temperaturabhängigkeit brauchen. Aber auch bei Stationsbarographen, die wissenschaftlichen Aufzeichnungen und nicht nur einer ungefähren Orientierung dienen sollen, muß der Temperatureinfluß nach Möglichkeit ausgeschaltet werden.

Elektrische Systeme sind häufig durch starke Eigenerwärmung benachteiligt. Hier hilft man sich hauptsächlich durch Einschalten eines temperaturempfindlichen Bimetallstreifens ins Meßwerk[1]. Bei Barographen und Flugzeuginstrumenten wird vielfach der gleiche Weg eingeschlagen. Soweit diese aber mit Membranen arbeiten, was ja überwiegend der Fall ist, wird das Ziel auch durch Füllung der Membrandose mit inertem Gas unter bestimmtem Druck erreicht (s. S. 117).

J. Das dynamische Verhalten der Meßsysteme.

Das dynamische Verhalten eines Meßsystems hängt von der Stärke der Verstellkraft und der Größe der Systemmasse ab. Durch diese beiden Daten ist — harmonische Schwingung vorausgesetzt — die Eigenschwingungsdauer durch die Formel

$$T_0 = 2\,\pi \cdot \sqrt{\frac{M}{C}}$$

festgelegt, wobei wie üblich mit M die auf den Angriffspunkt der Verstellkraft bezogene Systemmasse und mit C die als konstant vorausgesetzte Änderung der Verstellkraft bei Entfernung um je eine Längeneinheit aus der Ruhelage (z. B. Federkraft) bezeichnet ist.

Die Eigenschwingung eines Systems wird am einfachsten durch Versuche gefunden. Dabei ist zu beachten, daß z. B. bei einem Druckmesser die Eigenschwingungszahl je nach der Länge der angeschlossenen Leitung verschieden ausfällt. Der Gasinhalt der Zuleitung und des Instruments selbst muß bei der Schwingung zum Teil mit bewegt werden, vergrößert also die träge Masse. Im folgenden seien einige Anhaltszahlen für die

---

[1] Elektrotechn. Z. 1930 Nr. 9 S. 307 u. 324.

Eigenschwingung von Druckmessern ohne angeschlossene Meßleitung
gegeben:

Tragbarer Druckmesser nach Abb. 146 . . . . . $T_0 \sim 0{,}1$ Sekunde,
Druckmesser im Profilgehäuse nach Abb. 25 . . $T_0 \sim 0{,}6$,,
Tragbarer Druckschreiber nach Abb. 43. . . . . $T_0 \sim 0{,}3$,,

Instrumente mit Flüssigkeitsfüllung haben Eigenschwingungszeiten von
Bruchteilen von Sekunden bis zu mehreren Sekunden, je nach der
Flüssigkeitsmenge und der Masse des Triebwerkes. Meistens ist bei
diesen Apparaten durch die Formgebung die Strömungsgeschwindigkeit
der Flüssigkeiten so sehr gehemmt, daß sie sich aperiodisch einstellen.
Elektrische Drehspulsysteme haben Eigenschwingungsdauern von Bruchteilen einer Sekunde. Bei Schreibsystemen mit elektrischem Bimetall-
meßwerk zählt die Angleichdauer dagegen nach Minuten.

Die Eigenschwingungszahl eines Instrumentes ist sehr wesentlich,
wenn es sich um die Messung einzelner oder periodischer stoßweiser

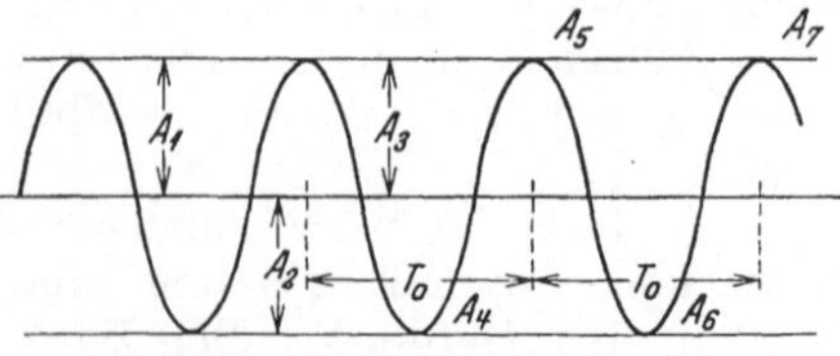

Abb. 20. Ungedämpfte Schwingung.
T_0 gleichbleibende Schwingungsdauer, A Schwingungsweite: $A_1 = A_2 = A_3 \ldots$

Änderungen des Meßwertes handelt. Das Meßwerk erhält dabei
einen Antrieb, wird durch seine
träge Masse über den Sollwert
hinausgetrieben und gerät so ins
Schwingen. Erfolgt nun der Antrieb periodisch und zufällig im
Takt der Eigenschwingung, dann
tritt Resonanz mit ihren gefähr-
lichen Folgen ein. Glücklicher-
weise gibt es nun keine ungedämpften Systeme, die bei plötzlicher
Meßwertänderung eine Schwingung nach Abb. 20 ausführen würden.
Äußere Hemmungen (Luftwiderstand) und innere Unzulänglichkeiten
(Reibung) bremsen eine Schwingung mehr oder weniger schnell ab.

Die Dämpfungsarten, die gewollt oder ungewollt zum Abbremsen
einer Schwingungsbewegung beitragen, sind wie folgt zu gliedern:

Äußere Dämpfung (beliebig einstellbar).

Instrumentelle Dämpfung

dynamisch,

molekular (Widerstand von Luft und Flüssigkeiten),

mechanisch (Reibung).

Die äußere Dämpfung, z. B. eines Gasdruckmessers, geschieht
durch Drosseln mit dem Instrumentenhahn oder durch Einbau von
Druckausgleichgefäßen in die Meßleitung. Eine lange Meßleitung wirkt
auch schon wie ein Ausgleichgefäß. Durch Verzögerung der Auffüllung
mit Luft im einen Falle, durch starke Vergrößerung des aufzufüllenden
Volumens im anderen Falle wird erreicht, daß der tatsächliche Verlauf
schneller Druckänderungen gemildert ins Instrument hineindringt. Bei
sehr starker Drosselung wird der Mittelwert angezeigt.

Als dynamische Dämpfung wirken dünne, leichte, das System-
gewicht nur wenig erhöhende Scheiben oder radial verschiebbare Massen,
indem sie die Eigenschwingungsdauer T_0 verlängern. Diese Verstell-
möglichkeit ist für Flugzeuge wertvoll, weil dort immer bestimmte

Schwingungszahlen vorherrschen. Genau so, nämlich durch Verlängerung der Eigenschwingungsdauer, wirkt übrigens das Hinzugießen von Füllflüssigkeit, wenn gerade Resonanz an einem U-Rohrmanometer besteht.

Die molekulare Dämpfung nimmt zusammen mit der Geschwindigkeit bis auf Null bei Stillstand des Systems ab. Sie wirkt der Geschwindigkeit unmittelbar proportional und tritt bei Luftflügeln und Ölbremsen aller Art auf. Frei in Luft schwingende Flügel sind einfach, aber auch von geringer Wirkung. Bei den meisten Ausführungen wird der Flügel mit mehr oder weniger Spiel in einer Dämpfungskammer bewegt (Abb. 21). Wirksamer ist die ähnlich gebaute Kolbendämpfung. Beide Dämpfungsarten beschränken sich im wesentlichen auf elektrische Meßsysteme.

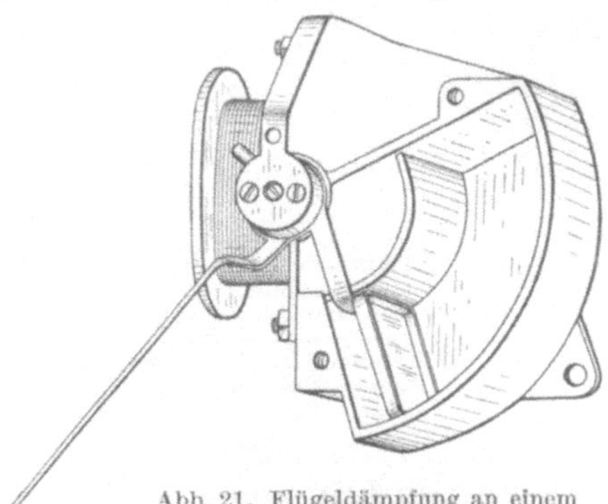

Abb. 21. Flügeldämpfung an einem Dreheisen-Flachspul-Instrument (nach Keinath Bd. 1).

Ölbremsen haben betriebliche Mängel, weil sie in ihrer Wirksamkeit von der Temperatur abhängig sind und außerdem den Transport behindern. Gelegentlich wird die Dämpfung mit Flüssigkeitsreibung am Schreibhebel wirkend angeordnet; das Hebelwerk des Systems erleidet dann eine gewisse Formänderung. Es sei hier vermerkt, daß diese Dämpfungsart auch bei Messungen pulsierend strömender Stoffmengen zulässig erscheint, wenn die Skala proportional der Menge geteilt ist. Bekanntlich gibt äußere Drosselung beider Meßleitungen einzeln, wie später noch ausführlicher behandelt wird, zu erheblichen Fehlmessungen Anlaß.

Die magnetische Dämpfung durch Erzeugung von Wirbelströmen in einer mit

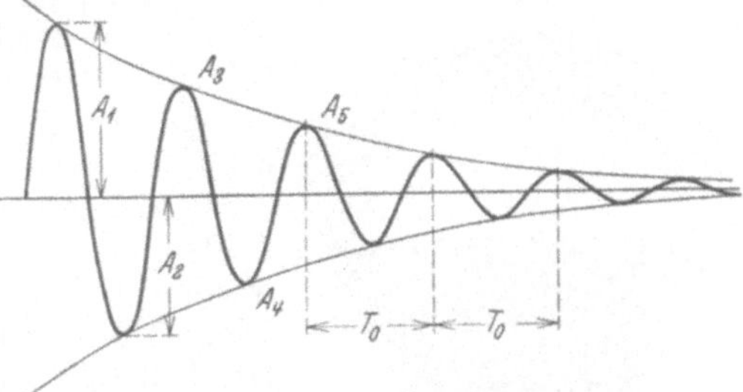

Abb. 22. Schwingung mit reiner Geschwindigkeitsdämpfung. Dämpfungsfaktor $\delta = \ln A_1/A_2 = \ln A_2/A_3 \ldots$

dem Meßwerk bewegten Metallscheibe verwandelt die Energie der Bewegung in Stromwärme. Sie ist der molekularen Dämpfungsart zuzurechnen.

Die mechanische Dämpfung durch Reibung nimmt dagegen nicht mit der Geschwindigkeit des Meßwerkes bis auf Null ab, sondern hat überall ungefähr die gleiche Größe, die sich, wie schon gesagt, in einem Zurückbleiben des Zeigers gegenüber dem wahren Meßwert äußert.

Die molekulare Dämpfung verursacht eine Verminderung der Ausschläge nach Abb. 22. Die Einhüllende ist eine Hyperbel. Im Gegensatz dazu wird die Schwingungskurve bei Reibungsdämpfung von zwei Geraden begrenzt. Die Bewegung des Meßwerkes hört auf, wenn der Umkehrpunkt das erstemal innerhalb der Unempfindlichkeitsgrenze zu liegen kommt (Abb. 23).

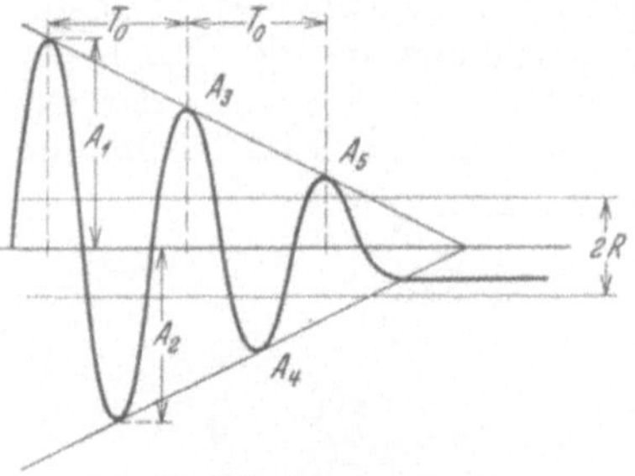

Abb. 23. Schwingung mit reiner Reibungsdämpfung. Abnahme der Schwingungsweite $\varDelta A = A_1 - A_2 = A_2 - A_3 \ldots$, $2R =$ Unempfindlichkeitsbereich infolge der Reibung.

Geht die Geschwindigkeitsdämpfung so schnell vor sich, daß keine Überschwingung mehr zustande kommt, sondern nur eine mehr oder weniger schnelle asymptotische Annäherung von einer Seite, dann nennt man die Schwingungsform aperiodisch. Sie ist für Meßinstrumente nicht vorteilhaft, insbesondere wenn gleichzeitig Reibung die genaue Einstellung verschleiert. Mehrmaliges geringes Überschwingen gibt dem Beobachter die Möglichkeit, die wahre Einstellung abzuschätzen. Bei Reibung ist also Geschwindigkeitsdämpfung in gewisser Stärke angebracht.

II. Das moderne Anzeigeinstrument.

A. Die äußere Form der Anzeigeinstrumente.

Hervorgerufen durch die Zentralisierung der Überwachung, die heute immer mehr eingeführt wird, hat sich das Bestreben geltend gemacht, für die verschiedensten Anzeigesysteme ein Einheitsgehäuse zu finden. Dieses Einheitsgehäuse hat zwar bei jeder Firma andere Abmessungen, aber das Wesentliche ist ja, soweit wie möglich, an Platz zu sparen und an Übersichtlichkeit zu gewinnen. Der zweite vielleicht noch wesentlichere Grund für die Einführung einheitlicher Gehäuse ist die dadurch ermöglichte rationellere Herstellung. Die Gehäuse werden nicht mehr wie früher in Gußeisen oder Aluminium hergestellt, sondern aus Blech im Tiefziehverfahren. Früher hat man die Form des Gehäuses dem Meßsystem angepaßt; heute ist es eine Aufgabe des konstruktiven Geschicks, dem Meßwerk möglichst wenig Gewalt anzutun, um es in das eng bemessene Gehäuse hineinzubekommen.

Abb. 24. Druckmesser im Gußgehäuse.

Als Muster der früheren Ausführung des Anzeigeinstrumentes gilt die Abb. 24. Solche Sektorgehäuse mit dem meist nierenförmigen Ausschnitt für die Skala werden heute noch gern verwendet, wenn es sich um einzelne Instrumente handelt. Sie sind wegen ihrer kleinen Glasscheibe besonders für rauhe Betriebe passend. Im übrigen geht aber heute das Bestreben nach den runden Instrumenten und den Profilinstrumenten.

Die Profilinstrumente sind in mehreren Arten vorhanden. Das Gebräuchlichste ist das Kreisprofilinstrument, bei dem die Skala gebogen ist (Abb. 25, s. a. Abb. 94). Flachprofile werden bei Flugzeugen und z. T. bei elektrischen Schalttafelgeräten verwendet (Abb. 98). Schrägprofilinstrumente (Abb. 130), manchmal noch in der Schräge verstellbar, sind hierzulande wenig bekannt, dagegen im Auslande, besonders in Nordamerika, beliebt. Die runden Instrumente (Abb. 26 und 27) haben zwar eine größere Skala im Vergleich zur Instrumentgröße. Dafür sind aber die Profilinstrumente übersichtlicher bei Anordnung der Skalen nebeneinander und übereinander und besser zum Vergleichen geeignet. Die Uhrform (s. Abb. 36) ist zwar in vielen Betrieben beliebt, da sie für jedermann leicht ablesbar ist; doch verschafft der geringe Platzbedarf neben den schon erwähnten Vorzügen den Profilinstrumenten immer mehr Eingang.

Abb. 25. Kreisprofil-Instrument.

Liegende oder Tischinstrumente kommen eigentlich nur für Versuche in Frage, oder in besonderer Ausführung für Instrumentenpulte.

Das moderne Einheitsgehäuse ist sowohl für Aufbau auf eine Tafel (Abb. 26) als auch für Einbau (Abb. 27) geeignet.

Abb. 26. Runder Druckmesser für Tafelaufbau.

Abb. 27. Runder Druckmesser für versenkten Einbau.

Der Befestigungskranz wird im unteren Teil oder bei der versenkten Ausführung dicht unter der Glasscheibe am Gehäuse angebracht. Bei kleinen leichten Instrumenten geschieht die Befestigung an Tafeln zweckmäßig mit Hilfe eines elastischen Bügels (Abb. 28).

Bei tragbaren Instrumenten kommt es im wesentlichen auf geringes Gewicht an (s. Abb. 146). Diese Instrumente sind also in der Größe beschränkt. Tragbare elektrische Anzeigegeräte sind meistens in Kastenform angeordnet.

Hinsichtlich der Art des Schutzes, den das Gehäuse dem Meßsystem verleiht, kann im Anschluß an die Festlegungen des VDE für elektrische Meßgeräte[1] die gleiche Einteilung wie dort vorgesehen werden:

1. schaufrei . . . . das Gehäuse besitzt eine große Glasscheibe;
2. geschützt . . . . das Gehäuse besitzt nur einen engen Sehschlitz;
3. spritzwassersicher das Innere ist gegen gelegentliche Spritzer gesichert;
4. druckwassersicher das Innere ist auch unter Wasser gesichert;
5. schlagwettersicher eine Explosion wird vom Gehäuse ausgehalten und an der Ausbreitung gehindert;
6. tropensicher . . . Gehäuse und Meßsystem sind gegen feuchtwarme Luft dauernd beständig.

Bei 4. müssen für den Wasserdruck und die Dauer der Einwirkung besondere Vorschriften gemacht werden.

Die überwiegende Mehrzahl aller wärmetechnischen Meßinstrumente erfüllt ohne weiteres die Anforderungen der Spritzwassersicherheit; das genügt auch in fast allen Fällen. Staubdichtigkeit entspricht schon einer verschärften Prüfung ähnlich der Druckwassersicherheit.

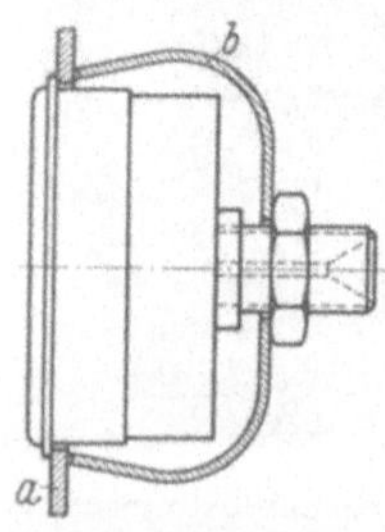

Abb. 28. Befestigung mit elastischem Bügel (Eckardt).
a Instrumententafel, *b* Bügel.

B. Hilfsmittel der Anzeige.

1. Ausführung der Skalen.

Die normale Manometerskala, wie sie vor 30 Jahren üblich war, hat sich bis heute kaum geändert. Die Skala ist fast immer fest und der Zeiger bewegt sich. Nur wenige Ausführungen haben nach Art der bekannten Geschwindigkeitsmesser für Flugzeug und Auto eine feste Zeigermarke mit einer sich drehenden Skala.

Der Skalenwinkel, den der Zeiger überstreicht, ist sehr verschieden. Am gebräuchlichsten für Schalttafelinstrumente ist ein Winkel von etwa 90°. Bei zentrischer Anordnung des Zeigers, z. B. bei Dampfmessern geht man mit dem Winkel bis über 270° hinaus (s. Abb. 36).

Für die Beschriftung wurde früher Papier auf die Skalen aufgeklebt. Heute verwendet man gespritzte Zinkskalen oder Aluminiumskalen mit gravierter und mit Lack eingelassener Beschriftung, neuerdings auch künstlich oxydierte und fotografisch beschriftete Aluminiumskalen.

Eine gleichförmige Teilung der Skalen ist nicht immer zweckmäßig. Sie wird zwar meistens angestrebt, doch gibt es Verwendungsfälle, wo es von praktischem Vorteil ist, wenn die Skala an dem einen oder anderen Ende zusammengedrängt wird. Daß z. B. bei Strahlungspyrometern infolge der mit der vierten Potenz wachsenden Meßkraft der untere Temperaturbereich sehr eng wird (Abb. 29), ist durchaus kein Nachteil; von Wert ist ja die Kenntnis des oberen Gebietes.

Die Einteilung selbst enthält am besten wenige starke, auf größere Entfernung deutlich erkennbare Striche, dazwischen eine weitere Unter-

---

[1] Elektrotechn. Z. 1922 S. 290 u. 1074. Keinath: Bd. 2 S. 374.

teilung, die zweckmäßig durch 2 oder 10 teilbar ist (Abb. 30). In 5 Teile zu unterteilen ist falsch, da selbst geübte Beobachter unbewußt zunächst immer die Zehnerteilung bei der Ablesung zugrundelegen. Neuerdings werden häufig statt der Striche Punkte auf die Skala gesetzt; der Grund ist die bessere Ablesbarkeit von Punkten auf größere Entfernung. Solche Skalen kommen hauptsächlich bei großen Dampfmessern in Frage (s. Abb. 92).

Die Beschriftung soll aus wenigen Zahlen bestehen. Wenn irgend möglich, sollte sich an den 3 bis 10 Hauptpunkten der Skala nur je eine Ziffer befinden. Zur weiteren Kennzeichnung wäre dann auf der Skala zu vermerken: $\times$ 100 m³/h Gas oder $\times$ 1000 kg/h Dampf.

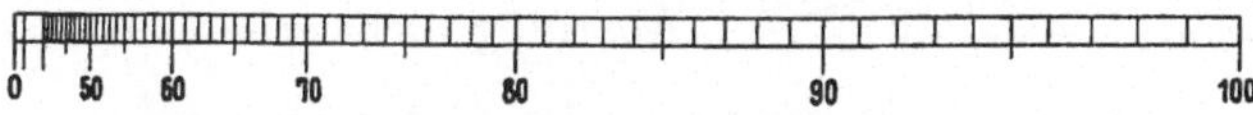

Abb. 29. Skala für ein Gesamtstrahlungspyrometer (4. Potenz).

In neuerer Zeit sind des öfteren weiße Striche auf schwarze Skalen gesetzt worden. Der Erfolg ist gut, denn die weißen Striche sehen bekanntlich infolge der Überstrahlung auf schwarzem Untergrunde stärker aus. Bei Lokomotivinstrumenten ist diese Ausführungsart bereits vorgeschrieben, da sie sich wegen der dort häufigen Blendung als zweckmäßig erwiesen hat.

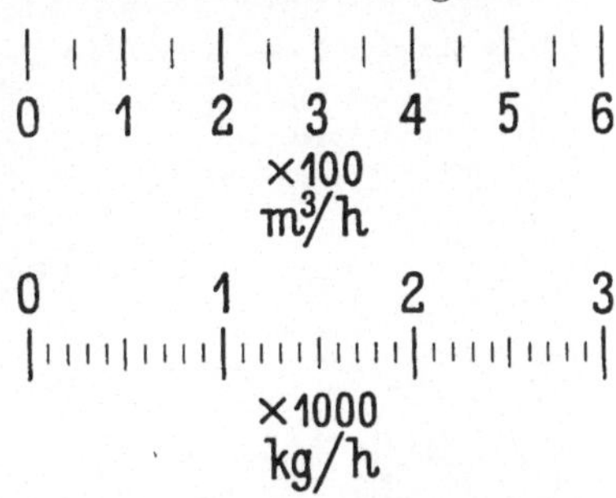

Abb. 30. Zweckmäßige Skalenteilungen und Beschriftungen.

Um den für eine Messung wesentlichen Bereich der Skala recht groß zu gestalten, wird häufig der untere Teil der Skala samt Nullpunkt unterdrückt. Dadurch wird die einfachste Kontrolle, ob ein Instrument noch unversehrt ist, nämlich die Nullprüfung, unmöglich gemacht. Die Instrumente können nur noch mit Hilfe eines Normalinstrumentes im Betrieb nachgeprüft werden. Die Genauigkeit wird zwar durch die Unterdrückung etwas erhöht, aber doch nur infolge der besseren Ablesemöglichkeit; die Fehler des Instrumentes werden mit vergrößert.

Eine beliebige, nicht nachteilige Unterdrückung eines Teiles vom Meßbereich ist bei den Ausgleichverfahren möglich. Üblich ist sie insbesondere bei Temperaturmessern nach dem Potentiometerverfahren.

Verschiebbare Skalen werden sehr selten angewendet. Die bekannteste Ausführung ist wohl das Statoskop, bei dem zum Zwecke genauerer Druckvergleiche eine Feinteilung um das Vielfache ihrer Länge nach beiden Seiten verschoben werden kann (Abb. 159).

Skalen mit doppeltem Eingang, also mit zwei Skalen und zwei Zeigern, sind für Betriebsinstrumente bedenklich. Sie sind schwer abzulesen und geben oft, besonders bei ungelerntem Personal, zu Fehlablesungen Anlaß. Infolgedessen werden sie auch nur wenig angewendet und sind heute auf Fälle beschränkt, wo man sich vorläufig nicht anders helfen kann. Z. B. sind die Feuchtigkeitsmesser, die nach dem Psychrometerverfahren arbeiten, mit Skalen ähnlich Abb. 364 und 365

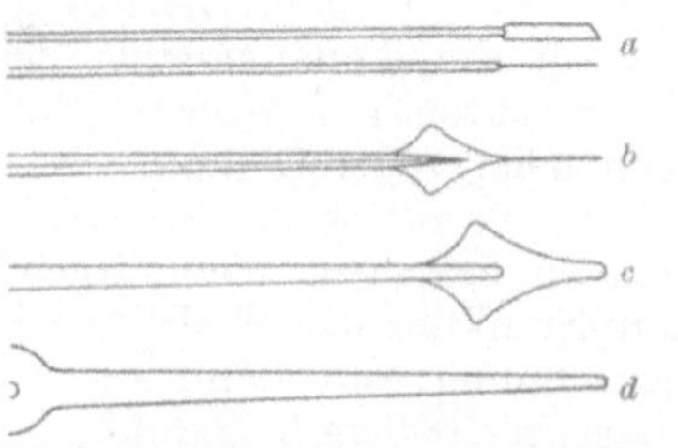

versehen, wenn sie für weiten Temperaturbereich Geltung haben sollen.

Auch Skalen mit mehrfacher Zahlenreihe sind nicht zweckmäßig. Nur wenn die Beschriftung nach den Zahlenreihen 0/5, 0/15, 0/50, 0/150 usw. geht, sind die Nachteile einigermaßen behoben, weil die beiden Zahlenreihen 0/5 und 0/15 getrennt oben und unten angeordnet werden können und daher die Ablesung nicht erheblich erschwert ist.

Abb. 31. Zeigerformen (nach Keinath Bd. 1).
a Messerzeiger, *b* Messerlanzenzeiger, *c* Lanzenzeiger, *d* Fingerzeiger.

2. Ausführung der Zeiger.

Für Schalttafelinstrumente sind Lanzenzeiger (Abb. 31 c) oder Messerlanzenzeiger (Abb. 31 b) die übliche Ausführung. Für Feinablesung kommen noch Messerzeiger (Abb. 31 a) in Frage. Ob ein einfacher Lanzenzeiger verwendet werden kann, richtet sich nach der Strichstärke der zugehörigen Skala. Bemerkenswert hinsichtlich seiner Bewegung über die Skala ist der Hakenzeiger nach Abb. 59.

Bei Feinablesungen erhält der Zeiger zur Vermeidung der Parallaxe eine Spiegelunterlage längs der Skalenteilung. Der Fadenzeiger und sein Spiegelbild müssen sich bei richtiger Ablesung decken. Lichtzeiger, die bei Versuchs- und Demonstrationsinstrumenten üblich sind, finden sich auch bei den weiter unten behandelten Großanzeigern.

Abb. 32. Vorbildliche, blendungsfreie Beleuchtung.

3. Verwendung von Licht und Farbe.

Der Beleuchtung der Skala sollte mehr Aufmerksamkeit zugewendet werden, als für gewöhnlich geschieht. Die Glasfläche des Instrumentes darf keine Blendung geben, wenigstens nicht in den Hauptableserichtungen. Vorbildlich erscheint die von unten kommende und daher blendungsfreie Beleuchtung der großen Ableseskala der Abb. 32.

Innere Beleuchtung ist immer sehr bestechend gewesen; jedoch verursacht die Hitze, die die notwendigen starken Lampen ausstrahlen, bei elektrischen Instrumenten im allgemeinen erhebliche Fehler, so daß diese Art Beleuchtung nur selten beibehalten werden konnte.

Anschauliche Beispiele für die Verwendung von Farbe zur eindeutigen Kennzeichnung des Standes einer Anzeige sind z. B. die Färbung der Flüssigkeitsfüllung bei U-Rohr-Manometern, der rote Faden der Thermometer oder auch die Milchglasumhüllung an dem Wasserstands- und Bewegungsanzeiger nach Abb. 33, bei dem die innere, auf und ab bewegliche scheibenförmige Marke die weiße Beleuchtung,

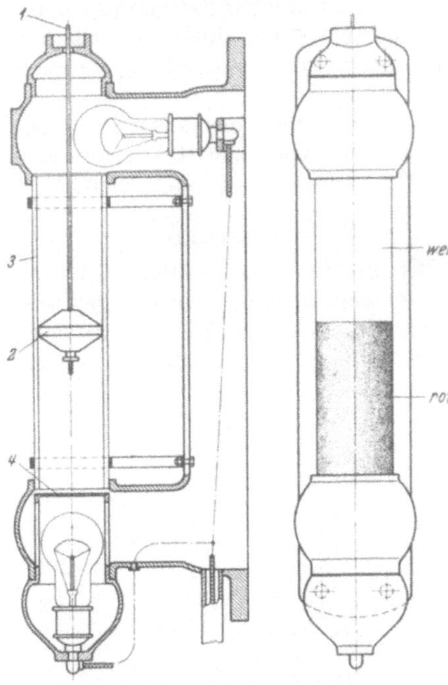

Abb. 33. Wasserstands- und Bewegungsanzeiger mit Milchglas-Umhüllung (Hannemann).
1 Stange zur Übertragung der Schwimmerbewegung, *2* Hohlkörper als Trennmarke, *3* Milchglas-Umhüllung, *4* Rotglas.

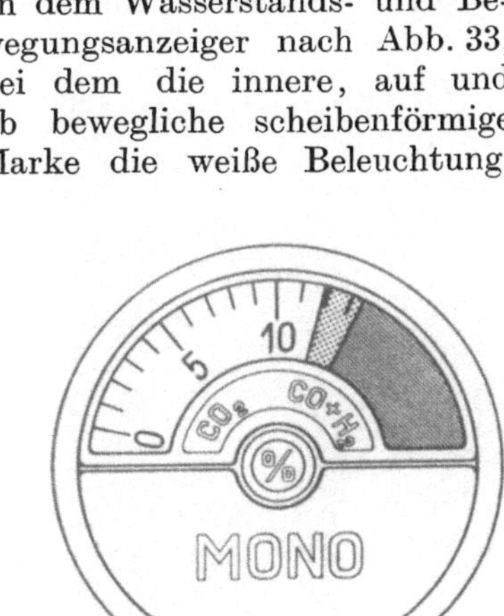

Abb. 34. Skala mit beweglichen bunten Abdeckflächen.

Abb. 35. Bunte Skala.

Abb. 36. Großer Dampfmesser als Muster für Großanzeiger.

die von oben kommt, und die rote, von unten kommende, scharf voneinander trennt.

Bunte Skalen sind bei den beiden Rauchgasprüfern nach Abb. 34 und 35 zur eindeutigen Kennzeichnung des Gehalts an Sauerstoff bzw. an Kohlensäure und unverbrannten Bestandteilen zusammen auf einer Skala mit Erfolg verwendet worden. Es gibt auch Ausführungen, bei denen für steigenden und fallenden Meßwert die Zahlen und Skalenstriche in verschiedenen Farben aufleuchten; doch erscheint das bereits übertrieben.

Von großem Vorteil ist dagegen das Bestreichen der Ziffern, Striche und Zeiger mit radioaktiver Leuchtfarbe. Dieses Mittel erfreut sich bereits erheblicher Verbreitung; bei Flugzeugen ist es Vorschrift.

C. Großanzeiger.

Die modernen Großanlagen, besonders die weitläufigen Kesselhäuser, verlangen für die Befehlsübermittlung

Abb. 37. Großanzeigegerät „Profilux"
(H. & B.). Blick ins Innere.

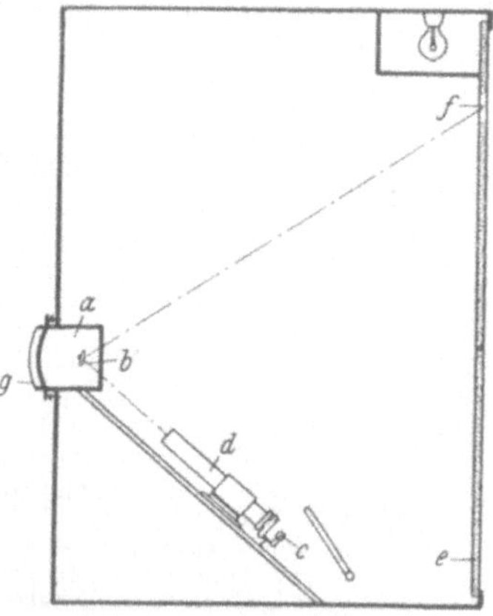

Abb. 38. Entstehung des Lichtzeigers beim Großanzeiger nach Abb. 37.
a normales Profil-Meßgerät, *b* Spiegel am Meßsystem, *c* Scheinwerferlampe, *d* Linsensystem, *e* Lichtzeigerbahn, *f* Lichtfleck, *g* normale Anzeigeskala.

Skalen erheblicher Größe, die gelegentlich bis auf 100 m ohne Irrtum abzulesen sein müssen. Die einfache mechanische Vergrößerung des Meßwerkes führt hier nur in den seltensten Fällen zum Ziel. Von den mechanischen Systemen kommen nur die hydrostatischen Messer und die Glockenmesser in Betracht; ihre Verstellkraft genügt auch noch für die Zeigerwerke bei Skalen von 50 bis 60 cm Durchmesser (Abb. 36). An elektrischen Systemen ist bisher nur von dem Dreheiseninstrument bekannt geworden, daß es für Skalen dieser Größe noch die nötige Verstellkraft aufbringt.

Die meisten Großanzeiger müssen also mit einer Hilfskraft arbeiten. Das Anzeigeinstrument wird elektromagnetisch betrieben oder an einen Fernsender angeschlossen und über Relais mit Motor betätigt. Bekannte Beispiele für diese Art von Instrumenten sind die großen Leistungsanzeiger mit doppelseitiger Ablesung für Kesselhäuser oder auch die drei Riesenanzeiger am Turm des Deutschen Museums in München. Das dortige Großthermometer wird z. B. von einem Bimetall-Thermometer gesteuert; die Skala ist 22 m lang und 2 m breit.

Aus den schon erwähnten Demonstrationsapparaten mit Lichtzeiger ist das Großanzeigegerät der Abb. 37 und 38 entwickelt worden (s. a. Abb. 102). Am Meßsystem befindet sich statt des Zeigers ein kleiner Spiegel, der das intensive Licht einer besonderen Lichtquelle auf eine große Mattscheibe von 2 × 0,3 m projiziert.

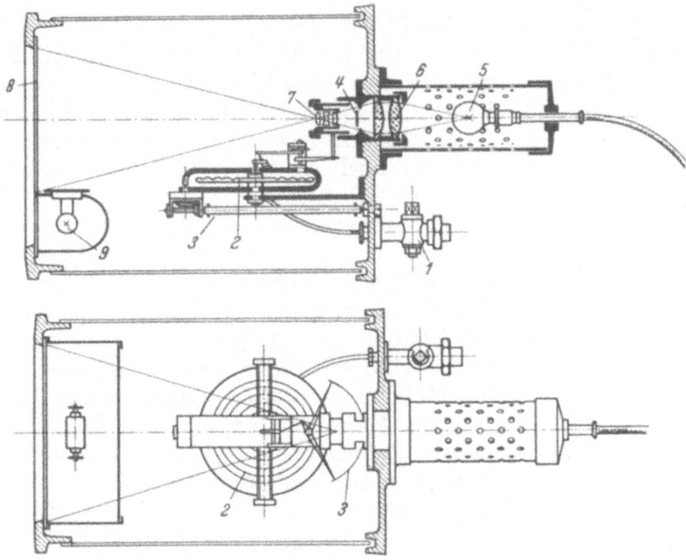

Abb. 39. Großanzeigegerät ,,Skalux'' (Askania). Arbeitsschema.

1 Impulsleitung mit Absperrhahn, *2* Meßsystem (Druckmessermembran), *3* Nullstellung, *4* bewegliche Skala, *5* Lichtquelle, *6/7* Linsensystem, *8* Mattscheibe, *9* Lampe für Index (von vorn auswechselbar).

Die Anzeige kann auch sprungweise geschehen, indem die Skala in mehrere Intervalle unterteilt und in jedes eine einzelne Lampe gesetzt wird. Entsprechend der Größe des Meßwertes werden die Lampen von einem Ferngeber ein- und wieder ausgeschaltet.

Dasselbe Ergebnis, jedoch bei erheblicher Raumersparnis ist mit dem Großanzeiger nach Abb. 39 und 40 zu erreichen. Hier wird ein kleiner Blechring, auf dem die Striche und Zahlen der Skala ausgespart sind, vom Meßsystem vor der Lichtquelle hin- und hergedreht. Auf der Mattscheibe erscheint daher nur das jeweils in der Nachbarschaft des Meßwertes befindliche Gebiet der Skala. Die Stirnfläche der Apparatur bekommt bei einer Zahlengröße von 12 bis 15 cm, wie sie auch die vorgenannten Großanzeiger haben, nur eine Seitenlänge von etwa 25 cm. Der Zeiger ist durch eine auffällige Marke auf der Mattscheibe unterhalb der bewegten Skala ersetzt und steht still.

Erwähnung verdient auch das Schattenkreuz-Meßgerät, ein Lichtzeiger-Gerät, bei dem 2 oder mehr Meßsysteme je einen langen dünnen Zeiger bewegen und diese Zeiger, sich im Lichtbild kreuzend, den Meßwert bezeichnen. Die flächenhafte Abbildung der Werte eignet sich besonders zur Großdarstellung mittels Projektion[1] (vgl. Abb. 365).

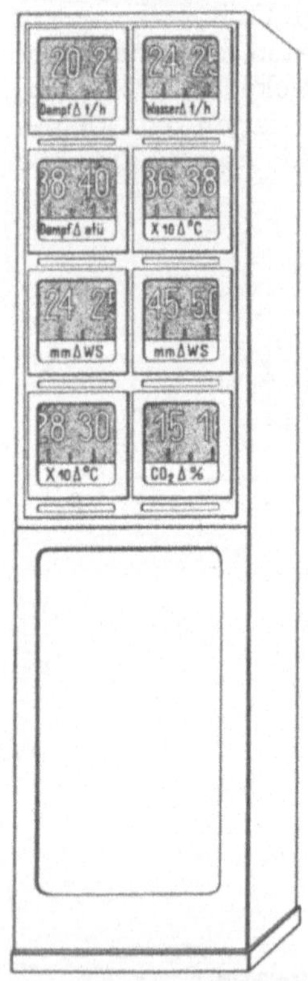

Abb. 40. Meßschrank für Kesselüberwachung mit Skalux-Instrumenten.

III. Registrierung.

Noch vor wenigen Jahren war es allgemein üblich, die zur Überwachung nötigen Betriebsdaten etwa viertelstündlich in vorgedruckte Listen einzutragen. Heute trifft man das nur noch selten, in Kraftwerken wohl nirgends mehr, häufiger noch in den Werken der Großindustrie. Der Grund ist leicht zu finden. Die zur Kraftwerksüberwachung erforderlichen Meßwerte lassen sich heute alle selbsttätig registrieren, auch solche, wie z. B. die Frequenz, bei denen es noch bis vor kurzem bedeutende Schwierigkeiten zu überwinden gab. Dagegen besitzen z. B. Stickstoffwerke, mit ihren vielen Besonderheiten für die Meßtechnik sowieso eine Neuheit, noch nicht für alle Meßwerte brauchbare Registrierinstrumente. Wenigstens ist die Kenntnis über die vorhandenen Möglichkeiten noch nicht allenthalben verbreitet; man denke in diesem Zusammenhange z. B. an Gasmengenmesser für 200 Atm. In diesen Werken ist man im Grunde froh, wenigstens schon alle erwünschten Meßwerte mehr oder weniger unmittelbar anzeigen und den Betrieb danach einrichten zu können.

Einen Ausweg, der insbesondere in Frage kommt, wenn die Anschaffung von Registrierinstrumenten nicht lohnt, hat man neuerdings in Amerika einige Male bei Abnahmeversuchen beschritten[2]. Es wurden eine Reihe von Instrumenten, auf deren Anzeige es für den Versuch ankam, zusammengestellt und ihre Zeigerstellung auf normalem Film aufgenommen, statt sie in Listen einzutragen. Dadurch werden Beobachter gespart und auch Ablesefehler vermieden; das Ergebnis kann in Ruhe betrachtet und ausgewertet werden. Der Umstand, daß die Aufnahmen erst nach einer länger dauernden Vorbehandlung sichtbar werden, schränkt den Wert allerdings ein; jedoch ist das für Abnahmeversuche unwesentlich. Für allgemeine Verwendung kommt dies Verfahren kaum in Frage, da man allen Anforderungen der Betriebsüberwachung mit Registrierinstrumenten gerecht zu werden vermag.

[1] Pflier, P. M.: Elektrotechn. Z. 1933 S. 887—889.
[2] Elektr.-Wirtsch. 1930 Nr. 2 S. 101.

A. Äußere Merkmale.

Registrierinstrumente werden heute fast nur noch in hängender Form hergestellt, also zum Einbau oder Aufbau an Schalttafeln. Tischinstrumente, etwa in Pultform, sind selten geworden. Auch bei den Schreibern wird genau wie bei den Anzeigeinstrumenten eine Art Einheitsgehäuse angestrebt; doch ist die Entwicklung hier noch nicht so weit vorgeschritten. Bevorzugt wird immer mehr die schmale, aber hohe Form nach Abb. 41 und 42. Es gibt Ausführungen, bei denen die Papierbreite 70% der gesamten Gehäusebreite ausmacht. Solche Instrumente beanspruchen wenig Platz und gestatten doch eine lange dauernde Übersicht über den Registrierstreifen.

Tragbare Schreibinstrumente haben im allgemeinen einen leichten, aber stabilen Kasten, der für den Transport eine besonders bequeme Form mit Öse und Griff erhält (Abb. 43 und 44).

1. Art der Aufzeichnung.

Hinsichtlich der Form der Aufzeichnung sind Linien-, Strich- und Punktschreiber zu unterscheiden. Für die Anwendungsmöglichkeiten und die Bedienung ist sehr wesentlich, ob die Registrierung

mit Feder und Tinte,

mit Metallstift auf chemisch präpariertem Papier,

mit Fallbügel und fremder Hilfskraft oder

mit Licht

vor sich geht.

Bei den Linienschreibern zieht die Schreibfeder einen geschlossenen Kurvenzug. Diese Schreiber sind am gebräuchlichsten und geben auch die klarste Darstellung für die Veränderlichkeit der Meßwerte. Sie setzen allerdings ein gewisses Mindestmaß an Verstellkraft bei den benutzten Meßsystemen voraus und können infolgedessen nicht immer angewandt werden. Der Name Linienschreiber ist gewohnheitsmäßig mit Tintenschreiber gleichbedeutend geworden. Die Registrierung mit Metallstift oder mit Licht, obwohl gleich-

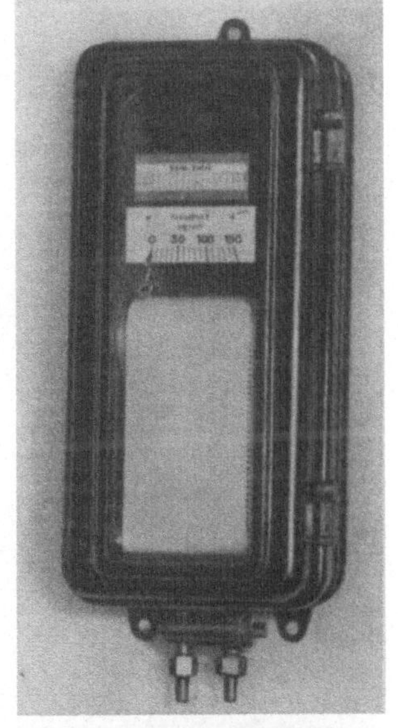

Abb. 41. Einfach-Tintenschreibinstrument für Tafelaufbau (Differenzdruckschreiber).

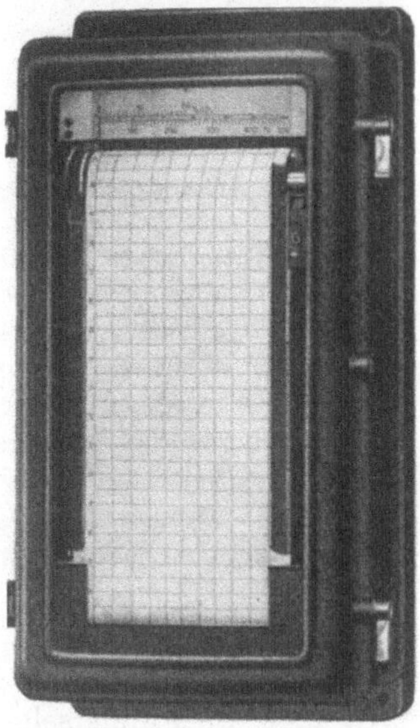

Abb. 42. Sechsfachschreiber (S. & H.).

3*

falls Linien schreibend, gehört — technisch gesehen — zu den Sonderverfahren. Dabei kann trotzdem zugegeben werden, daß auch die
Tintenregistrierung wegen einiger Nachteile noch erheblich vom Ideal
entfernt ist. Doch gibt es z. Z. kein Verfahren, das anpassungsfähiger
und sicherer im Betriebe ist.

Die Strichschreiber ziehen in gewissen zeitlichen Abständen, für
deren Größe der darzustellende Vorgang maßgebend ist, von der Null-
linie oder dem Endwert aus-
gehend, einen Strich bis zu
dem jeweiligen Meßwert. Diese
Registrierungsart findet sich
besonders zur Darstellung periodisch gewonnener Anzeige-
werte, also z. B. bei den zu che-

Abb. 43. Tragbarer Membran-Druckschreiber.

Abb. 44. Tragbarer elektrischer
Tintenschreiber.

mischen Rauchgasprüfern gehörigen Schreibinstrumenten (Abb. 352);
üblich ist sie bei elektrischen Maximumschreibern (Abb. 80).

Die Punktschreiber setzen, ebenfalls in bestimmten Zeitabständen,
Punkte verschiedener Form auf das Registrierpapier und geben so eine
stetig unterbrochene Kurve, die aber gut ablesbar bleibt, solange die
Schwankungen des Meßwertes eine durch die verfügbare Anzahl der
Punkte beschränkte Größe nicht überschreiten. Die Punkte werden meistens durch Stempeln, seltener durch Lochen markiert. Mehrfachschreiber verlangen ferner Merkmale zur Unterscheidung der verschiedenen
Punktreihen. Das geschieht durch die Punktfolge, z. B. ●●●··· ●●●··· ···●●· ···●●· ······● ······● ,
durch ihre Farbe oder ihre Gestalt, z. B. $+ \times \bigcirc$ ●. Außer der Farbe
wird auch, allerdings selten, verschiedene Strichstärke zur Kennzeichnung herangezogen. Die Unterscheidung gleicher Punkte ist auch da-

durch möglich, daß die Nummer der Meßstelle daneben gedruckt wird. Dieses Verfahren gestattet zwar die Registrierung beliebig vieler Meßstellen, gibt aber un- übersichtliche Aufzeich- nungen.

Die für Versuche ge- legentlich mit Erfolg vorgesehene **Funken- registrierung**, bei der der elektrische Funke in schneller Folge (20 bis 50 je Sekunde) das Schreibpapier locht, ist trotz des vorteilhaften Wegfalles der zusätz- lichen Schreibfederrei- bung technisch kaum verwertet worden. Selbst für Versuchsanordnun- gen hat sich die Funken- registrierung nicht ein- bürgern können, denn

Abb. 45. Schreibgerät mit Trommelstreifen, Haube abgehoben (Beschleunigungsschreiber, Askania).

der Tintenschreiber einerseits und der Oszillograph andererseits haben das Gebiet der Verwendung sehr eingeengt.

Die **photographische Regi- strierung**, die ebenfalls die zusätz- liche Reibung vermeidet, wird nur auf Grenzgebieten angewandt (Druck- oszillograph s. S. 55). Lichtzeigergeräte und Oszillographen kommen nur bei Untersuchungen schnell verlaufender Vorgänge in Frage.

2. Schreibpapier.

Nach der Form des verwen- deten Schreibpapiers sind die Registrierinstrumente einzuteilen in solche

mit kurzem Trommelstreifen,
mit runder Scheibe und
mit langem ablaufenden Band.

Der **Trommelstreifen** (Abb. 45)

Abb. 46. Manometer mit runder Registrierscheibe (DRD).

ist die älteste Art der Registrierung. Technisch wird er heute, von den Indikatoren abgesehen, immer weniger angewendet. Dagegen haben Barographen und überhaupt solche Apparate, die hauptsächlich für meteorologische Beobachtungen bestimmt sind, auch heute noch viel- fach Trommelstreifen.

Für die Registrierung z. B. der Leistungsabgabe eines Kraftwerkes haben die meist aus starkem Papier hergestellten Trommelstreifen den Vorteil, daß man aus ihnen leicht das Belastungsgebirge zusammensetzen kann. Der übliche ablaufende Registrierstreifen ist dazu wegen

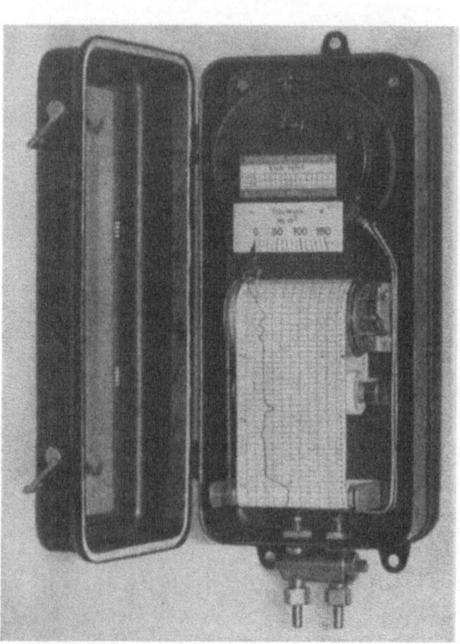

Abb. 47. Schreibinstrument von Abb. 41, geöffnet.

Abb. 48. Mehrfachschreiber ohne Gehäuse (H. & B.).

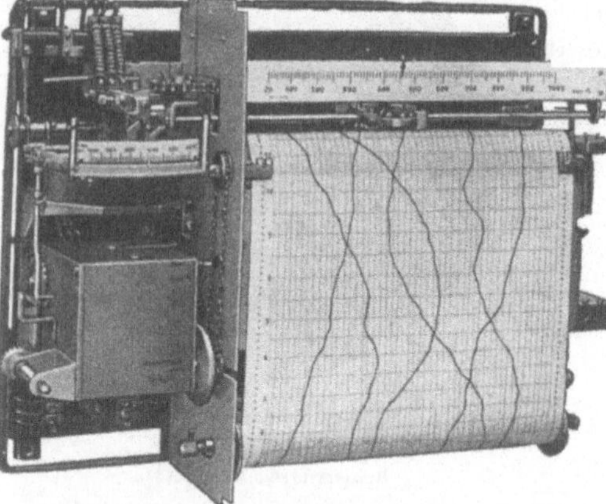

Abb. 49. Sechsfachschreiber mit Schlittentransport (Hase).

seiner geringen Dicke weniger geeignet. Funkenregistrierung schneidet das Diagramm selbsttätig aus (H. & B.).

Die runde Registrierscheibe (Abb. 46) ist hierzulande vorläufig selten, dagegen im Ausland — besonders in Amerika — sehr beliebt. Die Aufzeichnung ist wegen der zusammenlaufenden Zeitteilung ziemlich unübersichtlich; auch Vergleiche mit anderen Scheiben sind schwierig. Vorteilhaft ist jedoch das zwanglos entstehende Tagesdiagramm und die bequeme Aufbewahrung der Scheiben. Dies könnte der Scheibenregistrierung auch bei uns zu steigender Verwendung verhelfen.

Die **Bandregistrierung** (Abb. 47) hat sich bei uns infolge ihrer
Vorzüge weitgehend durchgesetzt. Sie kommt der Gewöhnung an rechtwinklige Koordinaten entgegen und gestattet, den Verlauf des Meßwertes je nach Vorschub auf viele Stunden mühelos und täuschungsfrei
am Instrument zu verfolgen. Ferner verlangt die Streifenregistrierung

Abb. 50. Dreifach-Trommelschreiber.

ein Mindestmaß an Bedienung, da der Schreibstreifen nicht täglich ausgewechselt zu werden braucht. In der Schnelligkeit des Auswechselns
sind allerdings Scheiben und Trommelstreifen überlegen. Auch was
übersichtliche Aufbewahrung anbelangt, ist ein langer, aufgerollter oder
in Leporelloform gefalzter Streifen im Nachteil. Moderne Instrumente
sind aber hierin allen Ansprüchen dadurch gerecht geworden, daß ihr

Schreibwerk aufklappbar ist, und daß in einfacher Weise Tagesdiagramme vom laufenden Streifen abgetrennt werden können.

3. Mehrfachschreiber.

Unter Mehrfachschreibern versteht man meist jene Schreibinstrumente, die periodisch abwechselnd verschiedene Meßwerte auf dem gleichen Registrierstreifen aufnehmen. Die Mehrzahl arbeitet mit dem sogenannten Fallbügel (Abb. 48), der den Zeiger periodisch zur Markierung auf den Schreibstreifen niederdrückt. Das Meßsystem kann die Einstellung des Zeigers vor der Markierung ohne äußere Hemmung ausführen.

Der Mehrfachschreiber nach Abb. 49 verwendet einen Schlittentransport für die Bewegung der Schreib-

Abb. 51. Mehrfach-Trommel-Druckschreiber (Sch. & Bud.).

Abb. 52. Mehrfachschreiber mit Kreisdiagramm (Bailey). *1* Anzeige, *2* Registrierung, *3* Menge (Zählung des Durchflusses); *a* Durchfluß, *b* Druck, *c* Temperatur.

feder und ist infolgedessen in der Schreibbreite nicht beschränkt. Ähnlich hinsichtlich des Schreibwerks sind die Potentiometer-Schreiber gebaut (Abb. 17 und 18).

Bedeutend vielgestaltiger sind die Mehrfachschreiber, die für jeden Meßwert ein besonderes Meßwerk besitzen und für alle zusammen eine gemeinsame Trommel oder einen gemeinsamen Schreibstreifen (s. S. 47). Solche Mehrfachschreiber sind meistens für ganz bestimmte Meßwerte gebaut, so z. B. Doppelschreiber für CO_2 und CO, der Dreifachschreiber nach Abb. 50 als Meteorograph für Luftdruck, Temperatur, Feuchtigkeit, der aber auch zu einer beliebigen andern Anzahl von Meßsystemen zusammengestellt werden kann[1], ferner die bekannten Vielfach-Zeitschreiber für Maschinen- und Arbeitskontrolle. Trommelschreiber nach Abb. 51 dienen bei Bremsversuchen als Druckschreiber.

Einen amerikanischen Mehrfachschreiber für Kreisdiagramm zeigt

---

[1] Heck, L.: Meßtechnik 1932/3 S. 53—56.

die Abb. 52. Wie man dabei die Meßbereiche zu verteilen pflegt, um die Übersicht wenigstens einigermaßen zu wahren, ist in Abb. 53 darge-

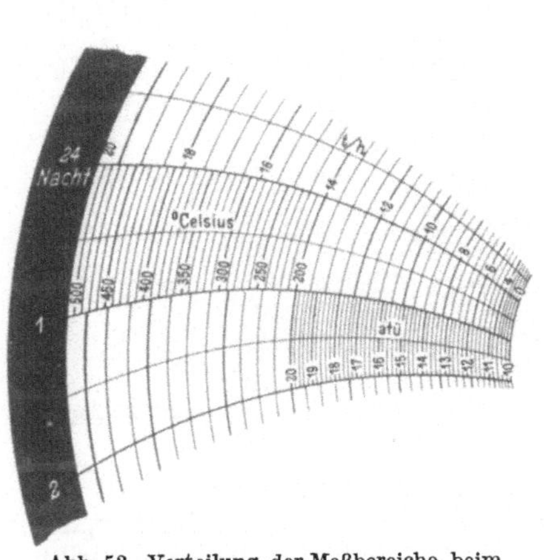

Abb. 53. Verteilung der Meßbereiche beim Mehrfachschreiber nach Abb. 52.

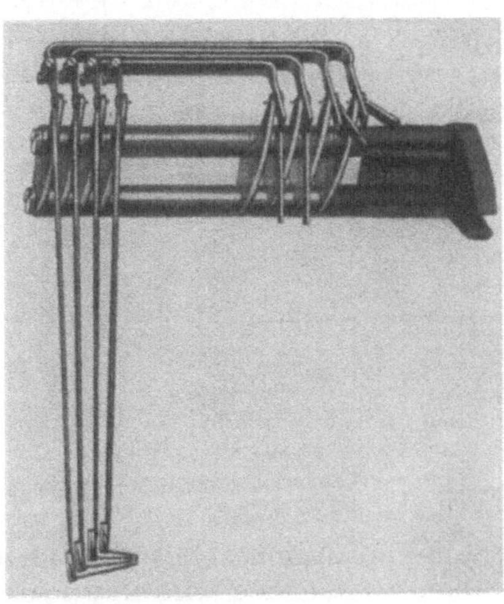

Abb. 54. Konzentrische Anordnung von vier Schreibhebeln (Foxboro).

stellt. Nach Abb. 54 werden sogar 4 Schreibhebel konzentrisch auf einer Achse angeordnet; die Kurven sind dann um ein kleines Intervall zeitlich versetzt.

B. Hilfsmittel der Registrierung.

1. Das Übertragungswerk.

Ob die Registrierung in rechtwinkligen Koordinaten oder in Bogenkoordinaten geschieht, hängt von der Art des Schreibsystems ab, das den Hub oder die Drehung des Meßsystems auf den Schreibstreifen überträgt. Rechtwinklige Koordinaten sind immer erwünscht und vorteilhaft, auch wenn die Diagramme nicht planimetriert werden sollen. Außerdem ist noch in den meisten Fällen eine proportionale Teilung der Skala und des Streifens angebracht; man muß also eine winkelgetreue Abbildung der Bewegung des Meßwerkes anstreben. Ferner soll das Schreibwerk aufklappbar oder abnehmbar sein, damit man die darunter liegenden Teile beim Austauschen des Meßstreifens bequemer zur Hand hat.

Die einfachste Übertragung der Meßwerksbewegung bietet ein Druckschreiber entsprechend Abb. 127, wo der Schreibhebel starr mit dem Waagering verbunden ist; diese billigen Ausführungen zeichnen in Bogenkoordinaten.

Bei den Fallbügelschreibern sitzt der Zeiger auch unmittelbar auf der Meßwerksachse, wie es bei allen elektrischen Meßsystemen üblich ist. Die Achse ist senkrecht angeordnet, so daß der Zeiger in einer waagerechten Ebene spielt. Hier werden rechtwinklige Koordinaten auf zwei verschiedene Arten erreicht. Entweder wird der Papierstreifen über eine Schiene geführt, wie Abb. 55 zeigt, und bildet dabei einen scharfen, geradlinigen Sattel, auf den der Zeiger zur Punktmarkierung niedergedrückt wird. Oder der Zeiger trägt am Ende einen beweglichen Stift (s. Abb. 56), der beim Niederdrücken des Fallbügels in eine geradlinige

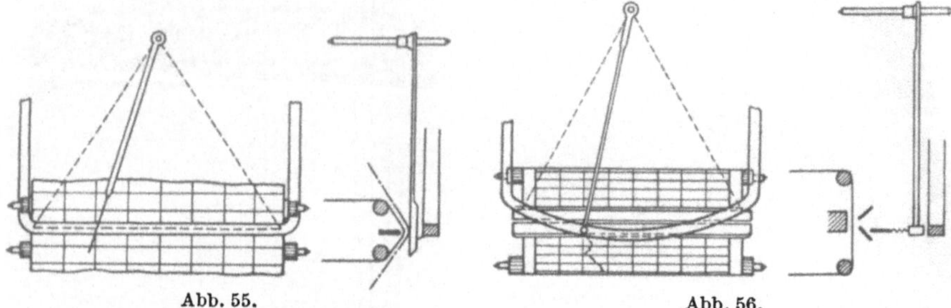

Abb. 55.   Abb. 56.
Abb. 55 u. 56. Sehnengradführungen für Fallbügelschreiber, mit Sattel bzw. Rinne (nach Keinath).

Rinne hineingeführt wird. Üblich ist heute die Ausführung nach Abb. 55. Die Aufzeichnung wird dabei seitlich auseinandergezogen; die Proportionalität zwischen Meßwert bzw. Drehwinkel und Aufzeichnung bleibt also nicht gewahrt. Man kann diese Verzerrung zwar ausgleichen, z. B. durch entsprechende Ausbildung der Polschuhe bei elektrischen Meßsystemen; jedoch verzichtet man auf diesen Ausgleich, da er bei der überwiegenden Verwendung des Mehrfachschreibers zur Temperaturregistrierung praktisch ohne wesentlichen Vorteil sein würde.

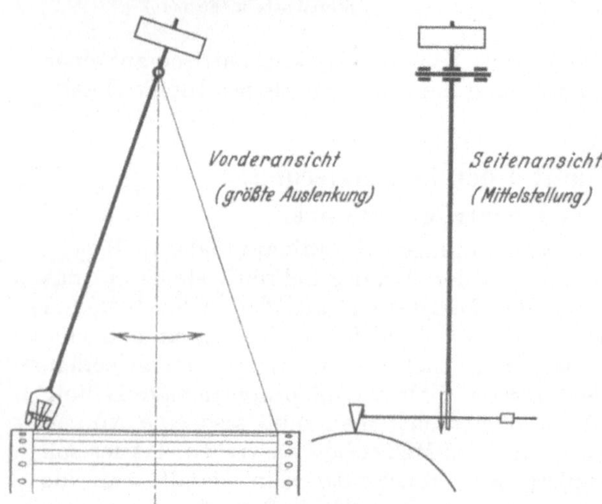

Abb. 57. Pendelnde Lagerung der Schreibfeder.

Durch pendelnde Lagerung der Schreibfeder läßt sich, wie die Abb. 57 zeigt, aus der Kreisbewegung des Schreibhebels eine fast geradlinige Bewegung der Schreibfederspitze ableiten.

Sehr einfach ist die Registrierung mit den Hakenzeigern, wie sie bei vielen elektrischen Tintenschreibern anzutreffen sind. Nach Abb. 58 und 59 sitzt der Hebel mit der Schreibfeder unmittelbar auf der Achse des elektrischen Systems. Das Schreibpapier wird über eine längere, zur Achse des Meßwerks konzentrische Zylinderfläche gezogen und der

Schreibhebel greift seitlich um den Schreibstreifen und seine Führung herum. Die Bewegung des Systems wird also winkelgetreu ohne Gestänge und Übersetzung unmittelbar auf dem Schreibstreifen aufgezeichnet.

Gewisse Vorteile bietet die Schlittenführung. Sie erfordert allerdings erhebliche Kräfte und ist deshalb hauptsächlich bei Apparaten, die sowieso mit Hilfskraft arbeiten, in Gebrauch. Ein Muster für Schlittenführung ist der Mehrfachschreiber nach Abb. 49; die Bewegung des Meßsystems kann dort ohne jede Verzerrung wiedergegeben werden. Nach genauem Einspielen wird der Zeiger des Galvanometers zunächst festgesetzt; dann setzt sich ein Vorschubwerk in Bewegung, das den Farbgefäßhalter an einem Schlitten ohne Berührung über die Schreibfläche zieht. In dem Augen-

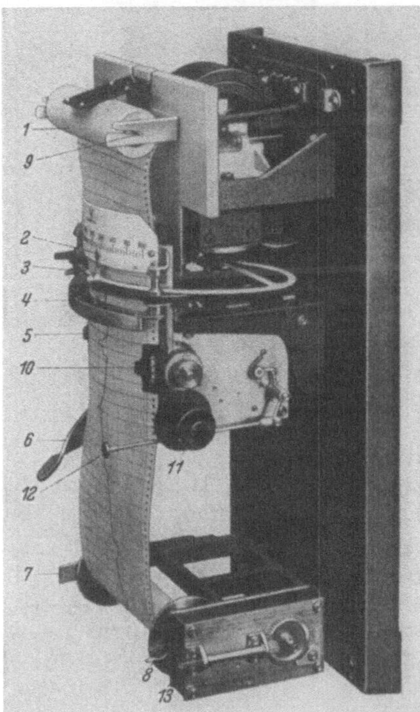

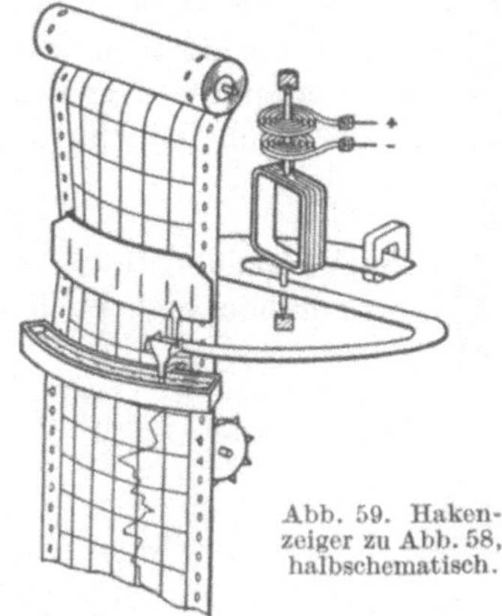

Abb. 59. Hakenzeiger zu Abb. 58, halbschematisch.

Abb. 58. Elektrischer Tintenschreiber mit Hakenzeiger (H. & B.).

1 Papierrolle, *2* Zeiger, *3* Feder, *4* Tintentrog, *5* Klappe, *6* Aufziehhebel, *7* Blattfeder, *8* Aufwickel-Sperrhebel, *9* Holzwalze, *10* Klappe, *11* Rändelknopf, *12* Uhrsperrhebel, *13* Vierkant.

blick, wo ein entsprechend laufendes Kontaktstück an dem Zeiger anschlägt, hört die Schreibbewegung auf, und die Markierung der Zeigerstellung wird auf dem Papier vorgenommen. Die Breite der Aufzeichnung ist nicht, wie z. B. beim Hakenzeiger, durch die gegebene oder zulässige Tiefe des Gehäuses begrenzt; 250 bis 300 mm Schreibbreite sind auf anderem Wege kaum zu erreichen.

Dieselbe Art der Aufzeichnung wird durch eine Endlos-Führung nach Abb. 60 gewonnen. Dort befinden sich eine oder mehrere Schreibfedern an einem endlosen Stahlband, das seitlich vom Registrierstreifen durch zwei Rollen gespannt gehalten wird. Die eine Rolle wird dem Meßwert entsprechend gedreht und zieht die Feder mit dem Stahlband über das Papier.

Lenker-Mechanismen wie Ellipsen- und Lemniskaten-Lenker werden außer bei Indikatoren bei mechanischen Schreibern verwendet, da sie sich nahezu reibungslos betätigen lassen. Auch bei den Flachprofilgeräten mit gerader Skala wird davon Gebrauch gemacht.

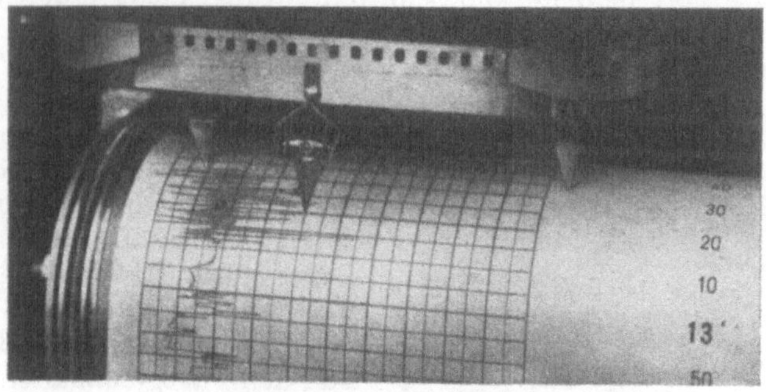

Abb. 60. Endlos-Führung der Schreibfedern (Askania).

Die unmittelbare Übertragung einer geradlinigen Meßbewegung findet sich verhältnismäßig selten; ihre Verwendung ist auch nur vorteilhaft, wenn die Umstände darauf hinweisen. Das ist z. B. bei den hydrostatischen Tauchglockenmessern ähnlich Abb. 129 der Fall.

2. Schreibwerk.

Alle Versuche, die flüssige Registriertinte durch etwas Besseres zu ersetzen, haben bisher nicht zu einem wirklichen Erfolg geführt. Die Registrierung mit Tinte und Feder beherrscht heute noch unbestritten das Feld.

An der flüssigen Tinte ist hauptsächlich zu bemängeln, daß sie die Reibung ganz erheblich vergrößert, besonders wenn die Schreibfeder selbst einen kleinen Vorratsbehälter trägt, so daß ihr Gewicht nicht dauernd ausbalanciert sein kann. Das Material ist gewöhnlich Neusilber. Runde Kegelfedern nach Abb. 61 mit einem Loch in der Spitze sind dreikantigen Federn mit einer federnd angelöteten Fläche nach Abb. 62 hinsichtlich Betriebssicherheit und Unempfindlichkeit unterlegen. Sie werden beide für Schreibwerke ähnlich Abb. 57 gebraucht. Unvorsichtiges Durchstoßen mit grobem Draht zur Reinigung ist natürlich stets schädlich; sind solche Schreibfedern verkrustet, dann müssen sie zum Aufweichen in Alkohol gelegt werden.

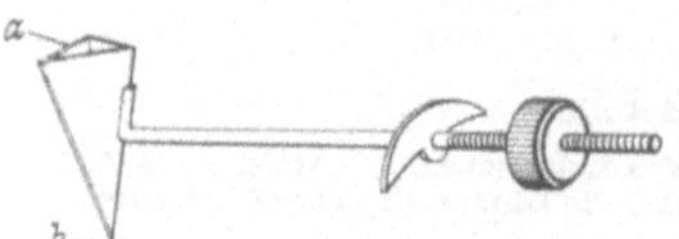
Abb. 61. Runde Kegelfeder.

Abb. 62. Dreikantfeder.
a angelötete Fläche, b Loch.

Schreibfedern nach Abb. 63 und 64 kommen für solche Schreibsysteme in Frage, deren Bewegung jener der Abb. 284 ähnlich ist. Bei einigen Ausführungen aus Glas oder Metall wird in die Spitze noch ein Metallröhrchen aus besonders hartem Material (Platin-Iridium) eingesetzt. Die Tintenfeder nach Abb. 65 trägt statt der Kapillaren ein kleines Kapillarröllchen, das die Reibung auf dem Papier vermindern soll und besonders zur Aufzeichnung starker Schwankungen geeignet ist.

Alle Schreibfedern beruhen auf der Kapillarwirkung ihrer feinen Öffnungen, durch die die Tinte bis zum Papier gesaugt wird. Die eigentlichen Kapillarfedern aus längeren Glasröhrchen haben jedoch Nachteile, denn sie sind zerbrechlich und verschmutzen leicht. Nicht unbedingt als Nachteil ist es dagegen zu werten, daß sie ein besonderes, meist feststehend angeordnetes Tintenvorratsgefäß brauchen; die eigentliche Schreibfeder wird dadurch von wechselnden Gewichten entlastet.

Eine Gesamtanordnung dieser Art ist bereits in Abb. 58 und 59 dargestellt. Abb. 66 zeigt die dort verwendete kleine Saugrohrschreibfeder aus

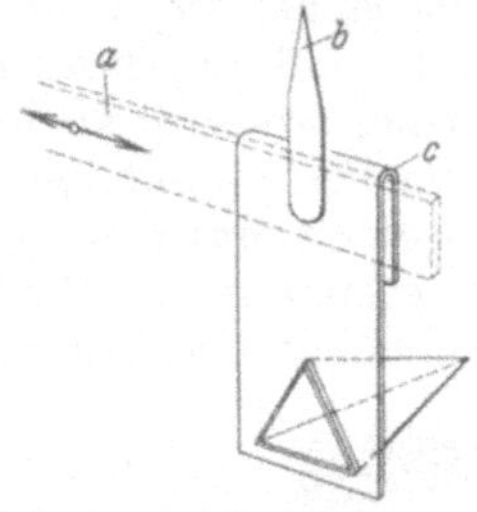

Abb. 63. Dreikantfeder für gradlinige Schreibwerkbewegung.

a gradlinig bewegter Schreibbügel, *b* kleine Anzeigemarke, *c* Schreibfeder, leicht abnehmbar aufgeklemmt.

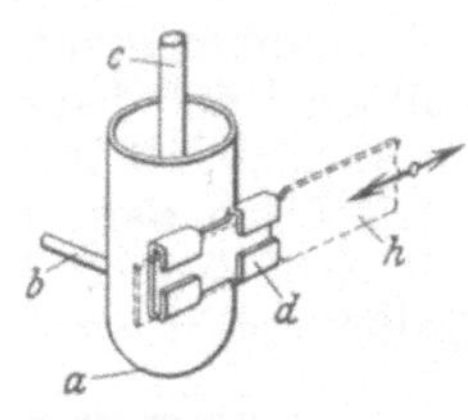

Abb. 64.   Kapillarfeder für gradlinige Schreibwerkbewegung (DRD).

a Tintenbehälter, *b* Schreibkapillare, *c* Abtropfstift fürs Füllen, *d* federnde Doppelklammer, *h* gradlinige bewegter Schreibbügel.

Glas mit ihrem Halter. Der Tintentrog befindet sich vor der Schreibfläche, läßt sich aber zusammen mit dem Schreibhebel seitwärts verschieben, so daß der Registrierstreifen freiliegt.

Damit man auch während des Registrierens freie Sicht auf die Kurve behält, ist bei anderen Ausführungen der Tintentrog hinter dem übrigen Schreibwerk angeordnet. Die Schreibkapillare hängt also nach vorn heraus, und das Diagramm liegt von Anfang an zur Beobachtung offen.

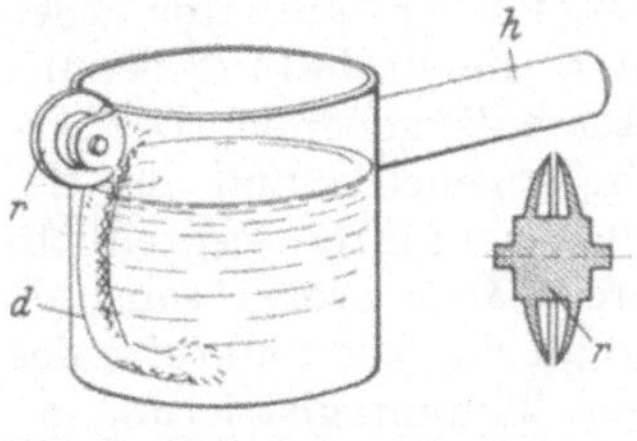

Die Registriertinte darf weder zu dick, noch zu dünnflüssig sein. Zu jeder Federart gehört meistens eine besondere, für sie erprobte Tintensorte. Tinte für Glaskapillaren muß dünnflüssig sein. Bei Kegelfedern dagegen würde

Abb. 66.   Saugrohr-Schreibfeder aus Glas (H. & B.).

Abb. 65. Rollenfeder (Sch. & Bud.).

r Tintenrolle, *d* Draht, *h* Halter.

diese Tinte klecksen, weil sie zu reichlich aus der Feder gesogen wird. Andererseits muß von einer guten Registriertinte verlangt werden, daß sie im Vorratsbehälter nicht eintrocknet und verkrustet; ein erheblicher Zusatz an Glyzerin ist daher allen Sorten gemeinsam. Auch diese schwer eintrocknende Tinte muß aber ihre Klebrigkeit in einigen Stunden verlieren, sonst ist Verschmieren und Zusammenkleben beim Aufrollen des Streifens unvermeidlich; die Strichstärke muß daher gering sein. Abhilfe schafft insbesondere ein dem Vorgang angepaßter Papiervorschub. Schnell schwankende Meßgrößen verlangen einen größeren Vorschub, aber nicht nur, damit die Tinte nicht zusammenläuft, sondern auch wegen der Deutlichkeit des Diagramms. Ein guter Mittelweg wird immer zu finden sein.

Mehrfarbenschreiber brauchen für die Bereitstellung der verschiedenen Farben getränkte Bänder oder kleine Näpfe. Die Anordnung von Farbbändern ist außerordentlich verschieden. Meist bilden sie, als Mantellinien ausgespannt, eine Zylinderfläche, die dicht über dem Papierstreifen so weit gedreht werden kann, daß ein Band nach dem anderen zwischen Fallbügel und Papierführungstrommel zu liegen kommt (Abb. 67).

Ähnlich der Anordnung bei Schreibmaschinen können die verschiedenfarbigen Bänder auch einen einzigen Streifen bilden, der über zwei seitwärts liegende Rollen gespannt ist. Bei Farbwechsel wird dann die Haltevorrichtung samt Führungsrollen automatisch verschoben (Brown).

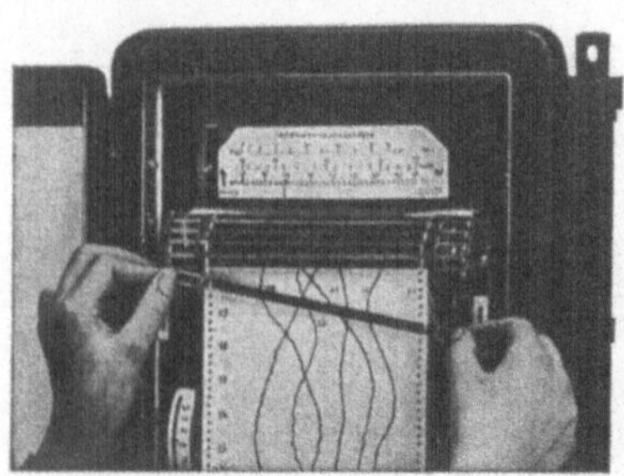

Abb. 67. Farbband-Anordnung am Mehrfarbenschreiber (H. & B.).

Die Farbbänder können auch Stoffstreifen sein, die von der Seite her aus Vorratsnäpfchen getränkt werden (Steinle & Hartung). Der Mehrfachschreiber nach Abb. 49 trägt an seinem Schlitten Farbnäpfe, die nach unten in kleine Öffnungen, wie bei einer Tintenfeder, auslaufen. Zum Markieren des Meßpunktes neigt sich der Schlitten nach vorn, so daß das vorderste Näpfchen auf den Streifen stößt (Hase).

Tintenlose Registrierungen sind immer wieder versucht worden; es gibt aber wenige einwandfreie Ausführungen. Die einzige Apparatur, die ohne Metallstift und chemisch präpariertes Papier nicht mehr zu denken ist, ist der Indikator. Hier war die erreichbare Feinheit des Striches und die Verhütung des Ineinanderlaufens benachbarter Kurven das Ausschlaggebende. Das Arbeiten ohne Tinte ist anerkanntermaßen sehr angenehm und das Bestreben, die tintenlose Registrierung allgemein einzuführen, begreiflich. Meistens muß aber der Druck auf die Schreibfläche größer sein, als bei Tinte und Feder nötig ist. Es werden also an die Verstellkräfte des Meßsystems noch größere Anforderungen als bei Tintenregistrierung gestellt (s. Tabelle 1).

Tabelle 1.

Spalte I enthält den erforderlichen Schreibdruck in g, Spalte II das Drehmoment in cmg, das notwendig ist, um den Schreibstift aus der Ruhe in die Bewegung überzuführen (nach Keinath).

Papiersorte	Schreibstift	I g	II cmg
Rußpapier	Stahl	2,5	0,4
Normales Registrierpapier	Tinte	10	2
Barytpapier	Silber	100	14
fixiertes Rußpapier	Stahl	300	23
Wachspapier	Stahl	470	28

Statt des Metallstiftes sind auch kleine Rollen in Anwendung, die nach Abnutzung ausgewechselt werden können (Abb. 80). Es soll dadurch die Reibung vermindert, aber hauptsächlich das häufige Einreißen des Papiers vermieden werden.

Besonders präparierte Papiere geben durch die Berührung mit dem Metallstift ganz dünne, aber leuchtende Linien, je nach ihrer Vorbehandlung in verschiedenen Farben. Ein feiner Strich entsteht durch elektrolytische Wirkung, wenn man einen schwachen Strom über den Schreibstift in dazu präpariertes Papier gehen läßt; der Druck auf das Papier kann dann ganz gering sein. Die Güte der Aufzeichnung ist von der Luftfeuchtigkeit abhängig; ohne Feuchtigkeit geht es nicht, aber früher mußte das Papier noch besonders angefeuchtet werden.

3. Diagrammpapier und Papierführung.

Das Registrierpapier ist, wie schon erwähnt, in drei Arten gebräuchlich:

als kurzer Trommelstreifen,
als Kreisscheibe,
als langer Bandstreifen.

Vor- und Nachteile sind auf S. 35 usw. eingehend in Gegenüberstellung behandelt worden.

Die Normung des Registrierpapieres, so wünschenswert sie zum Nutzen aller Beteiligten wäre, hat bisher keine bedeutenden Erfolge zu verzeichnen gehabt. Die Richtlinien mußten auf die vorhandene Vielzahl von Abmessungen weitgehend Rücksicht nehmen. 30, 70, 90, 100, 110 und 120 mm Schreibbreite sind die für die schmaleren Streifen vorgeschlagenen Normgrößen (DIN 1509, Januar 1927.) Für Neukonstruktionen sollen 90 und 100, teilweise auch 110, ausscheiden. Für einseitig gelochte Streifen soll es später nur 30, 70 und 120, für zweiseitig gelochte nur 70 und 110 geben (DIN 1507, Sept. 1932.) Trotzdem wird gerade in neuester Zeit die Schreibbreite 100 vielfach neu angewendet; die bequeme Zehnerteilung, ohne daß dabei Bruchteile des üblichen Längenmaßes in Kauf genommen werden müssen, hat ja auch vieles für sich.

Die Einteilung richtet sich häufig nach dem Meßwert. Der Schreibstreifen bekommt dann eine sogenannte Eichteilung mit Linien, die unter Umständen sehr verschiedenen Abstand haben. Sonst ist es üblich, alle halben Zentimeter zu teilen und jeden zweiten Strich dünner auszuführen.

Hinsichtlich des Vorschubes besteht ein größerer Bedarf an Verschiedenheit. Der Vorschub ist fast immer ein Maß für die Zeit. Für Sonderausführungen steht nichts im Wege, die Schreibtrommel einer beliebigen Bezugsgröße, z. B. der zurückgelegten Entfernung bei Fahrzeugen, proportional zu verschieben. 10, 20, 60 mm je Stunde und alle Vielfachen von 60 mm sind Normgrößen. Hier besteht auch volle Einmütigkeit. Der Vorschub von 20 mm wird am meisten verwendet und dient als Normalvorschub für Vergleiche verschiedener Streifen. Der Vorschub 30 mm, früher viel verwendet, ist jetzt im Aussterben. Der

Zeitlinienabstand beträgt durchweg 10 mm; jede zweite Linie wird stärker gedruckt und erhält eine Zeitzahl. Diese Zahlen sollen immer auf der linken Seite stehen.

Kleinere Vorschübe, z. B. 2,5 mm/h kommen nur für Barographen und andere Meßgeräte für wenig veränderliche Meßwerte in Betracht. Die normalen Vorschübe von 10 bis 60 mm/h können bei vielen Schreibinstrumenten durch Austauschen von Wechselrädern ohne Herausnehmen des Uhrwerkes ausgewechselt werden.

Wechselnde Länge des Papierstreifens, etwa infolge von veränderlicher Feuchtigkeit, hat keinen Einfluß auf die Genauigkeit des Vorschubes, wenn Lochung und Stundenteilung im gleichen Arbeitsgange hergestellt wurden. Durch die Führungsstifte wird das Schreibpapier immer wieder in die richtige Lage gezogen. Die Planimetrierung wird natürlich von der Schreibstreifenlänge beeinflußt, falls der Wert der Flächeneinheit nicht stets neu bestimmt wird; in Anbetracht der Ungenauigkeit, die der Planimetrierung als solcher anhaftet, ist dieser Fehler aber nicht erheblich.

Wenig Übereinstimmung besteht hinsichtlich der Gesamtstreifenbreite und der Abstände in der Randlochung, in die die Transportstifte der Uhrwerkstrommel eingreifen. Nach den Normen soll der Lochabstand bei einseitig gelochten Streifen 6 mm, bei zweiseitig gelochten 5 mm betragen, eine Verschiedenheit, die unverständlich ist.

Die Randlochung wegzulassen und nur die Reibung zwischen Streifen und Trommel zur Vorwärtsbewegung zu benutzen, erscheint im allgemeinen etwas unsicher; doch gibt es einige Schreibapparate, die anscheinend damit Erfolg hatten.

Zu großer Vorschub verursacht unnötige Ausgaben für Registrierpapier, von der Unübersichtlichkeit der entstehenden langgestreckten Kurve ganz abgesehen. Bei 20 mm Stundenvorschub bleibt der Streifen bei den meisten Anordnungen fast einen ganzen Tag sichtbar. Die durchschnittliche Länge einer Rolle ist 25 m; sie reicht also bei 20 mm Vorschub etwa 50 Tage, bei 60 mm etwa 15 Tage. Da die Rollen je nach Länge und Schreibbreite RM 1.— bis 5.— kosten, lohnt sich schon eine kleine Umstellung bei unzweckmäßig großem Vorschub.

Ursprünglich ließ man den Streifen unten durch einen Schlitz frei aus dem Schreibergehäuse herauslaufen. Dann sorgte man für Aufwickelvorrichtungen, die außerhalb des Gehäuses angebracht wurden. Die üblich werdenden wasser- und staubdichten Gehäuse durften aber keine Durchbrechung bekommen, und so wickelt die Mehrzahl der Schreibapparate heute den Streifen selbsttätig im Innern des Gehäuses wieder auf. Mit Federzug straffen diese Vorrichtungen den von der Trommel ablaufenden Streifen und können dabei das Uhrwerk wesentlich unterstützen. Durch endlose federnde Drahtschnüre, sogenannte Pesen, angetriebene Aufwickelvorrichtungen (s. Abb. 50 und 60) müssen etwas schneller als die zugehörige Schreibtrommel laufen, damit der Streifen immer gespannt bleibt; die Pesen rutschen dann etwas auf der Aufwickelrolle.

Die neuerdings übliche Auswertung von Tagesstreifen hat wieder andere Anforderungen gestellt. Solch ein Streifen soll möglichst bald hinter der letzten Aufzeichnung abgetrennt werden, ohne daß weiterhin die einwandfreie Führung und damit der gesicherte Ablauf in Frage gestellt wird. Die Aufwicklung ist dann bei geringem Vorschub überflüssig, weil der Streifen während der ganzen Ablaufzeit noch innerhalb der Führungsschienen liegt. Bei größerem Vorschub, bis etwa 60 mm, wird unten im Gehäuse ein Fangzylinder angeordnet, in den der Streifen nach einigen Stunden hineingleitet und in dem er sich selbsttätig aufrollt (Abb. 68a). Die dabei entstehende Reibung setzt dieser Art Aufwicklung eine Grenze, die bei täglicher Entnahme etwa bei 60 mm Vorschub liegt. Bei größerem Vorschub muß der Streifen wieder frei aus dem Gehäuse laufen, oder, wenn er wieder lang genug geworden ist, täglich mit der Aufwickelvorrichtung neu verbunden werden. Recht bequem erscheint es dabei, den Schreibstreifen sofort nach

Abb. 68a. Aufwickelzylinder für mittellange Schreibstreifen.

dem Abschneiden durch Klebstreifen oder Klammern mit einem stets an der Aufwicklung befindlichen Rollenrest zu verbinden.

Das Abtrennen kann natürlich mit Schere und Messer ohne jede besondere Vorrichtung geschehen. Um die Registrierung nicht zu stören, z. B. durch Ausreißen der Führungslöcher, muß man dann doch ein gehöriges Stück von der gerade gültigen Zeitlinie, an der die Feder schreibt, entfernt bleiben; außerdem wird die Schnittkante niemals gerade und glatt. Deshalb enthalten manche modernen Schreibapparate dicht unterhalb der Registriertrommel eine Querschiene aus Metall, Glas oder Cellon, die zu gleicher Zeit noch ein Lineal mit Ableseskala tragen kann, und an deren scharfer Kante der Streifen abgerissen wird. Oder es wird in der Gleitbahn ein schmaler Schlitz vorgesehen, mit dessen Hilfe jedes scharfe Messer einen geraden Schnitt ausführen kann (Abb. 68b). Diese Vorrichtungen ermöglichen sofortiges Abtrennen nach der Registrierung. Eine Perforation an der beabsichtigten Trennstelle

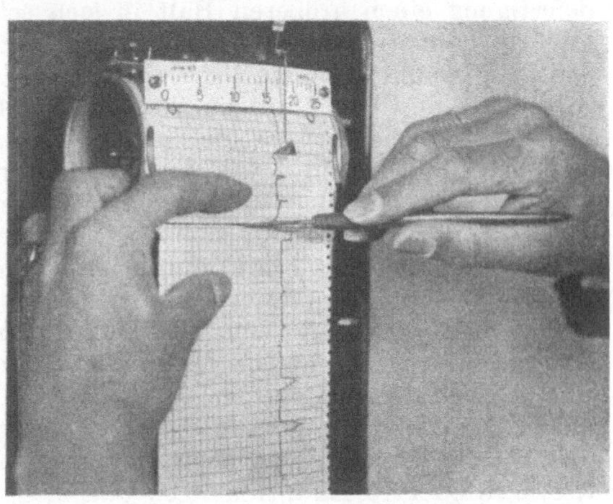

Abb. 68b. Führungsblech mit Trennschlitz.

kann nur in Sonderfällen vorgesehen werden, da der Zeitpunkt der Abtrennung recht verschieden ist.

Die Länge der Trommelstreifen richtet sich ganz nach dem Vorschub, für den 10 oder 20 mm (und 40 für 12 Stunden Umlauf) in den Normen vorgeschlagen werden (DIN 1508, Januar 1927). Auch hier wird i. allg. der Vorschub 20 mm entsprechend einem Trommeldurchmesser von 153 mm bei 24 Stunden Umlauf verwendet. Eine Umdrehung erfolgt meist in 24 Stunden, seltener in 12 Stunden, in Sonderfällen auch in 1 Stunde oder in 7 Tagen. Die Streifenbreite wird von dem Hub des betreffenden Meßsystems bestimmt und ist infolgedessen sehr verschieden.

Die Kreisscheiben sind bei uns wenig üblich. Da infolgedessen im Inlande weniger gegeneinanderstrebende Interessen vertreten waren, konnten sie einer vorsorgenden Normung mit mehr Erfolg unterworfen werden (DIN 1510, April 1929). Die Außendurchmesser der genormten Scheiben sollen 100, 150 und 205 sein. Ferner ist noch 330 mm Durchmesser mit Rücksicht auf ausländische Wünsche bei der Ausfuhr vorgesehen. Die Schreibbreiten sind 60, 100, 140 und 240 mm. Der Umlauf geschieht in 8, 12 oder 24 Stunden. Die Stundenlinien sind dick gedruckt; bei 24 Stunden für einen Umlauf erhält jede halbe Stunde eine Zeitlinie, bei 8 und 12 Stunden jede Viertelstunde.

Trommelstreifen und Kreisscheiben sind fast durchgängig aus stärkerem Papier hergestellt; beide brauchen ja auch bei der Art ihrer Befestigung einen größeren Halt in sich selbst. Der seitlich sorgsam geführte Bandstreifen wird dagegen durchscheinend, häufig fast durchsichtig, ausgeführt. Einige Mehrfachschreiber bedrucken das Papier von unten und sind daher auf durchscheinende Streifen angewiesen. Aber auch sonst erweist sich das durchscheinende Papier als vorteilhaft, insbesondere weil Pausen davon angefertigt werden können, und bei gleichem Vorschub durch Übereinanderlegen Vergleiche mit Streifen möglich sind, die aus anderen Meßzeiten stammen.

Die Zeitzahlen sind fast immer auf dem Registrierstreifen aufgedruckt; nur in Fällen, wo wechselnder Vorschub, etwa für Versuchszwecke, häufig ist, kann neutrales Papier ohne jeden Aufdruck zweckmäßig sein. Die Teilung des Meßwertes ändert sich dagegen von Fall zu Fall; deshalb sind die Meßwertteilungen nur hinsichtlich des Charakters der Meßgröße (quadratisch bei Mengenmessungen, im Anfang gedrängt für Strahlungspyrometer) vorzunehmen oder Papiere mit 3, 4, 5, 6, 8 oder 10 Hauptteilungen und 2, 4, 5 oder 10 Unterteilungen zu verwenden. Bequem und stets geeignet sind Zentimeterteilungen, die bei passender Festlegung des Skalenendwertes ohne Umrechnung abgelesen werden können. Die allgemeine Verwendbarkeit solcher Streifen erlaubt Massenherstellung der Papierrollen zu billigem Preis.

Ein häufiges Hilfsmittel für die Ablesung an Schreibgeräten ist die fast immer vorhandene Skala oberhalb oder seltener unterhalb der Schreibfeder. Für die Auswertung abgenommener Streifen ohne passende Teilung sind Ableselineale aus Papier oder besser noch Skalen aus Cellon mit aufgetragener Eichteilung sehr wertvoll. Solche durchsichtigen Skalen leisten auch bei der Mittelwertbildung nach Augenmaß gute Dienste.

Kreisscheiben und Trommelstreifen sind häufig vollständig vorgedruckt. Man geht aber darauf aus, solche nur für einen bestimmten Zweck verwendbaren Papiere zu vermeiden. Bei den Bandstreifen ist die Entwicklung schon weiter. Um Verwechslungen bei vielen Apparaten gleicher Art zu vermeiden, ist es angebracht, die Streifen schon vor der Abnahme oder Abtrennung durch Beschriften oder Stempeln mit allen nötigen Angaben zu versehen: Apparat- und Meßstellen-Nummer, Bezeichnung des Meßwertes, Meßbereich, Dimension und Datum. Es sind auch Stempel an den Apparaten angebracht worden, die selbsttätig von Zeit zu Zeit nicht nur die nötigen Angaben, sondern auch die Teilung auf den Streifen drucken. Da man bei der Auswertung dann doch ein Maßstablineal braucht oder sich die Teilungslinien einzeichnen muß, dürfte dies nur eine der Betriebssicherheit des betreffenden Apparats abträgliche Spielerei sein.

4. Triebwerk.

Zum Antrieb der Papierstreifen werden überwiegend selbsttätige mechanische Uhrwerke genommen[1]. Die Gangzeit beträgt einige Tage, meistens eine Woche, gelegentlich einen Monat. Das Uhrwerk wird vorwiegend innerhalb der Trommel angeordnet, über die der Registrierstreifen von den Stiften fortbewegt wird. Die verlangte Genauigkeit ist erheblich, wenn der Vorschub groß ist. Bei einem Vorschub von nur 10 mm/h wäre allerdings ein Vor- oder Nachgehen um 5 Minuten je Tag noch kaum einwandfrei festzustellen. Die erreichbare Grenze für die Ungenauigkeit ist wohl 1 Minute pro Tag in Anbetracht der Tatsache, daß das Uhrwerk in der üblichen Ausführung bereits einen sehr erheblichen Teil des Preises (10 bis 20%) ausmacht, der ohne Verteuerung des gesamten Apparates nicht gut noch weiter gesteigert werden darf.

Die Raumtemperatur scheint allgemein wenig Einfluß auf die Ganggenauigkeit zu haben, solange es sich nicht um extreme Temperaturen handelt, z. B. im Freien oder neben Öfen, vielleicht sogar bei erheblicher Strahlung.

Beim Vorhandensein eines Aufwickelwerkes ist darauf zu achten, daß dieses unter Umständen erheblich an dem Schreibstreifen zieht und dadurch das Uhrwerk entlastet. Da die Größe der Last merklich auf den Gang einwirkt, ist die Aufwickelvorrichtung immer gut aufgezogen zu halten und ihr Zug bei der Einregulierung des Uhrwerkes zu berücksichtigen.

Wenn viele Registrierapparate zusammenstehen, werden zweckmäßig alle Vorschübe von einer Hauptuhr betätigt, so wie das beim Betrieb von Nebenuhren üblich ist. Die Zahl der Kontakte richtet sich nach dem stündlichen Vorschub. Die Häufigkeit wird zweckmäßig so eingerichtet, daß jeder Schritt nicht mehr als etwa $\frac{1}{3}$ mm beträgt. Die

---

[1] **Baltzer, J.**: Antriebswerke schreibender Meßgeräte. Elektrotechn. Z. Bd. 16 (1933) S. 377—379.

Vorteile dieser teureren Einrichtung sind die Unabhängigkeit von der Belastung des einzelnen Registrierwerkes und die genauere, an allen Apparaten übereinstimmende Zeitangabe.

Der Antrieb durch Synchronmotore hat in neuester Zeit an Ausdehnung zugenommen. Dabei wird als Zeitgeber die nach einer Normaluhr geregelte Netzfrequenz benutzt, deren Fehler nur wenige Sekunden je Tag beträgt. Die Synchronmotoren sind für Einzelantrieb besonders in Amerika viel in Gebrauch. Andere kleine Motoren müssen genaue Drehzahlregler bekommen und können trotzdem niemals so genau laufen wie die Synchronmotoren, die kein weiteres Zubehör brauchen.

Gemeinsamer Vorschubantrieb für mehrere nebeneinander montierte Schreiber mit Hilfe eines Mutteruhrwerkes und einer durchgehenden Welle ist trotz der Einfachheit nur noch selten in Gebrauch, wohl weil die Freiheit des Montierens dadurch erheblich beengt wird. Dagegen werden von einem Kontaktwerk betätigte elektromagnetische Klinkwerke häufig angewendet.

C. Schnellschreiber und Störungsschreiber.

1. Schnellschreiber.

Unter besonderen Gesichtspunkten sind die „Schnellschreiber" zu behandeln. Darunter sollen solche Apparate verstanden sein, die schnellverlaufende technische Vorgänge aufzuzeichnen vermögen, ohne deshalb gleich mit den Schwingungsmessern vergleichbar zu sein. Bei Vorgängen, deren Periodendauer bei erheblicher Schwankung in bezug auf einen Mittelwert unter 1 Minute fällt, sind Fallbügelschreiber und überhaupt Relaisschreiber nicht mehr verwendungsfähig. Das kleinste Intervall, in dem der Fallbügel betätigt werden kann, ist etwa 10 Sekunden, so daß selbst bei Verbindung aller 6 Anschlüsse eines Sechsfachschreibers mit derselben Meßstelle nur 6 Punkte auf jede Periode kommen würden.

Bei den Tintenschreibern ist es hauptsächlich eine Frage der Eigenschwingung des Systems samt Schreibhebel, ob die Verwendung für kurzzeitige Schwankungen noch möglich ist. Wie oben erwähnt, sind z. B. Membrandruckschreiber bis zu Perioden von wenigen Sekunden brauchbar. Darunter tritt die Eigenschwingung zu sehr durch Verzerrung der Kurven in Erscheinung. Schwankungen im Gasdruck von einigen Sekunden Dauer können also ohne Schwierigkeit unmittelbar aufgezeichnet werden. Man braucht nur den Vorschub danach einzurichten, wobei etwa bei einfachster Form der Kurven je Schwingung 1 mm Vorschub zu rechnen ist. Im Druck sind Schwankungen dieser Dauer aber recht selten. Dort handelt es sich meistens um Perioden von $^1/_5$ bis 1 Sekunde, wie sie überall auftreten, wo Kolbenmaschinen mit Gas- oder Luftleitungen in Verbindung stehen. Was da zu unternehmen ist, soll weiter unten erörtert werden (S. 54).

Schwankungen mit der genannten Periode von etwa 3 Sekunden an aufwärts treten insbesondere bei Temperaturmessungen auf. Es sei ein Beispiel aus dem Walzwerksbetrieb angeführt. Aus dem Glühofen gezogene Blöcke liegen nur wenige Sekunden zum Anvisieren auf der

Rollbahn und werden dann weggerollt. In diesen wenigen Sekunden soll die Temperatur der Blöcke aufgezeichnet werden. Dabei soll ferner an der Zahl der Kurven auch die Zahl der Blöcke festgestellt werden.

Der Schreiber nach Abb. 69 bewerkstelligt diese Messung mit Hilfe einer vibrierenden Schreibunterlage, die nur zeitweise eine Berührung zwischen Schreibstreifen und Glaskapillarfeder herbeiführt[1]. Die bei dauernder Berührung zwischen Schreibstreifen und Feder unvermeidliche Reibung wird dabei aufgehoben und dem Meßwerk Gelegenheit zum richtigen Einstellen gegeben. Die Zahl der Vibrationen ist 50 je Sekunde. Es ergibt sich zwar keine fortlaufende, durch einen deutlichen Strich dargestellte Aufzeichnung, aber der Eindruck einer geschlossenen Kurve ist unzweifelhaft vorhanden. Bei vorstehend genannter Temperaturmessung ist das elektrische System des Schreibers an ein Strahlungspyrometer angeschlossen.

Ein geschlossener Kurvenzug wird für die gleiche Meßaufgabe unter Verwendung des sogenannten J/P-Wandlers mit nachgeschaltetem Luftdruckschreiber erreicht.

Abb. 69. Vibrations-Schnellschreiber (Hase).

Einige Einzelheiten dieser dem Druckwandler (s. S. 14) ähnlichen Stromwaage sind in Abb. 70 dargestellt. Der sekundäre Luftdruck wird als Maß der Temperatur an einem normalen Druckschreiber in Tintenregistrierung aufgezeichnet.

Es folgt aus dem Gesagten, daß auch mit unterdrücktem Nullpunkt gearbeitet werden kann, so daß ein nicht weiter interessierendes Meßgebiet weggelassen und das verbleibende vergrößert dargestellt werden kann. Dies geschieht mit Hilfe einer Vorspannfeder an der Sekundärmembran. Gleicherweise können — zur Lösung obengenannter Aufgabe — zwei Strahlungspyrometer in Gegeneinanderschaltung die Reihenfolge

---

[1] Z. Feinmech. Präz. 1930 Nr. 2 S. 6—8.

auf beiden Seiten eines Glühofens als unbestechlicher Beobachter aufschreiben, indem die für die eine Ofenseite gültige Kurve nach rechts von der Schreibstreifenmitte, die andere nach links aufgezeichnet wird.

Noch schnellere Schwankungen, wie z. B. die schon erwähnten Gasdruckschwankungen mit Perioden von $^1/_5$ bis 1 Sekunde, können mit einfachen mechanischen Schreibgeräten nicht mehr dargestellt werden. Zum Glück kommt es in solchen Fällen, abgesehen von wissenschaftlichen Untersuchungen, gar nicht auf die Struktur dieser Schwankungen

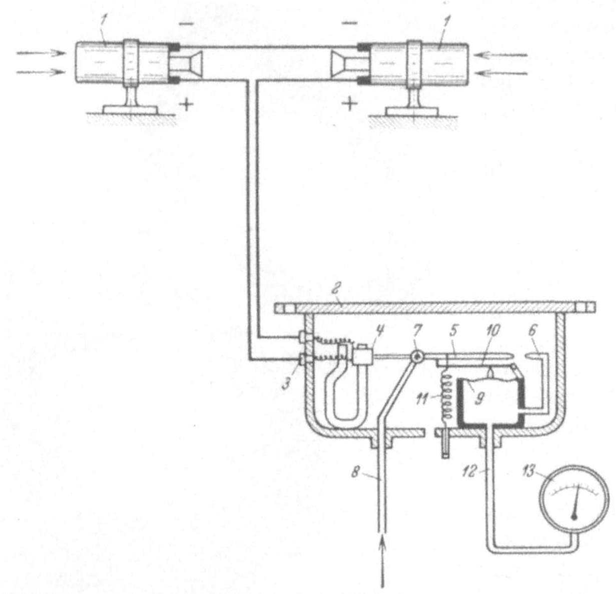

Abb. 70. Stromwaage J/P-Wandler als Schnellschreiber am Glühofen (vgl. S. 16).
1 Gebergerät (Strahlungspyrometer in Gegeneinanderschaltung, je eins rechts und links vom Glühofen), *2* Stromwaage J/P, *3* Anschlußklemmen, *4* Meßwerk (Magnet und Spule), *5* Strahlrohr, *6* Auffangdüse, *7* Drehpunkt, *8* Betriebsluftanschluß, *9* Rückführmembran, *10* Rückführhebel, *11* Vorspannfeder zum Verschieben des Meßbereichs, *12* Meßdruck-Entnahme und Fernleitung, *13* Ablese- oder Schreibgerät.

an; die Schwankungen sind nur Störungen bei der Messung des einzig wesentlichen Mittelwerts des Druckes. Dieser wird, wie schon erwähnt, durch starke Drosselung in der Zuführungsleitung erreicht. Sind die Schwankungen aber sehr hart, z. B. dicht bei einer Kolbenmaschine, dann müßte die Drosselung so stark werden, daß sie auch den mittleren Verlauf der Druckkurve erheblich hemmen würde. Muß man sich deshalb zu einer geringeren Drosselung entschließen, dann verkleckst die Tinte den Papierstreifen. Manchmal hilft nur ein Kunstgriff: Man läßt den Vorschub ruckweise, etwa ½ bis 1 mm, schalten, beispielsweise durch ein Klinkwerk, so daß sich mit Sicherheit auch bei verschmutzter Feder die Striche nicht mehr berühren können. Damit aber die Tinte, durch die Hin- und Herbewegung unterstützt, das Papier nicht aufweicht, darf der Vorschub nicht zu gering gewählt werden. Unter 60 mm wird man kaum gehen können, denn dann fährt die Feder bereits ½ bzw. 1 Minute auf der gleichen Stelle hin und her.

Für eine genaue Darstellung solcher kurzer und kürzester Schwingungskurven sind Oszillographen notwendig. Von den elektrischen Oszillographen soll hier ganz abgesehen werden; sie sind anderwärts viel behandelt worden. Hier sei nur noch ein Druckoszillograph erwähnt, der ebenfalls mit Lichtzeiger und photographischer Registrierung arbeitet und feine Gasdruckschwingungen zu verfolgen gestattet. Abb. 71 zeigt ihn im Schnitt. Die nahezu masselose Metallmembran steuert einen kleinen Spiegel, der einen Lichtstrahl auf einen Filmstreifen wirft. Eine

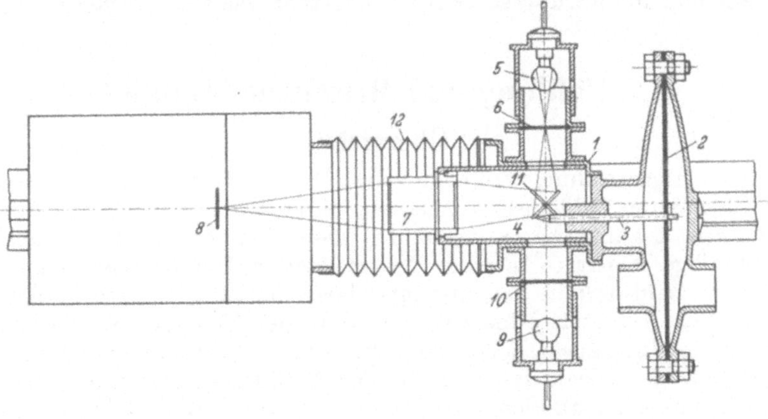

Abb. 71. Druckoszillograph im Schnitt (Askania).
1 lichtdichtes Gehäuse, *2* Metallmembran, *3* Druckstift, *4* drehbarer Spiegel, *5, 9* Lichtquellen, *6, 10* Blenden, *7* Objektiv, *8* Filmkamera, *11* feststehender Spiegel, *12* lichtdichter Balgen.

zweite Lichtquelle gibt zusammen mit einem festen Spiegel die Zeitmarken[1].

2. Störungsschreiber.

Störungsschreiber dienen zur Registrierung von Spannungs- und Stromstörungen kurzer Dauer; einer Übertragung ihrer Methoden auf mechanische Messungen stände nichts im Wege. Sie sollen schnell verlaufende Vorgänge, aber solche von nichtperiodischem Charakter, die selten und ganz unvorhergesehen eintreten, aufzeichnen; nach Ablauf dieser Störung ist die Meßgröße dann wieder für unabsehbare Zeit normal.

Hier kann aus Gründen der Übersicht und der Kostenersparnis nicht dauernd mit dem für kurze Zeit notwendigen schnellen Vorschub gearbeitet werden. Im Augenblick des Beginns der Störung schaltet also ein Relais den Vorschub des Meßstreifens auf ein Vielfaches um und schaltet nach Beendigung der Störung den normalen Vorschub wieder ein. Es läßt sich jedoch nicht vermeiden, daß wertvolle Zeit in der Größe von einigen Zehnteln einer Sekunde verlorengeht, bis der schnelle Vor-

---

[1] Gas- u. Wasserfach 1929 S. 627.

schub über das Relais in Tätigkeit gekommen ist. Der Anfang der Störung kann also nicht mit aufgezeichnet werden.

Das Kreisdiagramm löst diese Aufgabe recht elegant. Der Vorschub ist immer der schnelle, so daß die Schreibfeder mehrere Male den gleichen Kreis bestreicht, ehe eine Störung eintritt; diese wird dann durch einen Buckel dargestellt. Allerdings läßt sich der Zeitpunkt der Störung nachträglich nur feststellen, wenn er noch einmal besonders markiert wird.

In neuester Zeit können auch Drehspulsysteme mit einer Eigenschwingungsdauer von weniger als $^1/_{10}$ Sekunde je Halbschwingung hergestellt und in Störungsschreibern dienstbar gemacht werden[1].

IV. Zählung und Mittelwertbildung.

Übersicht.

Wie schon erwähnt, wird heute darauf hingearbeitet, die Summierung von besonderen Zähleinrichtungen ausführen zu lassen, so daß das umständliche Planimetrieren wegfällt. Diese Zählvorrichtungen können selbständige Apparate sein; in den meisten Fällen begnügt man sich aber, ein Zählwerk in das Anzeiger- oder Schreibergehäuse zusätzlich einzubauen. Die Meßsysteme sind zwar in der Mehrzahl ohne weiteres dazu fähig, diese zusätzliche Arbeitsleistung zu übernehmen; es ist aber keineswegs das Ideal, daß man bei der Ausbildung von Schreibinstrumenten, unter Umständen zum Nachteil ihrer eigentlichen Bestimmung, auf den Anbau mechanischer Zählwerke Rücksicht nehmen muß.

A. Planimeter.

Die übliche Art, Gesamtmengen zu bestimmen, wird vorläufig noch das Planimetrieren bleiben. Es handelt sich dabei um die Ausmessung der Fläche unter dem betreffenden Linienzug.

Häufig genügt Auszählen der Netzquadrate, falls die Schreibstreifenlinierung gerade dazu paßt; von der Kurve zerschnittene Quadrate müssen in ihren Bruchteilen geschätzt werden. Sonst hilft man sich durch Auflegen von Millimeter-Pauspapier. Ausschneiden der Kurve und Wägen im Vergleich mit dem Gewicht eines Flächenstückes bekannter Größe wird nur selten, z. B. bei starkem Kartonpapier, wie es bei Trommelschreibern üblich ist, genau genug.

Die Mittelwertbildung stellt im Grunde die gleiche Aufgabe. Denn die mittlere Höhe einer Kurve, multipliziert mit der Grundlinie des betrachteten Kurvenabschnittes, gibt ebenfalls die Fläche in Quadratzentimetern. Die Bestimmung der mittleren Höhe kann bei regelmäßigen Kurven recht genau frei nach Augenmaß oder noch besser mit Hilfe eines durchsichtigen Cellon-Lineals erfolgen. Der Fehler ist dann nicht viel größer als bei einer sorgsam ausgeführten Planimetrierung.

---

[1] Siemens-Z. 1931 Nr. 7 S. 325—333.

Kurven mit langsamen Änderungen, also ohne Spitzen, lassen sich zeichnerisch-rechnerisch leicht und genau mit der Simpsonschen Regel oder einem ähnlichen Hilfsmittel der praktischen Mathematik auswerten. Dazu werden in regelmäßigen Abständen die Ordinatenlängen bis zur Kurve festgestellt und nach dem Schema der betreffenden Regel addiert (Abb. 72).

Die gebräuchlichste Planimeterart, das Polarplanimeter, ist auch für die Auswertung beliebiger Meßstreifen verwendbar. Doch empfiehlt es sich, wenn solche Planimetrierungen häufig sind, besondere Vorrichtungen zu benutzen, die das Befahren der Grundlinie nicht erforderlich machen und deshalb beliebig lange Streifen ohne Absetzen auszuwerten ge-

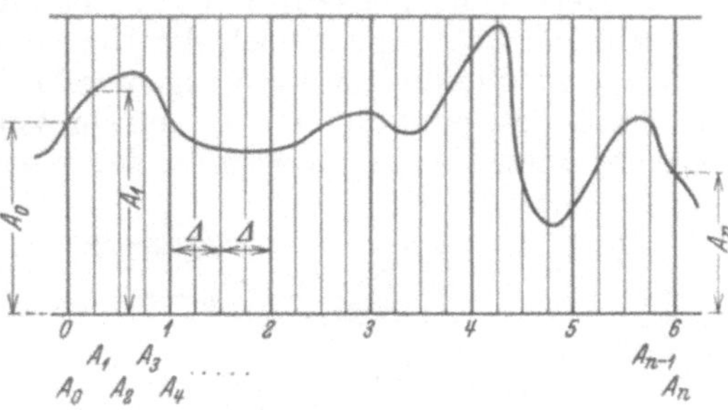

Abb. 72. Auswertung eines Diagramms nach der Simpsonschen Regel.

$$F = [A + 4A_1 + 2A_2 + 4A_3 + \cdots$$
$$+ 2A_{n-2} + 4A_{n-1} + A_n] \cdot \frac{\Delta}{6}$$
$$= [A_0 + A_n + 4 \cdot (A_1 + A_3 + \cdots + A_{n-3} + A_{n-1})$$
$$+ 2 \cdot (A_2 + A_4 + \cdots + A_{n-4} + A_{n-2})] \cdot \frac{\Delta}{6}.$$

statten. Dafür sind die Schlittenplanimeter nach Abb. 73 geschaffen worden. Einstellbar für Streifenbreiten von 70 bis 145 mm, haben sie

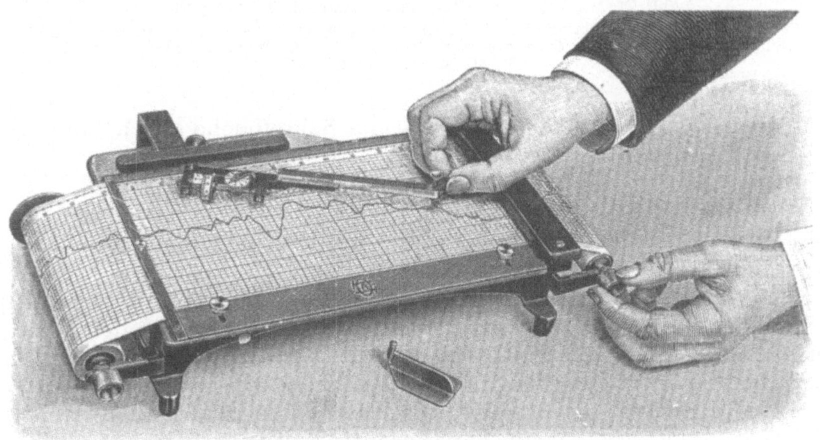

Abb. 73. Schlittenplanimeter (A. Ott, Kempten).

außerdem den Vorzug, daß der Streifen mit Hilfe von Aufwickelrollen unter dem Planimeter, das auf dem Rand seinen Festpunkt hat, hindurchgezogen wird; die Rolle braucht nicht wieder zurückgedreht zu werden. Die Planimetrierung fängt auf der Grundlinie an und endet auch wieder auf ihr; die Grundlinie selbst wird also von dem Fahrstift nicht bestrichen. Spezialplanimeter stellen auch auf die theoretische Nullinie (z. B. der Schwimmermanometer) ein (S. & H.).

Auch die runden Scheibendiagramme amerikanischer Art können planimetriert werden; dazu wird ein Radialplanimeter benutzt.

Universalplanimeter nach Abb. 74 sind als Polar-, Roll- und Radialplanimeter verwendbar; die Umstellung erreicht man durch besondere Zusatzteile (Führungswalze ABC, Polararm P).

Für die Zählung ist noch die Umwandlung der Quadratzentimeter oder Quadratmillimeter ins Mengenmaß nötig. Dazu muß ein Verhältnismaßstab bestimmt werden. Bei einem Vorschub von 20 mm z. B. entspricht 1 mm Länge $^1/_{20}$ Stunde. Bei einer Schreibbreite von 100 mm,

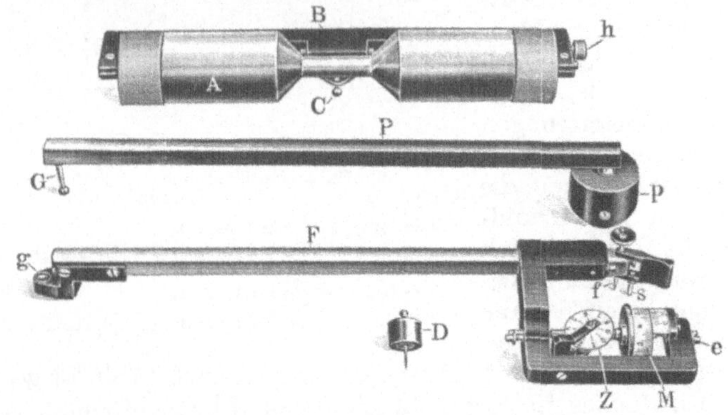

Abb. 74. Universalplanimeter mit Zusatzteilen (nach Hydro).
Fahrgestell FM (Radialplanimeter), Polararm GPP (Polarplanimeter), Führungswalze ABC (Rollplanimeter), Zentrum D, Fahrstift f, Stütze s für den Fahrstift, Planimeterrolle M, Zählscheibchen Z.

entsprechend z. B. 10000 m³/h, ist 1 mm Schreibhöhe gleich 100 m³/h. Daraus folgt, daß

$$1 \text{ mm}^2 = {}^1/_{20} \cdot 100 \text{ h m}^3/\text{h} = 5 \text{ m}^3$$

ist. Damit kann dann weiter gerechnet werden. Bei 60 mm stündlichem Vorschub würde 1 mm² 1⅔ m³ bedeuten.

Bei allen Mengenmessern, die nach dem Differenzdruck-Prinzip arbeiten, ist noch zu beachten, daß durchweg der Anfang der Teilung nicht linear, sondern quadratisch ist. Meist liegt die Grenze der Proportionalität zwischen Menge und Schreibhöhe bei 10% vom Endwert des Meßbereiches, obwohl es praktisch nur in seltenen Fällen erforderlich wäre, weiter als bis zu 20% herunter zu gehen. Man kommt dann schon recht tief in den Unempfindlichkeitsbereich hinein, der sich bei keinem Mengenmesser dieser Art vermeiden läßt. Auch würde es nur ein Zeichen dafür sein, daß der Meßbereich falsch festgelegt ist, wenn die Registrierung die meiste Zeit unterhalb von 20% vor sich gehen würde; kurzzeitige Unterschußflächen fallen dagegen bei der Planimetrierung kaum ins Gewicht. Bei einigen Bauarten ist die Nullinie der Schreibfeder infolge Verkürzung des unteren Skalenteiles nicht zugleich die Nullinie der Planimetrierung; darauf ist beim Ansetzen des Planimeters zu achten.

Rein quadratische Aufzeichnungen sind unpraktisch, wenn aus ihnen die Menge durch Planimetrieren gefunden werden soll. Die ganze Kurve müßte ja erst umgezeichnet werden, damit alle Ordinaten gleichen Maßstab, in der Mengeneinheit gemessen, bekommen. Es gibt zwar auch Planimeter für quadratische Registrierungen, sogenannte Potenzplanimeter, doch sind sie für diese Zwecke ungebräuchlich.

Quadratische Registrierung kann von Vorteil sein, wenn die Zählung elektrisch oder mechanisch mit einem besonderen Zählwerk geschieht. Nicht wurzelziehende Apparate sind nämlich i. allg. bedeutend billiger und können recht praktisch im Gebrauch sein, wenn es besonders auf den stark vergrößerten oberen Teil des Meßbereiches ankommt.

B. Angebaute Zählwerke.

Für die Zählwerke werden heute fast nur noch Zahlenrollen, die in einer Reihe angeordnet sind, verwendet. Auch Neukonstruktionen von Gaszählern erhalten nicht mehr 5 oder 6 Zählkreise, die obendrein noch abwechselnd in verschiedener Drehrichtung durchlaufen werden, sondern sie besitzen außer dem Zahlenrollenwerk 1 oder 2 kleine Zeiger für die Dezimalen oder wie bei dem Experimentiergaszähler einen großen Zeiger für die weitere Unterteilung der Einheit.

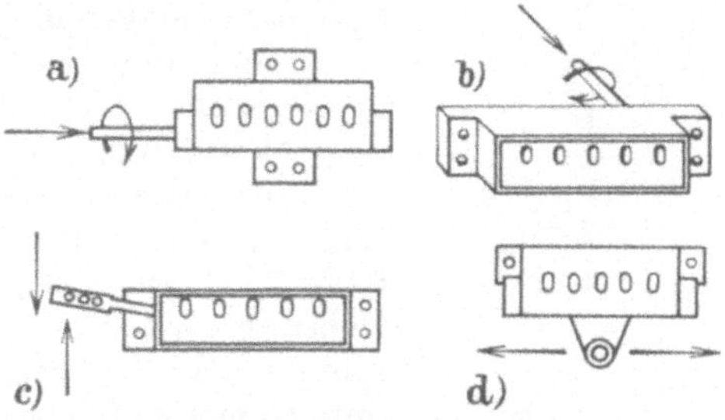

Abb. 75. Antriebsarten für Zählwerke.

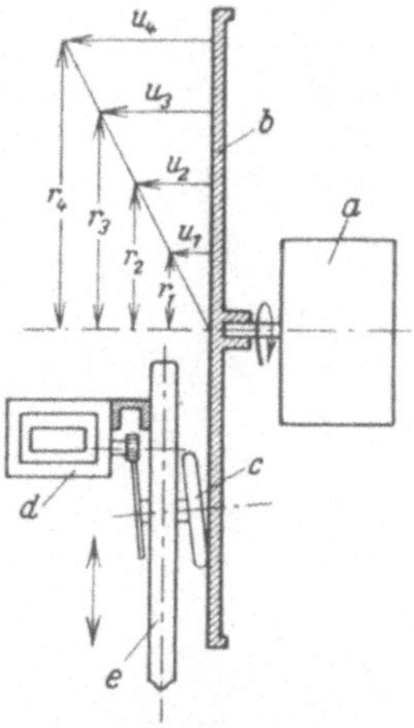

Abb. 76. Reibradgetriebe mit Zählwerk.
a Antrieb, b Treibscheibe, r Abstand von der Drehachse, u Umlaufgeschwindigkeit, c getriebenes Rädchen, d Zählwerk, e Teil des Hauptgeräts, hin- und herbewegt trägt c und d.

Der Antrieb der Zählwerke ist sehr verschieden. Es gibt gleichachsigen Antrieb, Antriebe durch Kette oder Schnur, mit Zahnrad, mit Exzenter usw. (Abb. 75). Bestimmend ist die Eigenart des gekuppelten Meßsystems.

Bekannt sind die als Planimeter- oder Integrierwerk bezeichneten Zählwerke, die an dem betreffenden Meßapparat angebaut werden. Sie sind mit dem Meßsystem meistens über Reibräder verbunden (s. a. Abb. 210); aus Abb. 76 geht die Wirkungsweise hervor. Die große Scheibe wird von einem Uhrwerk, das zugleich den Papiervorschub betätigen kann, gleichmäßig langsam um ihre Achse gedreht. Die kleine Scheibe, die senkrecht oder unter einem beliebigen Winkel auf der großen aufliegt und mit dem Zählwerk gekuppelt ist, wird durch Reibung mitgenommen und dreht sich dabei. Je weiter die Berührungsstelle vom Drehpunkt der großen Scheibe entfernt ist, desto größer ist die Geschwindigkeit, mit der sie sich dreht. Die kleine Scheibe samt Zählwerk steht mit dem Meßsystem in Verbindung und wird proportional dem Hub des Meßsystems und damit notwendigerweise auch proportional dem Meßwert auf der großen Scheibe verschoben. Bei Null liegt sie in deren Mittelpunkt auf und dreht sich daher nicht. Der Radius der Triebscheibe ist gleich dem Verstellweg des Meßsystems oder größer. Jedenfalls ist die Umdrehungszahl der getriebenen Scheibe bzw. ihr Weg auf der großen proportional dem Meßwert.

Das getriebene Scheibchen würde bei Schwankungen des Meßwertes, also bei häufigem Hin- und Hergehen auf der Treibscheibe, erhebliche Reibungsfehler verursachen. Bei neueren Ausführungen erhielt es daher an seinem Rande eine Reihe hervorstehender Gleitrollen, durch welche bei Seitwärtsbewegung die gleitende Reibung in rollende verwandelt wird (Abb. 77).

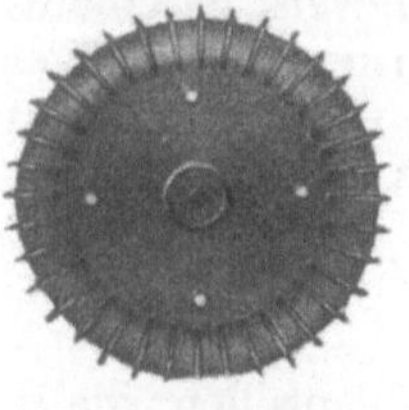

Abb. 77. Laufrädchen mit Gleitrollen für Reibradgetriebe.

Allen mit Reibrädern arbeitenden Übertragungsformen haftet eine gewisse Unsicherheit durch die Abhängigkeit von der Reibung an. Unbrauchbar sind Reibradgetriebe bei Erschütterungen. Da sich diese aber nie ganz vermeiden lassen, ist das mangelnde Zutrauen zu der Betriebssicherheit dieser Planimetrierwerke durchaus verständlich.

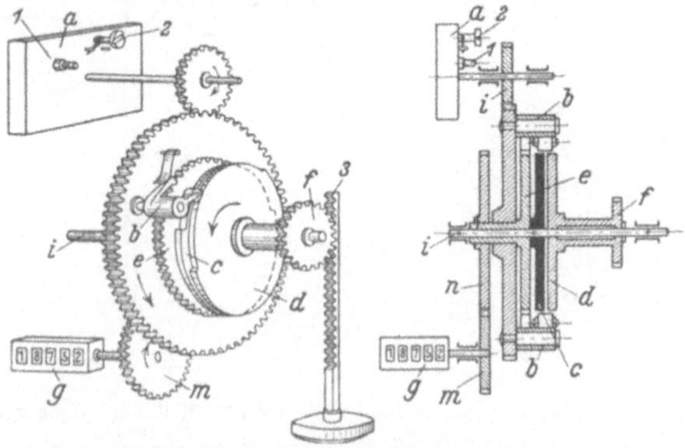

Eine andere Zählvorrichtung, die mit dem Meßsystem nicht nur durch Reibung gekuppelt ist, zeigt die Abb. 78. Diese Vorrichtung wird ebenfalls unmittelbar an Strömungsmesser angebaut und eignet sich besonders, wie es auch in der Abb. 78 angedeutet ist, für Schwimmermesser[1]. Von den beiden Scheiben c und d ist die eine fest, die andere steht über das Zahnrad f mit der Zahnstange des Schwimmers in Verbindung. Scheibe d wird also je nach dem Hub mehr oder weniger gegenüber Scheibe c verdreht. Die Klinke b greift nur dann in das Rad e ein, welches das Zählwerk über das Zahnrad m antreibt, wenn die auf der gleichen Achse sitzende Rolle in den Aussparungen der beiden Scheiben c und d läuft. Die Länge der gleichgelegenen Aussparungen beider Scheiben ändert sich proportional dem Hub der Schwimmerstange zwischen Null und einem durch die

Abb. 78. Mechanisches Zählwerk (S. & H.).
a Uhrwerk, 1 Aufzug, 2 Verriegelung, 3 Schwimmer mit Zahnstange.

---

[1] Lohmann: Siemens-Z. 1931 Heft 4 S. 180—187.

Zähnezahl gegebenen Größtwert, der aber offenbar kleiner als der halbe Scheibenumfang sein muß. Das Zählwerk g würde also höchstens die halbe Zeit einer Umdrehung laufen können, wenn nicht zwei um 180° versetzte Klinken vorhanden wären.

Dem Wesen nach ähnlich sind alle zur Zählung dienenden Zeit-Schalteinrichtungen. Die Zählvorrichtungen von Samson benutzen Staffelwalzen, die nur während eines Teils der Umdrehung im Eingriff bleiben, da ihre Zähnezahl längs der Achse von Null an zunimmt (s. Wärmemengenzähler Samson Abb. 303). Beim Integrierwerk von Fueß wird eine Sperrklinke für eine dem Meßwert proportionale Zeit periodisch aus dem Eingriff genommen. Ähnlich arbeitet auch die Zählung am Wärmemengenmesser Pondo (Abb. 304). Brown Co., Philadelphia, und andere benutzen Motor und Zeitschalter zur Betätigung des Zählwerkes.

Die bekannteste Verwendung der Zählwerke bieten die Drehzahlmesser in ihren vielen Ausführungen, zu denen auch die kleinen Kilometerzähler zu rechnen sind. Die Betätigung des Zählwerkes bei Gaszählern und Wasserzählern ist auch sehr einfacher Art; das drehende oder pendelnde System des Meßwerkes ist unmittelbar durch Zahnrad oder Hubgestänge mit dem Zählwerk gekuppelt.

Zu erwähnen ist noch, daß heute die Zählwerke, besonders zum Gebrauch für kurzzeitige oder häufig wiederholte Einzelmessungen, z. B. bei Benzinzählern in Tankstellen (s. Abb. 218), durch Betätigung einer Auslösung auf Null zurückgestellt werden können.

C. Selbständige Zählwerke.

Getrennt vom Meßgerät aufgestellte Zählwerke werden elektrisch betätigt. Der Kippwassermesser nach Abb. 213 (s. S. 173) enthält außer dem unmittelbar angetriebenen Zählwerk gelegentlich noch einen Kontakt, der bei jedem Kippen des Meßgefäßes geschlossen wird und an beliebig entferntem Ort ein weiteres Zählwerk betätigt. Auch Wasserzähler, die an schwer zugänglichen Stellen eingebaut sind, können ein solches Kontaktwerk bekommen, um den Zählerstand an eine für die Ablesung bequemere Stelle zu übertragen.

Die elektrischen Zählwerke in Gestalt der Elektrizitätszähler (s. S. 13) werden an einen Fernsender, der im Meßapparat angebracht ist (s. S. 66), angeschlossen. Sie benutzen die Stromstärke als Maß für den Meßwert und verlangen daher zur Vermeidung größerer Fehler möglichst konstante Spannung. Bei Wechselstromzählung ist auf den Ausgleich von Spannungsschwankungen ganz besonders zu achten, denn der prozentuale Fehler verdoppelt sich bei gewöhnlichen Wattstundenzählern. An Gleichstrom-Amperestundenzählern kann die bei geringer Belastung eintretende Minderanzeige durch besondere Regelwiderstände vermieden werden.

Die Spannungsschwankungen im Wechselstrom können durch eine Eisendrahtlampe herausgeregelt werden. Bei Batteriebetrieb sollte die Kapazität nur zu etwa 10% ausgenutzt werden, weil die Spannung sonst um mehr als 1% sinkt. Abb. 79 zeigt eine komplette Zählerstation

unter Verwendung eines Motorzählers, dem gegenüber die Elektrolyt-
oder Stiazähler, abgesehen von wenigen Sonderzwecken (s. S. 289 u. S. 247
Rauchgas- und Wärmezähler), ganz
in den Hintergrund treten.

Abb. 79. Zählerstation bestehend aus Motor-
zähler, kleinem Spannungsmesser, Drehwiderstand, Ausschalter.

D. Mittelwertbildung, Maximumschreiber und Summenzähler.

Mit Hilfe der elektrischen Zähler ist eine besondere Art von Mittelwertbildung in den sogenannten
Maximumschreibern   Abb. 80
ausgeführt worden. Für die Tarifgestaltung ist der Höchstwert des
Kraftverbrauches, den ein Verbraucher beansprucht, maßgebend, da
sich die Größe der Kraftwerke nach
der Höchstlast richtet. Es kommt
jedoch nicht so sehr auf die Höhe
von momentanen Mengen an, für
die eine Leistungsreserve — und
wenn nur in der lebendigen Kraft
der Rotormasse — immer vorhanden ist; eine Preiserhöhung soll
erst dann eintreten, wenn die zugestandene Höchstleistung länger als eine vereinbarte Zeitspanne überschritten wird. Die Zählwerke hierfür sind so eingerichtet, daß sie alle

10 oder 15 Minuten, in
Sonderfällen auch erst
nach längerer Zeit, den
inzwischen aufgelaufenen
Betrag an kWh registrieren. Die zugestandene
Höchstlast gibt diesem
Summenbetrag einen bestimmten Höchstwert, der
nicht überschritten werden soll.

Diese Bestimmung der
Durchschnittsbelastung
in einem gleichbleibenden
Zeitraum kann auch für
andere Vorgänge verwendet werden. Ein Beispiel
ist die Feststellung des

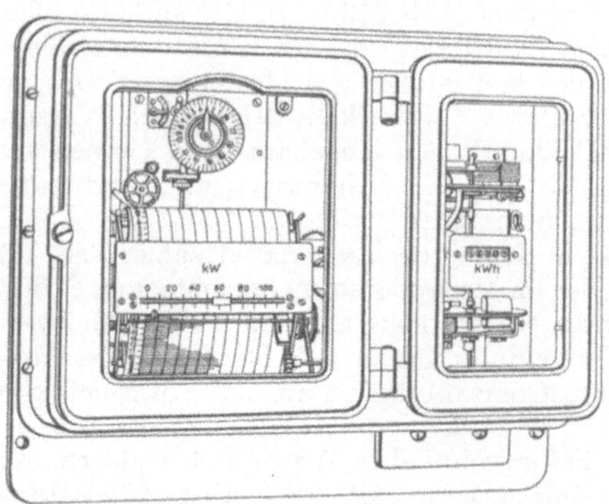
Abb. 80. Maximumschreiber Maxigraph (Firchow). Links
der Schreiber, rechts der zugehörige Zähler.

Mittelwertes der Vorschubgeschwindigkeit bei Schleifern[1]. Wollte man

---

[1] Wbl. Papierfabr. Bd. 29 (1930) S. 938—39.

hier den Vorschub momentan messen, etwa mit Hilfe der Drehzahl des Vorschubmotors, so würde man eine stark veränderliche Kurve erhalten, die keine geeignete Grundlage für eine Regulierung abgeben kann. In diesem Falle wird der Maximumschreiber, statt wie sonst von einem Elektrizitätszähler, unmittelbar von dem Vorschubmechanismus angetrieben. Dieses Verfahren zur Darstellung schnell veränderlicher Größen berührt sich mit den Angaben, die im Abschnitt „Registrierung" über Schnellschreiber gemacht wurden. Weiterhin geben Mittelwertgeräte die Möglichkeit, bei Mengenzählern aller Art (s. S. 176) einen Anhalt über die jeweilige Belastung zu gewinnen, indem man den Zähler entsprechend der durchfließenden Menge Kontakte geben läßt und diese periodisch summiert.

Abb. 81. Pyramiden-Summenzähler (S. & H.), mit 8 elektromagnetischen Klinkwerken arbeitend. Je 2 Systeme werden zusammengefaßt, von den entstehenden 4 Teilsummen wieder je 2 usw.

In den letzten Jahren spielen auch Summenzähler eine immer größere Rolle. Sie werden dort verwendet, wo viele gleichartige Meßgrößen einzeln aufgenommen werden, wo es aber nur auf ihre Gesamtheit ankommt, also z. B. für die Summierung des Heizdampfverbrauchs vieler Abnehmer als Richtlinie für die Erzeugung. Bei den rein elektrischen Summenzählern wirken mehrere Zählsysteme auf eine gemeinsame Triebachse. Ein mechanisches Summenzählwerk mit elektromagnetischen Klinkwerken und paarweiser Summierung in Stufen (daher „Pyramide") zeigt Abb. 81.

V. Fernübertragung[1].

Übersicht.

Als erstes liegt die Frage nahe, von welcher Entfernung an überhaupt von einer Fernübertragung gesprochen werden kann. Die Beantwortung dieser Frage ist jedoch viel nebensächlicher, als es zunächst erscheint. Die Entscheidung: Eine Fernübertragung liegt vor, wenn eine

---

[1] Groß: Stahl u. Eisen 1928 S. 297 (Mitt. 109 der Wärmestelle Düsseldorf). von Sothen: Arch. Eisenhüttenw. 1931/32 Nr. 1 S. 17—28; Nr. 2 S. 81—93 (Mitt. 152—153 der Wärmestelle Düsseldorf).

besondere Vorrichtung über die einfache Meßanordnung hinaus angewendet wird, klärt ja die Sachlage. Die Entfernung spielt dann erst die zweite Rolle, und in der Tat ist die Grenze zwischen der Fernmessung mit besonderer Fernübertragung und ohne eine solche sehr verschieden, je nach den gewählten Verfahren.

Fernmessen ist auf hydraulischem, pneumatischem und elektrischem Wege möglich. Es bestehen zwischen den drei Arten starke Unterschiede hinsichtlich der Verwendungsgrenzen, die von den Kosten, der Genauigkeit, der Anzeigeverzögerung und vielerlei betrieblichen Umständen abhängig sind. Oberhalb einer bestimmten Grenze, die etwa bei 500 m Entfernung liegt, sind die elektrischen Fernmeßverfahren überlegen.

A. Die Fernmessung auf hydraulischem und auf pneumatischem Wege,

die zunächst allein für alle vorkommenden Entfernungen in Frage kam, wurde lange Zeit vernachlässigt. Dabei ist sie doch für viele Druck- und Mengenmessungen die naturgegebene, einfachste Übertragungsart. Theoretisch wird sie kaum erörtert, und doch stellt sie sehr interessante Einzelfragen, die von großer Wichtigkeit für die Ausführung sind.

Bei der hydraulischen Fernmessung ist durch zahlreiche Arbeiten an und über Wasserkraftanlagen geklärt, in welcher Weise sich der Impuls fortpflanzt. Es findet bei Druckerhöhung in der Meßleitung kein merkbarer Materialtransport statt; die Druckfortpflanzung geht mit Schallgeschwindigkeit vor sich.

Anders liegen die Verhältnisse bei der pneumatischen Fernmessung. Hier wird für die Fortpflanzung eines Druckanstieges in die lange Meßleitung ein Gastransport notwendig, der eine gewisse Zeit erfordert. Nahe dem Ausgleich geht er immer langsamer vor sich und nähert sich asymptotisch dem Meßwert. Die Feinstruktur von Druckschwankungen kann dabei natürlich nicht mehr voll ausgezeichnet werden und die Anzeige am Ferninstrument gleicht immer mehr dem Mittelwert.

Die Verzögerung in der Anzeige beläuft sich bei den verwendeten Leitungen von mindestens 10 mm l. W. auf höchstens einige Sekunden. Ausschlaggebend ist das Füllvolumen des angeschlossenen Meßapparates, das bei pneumatischen Instrumenten unter Umständen eine erhebliche Größe haben kann. Ein Tauchglockenmesser braucht einige Liter, ein Membrangerät dagegen nur einige Kubikzentimeter Gas, die durch die ganze Leitung hindurch nachströmen müssen. Membranmesser sind also bei pneumatischen Fernmessungen hierdurch im Vorteil.

In rauhen Betrieben wird die pneumatische Fernmessung gern benutzt. Es können ohne weiteres mehrere Anzeiger an dieselbe Fernleitung angeschlossen werden. Elektrische Leitungen werden bei Feuchtigkeit sofort sehr teuer, während diese bei Druckluftleitungen ohne Einfluß ist. Ferner genügt bei der pneumatischen Messung meistens eine einzige Meßleitung, während bei den elektrischen Verfahren häufig 3 und mehr, allerdings als Kabel vereinigt, nötig sind. Für kurze Entfernung wird die unmittelbar pneumatische Übertragung immer im Vorteil bleiben. Im Flugzeug hat sie sich sehr bewährt. Es gibt sogar Fälle, wo der elektrische Impulswert in einen pneumatischen Meßwert umgeformt wird. Das ist zweckmäßig, wenn der Impuls auf einen hydraulischen Regler wirken soll. Als Sonderfall dieser Art kommt auch die Schnellregistrierung mit dem J/P-Wandler in Betracht (s. S. 54).

Das schon genannte Kompensationsgerät Druckwandler ist für die pneumatische Fernübertragung auf mäßige Entfernungen bis zu etwa 500 m sehr geeignet. Die Arbeitsweise wird hier auf Grund der Ausführungen von S. 14 Abb. 12 und 13 und S. 233 Abb. 292 bis 294 als bekannt vorausgesetzt. Auch bei Mengenmessungen, die sonst zwei Meßleitungen zum Apparat benötigen, kommt man dann mit einer Fernmeßleitung zwischen Wandler und Anzeiger aus. Außer der Anzeige des Momentanwertes sind Zählung und Summierung mehrerer Mengen ohne besondere Schwierigkeiten durchführbar (s. S. 233). Nicht zu unterschätzen ist auch die Tatsache, daß sämtliche Meßwerte auf einen bestimmten, überall gleichen Druckbereich gewandelt werden können, z. B. 0 bis 250 mm WS. Als Empfangsgeräte dienen dann einfache Luftdruckmesser überall gleicher Art und gleichen Meßbereiches. Weiterhin ist noch hervorzuheben, daß sich die Systeme, in ein Mehrfachprofilinstrument nach Art der Abb. 94 eingebaut, nicht gegenseitig beeinflussen, wie es elektrische Systeme tun.

Abb. 82. Druckwandler als Geber einer Fernübertragungsanlage (Askania).

Einen Sonderfall stellt die in Hochdruckwerken häufig vertretene Forderung dar, daß der Hochdruck nicht bis in die Warte geleitet werden darf. Abb. 82 zeigt 3 Druckwandler einer pneumatischen Fernübertragungsanlage. Der mittlere von ihnen setzt in der eben besprochenen Weise den Hochdruck von 100 at in Niederdruck um. Der Apparat rechts mit einem äußeren U-Rohr wandelt die Dampfmenge, der links die Verbrennungsluftmenge in niedrigen Luftdruck um. Die beiden letzten Meßwerte erscheinen auf der Gerätetafel an einem sogenannten Folgezeigerinstrument (s. S. 75).

B. Die elektrische Fernmeßtechnik[1]

ist hinsichtlich der Zahl ihrer Methoden und Apparaturen bedeutend umfangreicher. Es soll daher von vornherein eine Trennung herbeigeführt werden, um die Übersicht zu wahren. Der erste Teil umfaßt nur solche Anordnungen, die innerhalb eines — weitläufigen — Betriebes verwendbar sind. Es handelt sich dabei überwiegend um Zusatz-

---

[1] Keinath: Die Technik elektrischer Meßgeräte Bd. 2 S. 166—185. Janicki: Ber. 209 Sektion 19 von der Weltkraft-Konferenz 1930.

geräte zu sonst normalen wärmetechnischen Meßinstrumenten. Den zweiten Teil bilden die eigentlichen Fernmeßverfahren, die im Grunde keine Entfernungsbegrenzung nach oben mehr kennen und sich im übrigen alle Errungenschaften der modernen Fernmeßtechnik zunutze machen.

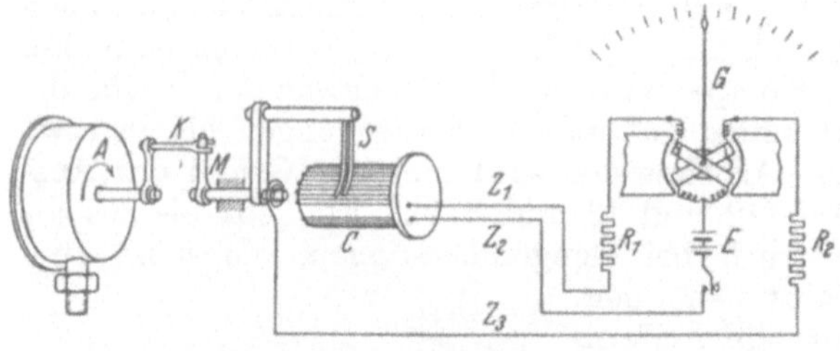

Abb. 83. Ferngeber mit Widerstandswalze (H. & B.).
A Geber, K/M Kupplung, C Widerstandswalze, S Schleifkontakt, $Z_1 Z_2 Z_3$ Fernleitungen, $R_1 R_2$ Widerstände, E Stromquelle, G Galvanometer.

1. Angebaute Fernsender für mäßige Entfernung.

Die einfachste Fernmessung über mäßige Entfernungen gestatten die von sich aus bereits elektrische Meßwerte liefernden Geräte: Widerstandsthermometer, Thermoelemente (auch Heizwertmesser, s. S. 272), Strahlungspyrometer, Mengenmesser nach Hallwachs, Republic Flow Meters Co., General Electric Co. (s. S. 215). Der P/J-Wandler ist ebenfalls als unmittelbar elektrisches Gerät anzusehen (s. S. 16).

An die übrigen mechanischen Meßgeräte müssen sogenannte Fernsender angebaut werden, so daß jede Fernmeßapparatur folgende drei Bestandteile enthält: Antriebsgerät, Sender, Empfänger. Im folgenden werden vier bekannte Verfahren, die viel benutzt werden, kurz behandelt.

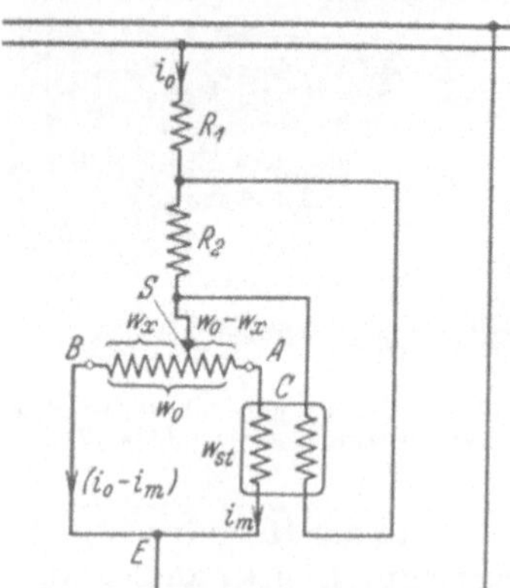

Abb. 84. Schaltschema für Fernübertragung (Eckardt).
R_1 Eisenwasserstofflampe, R_2 Konstantanwiderstand, S Gleitkontakt, C Meßinstrument, i_0 Gesamtstrom, i_m Zweigstrom prop. W_x.

a) Ein Schleifwiderstand, der meistens walzenförmig ist, wird entweder selbst von dem Meßwerk gedreht, während die Kontaktbürste fest steht, oder die kleine Bürste wird über ihn hinweggeschoben. In der früher üblichen einfachen Spannungsteilerschaltung wurde der abgegriffene Teilwiderstand unmittelbar gemessen. Weil dabei aber die Übergangswiderstände der Kontaktstelle im Meßkreis lagen, konnten Fehlmessungen eintreten. Daher wird heute statt des Drehspulsystems lieber das Kreuzspulmeßwerk benutzt und das Verhältnis beider Zweige des veränderlich unterteilten Widerstandes gemessen. Spannungsschwankungen der Stromquelle und wechselnde Übergangswiderstände am Kontakt haben auf diese Verhältnismessung keinen Einfluß mehr. Abb. 83 zeigt halbschematisch die Schaltung dieses Fernmessers mit Kreuzspule, die heute von vielen Herstellern benutzt wird[1] (s. a. S. 11).

____

[1] Möller: Das Kreuzspulohmmeter in der Fernmeßtechnik. Meßtechn. 1930 Nr. 6 S. 149—152.

Eine andere Schaltung für diese Widerstandsmessung ist in Abb. 84 wiedergegeben. Der durch die Stromspule W_{st} des Instrumentes C fließende Strom i_m ist proportional dem abgegriffenen Teil W_x des Widerstandes W_0.

Diese Ausführung ist für Starkstrom ausgebildet worden[1].

b) Ringrohr. Der zweite der bekannten Fernsender ist das Ringrohr, das auf die Drehachse des Instrumentes aufgesetzt

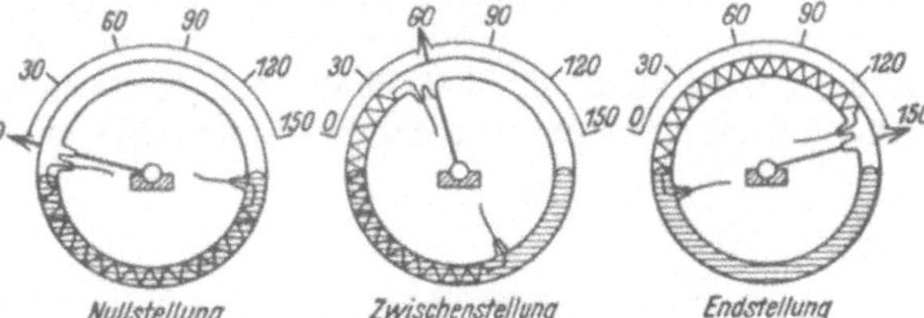

Abb. 85. Ringrohr, schematisch (S. & H.).

wird[2]. Es enthält einen Widerstandsdraht, den die Quecksilberfüllung je nach dem Drehwinkel des Ringrohres mehr oder weniger kurz schließt (Abb. 85). Linearität zwischen Meßwert und Fernanzeige läßt sich stets durch eine Übersetzung im Antrieb des Ringrohres erreichen. Die Schaltung ist die gleiche wie in Abb. 83. Die äußeren Fernleitungen führen zu den Enden des Widerstandsdrahtes.

c) Induktionsferngeber mit verschiebbarem Eisenkern. Der dritte Fernsender ist der in Abb. 86 im Schnitt und im Schema dargestellte Induktions-Ferngeber, der natürlich nur für Wechselstrom brauchbar ist. Der auf und ab bewegliche Eisenkern ändert die Felddichte und dadurch den in der Induktionsspule entstehenden Wechselstrom. Zur fortlaufenden Summierung des Meßwertes dienen Wechselstrom-Induktionszähler[3].

d) Induktionsferngeber mit symmetrischen Ankern. Das vierte Verfahren beruht ebenfalls auf Induktion (Neufeldt & Kuhnke, AEG., S. & H.). Wie Abb. 87 zeigt, bestehen Geber und Empfänger je aus mehreren symmetrisch aufeinander geschalteten Spulen, die in gleichartigen Wechselstromfeldern drehbar angeordnet sind. Diese Ankerspulen befinden sich immer in symmetrischen Stellungen; wäre dies einmal nicht der Fall, dann würden infolge der ungleichen Induktion Ausgleichströme entstehen, die eine entsprechende Bewegung des Empfängerankers hervorrufen. Wird die Stellung am

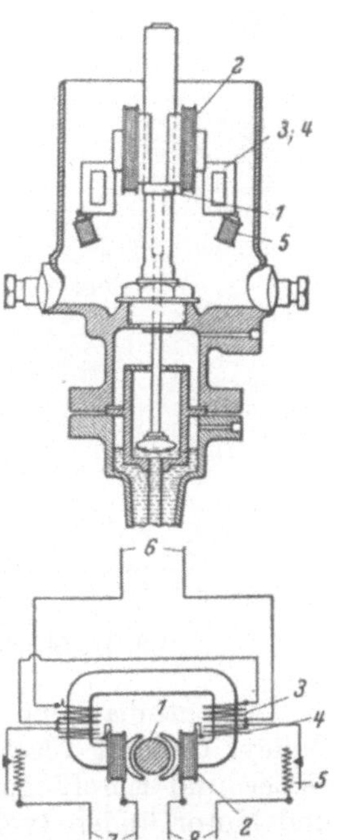

Abb. 86. Induktions-Ferngeber, an einen Schwimmermesser angebaut (S. & H.).
1 Eisenkern, 2 Induktionsspule, 3 Erregerspule, 4 Drosselspule, 5 Ausgleichspule, 6 Netzanschluß, 7 Anschlüsse zum Fernanzeiger, 8 Anschlüsse zum Fernzähler.

[1] Bergbau 1930 S. 622—624.
[2] Lohmann u. Sieber: Siemens-Z. 1928 S. 716; Ber. Elektrotechn. Z. 1930 S. 470.
[3] Lohmann u. v. Grundherr: Siemens-Z. 1930 S. 37—43 und 1934 S. 47—53.

Geber durch ein Antriebsgerät (z. B. Schwimmer mit Kette bei Behälterstandsanzeige S. 249) verändert, so dreht sich also die Spule des Empfängers von allein mit. Der Nachteil dieses Verfahrens ist, daß 5 Fernleitungen erforderlich sind. Nur wenn Geber und Empfänger ihren Betriebsstrom zwar getrennt, aber aus synchronen Netzen erhalten, kommt man auch mit 3 Meßleitungen aus. Die wesentliche Anwendung findet dieses System für Stellungsfernzeige und Kommandogabe[1].

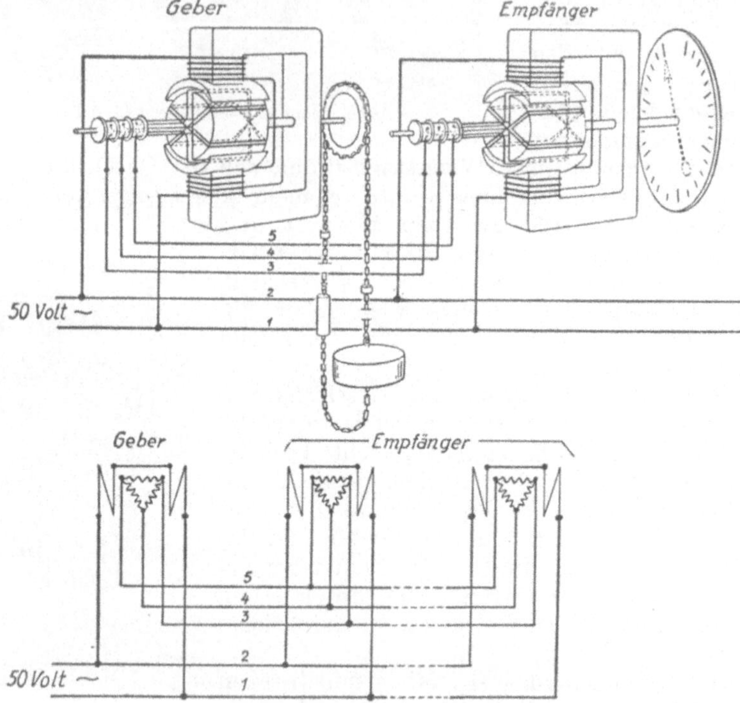

Abb. 87. Induktionssystem für Stellungsfernanzeige (nach S. & H.).

Die automatische Selsynfernmeldung (Selsyn = self-synchronising; Bailey, General Electric Co.) benutzt ganz gleichartige Systeme; für Geber und Empfänger sind in Amerika die Bezeichnungen Generator und Motor üblich (vgl. Abb. 14).

2. Die Übertragungsverfahren für große Entfernungen

sind für die ausgedehnten Netze der Überlandswerke schon vor Jahren ein Bedürfnis gewesen, da der telephonische Verkehr gerade in Gefahrfällen und bei anderen unvorhergesehenen Ereignissen viel zu langwierig und mißverständlich war. Die für die praktische Verwendung notwendige Einfachheit, Vielseitigkeit und Betriebssicherheit der Verfahren ist erst in den letzten Jahren erreicht worden.

---

[1] AEG-Mitt. 1930 S. 256/57.

Heute ist für die industrielle Betriebsüberwachung das gleiche Bedürfnis entstanden, das die Elektrizitätswirtschaft damals hatte. Die Ferngasversorgung beliefert Gebiete, die weit über 100 km in die Breite gehen, und auch die Erzeugungsstätten, die unbedingt zusammenarbeiten müssen, liegen weit auseinander. Die Übertragungsverfahren für größere Entfernungen können also durchaus nicht als unwesentlich für die betriebliche Meßtechnik angesehen werden.

Für große Entfernungen kommen nur solche Verfahren in Frage, die die Einflüsse veränderlicher Fernleitungswiderstände selbsttätig ausgleichen oder die aus Prinzip überhaupt nicht von ihnen beeinflußt werden. Es sind dies einerseits Kompensationsverfahren und andererseits Impulsverfahren.

a) Von den **Kompensationsverfahren** wurde eines, der P/J-Wandler, bereits auf S. 16 kurz behandelt (Abb. 15). Der mechanische Impulswert wird dort, ohne den Umweg über ein mechanisches Meßgerät, unmittelbar in eine proportionale Stromstärke umgewandelt. In der genannten Abbildung ist eine Gasdruckfernmeldung zum Muster genommen.

Die Stromstärke ist, wie dort schon gesagt, von Spannungsschwankungen der Stromquelle und auch von Änderungen im Widerstand der Fernleitungen un-

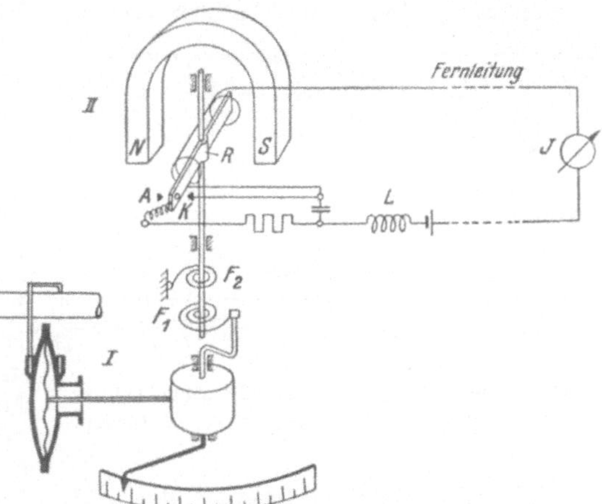

Abb. 88. Kompensations-Fernmeßverfahren (AEG).

I mechanisches Meßsystem als Gebegerät, *II* elektrisches Impulsgerät, *R* polarisiertes Relais, *NS* Permanentmagnet, *A* Anschlag, *K* Kontakt, $F_1 F_2$ Spiralfedern, *L* Drosselspule, *J* Anzeiger beim Empfänger.

abhängig, jedoch wird ihr erreichbarer Höchstwert mit zunehmender Entfernung, d. h. anwachsendem Widerstand der Fernleitung, immer kleiner. Durch Shuntung kann die Übertragungsweite noch vergrößert werden. Dann gewinnen aber die temperaturbedingten Änderungen des Fernleitungswiderstandes Einfluß auf den durch die Fernleitung fließenden Teilstrom.

Ebenfalls zum Anbau beliebiger Impulssysteme, mechanischer wie elektrischer, ist das Kompensationsverfahren nach Abb. 88 geeignet[1]. Auch diese Apparatur ist verhältnismäßig wenig umfangreich, so daß ein normales Schreibergehäuse ausreicht, um alle Teile des Empfängers neben einem Schreibwerk unterzubringen.

Das Meßsystem überträgt sein Drehmoment mit Hilfe einer Spiralfeder auf ein polarisiertes Relais. Die Drehbewegung des Ankers ist durch Anschlag und Kontakt begrenzt; in der Nullage befindet er sich

---

[1] AEG-Mitt. 1930 S. 185—188 u. 412—415.

symmetrisch zwischen den Polen eines permanenten Erregermagneten. Da der Anker nur wenig beweglich ist, wird das Drehmoment und damit die Anzeige des Meßgerätes nicht beeinträchtigt. Schließt der Anker infolge des mechanischen Drehmomentes den Stromkreis, so wächst der Strom infolge der hohen Induktivität der Drosselspule allmählich an; im gleichen Maße vergrößert sich auch das von dem permanenten Magneten auf den Anker ausgeübte Drehmoment, bis es das mechanische überwiegt und den Kontakt abreißt. So pendelt der Anker, von den Drehmomenten getrieben, schnell zwischen Anschlag und Kontakt hin und her. Die entstehenden Stromkurven zeigt Abb. 89. Bei plötzlichen Meßwertänderungen geschieht die Einstellung des Fernanzeigers in weniger als 1 Sekunde. Änderungen im Widerstand der Meßleitungen bleiben ohne Einfluß, da sich ja für das erforderliche Drehmoment stets eine bestimmte Stromstärke unabhängig vom Widerstand einstellen muß. Aussetzen der Fernübertragung macht sich an der Stellung des Fernzeigers bemerkbar, da nur ein Teil des verfügbaren Meßbereiches ausgenutzt wird und auch beim Meßwert Null schon ein bestimmter Strom fließt. Die Summe der Meßwerte mehrerer

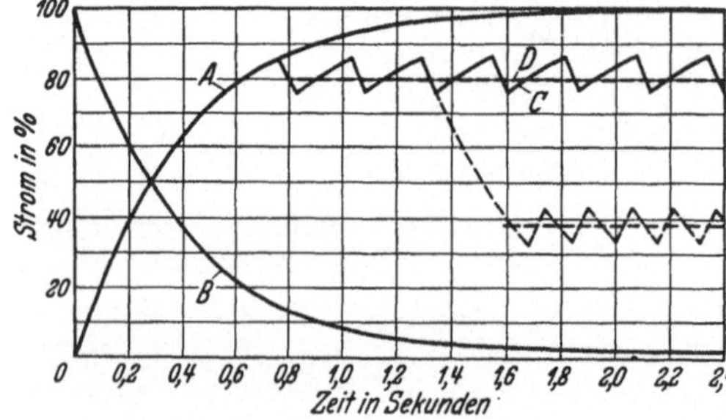

Abb. 89. Stromkurven zum Verfahren der Abb. 88. *A* Einschaltkurve, *B* Ausschaltkurve, *C* Übertragungsstrom, *D* Mittelwert.

Geber zeigt ein Strommesser, der in die gemeinsame Leitung aller Meßstellen eingebaut ist[1].

b) Bei den **Impulsverfahren** sind zu unterscheiden:

Impulszeit-Verfahren,

Impulszahl-Verfahren und

Impulshäufigkeits-Verfahren.

Beim Impulszeit-Verfahren[2] wird die jeweilige Größe des Meßwertes durch die Zeitdauer der einzelnen Impulse gemessen. Die Intensität der Impulse ist für die Messung ganz unerheblich, sobald nur ein unterer Schwellenwert überschritten wird. Der übertragene Impuls kann außerdem ein Stromstoß oder ein Hochfrequenz-Wellenzug sein, denn die Art der eigentlichen Fernübertragung ist auch nicht von Wichtigkeit.

Das Impulszeit-Verfahren kann für die Übertragung beliebig vieler Meßwerte eingerichtet werden, die dann abwechselnd übermittelt werden. Die Arbeitsweise eines 3fach-Geräts dieser Art, eines drahtlosen Fernmeldeapparats, ist in Abb. 90 für die bisherige besondere Anwendung als Meteorograph dargestellt. Temperatur, Barometerstand und Feuchtigkeit werden nacheinander als Impuls ferngemeldet. Geber wie Empfänger haben je eine umlaufende Walze, die mit Uhrwerken getrieben

---

[1] Elektrotechn. Z. 1931 S. 821—823; 1933 S. 1187.
[2] Wilde: Elektr.-Wirtsch. 1928 S. 81—90; AEG-Mitt. 1930 S. 188—190.

werden. Die Registrierwalze des Empfängers läuft etwas schneller als die des Gebers und wird bei Null zur Synchronisierung kurze Zeit gestoppt.

Eine Parallele zum Impulszeit-Verfahren bietet an mechanischen Vorrichtungen das mechanische Summierungswerk der Abb. 78 (s. S. 60). Dort ist die Länge gleichgelegener Aussparungen an zwei gegeneinander verdrehbaren Scheiben das Maß für die Meßgröße.

Beim **Impulszahl-Verfahren** dient ein Zähler mit Kontaktvorrichtung als Sender. Entsprechend einer Zunahme der Meßgröße läuft der Zähler schneller, so daß auch mehr Kontakte gegeben werden. Durch Zählung der Stromstöße wird eine Zählung der Meßgrößen am entfernten Ort bewerkstelligt.

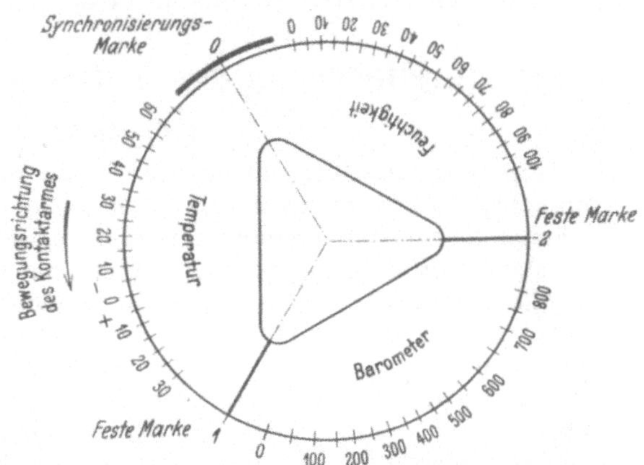

Abb. 90. Arbeitsweise des drahtlosen Meteorographen nach dem Impulszeit-Verfahren (Moltschanoff-Askania).

Das **Impulshäufigkeits-Verfahren**[1] (S. & H., AEG, General Electric Co.) benutzt ebenfalls einen Zähler mit Kontaktvorrichtung (Abb. 91), jedoch wird hier die Häufigkeit der Impulse als Maß für den Augenblickswert der Meßgrößen verwendet. Die ferngeleiteten Stromstöße werden auf der Empfangsseite mit Hilfe von Relais und Kondensatoren in eine ununterbrochene Anzeige an einem stark gedämpften Gleichstrominstrument umgewandelt.

c) An weiteren Fernmeldeverfahren, die sich in vielfacher Anwendung befinden, sind noch zu nennen:

die automatischen Potentiometer von Hartmann & Braun[2],

von Siemens & Halske (sog. Doppelfallbügel-Potentiometer)[3],

von Evershed & Vignoles und anderen,

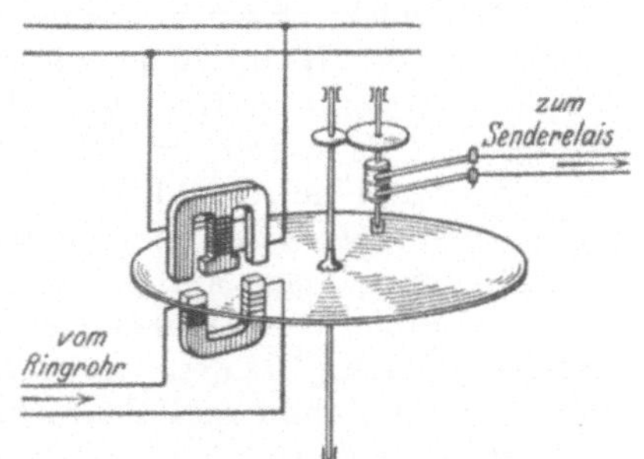

Abb. 91. Zähler mit Kontaktvorrichtung (Impulshäufigkeits-Verfahren) (nach Archiv f. Eisenhüttenwesen 1931/32).

und das Telewattverfahren der Heliowatt-Werke[4].

---

[1] Siemens-Z. 1929 S. 157—163; 1930 S. 225—232; AEG-Mitt. 1932 S. 80—83.
[2] Palm: Elektrotechn. u. Maschinenb. 1928 Nr. 34 S. 863—865; 1929 Nr. 36 S. 791—798.
[3] Schleicher: Siemens-Z. 1927 S. 422; Ber. Elektrotechn. Z. 1928 S. 145.
[4] Stern: Elektrotechn. Z. 1928 S. 282—285 u. 1326—1328.

Bei letzterem treibt ein Zähler, dessen Drehzahl der Meßgröße proportional ist, eine kleine Gleichstrom-Dynamo an, deren Spannung wiederum der Drehzahl und damit der Meßgröße proportional verläuft. Summierung mehrerer Meßwerte geschieht durch Reihenschaltung der Geberdynamos. Die erzeugte Spannung von etwa 1 Volt beim Höchstwert der Meßgröße reicht bis zu etwa 100 km aus.

VI. Eingliederung der Instrumente in den Betrieb.

Übersicht.

Ein einzelnes Instrument wird heute in einem Betrieb selten gebraucht. Die Unterbringung richtet sich jedenfalls dann nach der Zweckmäßigkeit seiner Verwendung und nach dem vorhandenen Platz.

Meist werden eine Reihe von Instrumenten in irgendeinem Zusammenhang stehen, indem sie z. B. zur gleichen Anlage gehören oder denselben Meßwert auf verschiedene Art messen. Wenn wirklich kein sinnfälliger Grund vorhanden sein sollte, der für die Zusammenfassung an einem Ort spricht, so ist die gemeinsame Anordnung schon wegen der Platzersparnis und der leichteren Instandhaltung ein Vorteil.

Die Befestigung der Instrumente unmittelbar auf der Wand wird, wenn angängig, für einzelne Instrumente der Billigkeit halber immer das einfachste sein. Es gibt heute aber eine ganze Anzahl von Apparaturen, bei denen sich hinter den eigentlichen Frontrahmen so viel Teile befinden, daß man sie auf Abstandsbolzen und Rahmen, ein Stück von der Wand entfernt, anbringen muß. Da diese hinten liegenden Teile mit der Ablesung der Meßwerte an sich nichts zu tun haben, wären sie besser hinter der Wand verborgen. Weil es außerdem leichter ist, statt vieler kleiner nur wenige, aber sachverständig hergestellte Bolzen in der Wand zu haben, ist die Anordnung auf Tafeln und bei größerer Anzahl in frei stehenden Schränken ein Gebot der Zweckmäßigkeit. Es kommt noch hinzu, daß alle Apparate, insbesondere die elektrischen, eine Anzahl Zuleitungen brauchen, die sich auf der Rückseite einer Tafel oder eines Meßschrankes bequemer und zuverlässiger unterbringen lassen als frei auf der Wand.

Die Tafeln waren früher meist aus Marmor. Eisengerüste mit Blechtafelverkleidung fanden nur langsam Eingang, sind aber wie auch Instrumententafeln aus Panzerholz (Sperrholz mit Blechmantel) sehr beliebt geworden.

A. Kombinationen für besondere Zwecke.

1. Für einen einzigen Meßwert.

Bei Kombinationen für bestimmte Zwecke sind die wenigen Instrumente, die sie zu enthalten pflegen, häufig gleich in einer Apparatur vereinigt, besonders, wenn sie den gleichen Meßwert nur auf verschiedene Art darstellen. Der Dampfmesser nach Abb. 92, der für den Gebrauch an kleineren Kesseln bestimmt ist, enthält z. B. außer der großen Skala, nach der sich der Heizer richtet, noch ein kleines Registrierwerk. Der

registrierende Schwimmer-Druckunterschiedmesser für Kesselspeisewasser nach Abb. 93 besitzt gleichzeitig noch ein Zählwerk zur Summierung des Verbrauchs und einen Momentananzeiger.

2. Instrumententafeln.

Eine praktische Zusammenstellung
der nötigen Meßwerte z. B. für Feuerungen bieten die Kesselschilder. Sie sind
besonders wirksam in Profilform, da die
zusammengehörigen Werte, wie z. B. die
Drücke vom Rost bis zum Fuchs, durch
die gleichgerichtete Bewegung der Zeiger
besser in ihrem Verlauf und ihrem gegen-
seitigen Verhältnis beobachtet werden
können als an Rundinstrumenten. In dem
Kesselschild der Abb. 94, das aus 8 einzeln herausnehmbaren Profilgehäusen besteht, sind z. B. zusammengestellt:

Dampfdruck und Dampftemperatur
Unterwind- und Rauchgastemperatur
Druck im Feuerraum und Zug am Kesselende
Gehalt der Rauchgase an CO_2 und an $CO + H_2$.

Abb. 92. Dampfanzeiger mit Schreibwerk.

Die Dampfmenge, deren Angabe auf dem
Schild fehlt, wird an einem großen Dampfmesser (s. S. 31) gesondert angezeigt.

In der gleichen Weise lassen sich auch für Generatoren und Öfen
die notwendigen Meßwerte zusammenfassen, für Gaswerke z. B. die
Grundwerte der Leuchtgasnormung
(Heizwert, Dichte und Inertgehalt).

Abb. 95 zeigt als Muster einer
ausländischen Anordnung das Kesselschild von Kent Ltd, Luton. Es
hat mit den bei uns üblichen Anordnungen im Aufbau wenig gemeinsam.

Sind mehrere elektrische Meßwerke in einer Profilzusammenstel-
lung vereinigt, so darf keins von
ihnen auf die Dauer herausgenommen
werden. Es treten sonst bei den
zurückbleibenden Geräten Fehlanzeigen auf, weil die gegenseitige Beeinflussung durch Eichung im zu-
sammengebauten Zustande berücksichtigt worden war.

Abb. 93. Schreibender Wassermesser, zusätzlich mit Anzeige und Zählung ausgerüstet
(B. & R.).

3. Umschaltungen.

Viele Meßwerte gleicher Art und ungefähr gleicher Größe brauchen,
wenn es nicht nötig ist, auch nicht dauernd angezeigt zu werden. Man

verwendet dann für alle Meßstellen ein einziges Instrument und schaltet es nach Bedarf ein. Besonders Raumtemperaturen in Heiz- und Lüftungsanlagen werden auf diese Art gemessen. Die Zahl der Meßstellen ist beliebig. Es sind 5, 10, 20 bis 50 mit einem Anzeigegerät verbunden worden. Instrument und Umschalter werden meistens zusammen auf eine Tafel gesetzt. Abb. 96 zeigt eine Anlage zur Überwachung von 5 Meßstellen; es ist die Normalausführung zur Verwendung in trockenen und staubfreien Räumen. Eine spritzwasser- und staubdichte Ausführung für rauhe Betriebe ist in Abb. 97 dargestellt; dort liegen alle Teile in einem robusten Gehäuse sicher untergebracht.

Abb. 94. Vielfach-Profilinstrument als Kesselschild.

Abb. 95. Kesselschild zur Überwachung der „Verbrennungsgüte" (Kent). Anzeige für: Dampfmenge, Verhältnis Dampfmenge : Luftmenge, Zug. Registrierung von: Dampfmenge, Verhältnis Dampfmenge: Luftmenge, Rauchgastemperatur.

Bei zahlreichen Druckmessungen ungefähr gleicher Größe wird entsprechend eine pneumatische Umschaltung der Geber oder Anschlüsse auf das gleiche Meßgerät vorgenommen. Die Umschaltung erfolgt mit Hilfe von Mehrfachhähnen, deren Küken von Meßstelle zu Meßstelle genau wie ein elektrischer Drehumschalter um ein gewisses Stück gedreht werden muß. Die Zahl der Anschlüsse hat bei den bisherigen Ausführungen 5 nicht überschritten, da der Umschalthahn sonst unhandlich und außerdem das Dichthalten schwierig wird.

4. Folgezeigerinstrumente.

Für die Darstellung zweier oder mehrerer zusammenhängender Meßwerte in Profilform hat sich die sogenannte Folgezeigeranordnung eingebürgert. Der eine Meßwert pflegt dabei insofern von dem anderen abhängig zu sein, als für die ordnungsmäßige Betriebsführung immer ein ganz bestimmtes Verhältnis beider vorliegen soll. Ein Dampfluftinstrument, wie es Abb. 98 zeigt, kann z. B. am Kessel unter gewissen Umständen

Abb. 96. Überwachungstafel für 5 Meßstellen, umschaltbar (Askania).

Abb. 97. Wasserdichte Überwachungsstation für 10 Meßstellen (S. & H.).

Abb. 98. Dampf-Luft-Folgezeiger-Instrument.

den Rauchgasprüfer ersetzen. Der Zeiger des Luftmessers wird, wenn auf Grund eines Versuches feststeht, daß gerade das Optimum in der Kesselführung vorliegt, unter den des Dampfmessers gerückt; das Luftmeßinstrument muß also eine gewisse Einstellmöglichkeit bieten. Hinfort bewegt sich der Folgezeiger immer genau unter dem Hauptzeiger, solange der Bestwert des Wirkungsgrades eingehalten wird. Abweichungen nach oben oder unten kennzeichnen die Richtung für die zu ergreifenden Maßnahmen.

In gleicher Weise wäre auch, um ein ferner liegendes Beispiel anzuführen, eine Gegenüberstellung von Unter- und Oberwasserspiegel an einer Schleuse oder Wasserkraftanlage, gegebenenfalls noch dazu die Spiegeldifferenz anzuordnen.

5. Anzeige von Summen und Quotienten.

Da es häufig nicht notwendig ist, mehrere Meßwerte einzeln darzustellen, weil nur ihre Summe oder ihre Differenz, das Produkt oder der Quotient von Wert ist, sind entsprechende Einrichtungen und Verfahren ausgebildet worden. Meistens wird diese Umformung der Meßwerte elektrisch vorgenommen.

Das einfachste Mittel zur Summen- oder Differenzanzeige wäre bei Fernsendern mit Schleifwiderständen, diese hintereinander zu schalten. Es entstehen dann aber beträchtliche Meßfehler infolge der Übergangswiderstände, und die Fernsender werden deshalb zweckmäßig parallel auf das Instrument geschaltet. Die Hauptanwendung der elektrischen Summierung innerhalb der Wärmetechnik ist die Feststellung des gesamten Dampfverbrauchs in einer Dampfverteilungsanlage.

Summen und Differenzen können auch durch Anordnung zweier Meßwerke, die auf eine gemeinsame Anzeigevorrichtung einwirken, unmittelbar gemessen werden; der Meßfehler ist dann geringer als bei Messung an zwei getrennten Meßwerken.

Der bekannteste Quotientenmesser ist das Kreuzspulsystem. Die Empfindlichkeit und der Meßbereich dieser Meßwerke kann durch die Form des Eisenkerns und der Polschuhe, d. h. durch ungleiche Weite der Luftspalte beeinflußt werden (s. S. 11).

B. Schaltschränke, Meßwarten.

Bei einer großen Anzahl von Instrumenten reichen die an der Wand befestigten Tafeln nicht mehr zur übersichtlichen Unterbringung aus. Die Apparate werden dann an Schaltschränken, seltener an Schaltpulten, angeordnet. Säulen sind in ortsfesten Anlagen eigentlich nur für die Zusammenfassung von Kommandogebern üblich. Bei weitverzweigten Anlagen entsteht aus vielen Schränken die Meßwarte als geschlossener Raum.

Die Instrumente brauchen zur Montage und zur ordnungsmäßigen Überwachung einen gewissen Raum hinter sich. Daher werden die Meßschränke ausnahmslos so gestellt, daß hinter ihnen entlang ein Gang führt.

Aus der großen Reihe mustergültiger Anordnungen von Meßschränken und ganzen Warten können natürlich nur einige wenige bildlich gebracht werden. Abb. 99 zeigt einen Meßschrank für Kesselüberwachung; in großen Kraftwerken steht je einer neben jedem Kessel. Abb. 100 gibt einen Blick von rückwärts in das Innere desselben Schrankes. Aus Abb. 101 ist eine Überwachungsanlage für den gleichen Zweck, aber mit ganz anderer Auswahl von Instrumenten dargestellt. In der Mitte befindet sich zur Weitsichtdarstellung des Dampfdruckes ein Großanzeiger mit Leuchtzahlen (s. S. 33).

Eine nur aus Großanzeigern bestehende Kommandotafel für die Lastverteilung in Kraftwerken zeigt Abb. 102. Es laufen für jeden Meßwert jeweils 2 Leuchtmarken nebeneinander auf dem gleichen Feld (s. S. 32). Die linke Marke gibt die augenblickliche Größe des betreffenden Meßwertes an, mit der rechten ordnet der Lastverteiler an, auf welche Leistung der Kessel zu bringen ist. Durch veränderte Be-

Abb. 99. Meßschrank für Kesselüberwachung (B. & R.).

Abb. 100. Blick von rückwärts zu Abb. 99.

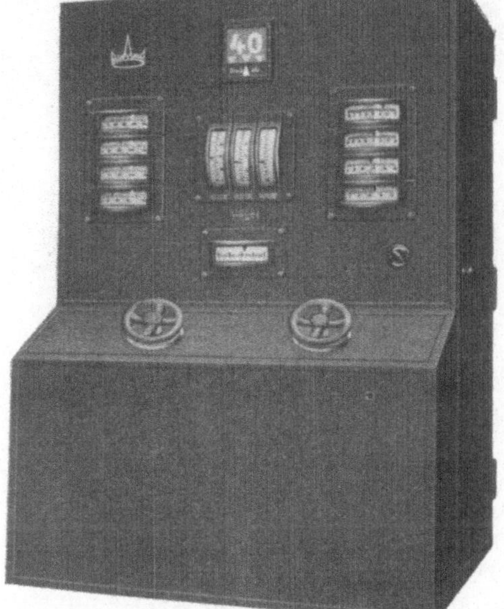

Abb. 101. Überwachungsanlage in Schrankform mit Großanzeiger.

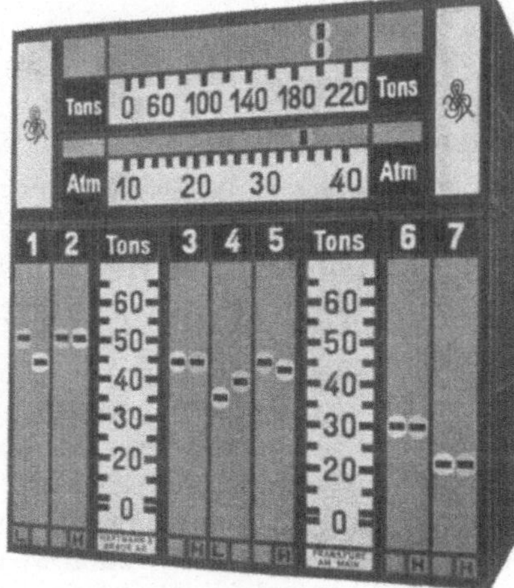

Abb. 102. Kommandotafel aus Großanzeigern (H. & B.).

triebsführung muß dann in absehbarer Zeit die Meßmarke neben die Befehlmarke getreten sein.

Eine Meßwarte enthält insbesondere die Registrierinstrumente, die über längere Zeitdauer hinweg Auskunft über die Betriebsführung und über den Zustand der Anlage und ihre Veränderung geben sollen. Dort befinden sich ferner die Anzeiger, Schreiber und Zähler für die als Dampf oder elektrischer Strom abgegebene Energie. Die Meßwarte kann auch gleichzeitig die Kommandostation sein. Abb. 103 gewährt einen Blick in die Warte eines Hochofenwerkes mit Überwachungs- und Steuergeräten. Die Schränke sind nach Betriebseinheiten in Felder unterteilt, die die Anzeigeinstrumente für die Gasverteilung, die Winderhitzer, die Hochöfen usw. enthalten.

Abb. 103. Meßwarte eines Hochofenwerkes (S. & H.).

C. Hilfsmittel bei Betriebsführung mit vielen Instrumenten.

1. Sinnbildliche Darstellung der Zusammenhänge.

Bei weitverzweigten Anlagen und sehr vielen Bedienungsinstrumenten würde jede Übersicht verlorengehen; auch dem Eingeweihten würde sie zum mindesten erschwert werden. Diesem Mangel hat in den letzten Jahren die sinnbildliche Darstellung der Vorgänge und Zusammenhänge erfolgreich abgeholfen. Den Anfang dieser Darstellung bilden schon die Gasometer- oder Wasserstandsanzeiger, deren Skala senkrecht steht und im richtigen Sinn durchlaufen wird, so daß der Eindruck des schwankenden Wasserspiegels dadurch hervorgerufen wird. Besonders wirksam ist ein in dieser Art ausgebildetes Anzeigegerät, wenn außerdem noch das Licht zu Hilfe genommen wird und der Meßwert durch ein helles Band wechselnder Länge dargestellt wird. Geradezu erforderlich erscheint die sinnbildliche Darstellung in solchen Fällen, wo mehrere gleichartige Bewegungen in verschiedenen Richtungen verlaufen können und daher leicht einer Verwechselung unterliegen. Dies ist z. B.

der Fall beim Öffnen und Schließen von Schiebern, Schützen und Toren, wobei der Vorgang mit Stellungsfernzeigern (s. Abb. 87) ferngemeldet wird (Abb. 104).

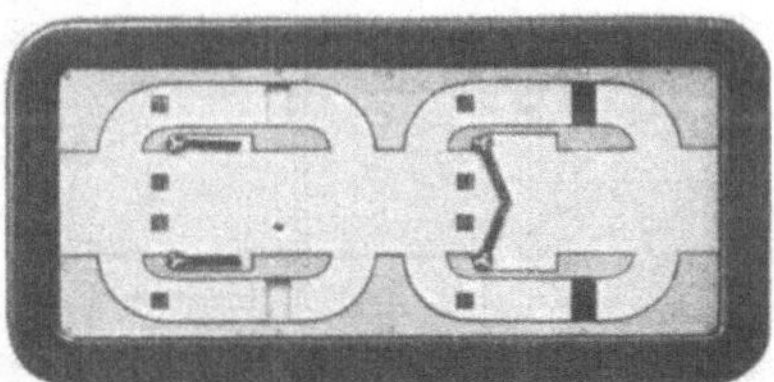

Abb. 104. Schleusenverschlußanzeiger als Muster für einen Stellungs-Fernanzeiger (S. & H.).

Ganze betriebliche Anlagen oder schwierige Teile derselben werden in Leuchtschaltbildern schematisch dargestellt, in denen nicht in Betrieb befindliche Rohrleitungsstücke und Anlagenteile dunkel bleiben (Abb. 105)[1]. Die Ein- und Ausschaltung bestimmter Zweige des Leuchtschemas wird selbsttätig durch Fernmeldung vorgenommen. Es ist auch möglich, an einer Leuchttafel, die z. B. die Dampf- oder Energieverteilung darstellt, die Breite der Bänder mit Hilfe von Fernsendern so zu verändern, daß sie die Größe der strömenden Menge angibt.

Abb. 105. Große Instrumententafel mit darüber angeordnetem Leuchtschaltbild der zugehörigen Betriebsanlage (nach Z. VDI 1930).

Zur Kurzdarstellung der Zusammenhänge in einem Betrieb und der eingebauten Meßanlagen sind zeichnerische Schemata, sogenannte Schaltpläne, von großem Nutzen. Abb. 106 gibt ein Muster eines Schaltplanes für eine Kesselkontrollmeßanlage. Die dort verwendeten Kurzzeichen für die einzelnen Apparaturen bilden eine Erweiterung der von Stender für den Wärmekraftbetrieb angegebenen Schaltzeichen[2].

---

[1] Grunwald: Wärme 1930 Nr. 29 S. 556—559. Lindenstruth: Elektrotechn. Z. 1930 S. 313/14.

[2] Stender: VDI-Verlag 1928. Quintes: Wärme 1930 Nr. 33 S. 627—629.

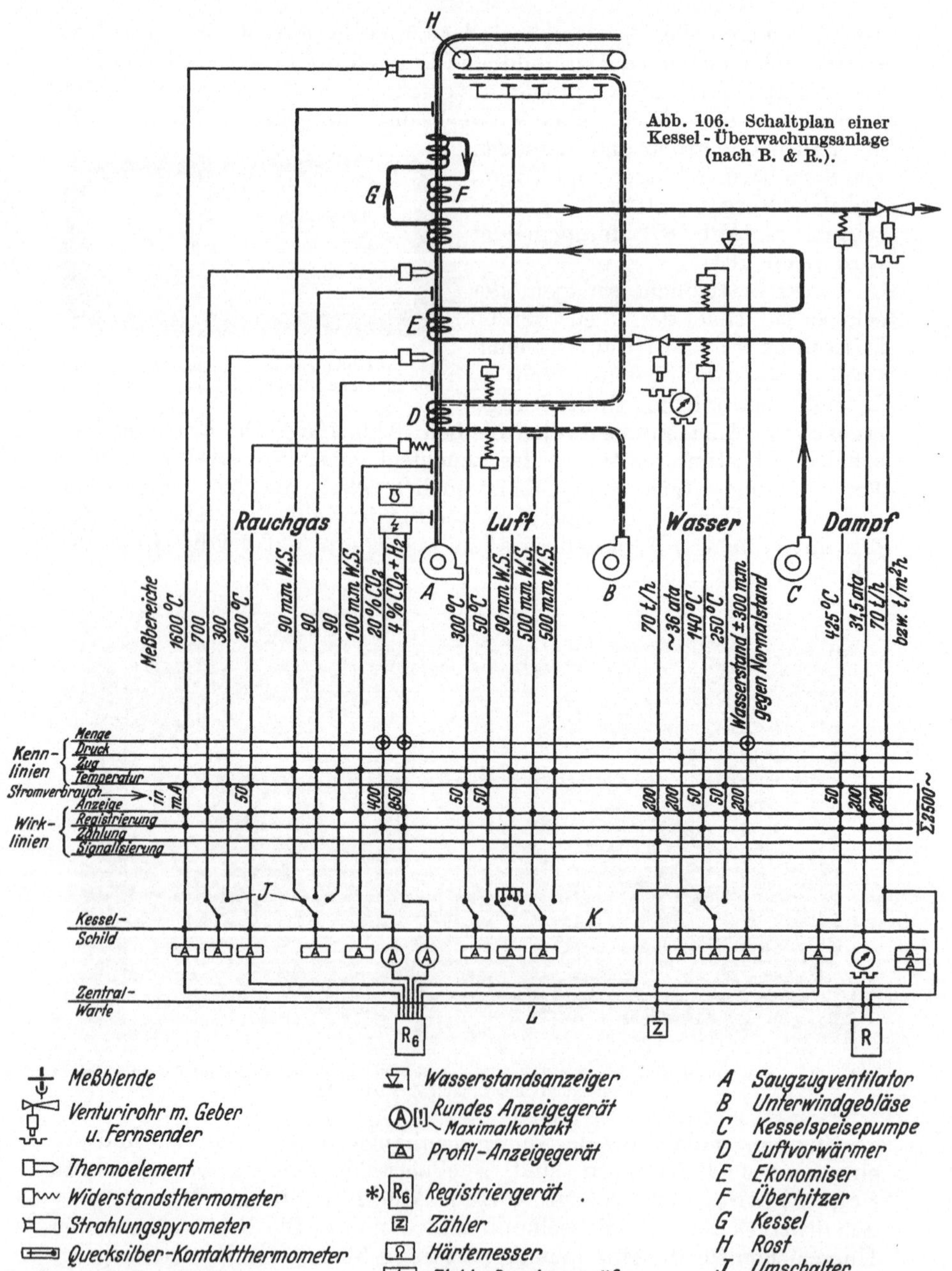

Abb. 106. Schaltplan einer Kessel - Überwachungsanlage (nach B. & R.).

Meßblende

Venturirohr m. Geber u. Fernsender

Thermoelement

Widerstandsthermometer

Strahlungspyrometer

Quecksilber-Kontaktthermometer

Manometer mit Fernsender

Zug-oder Druckmeßstelle

Wasserstandsanzeiger

Rundes Anzeigegerät — Maximalkontakt

Profil-Anzeigegerät

*) R₆ Registriergerät .

Z Zähler

Ω Härtemesser

Elektr. Rauchgasprüfer

Chem. „

A Saugzugventilator
B Unterwindgebläse
C Kesselspeisepumpe
D Luftvorwärmer
E Ekonomiser
F Überhitzer
G Kessel
H Rost
J Umschalter
K Kesselschild
L Zentraltafel

*) R₆ = 6 fachschreiber
entsprechend 1-, 2-, 3 fachschreiber

2. Selbsttätige Signalgabe.

Die Anzeige kann durch selbsttätige Signalgabe wirkungsvoll unterstützt werden. Eine dauernde Beobachtung der Instrumente ist nicht erforderlich, wenn ein Signal zur Warnung beim Herannahen eines unerlaubten Zustandes gegeben wird. Im allgemeinen geschieht die Kontaktgabe unmittelbar durch Anschläge des Zeigers an einen in der Warnstellung befindlichen verstellbaren Kontakt. Meistens sind aber Relais zwischengeschaltet, da die durch den Zeigerkontakt fließende Stromstärke nur sehr gering sein darf. Dauernd betriebssicher sind Ausführungen mit Quecksilberkontaktkippröhren, da diese nicht unter den Schwierigkeiten metallischer Kontakte zu leiden haben.

Abb. 107. Zeigerkontaktthermometer (DRD).

Um die Unzuverlässigkeit einfacher Zeigerkontakte zu beheben, sind vielfach Verbesserungen vorgeschlagen worden. So wird z. B. ein Thermoelement am Zeiger befestigt, das an der Kontaktstelle in den Bereich einer Heizspirale tritt und dadurch ein Hilfsrelais in Tätigkeit setzt (Thermo-Relais der Cambridge Instr. Co.). Auch die bekannten Fallbügelkonstruktionen sind zur Sicherung der Kommandogabe herangezogen worden[1].

Abb. 107 zeigt ein $\pm$-Kontaktthermometer für Starkstrom mit staub- und spritzwasserdichten, auf dem Glasdeckel angebrachten An-

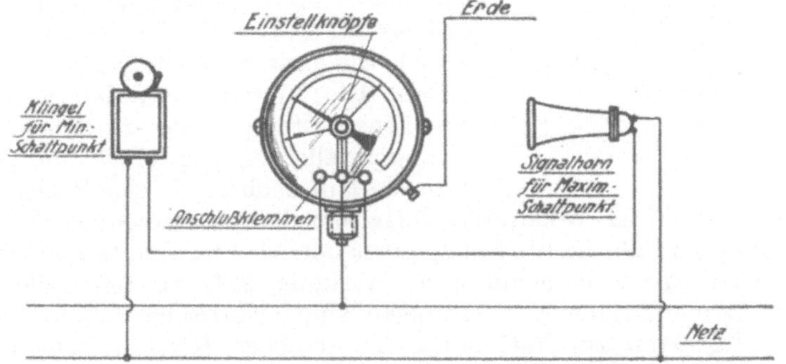

Abb. 108. Schaltschema für Kontaktthermometer mit Maximum- und Minimumkontakt für Starkstrom (nach DRD).

schlußklemmen und Einstellknöpfen für die Kontaktzeiger. Ob Leucht- oder Alarmsignale gegeben werden sollen, muß nach der Eigenart des betreffenden Betriebsvorgangs bestimmt werden; in der Schaltung (Abb. 108) besteht kein Unterschied zwischen ihnen.

Für die Feststellung der Tendenz, z. B. des Dampfdruckes am Kessel, zu fallen oder zu steigen, dient der Strebezeiger, eine Kontaktgabel, die den Zeiger in einem gewissen Umfang umfaßt und sich leicht

---

[1] Elektrotechn. Z. 1928 S. 1613.

mitnehmen läßt (Abb. 109)[1]. Der Kontakt zwischen Zeiger und Zinke
gibt nach Farbe oder Ton verschiedene Warnzeichen, je nachdem
ob die obere oder die untere Zinke berührt wird. Die beiden Warnzeichen kennzeichnen dadurch die fallende oder steigende Tendenz des
Druckes.

3. Fernkommandoabgabe.

Kommandos in Form einer Soll-Anzeige an einem Befehlgerät werden
auch zweckmäßig auf elektrischem Wege gegeben. Von der Kom-
mandostelle wird das Verstellen eines Hebels oder eines Drehknopfes,
genau wie sonst eine Zeigerstellung, fernübertragen und dadurch an
der Empfangsstelle die Anzeige des Befehlgerätes beeinflußt. Vielfach
werden die Induktionsanzeiger nach Art der
Abb. 87 benutzt. Rückmeldung geschieht
entsprechend durch Fernübertragung der
Stellung des dortigen Ist-Anzeigegerätes.
Als Kommandogeber eignen sich natürlich
die Großanzeiger mit Leuchtzahlen besonders gut.

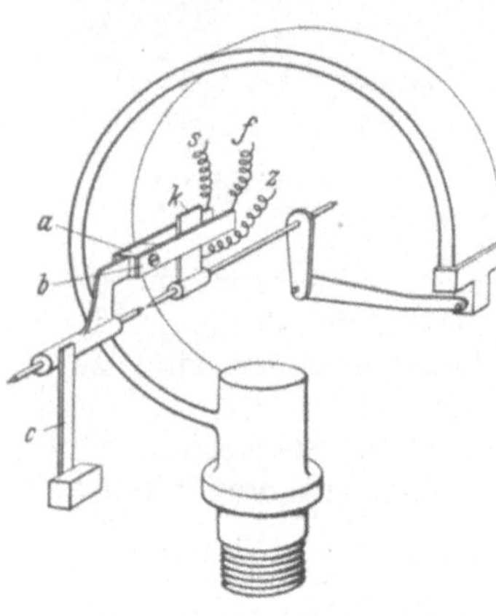

Abb. 109. Druckstrebeanzeiger
(H. & B.).

a, b Kontaktgabel, c Bremsfeder,
s, f, z Signalstromzuleitungen,
k Wechselkontakt.

D. Fernbetätigung von Maschinen und Apparaten

wird in steigendem Maße ausgeführt, weil
eine Zentrale oder Befehlstelle, die die Übersicht über alle Vorgänge hat, am besten in
der Lage ist, im Gefahrfalle wie im normalen
Betrieb die passenden Maßnahmen zu ergreifen. Die Vorgänge werden also ohne
Zwischenschaltung einer örtlichen Überwachungsstelle von fern eingeleitet und in
ihrem Verlauf beobachtet. Die Beobachtung
geschieht nach den bekannten Verfahren der Fernmessung. Die Fern-
betätigung umfaßt die Auslösung einer Betriebskraft am fernen Ort und
die gleichzeitige Rückmeldung der Wirkung, z. B. an Schaubildern.

Die fernbetätigten Vorrichtungen sind elektrische Schalter, durch
die die Hilfskraft zur Betätigung der Schieber, Klappen oder anderer
Organe eingeschaltet wird. Handelt es sich z. B. um eine Schieberfern-
steuerung, so ist zunächst an der Zentralstelle ein Fernanzeigeinstrument
für die Schieberstellung oder für die durch die Leitung fließende Menge
vorhanden. Wenn nun der Verlauf des Meßwertes Anlaß zu einer Änderung der Betriebsstellung gibt, oder wenn nach dem vorgeschriebenen
Fahrplan eine Änderung seiner Größe eintreten muß, dann wird der
Schalter von der Befehlstelle aus entsprechend betätigt und durch diesen
Impuls mit Hilfe von Relais, die sich im Schaltschrank der Schieber-
station befinden, der Antriebsmotor angelassen (Abb. 110). Der fernge-
meldete Meßwert ändert sich darauf im beabsichtigten Sinne. Hat er

---

[1] Kretzschmer: Wärme 1929 S. 58/59.

den vorgeschriebenen Wert erreicht, dann wird der Antrieb auf Fern-
befehl wieder ausgeschaltet. Am Ende des Verstellbereiches schaltet sich
der Motor auch selbsttätig wieder ab. Störungen in der Unterstation
werden durch besondere Alarmsignale bekanntgemacht; an der zurück-
gemeldeten Anzeige der Schieberstellung ist dann der Grund des Alarms
zu erkennen[1].

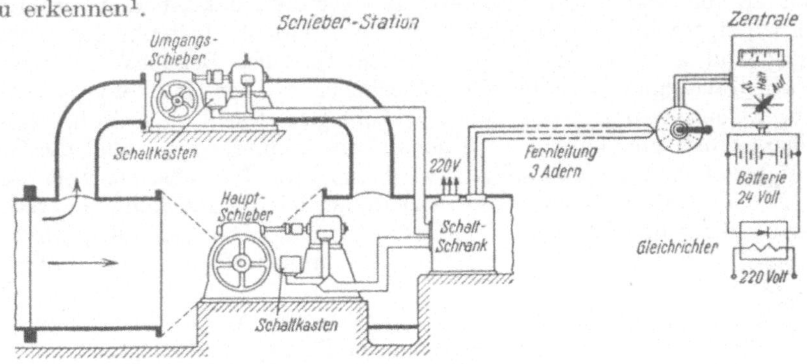

Abb. 110. Fernsteuerung eines Schiebers mit Stellungsrückmeldung (S. u. H.).

Eine weitere sehr häufige und lohnende Anwendung ist die Klappen-
fernsteuerung in Lüftungsanlagen.

Auf pneumatischem Wege wird eine ähnliche Aufgabe nach Abb. 111
gelöst. Dort handelt es
sich darum, einen Gas-
druck durch einen auto-
matischen Regler von
einem entfernten Ort aus
auf mehrere bestimmte
Werte einzustellen. Der
auf den Regler als Im-
puls wirkende Druck
wird von einer Druck-
waage geliefert (s. S. 114
Abb. 152). Je nach dem
Druck der auf dem Teller
liegenden Gewichte ist
dieser Regelimpuls ver-
schieden groß. Wird ein
großes Gewicht aufge-

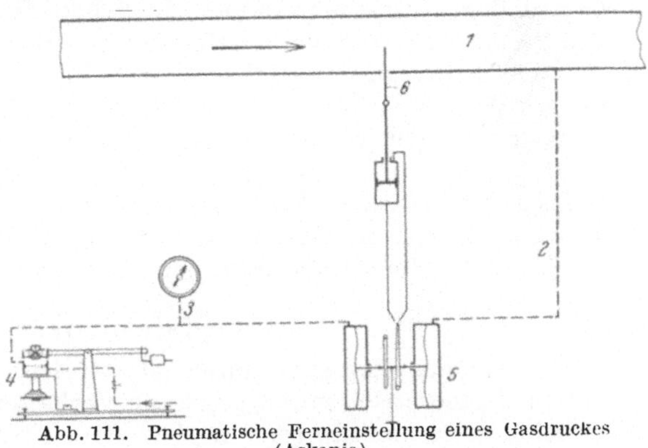

Abb. 111. Pneumatische Ferneinstellung eines Gasdruckes
(Askania).

1 Gasleitung, 2 Druckimpuls, 3 Kommandoimpuls, 4 Luft-
druckwaage, 5 Verhältnisregler, 6 Schieber.

legt, so tritt das Strahlrohr des Reglers infolge des zunächst gestörten
Gleichgewichts zwischen Impuls und Rückführung immer weiter vor die
rechte Öffnung des Mundstückes und treibt den Kolben abwärts, so daß
der Schieber mehr öffnet. Dadurch wird der Druck hinter dem Schieber
so lange anwachsen, bis das Gleichgewicht zwischen beiden Reglerseiten
wieder hergestellt ist.

---

[1] Eggers: Siemens-Z. 1929 S. 842/43.

6*

VII. Genauigkeit[1].

A. Allgemeine Übersicht.

Hohe Genauigkeit wird bei der Beurteilung eines Instruments vielfach an die Spitze aller Forderungen gestellt; das ist nicht richtig, denn hauptsächlich kommt es darauf an, daß die Instrumente zuverlässig sind und immer ein zutreffendes Bild der Betriebsverhältnisse geben. Genauigkeit und Betriebssicherheit sind aber oft zwei gegensätzliche Eigenschaften. Damit soll nun nicht gesagt sein, daß ein betriebssicheres Instrument nicht auch genau sein könnte. Wenn aber die Genauigkeitsforderung übersteigert wird, muß die Betriebssicherheit darunter leiden. Hohe Genauigkeit setzt immer leichte und feine Meßwerke voraus, die schon bei normalem Gebrauch vorsichtig behandelt werden müssen, Betriebssicherheit dagegen einen möglichst robusten Aufbau, der rauhe Behandlung aushält.

Die Genauigkeit wird durch die (garantierte) größte Abweichung der Anzeige (bzw. der Ablesemöglichkeit) im Betriebe festgelegt, und zwar muß sie bei Angabe in Prozenten auf eine Richtgröße bezogen werden. Es ist klar, daß der Grad der Genauigkeit durch die notwendige Genauigkeit festzulegen ist. Die erreichbare Genauigkeit bei der Bestimmung eines Meßwertes ist sehr verschieden. Die geforderte Genauigkeit sollte nicht höher sein, als es der Zweck notwendig macht, denn höhere Genauigkeit verursacht immer einen höheren Preis und hat fast ohne Ausnahme eine geringe Haltbarkeit im Betriebe zur Folge.

Eine Falschanzeige ist an sich keine Beeinträchtigung der Genauigkeit, wenn ihre Größe bekannt ist; sie erschwert allerdings die schnelle und richtige Feststellung des wahren Meßwertes. Die eigentliche Ungenauigkeit liegt in der Unempfindlichkeit oder der Unsicherheit zwischen mehrmaligen Einstellungen auf den gleichen Meßwert. Eine bekannte Falschanzeige ist leicht durch eine Korrekturziffer, eine Eichtafel besser durch Umeichung bzw. neue Beschriftung der Skala zu beheben.

1. Verfahrensfehler.

Fehler entstehen auch durch Abweichungen der Meßmethoden von dem theoretisch vorausgesetzten Verhalten. Die Durchbiegung einer Druckmessermembran ist z. B. dem Druck tatsächlich nicht genau proportional; die Druck-Hub-Linie erscheint im Diagramm (Abb. 134, s. S. 105) nicht als Gerade, sie weist besonders an den Enden des Meßbereichs schwache Krümmungen auf. Abweichungen dieser Art lassen sich bei Anzeigeinstrumenten durch entsprechendes Anzeichnen der Skala, bei Schreibern mit gleichmäßiger Papierteilung jedoch nur durch eine Korrektur beheben. Solche Korrekturen haben aber auch ihre Gefahren; werden sie, was trotz aller Maßnahmen nahe liegt, in verkehrter

---

[1] Kretzschmer: Mitt. 86 der Wärmestelle Düsseldorf. — Schaack u. Ruppel: ATM J 1230—1, Jan. 1934. — Lohmann u. Jordan: Siemens-Z. 1935 S. 119 bis 124. — Lohmann: Arch. Wärmewirtsch. 1935 S. 213—215. — Padelt u. Ströer: Meßtechn. 1935 S. 109—114, 131—134.

Richtung angebracht, dann ist die Fehlmessung ärger als vorher. Sie müssen also unzweifelhaft gekennzeichnet sein, etwa in der Art:

mm WS	geben	Anzeige		Anzeige	bedeutet	mm WS
0		0		0		0
50		52	oder	50		48
100		103		100		97
150		151		150		149

Nur die Zahlenfolge 0, $- 2$, $- 3$, $- 1$ der Korrekturdifferenzen über den Skalenzahlen anzuschreiben, ist bedenklich.

Die Eichbehörde, deren Aufgabe es ist, eichbare Meßgeräte für den Handelsverkehr zu prüfen und zu genehmigen und entsprechende Vorschriften herauszugeben, unterscheidet zwischen Beglaubigungs- und Verkehrsfehlergrenzen. Abweichungen in der Eichung müssen innerhalb der Beglaubigungsgrenze liegen. Abweichungen, die im Gebrauch allmählich entstehen, dürfen bei gesetzlicher Strafandrohung für den Benutzer die Verkehrsfehlergrenzen, die im allgemeinen doppelt so weit sind, nicht überschreiten.

2. Bezugsgrößen.

Bei Prozentangaben ist, wie schon erwähnt, eine Bezugsgröße unbedingt nötig. Wenn eine solche nicht ohne weiteres als bekannt vorausgesetzt werden kann, etwa weil sie allgemein üblich ist, muß sie stets genannt werden. So ist es auch hier bei der Genauigkeit. Man kann die Abweichungen sowohl auf den Skalenhöchstwert wie auf den Sollwert der Anzeige (relative Fehler) beziehen. Beide Angaben sind nur beim Skalenendwert gleich, bei allen niedrigeren Werten des Bereiches macht eine Abweichung in Prozenten des Sollwertes mehr aus als in Prozenten des Höchstwertes. Eine Genauigkeitsforderung von 1% des Sollwertes bedeutet also eine viel schwierigere Bedingung als 1% vom Höchstwert. Jene ist überhaupt in vollem Maße unausführbar, denn schon bei 10%iger Anzeige würde 1% Sollwertfehler nur noch $^1/_{10}$% $= ^1/_{1000}$ der Skalenbreite bedeuten. Nur an Präzisionsinstrumenten kann das gerade noch verwirklicht werden.

Untersucht man das Verhalten der Instrumente näher, so ergibt sich, daß der Fehler aus zwei Teilen besteht, von denen der eine über den ganzen Meßbereich annähernd konstant ist, während der andere mit dem Sollwert wächst. In Gleichungsform würde das heißen:

$$\varDelta A_x = \varepsilon_0 \cdot A_{\mathrm{max}} + \varepsilon_{\mathrm{rel}} \cdot A_x,$$

wobei im allgemeinen der ziemlich konstante erste Summand stark überwiegt.

B. Die einzelnen Komponenten des Meßfehlers.

Man unterscheidet folgende Fehlerquellen:

1. solche, die im Meßsystem und im Übertragungsmechanismus begründet sind (Instrumentenfehler):
   a) Reibung,
   b) Ungenaue Zeichnung der Skala,
   c) Eigen- und Fremderwärmung,
   d) Alterserscheinungen;

2. Fehler der Montage, der Inbetriebsetzung und der Nullstellung;
3. Fehler bei der Ablesung;
4. Fehler durch äußere, im Betrieb begründete Umstände.

1. Fehler im Meßsystem und im Übertragungsmechanismus.

Die Summe dieser einzelnen Fehler gibt den größten Betrag des Meßfehlers. Der mittlere Fehler und der wahrscheinliche Fehler sind kleiner als diese Summe[1].

a) Die Reibung, von S. 21 über das statische Verhalten der Meßsysteme schon nach Entstehen und Auswirkungen bekannt, verursacht, in mm gemessen, d. h. also auf den Endwert der Skala bezogen, bei allen Anzeigewerten ungefähr die gleiche Abweichung. Bei Betriebsanzeigeinstrumenten sollte diese Unsicherheit unter ½ mm bleiben. Bei Schreibern muß man 1 mm noch zulassen; aber es kann bei schlechter Wartung selbst ein Zurückbleiben bis zu mehreren Millimetern vorkommen. Die Folgen dieser Abweichungen sind übrigens nicht so schlimm, wie es zunächst den Anschein hat, denn im Laufe der Bewegungen der Schreibfeder gleichen sich die Fehler zum größten Teil wieder aus. Klopfen vor genauen Ablesungen ist durchaus richtig und statthaft.

Das Kippen in Lagerungen äußert sich ganz ähnlich wie die Reibung. Transportschäden machen sich unter anderem auch in einer Vergrößerung der inneren Reibung des Meßgeräts bemerkbar.

b) Beim Anzeichnen der Skala unterlaufen leicht Fehler von einem bis zu mehreren Zehnteln Millimeter, insbesondere wenn die Skala nicht gleichmäßig eingeteilt ist. Diese Fehler sind im allgemeinen ebenfalls über den ganzen Meßbereich konstant.

Gedruckte Skalen, die zwar nur bei billigeren Manometern üblich sind, aber auch sonst immer wieder einmal versucht werden, verursachen u. U. erhebliche Abweichungen vom wahren Wert. Ihnen liegt der auf Grund von Erfahrungen gewonnene wahrscheinlichste Verlauf der Skalenteilung zugrunde. Zwei Meßsysteme sind aber nie so genau übereinstimmend, daß man auf diese Weise erhöhten Ansprüchen gerecht werden könnte. Die Abweichungen sind durchaus nicht konstant, sondern je nach dem Unterschiede zwischen dem wirklichen und dem theoretischen Verhalten des Meßwerks verschieden.

c) Die Eigenerwärmung als Fehlerquelle kommt nur bei Wärme entwickelnden Instrumenten in Frage, also z. B. bei Hitzdraht- und Bimetall-Messern. Die Wärmeentwicklung bleibt aber auch dort örtlich begrenzt und hat im allgemeinen keine erhebliche Rückwirkung auf den Übertragungsmechanismus.

Bedeutende Fehler können dagegen entstehen, wenn künstliche innere Beleuchtung vorgesehen ist. Dann ist großes Geschick in der Anordnung erforderlich, um unzulässige Fehler zu vermeiden.

Die Abhängigkeit von der Umgebungstemperatur ist in deren normalen Grenzen im allgemeinen kaum merkbar. Die Erwärmungsfehler verursachen eine Nullverstellung und wachsen im übrigen mit dem Anzeigewert an.

d) Alterserscheinungen. Mit der Zeit sich einstellende und weiter wachsende Fehler, kurz gesagt: Alterserscheinungen, werden z. B. verursacht

---

[1] Vgl. Fußnote S. 84.

durch das Nachlassen einer Feder. Dies ist aber meistens eine Folge von Überlastungen, selten dagegen von sogenannter Ermüdung,

durch allmähliche Abnutzung oder Verschmutzung z. B. einer Lauffläche,

durch Verlust von Wasserinhalt infolge Verdunstung oder von Quecksilberinhalt durch Undichtigkeiten und durch Überlastungen bei Mengenmessern (s. S. 209),

durch Verkleinerung eines Meßraumes, z. B. durch Steifwerden der Membran bei der Gasuhr,

durch Anfressungen und Undichtigkeiten.

Diese Fehler lassen sich hinsichtlich der Bezugsgröße allgemein nicht genauer bezeichnen.

2. Fehler der Montage, der Inbetriebsetzung und der Nullstellung.

Fehler der Montage sind bei einiger Aufmerksamkeit vermeidbar. Ein in waagerechter Lage geeichtes Instrument darf in den meisten Fällen auch nur in dieser Lage im Betrieb verwendet werden. Wo Flüssigkeitsspiegel einzuhalten sind, muß der ganze Apparat mit Libelle oder Lot ausgerichtet werden, damit er wieder in die gekennzeichnete Eichstellung kommt.

Bei Differenzdruckmessern für leichte Gase ist ferner auf die Beseitigung von Luftresten in den Meßleitungen zu achten. Die Nullstellung erscheint sonst unter Umständen stark verschoben und wird fälschlich berichtigt, während doch tatsächlich ein Meßwert, wenn auch nur ein unbeabsichtigter, vorliegt (s. S. 202).

Bei Membrandruckmessern verschiebt sich mit einer Nullveränderung der ganze Bereich; die Skala bleibt also nur bei ganz gleichmäßiger Teilung richtig. Bei Differenzdruck-Mengenmessern dagegen, wenigstens sofern ihre Teilung in der Menge gleichförmig ist, macht eine Verschiebung der Null nach oben hin immer weniger aus.

Auch diese Abweichungen können nicht in ein allgemein gültiges Schema gebracht werden.

3. Fehler in der Ablesung

werden besonders beim Interpolieren begangen, wenn Zeiger und Striche dick und die Zwischenräume verschieden weit sind. Ferner leidet die Ablesegenauigkeit unter Schwankungen des Zeigers infolge von Resonanz oder schwacher Dämpfung und unter schleichender Einstellung bei zu starker Dämpfung. Die Ablesefehler sind ungefähr über die ganze Skala gleich, wenn die Teilung gleichmäßig ist. Bei Skalen, deren Teilung im unteren Gebiet gedrängt ist, nehmen die auf den Endwert bezogenen Fehler sogar nach unten hin zu, da sie in Millimeter Skalenbreite überall als gleich groß anzusehen sind.

Die Abschätzung dieser Fehler hat die Unterscheidungsfähigkeit des Auges als Grenze; genauere Ablesungen als auf $^1/_{10}$ mm sind selbst bei feinen Meßgeräten schwer möglich. Eine wesentliche Rolle spielt die Parallaxe des Auges und überhaupt eine schiefe Blickrichtung. Präzisionsinstrumente haben daher Schneidenzeiger mit untergelegtem Spiegel, in dem sich der Zeiger und das Spiegelbild bei der Ablesung decken müssen.

4. Fehler durch äußere betriebliche Umstände.

Diese sind so zahlreich, daß nur einige aufgeführt werden können.

In einer Leitung eingebaute Thermometer dürfen nicht in toten Ecken sitzen; außerdem muß die Wärmeableitung durch den Schaft berücksichtigt werden. Die Größenordnung ist selbst im bestimmten Fall schwer übersehbar.

Druckleitungen können verstopft oder undicht sein.

Blenden und Düsen müssen die richtige Durchtrittsweite haben und richtig eingesetzt sein. Die Berechnungsgrundlage für diese Drosselgeräte hat sich in den letzten Jahren teilweise um einige Prozent verschoben, so daß die meisten alten Meßstellen berichtigt werden müssen.

Änderungen in den Zustandsgrößen (Druck, Menge, spez. Gewicht) sind auf die Mengenmessungen von großem Einfluß. Solchen Änderungen muß, wenn sie auf Dauer eingetreten sind, durch Berichtigungszahlen Rechnung getragen werden; periodische Änderungen gleichen sich größtenteils selbst wieder aus. Die Größe des Fehlers wächst mit dem Sollwert (rel. Fehler).

Ferner müssen Lage und Ausbildung der Meßstellen den durch Erfahrung gewonnenen Mindestforderungen genügen. Endlich darf auch die Strömung nicht stoßweise vor sich gehen, sonst zeigen alle Durchflußmesser mit ganz wenigen Ausnahmen zu viel an (s. S. 212).

Bei Rauchgasprüfern verzögern die Länge der Saugleitung und die Dauer des Meßvorganges selber die Anzeige bis zu einigen Minuten, so daß der Ablesewert den Tatsachen nicht zu entsprechen braucht. Bei Druck-, Temperatur- und Mengenmessungen verwischt die Anzeigeverzögerung je nach ihrer Größe etwaige Meßwertspitzen durch mehr oder weniger weitgehendes Ausgleichen aller Schwankungen.

C. Geforderte und gewährte Genauigkeit.

Die vom Kunden geforderte Genauigkeitsgewähr kann sich nur auf die instrumentellen Fehlermöglichkeiten zu 1. beziehen. Über die Einhaltung gegebener Vorschriften bzw. verlangter Gewährleistungen hätte also eine Probeeichung des Apparates unter dem Betrieb ähnlichen Verhältnissen Klarheit zu verschaffen.

1. Eichungen und Nacheichungen.

Die Belastung des Apparates, z. B. eines Druckmessers mit Hilfe der Druckluftwaage (s. S. 114 Abb. 152) geht dabei von Punkt zu Punkt den Meßbereich hindurch aufwärts und abwärts. Die Prüfdiagramme von Schreibinstrumenten haben die typische Gestalt einer Treppenkurve (Abb. 112). Der Unterschied in der Stufenhöhe für den gleichen Meßwert zwischen Aufwärts- und Abwärtsgang ist der Betrag der Reibung. Durch Erschütterung müssen beide Stufen nahezu auf gleiche Höhe gebracht werden können. Die Abweichungen von der mitgelieferten Skala bzw. von dem vorgedruckten Schreibpapier werden dann, wenn der Apparat sonst der Gewährleistung entspricht, notiert und zum Vergleich mit späteren Prüfungen aufbewahrt. Aus dem Verlauf der Abweichungen ergibt sich eine Berichtigungstabelle (s. S. 85). Unberührt davon bleibt, daß gegebenenfalls zur Ausgleichung veränderter Betriebsbedingungen noch ein für alle Meßwerte gleicher Berichtigungsfaktor nötig ist.

2. Zahlenangaben für bestimmte Messungen, nach Meßwerten geordnet.

Die Anforderungen an die apparative Genauigkeit sind in den letzten Jahren sehr gestiegen. Für Mengenmesser galt noch vor

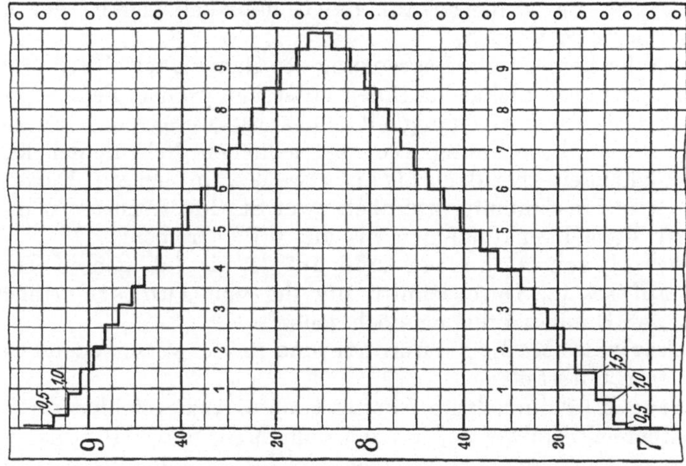

Abb. 112. Treppenkurve einer Meßgeräteichung.

einigen Jahren eine Genauigkeit von $\pm 4\%$ des Höchstwertes als normal. Zur Zeit ist $\pm 2\%$ üblich, und zwar bis zu 20% oder 15, höchstens 10% des Meßbereiches hinunter. In besonderen Fällen geht man heute noch viel weiter. Z. B. werden für die Mengenmesser der Gasfernversorgung $\pm 1\%$, und zwar bezogen auf den Sollwert, verlangt, allerdings nur bis 30% des Höchstwertes hinunter, weil darunter auf einen Nebenmesser umgeschaltet wird.

Was für eine große Leistung diese für Differenzdruckmesser erhobene Genauigkeitsforderung bedeutet, wird erst durch folgenden Hinweis ins richtige Licht gerückt. Bei dieser Meßart verläuft der Impuls, nämlich der Differenzdruck, dem Meßwert quadratisch porportional. Bei 30% der Höchstmenge beträgt er also nur noch 9% seines Höchstwertes, und ein zulässiger Fehler von 1% vom Mengensollwert — 30% = 0,3% vom Höchstwert — entspricht einer Änderung im Differenzdruck von nur 0,2% des höchsten Differenzdruckes, d. h. bei 100 mm WS nur 0,2 mm WS.

Als Betriebsgenauigkeit von Mengenmessungen nach dem Druckunterschiedverfahren ist im allgemeinen nicht viel mehr als $\pm 2\%$, bezogen auf den Skalenendwert, erreichbar.

Die bei einem Druckmesser übliche Eichgarantie von $\pm 1\%$ des Skalenendwertes muß gegenüber der für Mengenmesser verlangten und auch erreichbaren Genauigkeit als geringe Leistung erscheinen. Ein Druckmesser ist aber im allgemeinen auch ein viel anspruchsloseres und billigeres Gerät.

Die charakteristische, für Wasser- und Elektrizitätszähler[1] übereinstimmende Fehlerkurve (s. S. 179) zeigt von einem gewissen Prozentsatz an abwärts eine stetig zunehmende Minderanzeige und geht an der Empfindlichkeitsgrenze nach $-\infty$. Im brauchbaren Meßbereich haben die Elektrizitätszähler als übliche Garantie $\pm 1\%$, die Wasserzähler $\pm 2\%$. Bei Zählern kann die Genauigkeitsangabe nur auf den Sollwert bezogen werden.

Gaszähler kennen eine Begrenzung der Genauigkeit durch eine Empfindlichkeitsgrenze nicht; bei ihnen entstehen größere Fehler bei großer Überlast. Die Normalgenauigkeit eines Stationsgasmessers ist etwa $\pm 2\%$. Unter Einrechnung aller betrieblichen Nebenfehler kann die Fehlermöglichkeit aber doch bis auf etwa 4% anwachsen. Dagegen läßt sich die Übereinstimmung zwischen zwei Stationsgasmessern unter besonderen Vorsichtsmaßnahmen bis auf $0,1\%$ treiben[2].

Gasanalysen-Apparate sind auf ½ bis 1% genau, Heizwertmesser auf 1% im Durchschnitt, nur der von Junkers erreicht ½% und in der Handausführung noch mehr[3].

Elektrische Meßinstrumente sind in vier verschiedene Genauigkeitsklassen unterteilt:

Klasse E. Feinmeßgeräte erster Klasse. Anzeigefehler in Prozenten des Meßbereich-Endwertes, je nach dem Meßwerk $\pm 0,2$ bis $\pm 0,4\%$.

Klasse F. Feinmeßgeräte zweiter Klasse. $\pm 0,3$ bis $\pm 0,6\%$.

Klasse G. Betriebsinstrumente erster Klasse. $1,5\%$.

Klasse H. Betriebsinstrumente zweiter Klasse. 3%[4].

Bei Frequenzmessern, deren ganzer Meßbereich nur ein um 50 Hz herumliegendes Stück umfaßt, bedeutet 1% Fehler vom Sollwert bereits ½ Hz. Es ist erst in den letzten Jahren gelungen, die Genauigkeit wesentlich weiterzutreiben, und zwar bis auf $^1/_{10}$ Hz $= 0,2\%$.

Zu diesen, im Instrument begründeten Fehlern treten dann noch die von den Betriebsumständen hervorgerufenen hinzu, die unter Umständen ein Vielfaches davon ausmachen können, z. B. bei Temperaturmessungen (s. S. 142), oder bei pulsierenden Mengenströmen (s. S. 212).

---

[1] Fuhrmann: Meßtechn. 1929 Nr. 9 S. 244—248; 1930 Nr. 1 S. 6—9.

[2] Mitt. der Wärmestelle Düsseldorf Nr. 130 (Rheinländer: Arch. Eisenhüttenw. 1929/30 Nr. 4. Okt. S. 267—276).

[3] Schneider: Meßgenauigkeit der Gasuntersuchungsmethoden. Gas- u. Wasserfach 1929 Nr. 34 S. 829—832. — Neidhardt: Gasanalysenfehler und ihre Einflüsse. Arch. Wärmewirtsch. 1933 S. 85—91.

[4] Keinath: Über die bei elektrischen Meßgeräten erreichbare Genauigkeit. Elektr.-Wirtsch. 1926 Nr. 403 S. 85—89.

Zweiter Teil.

Verfahren und Bauarten, nach Meßwerten geordnet.

VIII. Druckmessung.

Übersicht.

Alle Druckmessungen sind nur Relativmessungen im Gegensatz z. B. zu den Mengenmessungen. Der zu messende Druckwert wird stets als Spannungsunterschied angezeigt und auf einen — zunächst beliebigen — anderen Druckwert bezogen. Es gibt also im Grunde nur Druckunterschiedmessungen.

Der Bezugsdruck ist in den weitaus meisten Fällen der Druck der Lufthülle über der Erdoberfläche, also deren Überdruck über den absoluten Druck Null, wie man ihn sich draußen im Weltenraum verwirklicht vorzustellen hat. Im täglichen Leben ist es selbstverständlich geworden, den Druck der Lufthülle als Nullpunkt zu betrachten, daß man heute nur noch solche Druckmessungen als Druckunterschiedmessungen empfindet, bei denen es sich um den Unterschied zweier vom Luftdruck verschiedener Drücke handelt. Aus diesem Grunde sagt man auch einfach Druck zu Überdruck und Zug zu Unterdruck. Die Bedeutung des Begriffes Vakuum wird weiter unten noch geklärt werden.

Wie bekannt, schwankt der Druck der Lufthülle in für Meßzwecke recht weiten Grenzen, in mittleren Breiten etwa zwischen 720 und 780 mm QS, d. h. um etwa $\pm$ 5% des mittleren Wertes. Als Normalwert ist 760 mm QS von 0^0 C festgelegt worden, um bei Zahlenangaben über Menge oder Volumen Unzuträglichkeiten aus der tatsächlichen, weitgehenden örtlichen Verschiedenheit auszuschließen. Einen Überdruck oder einen Unterdruck mißt man nun aber nicht gegenüber diesem Normaldruck, sondern gegen den tatsächlichen Luftdruck, und so stellen alle gewöhnlichen Druckmessungen je nach dem Zeitpunkt verschiedene Absolutdrucke dar (Abb. 113).

Glücklicherweise kommt es bei der Beurteilung eines technischen Vorganges in den meisten Fällen gar nicht auf den absoluten Druck an. Tatsächlich ist meistens der Druckunterschied gegenüber dem jeweiligen Luftdruck das Wesentliche, z. B. bei Feuerungen und bei pneumatischen Förderanlagen, wo der Druckunterschied gegen draußen die treibende Kraft hervorbringt. Der jeweilige Luftdruck ist zwar — allerdings in geringem Ausmaß — auch hier von Einfluß, da das mit dem absoluten Druck veränderliche spezifische Gewicht für die Sauerstoffmenge und die pneumatische Kraft mitbestimmend ist.

Je höher der Druck des betrachteten Vorganges ist, desto mehr verschwindet der Einfluß des veränderlichen Luftdruckes. In der heutigen Hochdrucktechnik der chemischen Industrie ist es gleichgültig, ob man zur Ermittlung des absoluten Druckes aus einem gemessenen Überdruck von 200 atü den Atmosphärendruck mit 730 oder mit 780 mm QS in Rechnung setzt, ja, in Anbetracht der unvermeidlichen Anzeigefehler kann man dann schon Überdruck und absoluten Druck gleichsetzen.

Ganz anders liegen die Verhältnisse, wenn es sich um tiefes Vakuum handelt. Schon bei pneumatischen Anlagen, die mit 300 bis 400 mm QS Unterdruck arbeiten, macht sich — wie oben angedeutet — tiefer Barometerstand wegen des geringen spezifischen Gewichtes der Luft in verminderter Leistung bemerkbar. Ganz irreführende Ergebnisse würde aber eine einfache Unterdruckmessung liefern, wollte man sie zur Mes-

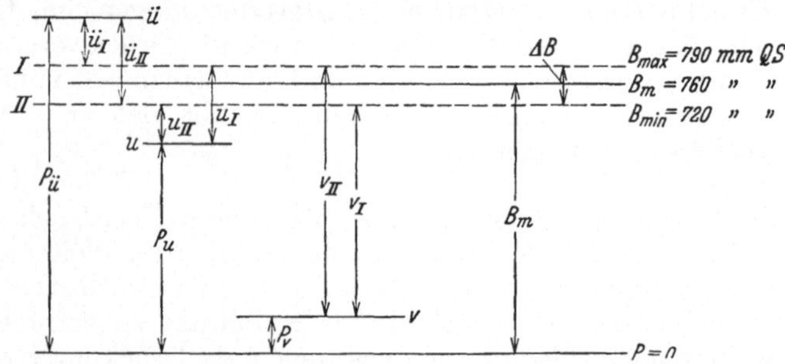

Abb. 113. Absoluter Druck, Barometerstand, Überdruck, Unterdruck, Vakuum.

P absoluter Druck, B Barometerstand (abs. Druck), B_m mittlerer (normaler) Barometerstand, ΔB größte eintretende Schwankung im Barometerstand $= B_{max} - B_{min} = \sim 10\%$,

$\ddot{U}$ Überdruck   ⎫
U Unterdruck   ⎬ auf den jeweiligen Barometerstand bezogen,
V starker Unterdruck (auch Vakuum genannt) ⎭

$100 \cdot \dfrac{V_I}{B_m}$ bzw. $100 \cdot \dfrac{V_{II}}{B_m}$ % Vakuum, bezogen auf den mittleren Barometerstand $B_m = 100\%$ (unmittelbar nicht meßbar, vgl. S. 119).

sung des Vakuums in einem Kondensator verwenden. Durch Angabe eines Unterdruckwertes ist der Zustand im Kondensator nicht ausreichend gekennzeichnet. Die gleiche Anzeige am Unterdruckmesser würde bei niedrigem Barometerstand einen erheblich geringeren absoluten Druck darstellen als bei hohem Barometerstand. In solchen Fällen ist also der absolute Nullpunkt der Druckskala der einzig einwandfreie Bezugspunkt für die Druckmessung.

Übrigens sollten zur Vermeidung der naheliegenden Mißverständnisse nur solche Apparate Vakuummeter genannt werden, die einen unmittelbar auf den absoluten Nullpunkt bezogenen Druck messen. Apparate, die den Druck auf den jeweiligen Luftdruck beziehen, sollten Unterdruckmesser heißen. Die Messung des „Vakuums" geschieht also bei einer pneumatischen Förderanlage mit einem Unterdruckmesser, bei einem Kondensator mit einem (eigentlichen) Vakuummeter. Der verschiedene Zweck der Messung wäre dann von vornherein durch die unterschiedliche Bezeichnung der gebrauchten Instrumente gekennzeichnet.

Den Anfang und die Grundlage zu allen Druckmessungen bildet also die Messung des Druckes der Lufthülle. Die größere Rolle spielen aber heute in der Technik die nach Aufbau und Wirkungsweise einfacheren Vorrichtungen für den auf den jeweiligen Luftdruck bezogenen Unter- oder Überdruck. Die meisten dieser Apparate können ohne wesentliche Umänderung auch für beliebige andere Bezugsdrücke, also für die eigentliche Druckunterschiedmessung, benutzt werden. Nur die Messung mit Federkraft, die allerdings heute sehr weit verbreitet ist, verlangt für diese eigentlichen Druckunterschiedmesser besondere konstruktive Ausbildung.

Die folgende Einteilung der Druckmesser nach der Verwendung erscheint zweckmäßig:

1. Druckunterschiedmesser,
   a) Barometerstand als Bezugsdruck,
   b) beliebiger Bezugsdruck (eigentliche Druckunterschiedmesser).
2. Messer für absoluten Druck (Barometer, Vakuummmeter).

Die Beschreibung der Instrumente geht dabei am besten von den Bauarten aus und hält sich deshalb bei allen Arten der Druckmessung an nachstehende Reihenfolge:

1. Instrumente mit Flüssigkeitsfüllung, 2. Instrumente mit Federkraft,
   a) U-Rohre,   a) Röhrenfedern,
   b) Ringwaagen,   b) Plattenfedern,
   c) Glockenmesser.   c) Kapselfedern.
3. Instrumente auf elektrischer oder sonstiger physikalischer Grundlage.

Aus der Reihe der Einheiten, in denen Druck und Druckdifferenz gemessen werden können, gibt man je nach dem zu messenden Vorgang jener den Vorzug, deren Anwendung am vorteilhaftesten erscheint.

Die physikalische Atmosphäre (Atm.) stammt von dem mittleren Druck der Lufthülle, der in Mitteleuropa bekanntlich gleich einer Säule von 760 mm QS von 0^0 bzw. von 762 mm QS von 15^0 ist. Feuerungstechnik und Apparatebau rechnen vorwiegend mit mm WS. Entsprechend dem Verhältnis der spezifischen Gewichte ist 1 mm QS von $0^0 = 13,6$ mm WS von 4^0. Der normale Barometerstand ist also $= 10333$ mm WS von 4^0.

10000 mm WS von $4^0 = 1$ kg/cm$^2 = 1$ at ist die technische Atmosphäre. Der Name ist in Anlehnung an die alte Einheit von nahezu gleicher Größe gebildet worden. In der Technik ist aber unter Atmosphäre schlechthin stets nur diese mit 1 kg/cm$^2 = 10000$ mm WS verstanden. Die physikalische und die technische Atmosphäre stehen also zueinander im Verhältnis 1033 : 1000. Es ist 1 at $= 735,5$ mm QS von $0^0 = 737,4$ mm QS von 15^0. Die gemeinsame Bezeichnung der beiden wenig verschiedenen Druckeinheiten verpflichtet zu erhöhter Aufmerksamkeit, denn die 3% Differenz sind als Fehler zu groß, aber zu klein, um mit Sicherheit aufzufallen.

Der Druck kann auch in m oder mm jeder beliebigen Gas- oder Flüssigkeitssäule angegeben werden. Eine Flüssigkeitssäule drückt auf die sie unten begrenzende Fläche mit einem Gewicht, das proportional ihrer Höhe ist. Das Gewicht ist $f \cdot h \cdot \gamma$ und für die Umrechnung gilt infolgedessen:

h m Flüssigkeitssäule $= h \cdot \gamma$ kg/m^2 oder mm WS, wobei γ in kg/m^3 das spezifische Gewicht der betreffenden Flüssigkeit ist.

(Über Leitungsverlegung, Meßanschlüsse u. dgl. s. S. 6 usw.)

A. Über- und Unterdruckmesser.

1. Manometer mit Meßflüssigkeit und ohne besondere selbsttätige Anzeigevorrichtung.

a) Einfache U-Rohr-Manometer aus Glas mit Meßflüssigkeit dienen heute im Betriebe i. allg. nur zur angenäherten Anzeige. Sie finden sich insbesondere in Gaswerken und Kokereien, an Vorlagen und Gasleitungen. Zur besseren Sicht färbt man dort die Wasserfüllung grün mit einigen Tropfen Fluoreszein oder rot mit Eosin. Fuchsin für Rotfärbung ist nicht zu empfehlen, da es leichter als Eosin schmutzt. Bei genaueren Messungen im Laboratorium kann die Färbung überhaupt entbehrt werden, zumal da Ränder an der Glaswand dabei nicht ganz zu vermeiden sind.

Bei teerhaltigen Gasen wird statt Wasser zweckmäßig Petroleum mit dem spezifischen Gewicht 0,79 bis 0,85 verwendet, denn es löst die Teerabscheidungen und hält so die Flüssigkeit sauber. Im allgemeinen ist sonst Toluol dem Petroleum vorzuziehen, da es bei ungefähr gleichem spezifischem Gewicht (0,864 bei 20°) chemisch einheitlich ist und so durch Verdunsten keine Veränderung des spezifischen Gewichtes erfahren kann. Äther und Benzol sind auch recht gut verwendbar. Alkohol ändert sein spezifisches Gewicht durch Wasseraufnahme.

Über die Eigenschaften der in Frage kommenden Flüssigkeiten enthält die Tabelle 2 alles Wesentliche. Bei all diesen Flüssigkeiten ist

Tabelle 2. Eigenschaften von Manometerflüssigkeiten.

	Landolt-Börnstein 5. Aufl. Tafel	Wasser H_2O	Petroleum	Alkohol C_2H_6O $+ H_2O$	Benzol C_6H_6	Toluol $C_6H_5CH_3$	(Diäthyl-) Äther $(C_2H_5)_2O$	Quecksilber Hg
Relativgewicht bei 20° C bzw. auf Wasser von 4° = 1	Nr. 79 (H$_2$O—23 Hg —24)	0,998	0,79—0,82	~0,80	0,879	0,864	0,714	13,55
Wärme-Ausdehnungszahl, wahre bei 20° C × 10^6	Nr. 244 (H$_2$O—23 Hg —24)	210[1]	920—1000	1100	1250	1100	1650	181
Zähigkeit η bei 20° C bzw. auf Wasser = 100	Nr. 41	100	—	120	64	58	25	155

[1] Die übliche Zahl 180 ist ein Durchschnittswert, der für 17,5° gleich der wahren Ausdehnungszahl ist. Über die Änderung der Wärmeausdehnungszahl von Wasser mit der Temperatur s. Abb. 114.

zu beachten, daß sie mit der Temperatur erheblich leichter werden;
nur bei Wasser ist kaum etwas davon zu merken (Abb. 114). Für genauere Messungen erweist sich daher eine Temperaturberichtigung mit
Kurve oder Tabelle als zweckmäßig.

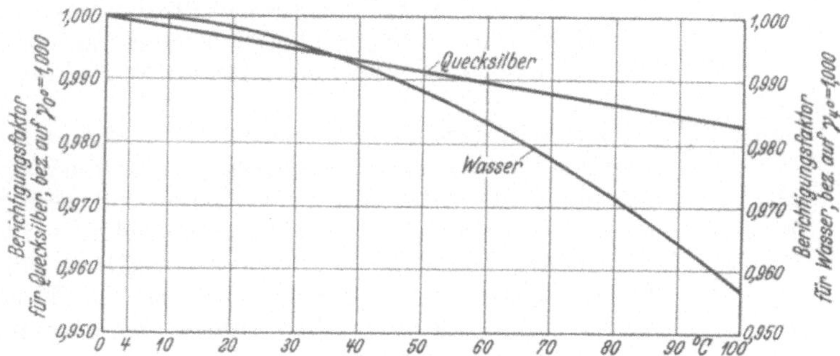

Abb. 114. Temperatur-Berichtigung fürs spezifische Gewicht von Wasser und Quecksilber.

Bei höheren Drücken wird meist Quecksilber als Flüssigkeit benutzt,
weil es zwischen Wasser und Quecksilber nur wenige Flüssigkeiten gibt,
die einwandfrei zu benutzen sind. Es kommen sonst u. U. noch in
Frage: Nitrobenzol mit $\gamma \sim 1{,}20$ und Chloro-
form mit $\gamma \sim 1{,}50$, auch Schwefelkohlenstoff
mit $\gamma \sim 1{,}26$ und Tetrachlorkohlenstoff mit
$\gamma \sim 1{,}60$. Darüber hinaus ist es durch Mischung
von gewissen organischen Brom- und Jodver-
bindungen[1] möglich, spezifische Gewichte bis
nahezu 4,0 zu erreichen. Bekannt ist beson-
ders Äthylendibromid mit $\gamma = 2{,}17$ bei 20^{0} C[2].
Azetylentetrabromid mit $\gamma = 2{,}96$ bei 20^{0} ist
aber beständiger; es wird daher z. B. bei am-
moniakhaltigen Gasen und Flüssigkeiten benutzt. Sollen Mischungen eben genannter Art
genommen werden, muß man stets auf das
chemische Verhalten gegenüber den verwendeten Materialien achten. Außerdem werden fast
immer die Forderungen gelten, daß sie sich mit
Wasser nicht mischen und einen guten Menis-
kus bilden. Auch der Grad der Verdunstung,
die Oberflächeneigenschaften und die Wärmeausdehnung sind von Bedeutung.

b) **Sonderbauarten.** Weiterhin bietet sich
bis zum Quecksilber mit $\gamma = 13{,}6$ keine Zwi-

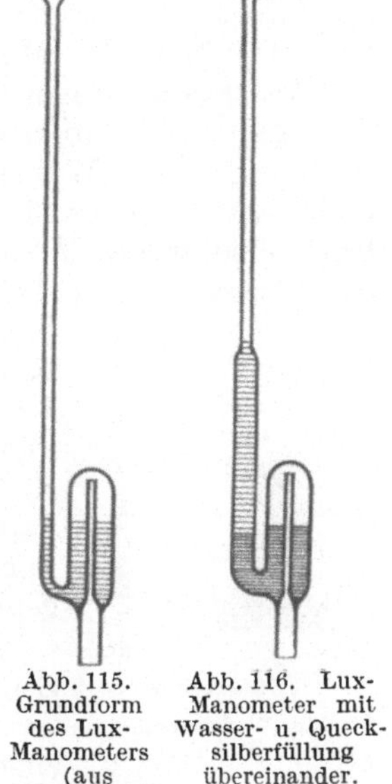

Abb. 115.
Grundform
des Lux-
Manometers
(aus
„Gramberg“)

Abb. 116. Lux-
Manometer mit
Wasser- u. Queck-
silberfüllung
übereinander.

schenstufe mehr. Doch kann man sich hier z. B. unter Verwendung einer
Abart des Lux-Manometers helfen, dessen Grundform die Abb. 115 zeigt.
In dem engen Schenkel steht Wasser über dem Quecksilber so, daß sich

---

[1] Landolt-Börnstein Bd. 1 (1923) S. 478 und Ergänzungsband (1927) S. 219.
[2] Forschungsheft 298 S. 8.

der Wasserspiegel ohne Überdruck gerade am Anfang der nochmaligen Verengung des engen Schenkels befindet (Abb. 116). Überdruck im breiten Schenkel wird dann nur zum Teil durch Quecksilber ausgeglichen, weil die Wassersäule in der Verengung schneller ansteigen muß. Durch die Bemessung der Rohrquerschnitte hat man es in der Hand, die Teilung weiter oder enger zu machen. Die richtige Skala wird am besten durch Eichung gefunden.

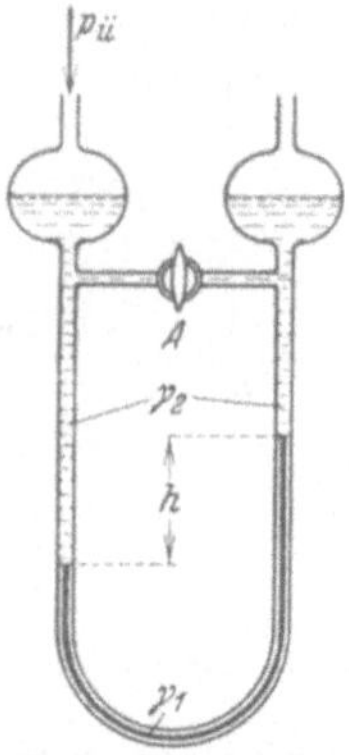

Um sehr geringe Über- oder Unterdrücke von nur wenigen mm WS genauer zu messen, genügt die Wasserfüllung nicht mehr. Bei Flüssigkeiten mit geringem spezifischen Gewicht, die hier mit Vorteil zu verwenden wären, ist aber $\gamma = 0{,}8$ das Geringste, was sich bietet. Bei Wasser macht sich dann auch das Hängenbleiben an der Rohrwandung infolge der verhältnismäßig großen Kapillaritätskonstante unangenehm bemerkbar, indem zeitweise die Ausbildung der normalen Oberflächenform verhindert wird. Durch einen geringen Zusatz von Kalilauge ˙oder Seifenwasser kann das allerdings erheblich gebessert werden; es genügt schon so wenig, daß das spezifische Gewicht dadurch keine Änderung erfährt.

Man hilft sich dann aber besser durch Übereinanderlagern von zwei Flüssigkeiten mit wenig verschiedenem spezifischen Gewicht, z. B. Petroleum und Wasser oder Wasser und Nitrobenzol, wie es in Abb. 117 schematisch veranschaulicht ist. Dadurch ergibt sich schon bei kleinem Überdruck eine starke Verschiebung der Berührungsfläche, weil jetzt nur die Differenz beider Flüssigkeiten als Gegenkraft dient. Die schlechte Sichtbarkeit der Trennfläche — besonders in engen Röhren — ermöglicht aber doch nicht mehr als 1 mm Ablesegenauigkeit. Quecksilber ist trotz der viel geringeren Ausschläge Wasser gegenüber im Vorteil, weil seine Kuppe leicht eingestellt werden kann. Mit Nonius ist sie bis auf $^1/_{10}$ mm ablesbar, mit Lupe noch weiter, so daß die gleiche Ablesegenauigkeit wie bei Wasser erreicht werden kann.

Durch wesentliche Verbreiterung des einen Schenkels (Abb. 118) wird fast die ganze Bewegung der abzulesenden Flüssigkeitskuppe innerhalb des engen Schenkels ausgeführt. Beispiele ähnlicher Art zeigten auch bereits die Abb. 114 und 115. Man erleichtert ferner dem Beobachter die Ablesung erheblich dadurch, daß keine Skala vor der Flüssigkeitssäule auf und ab bewegt werden muß. Es genügt zwar bei gleich starken Schenkeln auch, nur an dem einen abzulesen und die Ablesung zu verdoppeln. Wegen des Hängenbleibens und langsamen Nachrinnens der Flüssigkeit und wegen der Ungleichheit des Rohrdurchmessers darf

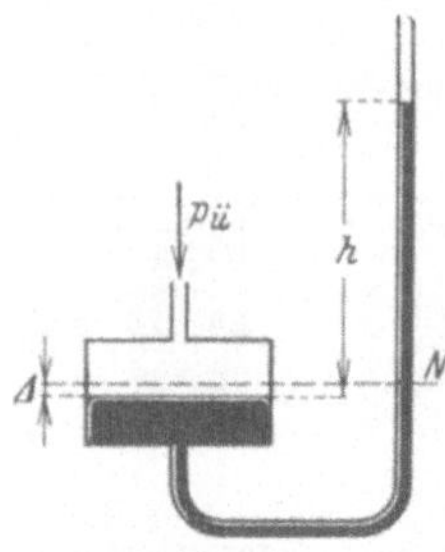

Abb. 117. U-Rohr für kleine Drucke mit 2 Flüssigkeiten von wenig verschiedenem spez. Gewicht. γ_1 schwerere Flüssigkeit, γ_2 leichtere Flüssigkeit, A Ausgleichhahn, h Höhenabstand der Kuppen ($pa = h\,(\gamma_1 - \gamma_2)$ mm WS).

Abb. 118. Wirkung eines breiten Schenkels. N Nullage in beiden Schenkeln, $\varDelta$ geringe Absenkung im breiten Schenkel.

man sich erfahrungsgemäß aber doch nicht auf die völlige Gleichheit beider Hälften verlassen.

c) Mikromanometer. Durch Schrägstellung des einen Schenkels kann die Empfindlichkeit der Flüssigkeitsmanometer weiter gesteigert werden. Der Weg der Flüssigkeitskuppe im schrägen Schenkel vergrößert sich je nach der eingestellten Neigung bis zum Mehrfachen der senkrechten Stellung. Selbstverständlich wird der andere Schenkel sehr breit ausgeführt, damit die ganze Bewegung der Flüssigkeit im schrägen Schenkel vor sich geht.

Der Name Mikromanometer hat sich im wesentlichen für Manometer mit schrägem und verstellbarem Schenkel eingebürgert. Bei einfachen Messungen hat es keinen Zweck, die Neigung zu gering zu machen. Schon bei 1 : 10 ist es sehr fraglich, ob genauere Ergebnisse erreicht werden; denn die Genauigkeit wird herabgesetzt, wenn das schräge Rohr nicht ganz gerade ist oder sich die Vorrichtung nicht genau waagerecht aufstellen läßt oder das Wasser hängenbleibt. Trotzdem hat man

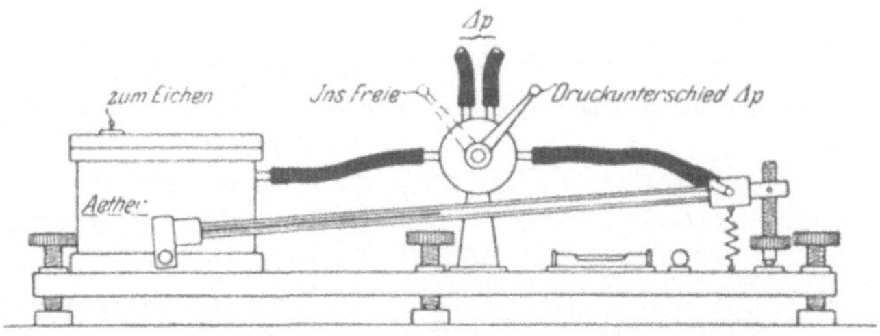

Abb. 119. Mikromanometer nach Recknagel (aus Gramberg).

selbst Neigungen von 1 : 1000 ausgeführt; für technische Messungen sind jedoch solche Präzisionsinstrumente nicht nur unnötig, sondern auch unbrauchbar.

Bekannt und heute noch viel für Versuche in der Industrie verwendet ist das Mikromanometer von Recknagel nach Abb. 119[1]. Es ist mit zwei Anschlüssen versehen, um auch Druckunterschiede damit messen zu können. Der Doppelhahn soll es ermöglichen, beide Seiten des Instruments gleichzeitig auf ihre Meßstelle umzuschalten, um einseitigen Überdruck zu vermeiden. In einer anderen Stellung verbindet er beide Seiten mit der Atmosphäre, damit die Nullstellung abgelesen oder richtiggestellt werden kann. Der höhere Druck, also bei Überdruckmessungen der Überdruck, bei Unterdruckmessungen der Luftdruck, drückt auf das große Gefäß, so daß die Säule in der schrägen Kapillare hochsteigt.

Für die Meßfehler, die durch das Verhalten der Flüssigkeit verursacht werden, gilt das gleiche wie für die gewöhnlichen Manometer. Wasser ist hier wegen seiner Zähigkeit gar nicht zu gebrauchen. Am besten hat sich Toluol bewährt. Die Kapillarwirkung ist von der Stellung der Flüssigkeitskuppe im Rohr unabhängig, soweit das Rohr einigermaßen gleichen Durchmesser hat. Im übrigen werden solche Abwei-

---

[1] Meßtechn. 1929 Nr. 5 S. 123—126.

chungen bei sorgfältigen Eichungen, die von Punkt zu Punkt durch
Einfüllen genau bestimmter Flüssigkeitsmengen fortschreiten, mit berücksichtigt.

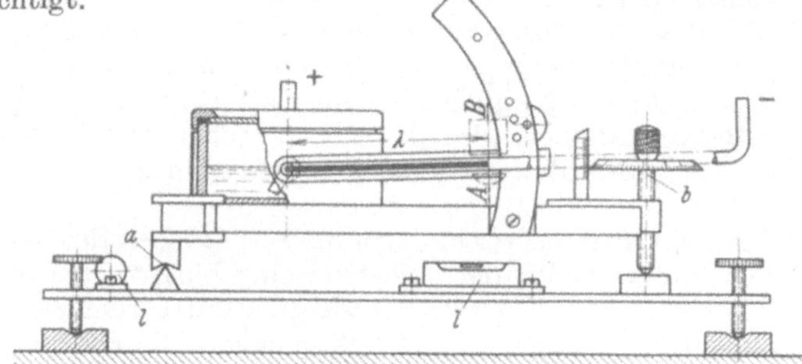

Abb. 120. Mikromanometer mit Kompensation des Ausschlags nach Toepler, schematisch
(Rosenmüller).
a Schneide als horizontale Drehachse, *b* Meßspindel mit Feinteilung, *l* Libellen, *AB* Hohlspiegel
und Lupe, Visierlinie, λ Normallänge des Flüssigfadens, ʃauf die durch Drehen der Meßspindel
eingestellt wird.

**Durch Umgestaltung nach dem Prinzip der sogenannten Toepler-
schen Drucklibelle wird die Empfindlichkeit des Mikromanometers**
besonders in den unteren Druckgebieten noch weiter erhöht[1]. Statt die Auslenkung des Flüssigkeitsfadens zu messen, verstellt man hier die Neigung des Schenkels so lange, bis die Flüssigkeit wieder die Anfangsstellung erreicht hat (Abb. 120). Die Vorteile dieses Kompensationsverfahrens sind, daß ungenügende Geradheit des Rohres, wechselnder Querschnitt, Kapillarkräfte, Hängenbleiben von Flüssigkeit an der Rohrwand, Temperaturänderungen, gar keinen oder nur sehr geringen Einfluß haben. Als erreichbare Genauigkeit wird $^1/_{1000}$ mm WS angegeben.

Für die technische Messung von kleinen Geschwindigkeiten sind Instrumente mit weitgehender Empfindlichkeit nur dann brauch-

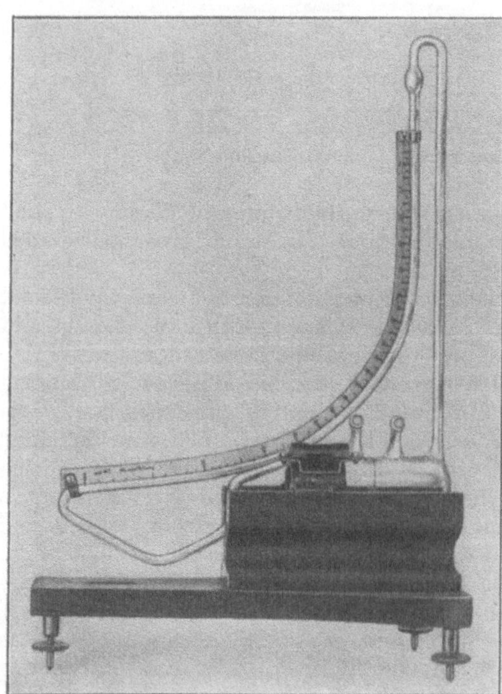

Abb. 121. Mikromanometer nach Neumann
(Wärmestelle Düsseldorf).

___
[1] Meßtechn. 1926 Nr. 15 S. 343—346.

bar, wenn sie auch mit der nötigen Schnelligkeit einwandfrei eingestellt und abgelesen werden können.

Ein Betriebsgerät, das das Verlangen nach genauer Ablesung bei niederem Druck und die Verwendungsfähigkeit auch für höhere Drücke mit einigen anderen Vorteilen in sich vereinigt, ohne daß dabei besondere Ausrüstung erforderlich wäre, ist mit dem Mikromanometer der Wärmestelle Düsseldorf nach Neumann geschaffen[1]. Es besteht aus einer gebogenen Glasröhre, die unten wie bei einem Mikromanometer eine sehr geringe Neigung aufweist, die dann aber allmählich in senkrechten Verlauf übergeht (Abb. 121). Die relative Genauigkeit bleibt so an jeder Stelle ungefähr die gleiche, und man kann ein großes Druckgebiet bis etwa 250 mm WS beherrschen, ohne eine unpraktisch lange Glasröhre zu bekommen, wie es bei einem gewöhnlichen Mikromanometer sein müßte. Jedes Ende der Glasröhre läuft in ein Gefäß aus, an dem sich je ein Druckanschluß befindet. Das ganze Instrument besteht aus einem einzigen Glaskörper ohne jede Dichtungsstelle. Waagerechte Strecken sind in allen Zuleitungen vermieden, so daß sich Luftblasen nicht festsetzen können. Das Gefäß, welches mit dem senkrechten Ende der Glasröhre in Verbindung steht, dient gleichzeitig als Überlauf für die Füllflüssigkeit bei unvorhergesehenen Überlastungen. Die Genauigkeit ist mit etwa $^1/_{50}$ mm WS begrenzt.

Bei dem Wassersäulen-Minimeter nach Abb. 122 ist

Abb. 122. Wassersäulen-Minimeter (Askania).
A Fußschraube, B Libelle, C Drehknopf, D Kordelring, E Meßspindel, F —-Stutzen, G Gefäß, H Einstellspitze, J Spiegel, K Linse, L Maßstab, M Ausgleichgefäß, N Feinteilung, O Kordelmutter, P +-Stutzen.

Glas vermieden[2]. Im Prinzip der Toeplerschen Libelle ähnlich (Abb. 120), ist es nicht für den Betrieb, sondern für Versuch und Eichung bestimmt. Es beruht ebenfalls auf dem Ausgleich der Flüssigkeitsbewegung durch Verschieben eines Gefäßes von Hand. Durch gedrungene Anordnung der einzelnen Teile und eine eigenartige Ablesemethode konnte es eine sehr handliche Form bekommen. Der Meßbereich geht von 0 bis 120 mm WS und ist durch Teilungen bis auf $^1/_{100}$ mm WS einstellbar, so daß auch noch kleinere Bruchteile, je nach der Übung des Beobachters, recht genau geschätzt werden können. Der hebbare Topf auf der Seite des niedrigeren Druckes wird an der Spindel hochgeschraubt, bis der Wasserspiegel in dem festen Gefäß wieder genau mit der Goldspitze einspielt. Für die Ablesung ist eine Lupe vorgesehen. Die richtige Einstellung ist

---

[1] Stahl u. Eisen 1927 Nr. 24 S. 1015/16.
[2] Z. Instrumentenkde. 1927 Nr. 2 S. 97/98.

erreicht, wenn sich die Goldspitze und ihr Spiegelbild eben berühren. Bemerkenswert ist an dem WS-Minimeter, daß sich Kapillarwirkung und Ungleichmäßigkeiten in der Wand des Gefäßes herausheben, da in der Ablesestellung die Wasserspiegel wieder in die gleiche Lage zurückgekehrt sind. Zur Vergrößerung des Meßbereiches steht der Verwendung schwererer Flüssigkeiten nichts im Wege (s. oben). Quecksilber scheidet allerdings von vornherein aus, da es die Lötungen bald zerstören würde.

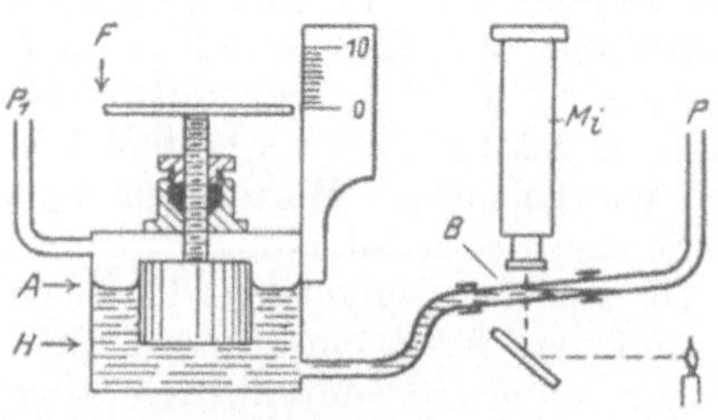

Abb. 123. Verdränger-Mikromanometer (nach Hodgson).

A Verdrängungskammer (mit Öl oder dgl.), *B* geneigtes Meßrohr, *P*—*P₁* Druckdifferenz, *H* Verdränger, *F* Skalenscheibe mit Feinteilung, *M₁* Ablesemikroskop für die Fadeneinstellung.

Eine weitere sehr genaue Anordnung, die auch als Nullmethode arbeitet, läßt einen Verdränger in das große Gefäß eines Mikromanometers eintauchen, bis in dem schrägen Manometerrohr die Flüssigkeitskuppe wieder ihre Anfangsstellung erreicht hat (Abb. 123)[1]. Mit Hilfe eines Mikroskops ist die Einstellung sehr genau möglich. Sie wird zu $^1/_{500}$ mm WS angegeben. Die Ablesung geschieht wie bei dem WS-Minimeter an Kreis- und Linealteilungen mit unbewaffnetem Auge.

Das bei dem bereits auf S. 33 beschriebenen Großanzeiger Skalux (Abb. 39 u. 40) verwendete Anzeigeprinzip mit bewegter Skala und Projektion der Skalenzahlen auf eine Mattscheibe macht sich das Mikromanometer nach Betz zunutze[2]. Abb. 124 zeigt einen etwas schematisierten Schnitt durch das Manometer; die Wirkungsweise ist ohne besondere Erläuterung ersichtlich. Der Eindruck der Skala ist der gleiche wie in Abb. 101. Als Genauigkeit wird $^1/_{10}$ bis $^1/_{20}$ mm WS angegeben. Dieses

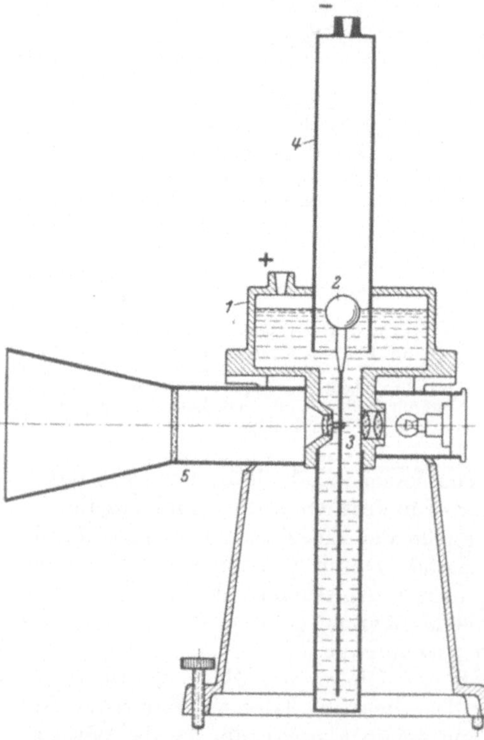

Abb. 124. Mikromanometer, schematisch (nach Betz).
1 Manometergefäß, *2* Schwimmer, *3* Führung für die Skala, *4* Steigrohr, *5* Mattscheibe

---

[1] Z. Instrumentenkde. 1930 Nr. 2 S. 169/70.

[2] Meßtechn. 1931 Nr. 2 S. 37—39. — Das gleiche Prinzip benutzt das Miniskop (Debro); Genauigkeit wie beim WS-Minimeter (Meßtechnik 1935 Nr. 1 S. 1—6).

Manometer bildet einen gewissen Übergang zur folgenden Gruppe der Instrumente mit selbsttätiger Anzeige.

2. Manometer mit besonderer Anzeigevorrichtung.

Die bisher behandelten Druckmesser besaßen entweder keine besondere Vorrichtung, um ihre Ablesung auf Entfernung deutlich zu machen, oder es waren Instrumente, deren Anzeigewert erst nach jeweiliger Einstellung an einer Skala erschien. Apparate, die in industriellen Betrieben für die Beobachtung und Regelung von Drücken gebraucht werden, müssen mit Skala und Zeiger oder wenigstens mit ähnlichen, auf größere Entfernung einwandfrei ablesbaren Einrichtungen versehen sein. Für diese Druckmessungen haben sich Ringwaagen und Glockenmesser, beide mit Flüssigkeitsfüllung, sowie die Federmanometer in sehr vielen Bauarten eingeführt.

a) Die Ringwaagen, auch Kreismanometer genannt, sind schon seit Jahrzehnten bekannt, aber erst seit etwa 10 Jahren, in denen es gelang, sie auch für Mengenmessungen brauchbar zugestalten, haben sie in weiten Kreisen Beachtung gefunden. Ihr Vorzug ist das verhältnismäßig große Arbeitsvermögen, das nur noch von den Glockenmessern übertroffen wird.

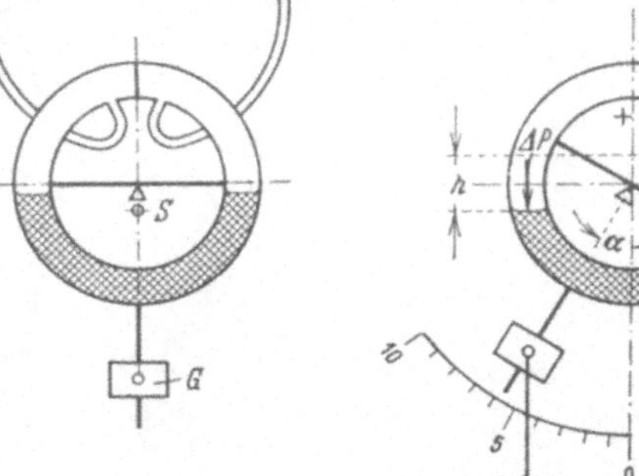

Abb. 125. Unbelastet.   Abb. 126. Belastet.

Abb. 125 u. 126. Ringwaage, schematisch.

S Gesamt-Schwerpunkt des Waagesystems, *G* Rückstellgewicht, α Auslenkungswinkel.

Ihr Prinzip ist folgendes: Ein Ring aus Glas, Blech oder Rohr ist zum Teil mit einer Meßflüssigkeit gefüllt (Abb. 125). In der Nullage steht die Flüssigkeit auf beiden Seiten gleich hoch. Je nach der Anordnung der Massen ist die Waage im Mittelpunkt, darunter oder darüber unterstützt; jedenfalls befindet sich der Schwerpunkt ein gewisses Stück unterhalb des Unterstützungspunktes, damit das System stabil ist. Jeder Auslenkung des Ringes begegnet dann eine mit der Auslenkung nach einem bestimmten Gesetz wachsende Rückstellkraft. Ist die Waage als vollkommen ausgeglichener Ring gebaut, dann wird zur Rückstellung ein besonderes Gewicht genommen. Durch diese und ähnliche Einzelheiten unterscheiden sich die verschiedenen Bauarten.

Wirkt nun auf die eine Seite der Füllung ein Überdruck, dann ist das Gleichgewicht des ganzen Systems gestört. Die Flüssigkeit wird zur anderen Seite, wie ein Kolben, der beide Seiten trennt, hochgeschoben, und zwar unabhängig von der Lage und Drehung des Waageringes und proportional dem Überdruck wie bei jedem Flüssigkeitsmanometer (Abb. 126). Die Kraft, die der Überdruck an der Trennfläche der Ringhälften äußert, sucht den Ring zu drehen, und infolge der stabilen Unterstützung bewegt sich dieser in eine neue benachbarte Gleichgewichtslage. Er dreht sich so weit um seinen Unterstützungspunkt der Flüssigkeitssäule entgegen, bis das Drehmoment seines Gewichtes und das der Kraft an der Trennfläche wieder im Gleichgewicht sind.

Hemmungen durch die bewegliche Druckzuführung und andere unvermeidliche Ungleichheiten beeinflussen das einfache Gleichgewicht noch, seien aber hier außer acht gelassen. Der zu messende Druckunterschied ist dann dem Sinus des Auslenkungswinkels proportional, also bei kleinen Winkeln, etwa bis zu 20°, recht genau dem Winkel selbst.

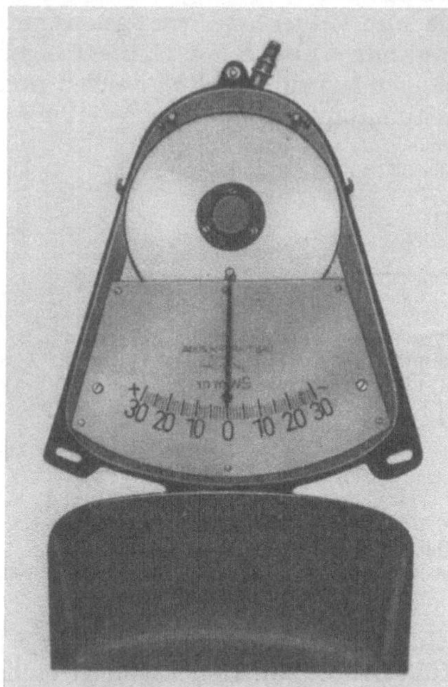

Abb. 127. Einfache Ringwaage mit Rundskala für Zug- und Druckmessung (Ados).

Den Zeiger kann man dann unmittelbar auf das drehende System setzen, und eine gebogene Skala erhält eine nahezu gleichmäßige Teilung. Diese Anordnung ist seit langem, besonders bei kleinen, billigen Druckmessern, in Gebrauch (Abb. 127).

Werden zur Vergrößerung des Arbeitsvermögens große Winkel zugelassen, so bleibt die Proportionalität zwischen Druck und Winkelausschlag nicht mehr gewahrt. Es müssen besondere Zwischenglieder eingeschaltet werden, um trotzdem eine gleichmäßige Skaleneinteilung zu erreichen, was besonders für die Registrierung von Drücken sehr erwünscht ist. Bei Anzeigeinstrumenten ist die Linearität schon durch geschickte Hebelanordnung in der Zeigerübersetzung nahezu vollkommen zu erreichen.

Die Druckmittelzuführung ist in den meisten Fällen ein Gummischlauch, weil dieser die geringste Rückwirkung auf das drehende System ausübt. Gewundene Metallkapillaren werden erst bei höheren Drücken verwendet. Ohne jede nachgiebige Verbindung kommt die Ringwaagenanordnung nach Abb. 128 aus, die allerdings nur für niedrige statische Drücke unter etwa 2000 mm WS verwendet werden kann. Bei ihr ragt das bewegliche Druckzuführungsröhrchen ohne jede starre oder biegsame Verbindung durch das einerseits offene Ringgefäß bis in den Druckraum hinein, der von der Füllflüssigkeit des Ringgefäßes abgeschlossen wird. Bei Differenzdruckmessung sind 2 Ringgefäße hintereinander für die notwendigen beiden Druckzuführungsröhrchen angeordnet.

Die Vorteile der Ringwaagen sind außer der schon erwähnten großen Verstellkraft und der darin begründeten genauen Einstellung des Systems die Unabhängigkeit von der Menge der Füllflüssigkeit und die Gefahrlosigkeit von Überlastungen. Erreicht die eine Flüssigkeitsoberfläche den tiefsten Punkt des Ringes, dann bläst bei weiter steigendem Überdruck das zu messende Gas oder Wasser durch die Sperrflüssigkeit hindurch. Ferner ist bei gänzlich ausgeglichenen Waageringen noch die Möglichkeit gegeben, durch Anbringung verschieden schwerer Rückstellgewichte beträchtlich verschiedene Meßbereiche zu beherrschen. Die Vorteile dieser Austauschbarkeit werden allerdings häufig überschätzt; da die Umstellung nicht selbsttätig vor sich geht, kommt sie nur für längere Dauer in Frage.

b) Glockenmesser nach Abb. 129 werden hauptsächlich für Schreiber verwendet, da ihre auf und ab gehende Bewegung dafür besonders geeignet ist. Das Meßorgan hat die Form einer Tauchglocke, unter die der Meßdruck geleitet wird. Die Glocke befindet sich in der Nullage, wenn ihr Auftrieb gleich ihrem Gewicht ist. Das Merkmal dieses Meßsystems ist der Ausgleich des unter der Glocke wirkenden Drucks durch die Kraft: Gewicht weniger Auftrieb. Die Größe des Auftriebes wird selbsttätig durch Verschiebung der Glocke in ihrer Höhenlage verändert, bis wieder Gleichgewicht vorhanden ist. Durch das Profil der Glocke kann man den Hub über den Meßbereich beliebig verteilen (wesentlich für Mengenmesser s. S. 218).

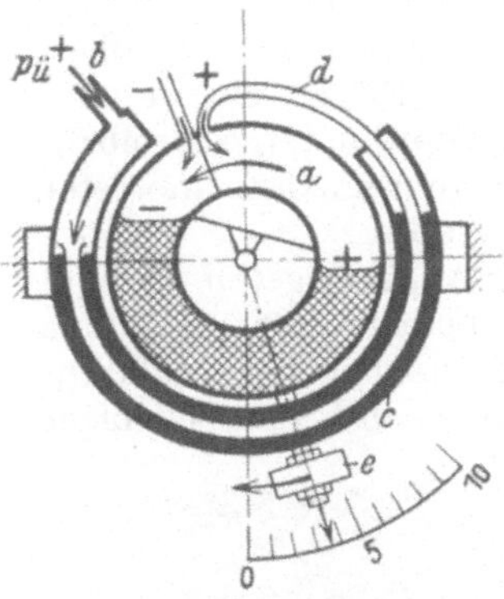

Abb. 128. Ringwaage mit frei beweglicher Druckzuleitung; Spiralrohrwaage (Dr. Kroeber).

a Ringtrommel (Füllung z.B. Wasser), *b* Druckzuleitungsstutzen, *c* Feststehendes Ringgefäß (Füllung z. B. Quecksilber) zum Abschluß von *d* bewegliche Rohrverbindung zwischen *a* und *b*, *e* Rückstellgewicht.

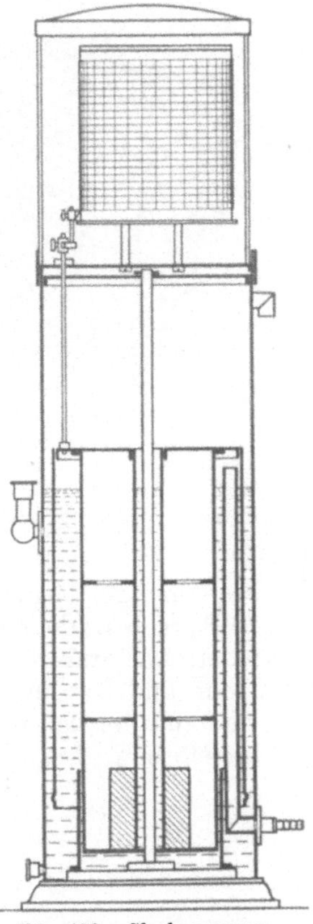

Abb. 129. Glockenmesser für niedrigen Druck (Hydro, Fueß u. a.).

Wegen der großen erreichbaren Verstellkräfte nimmt man die Glockenmesser gern zur Messung sehr schwacher Drücke, wo die übrigen handlichen Instrumentenarten nicht mehr ausreichen. Glockenmesser mit Waagebalken sind in Amerika für Niederdruck viel im Gebrauch. Abb. 130 zeigt einen dreifachen Zug- und Druckmesser in Ansicht und Schnitt; es ist ein typischer Vertreter der amerikanischen Bauweise.

c) Bei den **Federmanometern** entsteht der Druckkraft durch die Elastizität von Metallkörpern die Gegenkraft[1]. Gebräuchliche Federmeßsysteme sind die Röhrenfeder, die Plattenfeder, die Membrankapsel und in neuester Zeit für Differenz-Hochdruckmesser auch das Wellrohr.

---

[1] Arch. Wärmewirtsch. 1925 Nr. 7 S. 189—194; Meßtechn. 1928 Nr. 9 S. 239 bis 243, Nr. 12 S. 319—324 u. 1929 Nr. 4 S. 106/07.

α) Das älteste der Federmeßsysteme ist die **Röhrenfeder**, früher Bourdonrohr genannt. Es ist eine elastische, kreisförmig gebogene Röhre von flachem Querschnitt (Abb. 131). Der Werkstoff ist meist Tombak. Unter innerem Überdruck öffnet es sich, weil sich der elliptische Querschnitt dem Kreise anzunähern sucht. Das freie Ende bewegt sich dabei etwa auf der Verbindungslinie A—B nach außen. Der Hub ist dem inneren Überdruck proportional; er wird durch ein Übersetzungswerk auf den Zeiger übertragen. Der kleinste Meßbereich ist etwa 0 bis 0,5 at, der größte 0 bis 80 at, bei Sonderausführungen geht man auch weit höher. In Abb. 132 ist ein in geraden Koordinaten schreibendes Röhrenfedermanometer dargestellt.

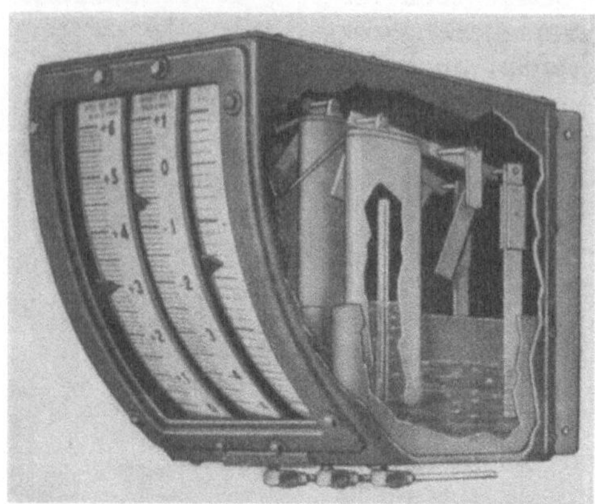

Abb. 130. Dreifach-Profilinstrument, Waagebalken mit Tauchplatten (Bailey).

Als günstigsten Winkel für den Kreisbogen haben Theorie und Praxis übereinstimmend 240 bis 260⁰ ergeben; die meisten Ausführungen entsprechen dem auch. Röhrenfedern aus Stahlrohr, die für hohe Drücke von 50 at an bis zu beliebiger Höhe und für angreifende Chemikalien verwandt werden müssen, sind nur halbkreisförmig. In mehrfache Windungen

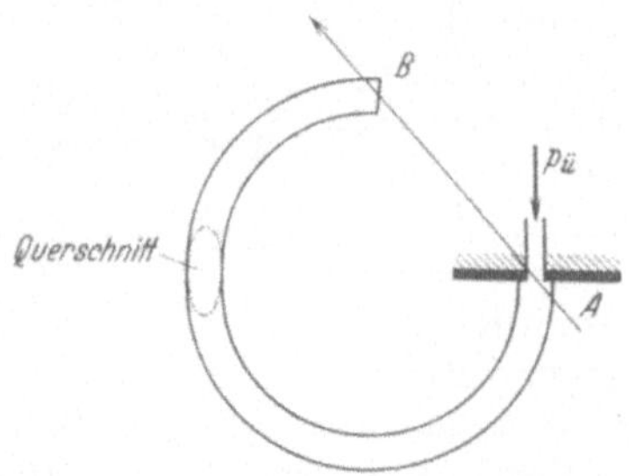

Abb. 131. Wirkungsweise der Röhrenfeder.

Abb. 132. Normaler Hochdruckschreiber mit Röhrenfeder (Sch. & Bud.).

gelegte Röhrenfedern werden im Inland recht wenig und dann nur für Tensionsthermometer verwandt (s. S. 127).

Erwähnung verdient noch der in Abb. 133 dargestellte Überlastungsschutz für Bourdonrohre. Es ist eine „Bandbremse", an die sich die Rohrfeder am Ende ihres vorgesehenen Meßbereiches anlegen soll. Bei Überlastung wird die Streckungskraft von dem Band aufgenommen und so die Rohrfeder an weiterer schädlicher Deformation gehindert[1].

---

[1] Meßtechnik 1931 S. 114.

β) Die flache, kreisrunde, außen eingespannte Membran ist das einfachste der mechanischen Meßsysteme. Sie gibt unter einseitigem Überdruck einen gewissen Hub her, der, mit Hebelübersetzung vergrößert, auf Zeiger oder Schreibhebel übertragen wird. Es gibt wohl kaum ein Material, das nicht schon für Membranen benutzt worden ist. Zwei verschiedene Arten von Membranen haben sich dabei herausgebildet: einerseits Membranen aus Metall, insbesondere Messing, Tombak, Bronze, Monel und Stahl, andererseits solche aus Stoffen wie Leder, Ballonstoff, Cellophan oder Gummi.

Die Flachmetallmembran als solche ist zum unmittelbaren Messen unbrauchbar. Die Durchbiegung und die Kraft des Drucks wachsen nicht in linearem Verhältnis zueinander, sondern nach der theoretisch gefundenen und praktisch bestätigten Formel[1]

$$f = 0{,}662 \cdot \sqrt[3]{\frac{p \cdot r^4}{E \cdot s}} \, ,$$

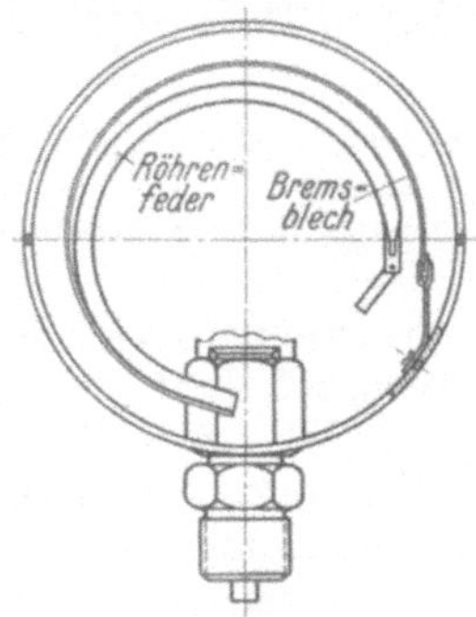

Abb. 133. Überdrucksicherung für Röhrenfedern (VDO).

d. h. also mit der Potenz $\frac{1}{3}$. Mit anwachsender Kraft wird die Zunahme der Durchbiegung immer geringer, s. Kurve a in Abb. 134. Diese Zusammendrängung des Meßbereiches wäre noch erträglich; man hat sich oft damit abgefunden. Unbrauchbar ist eine solche Membran, weil sie trotz vorsichtiger Einspannung keine einwandfreie Nullage hat. Die geringsten Kräfte bringen gleich erhebliche Durchbiegungen zustande und leichte Überlastungen beulen die Membran bleibend aus, so daß sie um die Mittellage herum knackt.

Ein proportionales Ansteigen der Durchbiegung mit der Belastung — eine lineare Charakteristik — ist bei Metallmembranen durch Einpressen von konzentrischen Wellen zu erreichen. Die dadurch hervorgerufene radiale Spannung erzeugt eine eindeutige

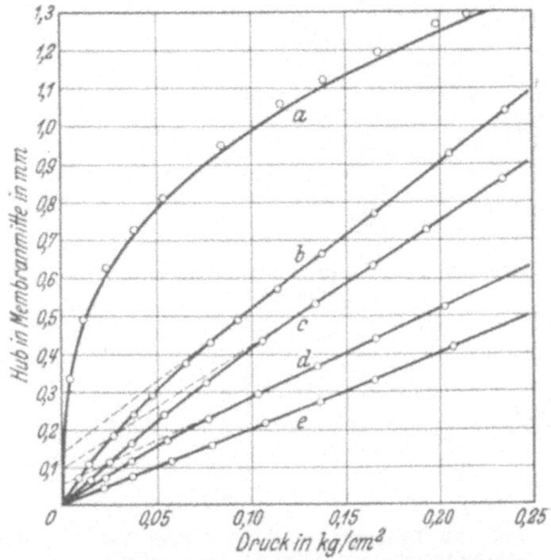

Abb. 134. Druck-Hub-Diagramm für eine Metallmembran von 108 mm Einspanndurchmesser und 0,32 mm Stärke; Rillentiefe (vgl. Abb. 135) $t = 0$; 0,6; 0,9; 1,5 und 3,0 mm (Kurven a bis e).

Nullage, in die die Membran zurückgeht, wenn die Belastung aufhört. Die Tiefe der Wellen kann ganz gering sein (Abb. 135), und doch wird der Hub schon ziemlich proportional der Last, da in der dann gültigen Gleichung $f = A \cdot p_r + B \cdot \sqrt[3]{p}$ die Radialspannungen überwiegen, siehe Kurve b der Abb. 134. Mit der Tiefe der eingedrückten Wellen wird die

---

[1] Eck: Z. angew. Math. Mech. 1927 Nr. 6 S. 498—500.

Festigkeit der Wellen erhöht, aber auch die mögliche Durchbiegung, da mehr Material für die Formänderung zur Verfügung steht und die Beanspruchung günstiger ist. Der nicht ganz proportionale Teil des Bereiches, der je nach der Wellentiefe größer oder kleiner ist, kann für Meßzwecke unterdrückt werden. Die Metallmembranen sind die gegebenen Meßsysteme für Druckmesser der verschiedensten Formen.

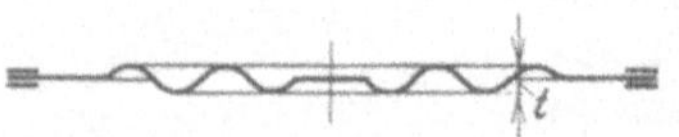

Abb. 135. Gewellte Metallmembran.

γ) Membranen aus Leder und ähnlichen Stoffen sind der ungewellten Metallmembran in ihrem Verhalten sehr ähnlich. Nur tritt bei ihnen die Unmöglichkeit, sie auf Grund ihrer Durchbiegung zur Messung zu verwenden, viel deutlicher in Erscheinung. Der geringste einseitige Überdruck läßt eine solche Membran, die man auch nicht glatt einspannen kann, voll durchschlagen; man spricht von charakteristiklosen Membranen. Bei steigender einseitiger Belastung ist dann die weitere Durchbiegung gering. Solche Membranen können nur zur Kraftübertragung verwandt werden, indem man sie z. B. auf eine Feder wirken läßt, die dann das eigentliche Meßsystem ist.

Die Belastung Q (Abb. 136) sei gleichmäßig über die ganze Fläche der Membran verteilt, P sei die Kraft in einem Druckstift, der in der Membranmitte angreift. Die gezeichnete Stellung sei die Gleichgewichtslage aller Kräfte. Dann kann man die Membran als beiderseits einge-

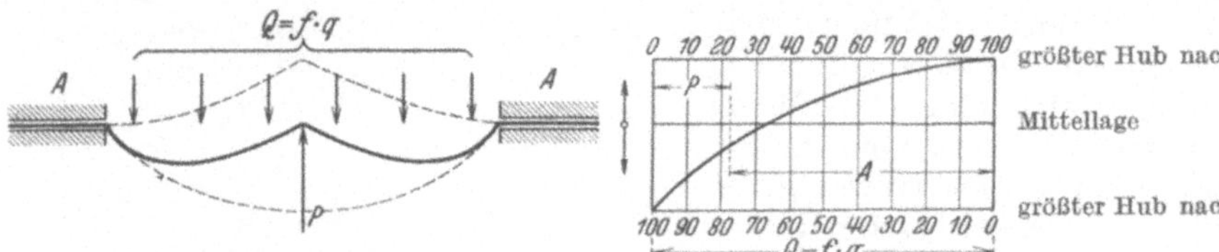

Abb. 136. Belastete runde Ledermembran, schematisch.

Abb. 137. Kraftverteilung an der Membran Abb. 136.

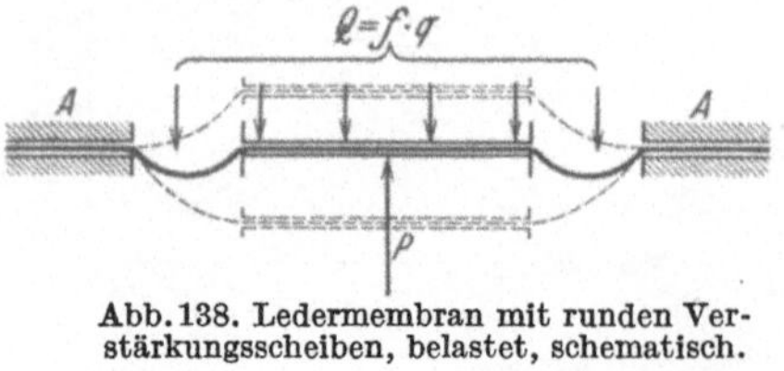

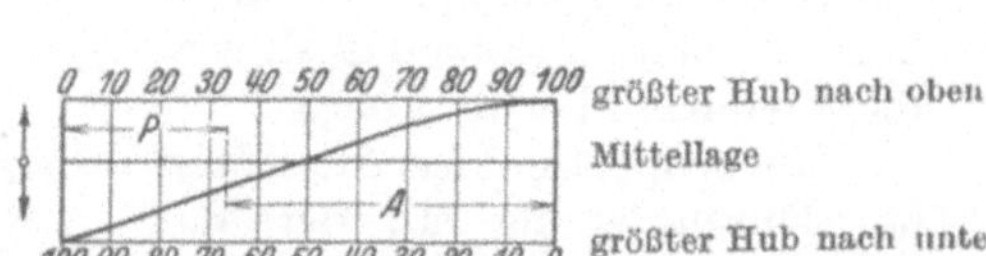

Abb. 138. Ledermembran mit runden Verstärkungsscheiben, belastet, schematisch.

Abb. 139. Kraftverteilung an der Membran Abb. 138.

Abb. 136—139. Verhalten charakteristikloser Membranen.
P Kraft in Membranmitte bei verschiedener Höhenlage des Angriffspunktes, bezogen auf die Ebene des Einspannringes A.

spanntes Seil mit dreieckförmiger Last auffassen. Wenn die Einspannungsfläche A und der Unterstützungspunkt von P in gleicher Höhe liegen, verteilt sich also Q zu $^2/_3$ auf A und zu $^1/_3$ auf P. Befindet sich der Unterstützungspunkt von P oberhalb oder unterhalb der Einspannfläche A, dann entfällt auf ihn mehr oder weniger als $^1/_3 Q$. Die Grenzwerte sind in Abb. 137 zusammengestellt. P ist gleich Null, wenn sich die Membran unter dem einseitigen Druck frei nach unten durchbiegen kann. Andererseits ist $P = Q$, also gleich dem Dreifachen der Mittellage, wenn der Mittelpunkt so weit nach oben durchgedrückt wird, daß die Membranfläche tangential in ihre Einspannfläche einläuft. Dann kann sie offenbar dort keine Auflagekraft mehr äußern. Soll der im Druckstift übertragene Bruchteil an Kraft im ganzen Meßbereich nahezu der gleiche bleiben, dann darf der von der Vorrichtung benötigte Hub offenbar nur klein im Vergleich zum möglichen Membranhub sein.

Um den auf P entfallenden Teil der Kraft Q größer zu machen, versieht man die Membran beiderseits mit zentrischen Scheiben, etwa aus Leichtmetall (Abb. 138). Der Durchmesser wird aber zweckmäßig nicht größer als $^4/_5$ des lichten Membrandurchmessers genommen, weil sonst die freie Beweglichkeit des Membranstoffes behindert wird und Zusatzkräfte die Übertragung stören. Die dann entstehenden Kraftübertragungsverhältnisse sind in dem Diagramm (Abb. 139) dargestellt[1].

Diese Membranen werden zur Vermeidung von Niederschlägen, die die Genauigkeit herabsetzen könnten, häufig senkrecht angeordnet. Das Eigengewicht der Verstärkungsplatten spannt dann hauptsächlich den oberen Rand der Membran und stellt den Teller schief; Beeinträchtigungen der Kraftübertragung, z. B. durch zusätzliche Reibung, werden durch Aufhängung der Membran nach Abb. 140 vermieden.

Abb. 140. Aufhängung einer senkrechten Membran.

Anwendungsgebiet dieser schlappen Membranen sind im wesentlichen Druckregler aller Art, insbesondere die Haus- und Stationsgasdruckregler, bei denen sie nur der Kraftübertragung dienen, ohne einen wesentlichen Hub hergeben zu müssen.

Auf Grund der vorstehenden Ausführungen wird die zur Druckmessung verwendete Plattenfeder aus Blech hergestellt, und zwar ist sie nicht eben, sondern sie hat eine Anzahl mehr oder weniger tiefer, kreisförmiger Wellen. Der Hub ist dadurch genau proportional dem auflastenden Druck, und die Nullstellung ist stabil. Die Plattenfedern werden hauptsächlich in dem Druckgebiet bis zu etwa 5000 mm WS angewandt. Die Drücke über 5 atü sind durchweg dem Bourdonrohr vorbehalten, weil bei Plattenfedern Flansch und Flanschenschrauben unpraktisch groß werden würden. Da der Hub eine gewisse Größe nicht unterschreiten darf, ist es andererseits auch nicht möglich, den Durchmesser beliebig klein zu machen.

Ein Vorteil der Plattenfeder-Manometer ist die leichte Zugänglichkeit ihres Meßorgans (Abb. 141). Ferner können chemisch angreifende Gase und Flüssigkeiten durch schützende Lacküberzüge oder auch durch Häute aus widerstandsfähigem Material von der unmittelbaren Berührung mit dem Federmetall ferngehalten werden. Ein Nachteil ist die Beschränkung der erreichbaren Genauigkeit durch den geringen Hub,

---

[1] Gas- u. Wasserfach 1930 Nr. 41 S. 969—972.

da die Übersetzung nicht beliebig groß gemacht werden kann. Außerdem verursacht die feste Einspannung der Membran eine erhebliche Temperaturempfindlichkeit, die nur unter Verzicht auf Einfachheit behoben werden kann.

δ) Diese beiden Nachteile vermeiden die Kapselfedern (Abb. 142)[1]. Es sind

Abb. 141. Plattenfeder-Manometer (Eckardt).

Abb. 142. Kapselmembran-Meßsystem (Askania).

meist zweiseitige Membranen ähnlich Abb. 143. Für niedrige Drücke, große Durchmesser und dünnes Blech wird auch die einseitig versteifte Form nach Abb. 144 verwendet, die ein Mittelding zwischen Platten- und Kapselfedern darstellt. Kapselfedern können für den gleichen Hub kleiner im Durchmesser sein als eine sonst gleichwertige Plattenfeder. Der kleinste ausgeführte Meßbereich ist

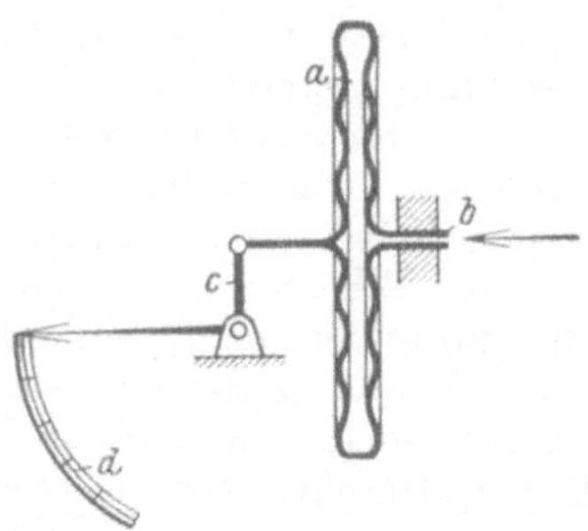

Abb. 143. Schema für einen Druckmesser mit Membrankapsel.

a Kapsel, *b* Druckanschluß, *c* Zeigergestänge, *d* Skala.

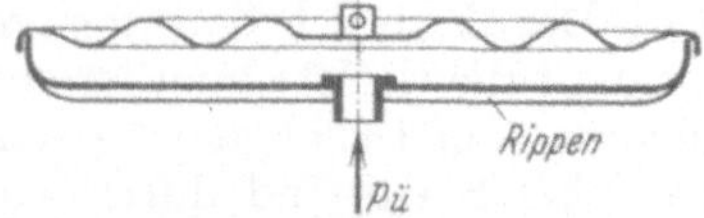

Abb. 144. Einseitige Membrankapsel mit versteifenden Rippen.

5 mm WS, mit Doppelkapsel erreichbar (Abb. 142); der größte liegt bei etwa 5000 mm WS.

Die Überlegenheit der Kapselfedern beruht auf der weitgehenden Unempfindlichkeit gegen Temperaturschwankungen; die Metallflächen können sich vollkommen frei ausdehnen. Wenn aus gewissen Gründen der Hub einer einzelnen Dose nicht genügt, werden beliebig viele durch

---

[1] Gas- u. Wasserfach 1920 S. 841 bis 842; Mitt. d. Gasinstituts.

Lötung aneinandergereiht (Abb. 145). Davon wird besonders bei Barographen und anderen Apparaten, die absoluten Druck messen, Gebrauch gemacht.

Druck und Membranhub sind häufig so genau proportional, daß bei Schreibinstrumenten nicht die geringste Abweichung von den auf dem Registrierpapier in gleichmäßigem Abstand vorgedruckten Linien festzustellen ist. Ein gewisser Ausgleich solcher Abweichungen ist durch Verändern der Angriffspunkte in der Hebelübersetzung möglich. Der bleibende Rest wird als Berichtigung (s. S. 85) angegeben, falls er eine bestimmte Größe übersteigt.

Anzeigende Druckmesser haben zum Teil fertig gedruckte Skalen. Genauere Betriebsinstrumente werden erst bei der Eichung angezeichnet. 1%, bezogen auf den Skalenendwert, ist eine normale Garantie; bei Anzeigern können die Anforderungen noch höher sein.

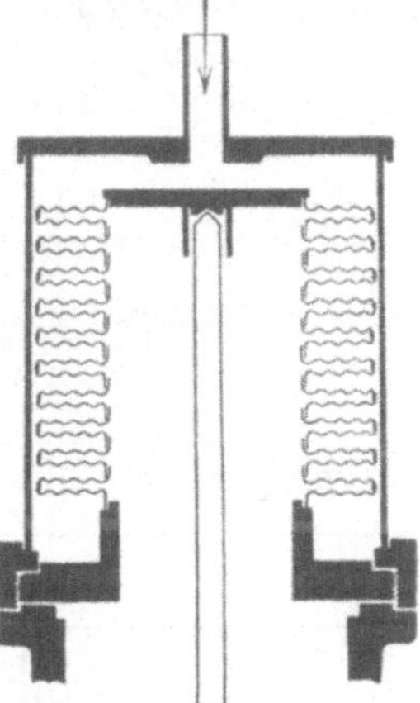

Abb. 145. Balgmembran.

ε) Der Vorteil aller Federmanometer gegenüber den Flüssigkeitsmanometern liegt hauptsächlich in ihrer Unempfindlichkeit gegen Lageänderungen und bis zu einem gewissen Grade auch gegen Werfen und Stoßen. Sie allein sind deshalb als tragbare Betriebsinstrumente zu gebrauchen (Abb. 146). Ein Nachteil ist, daß man sich ohne eine regelrechte Nachprüfung mit Hilfe eines Flüssigkeitsmanometers nicht von der Richtigkeit ihrer Anzeige überzeugen kann. Aber die Nachprüfung eines Anzeigeinstruments setzt ja immer das Vorhandensein eines Prüfinstrumentes voraus.

η) Starke Überlastungen, deren Folgen bei den mit Flüssigkeit gefüllten Apparaten für gewöhnlich nach Einfüllen neuer Flüssigkeit behoben sind, können ein Membraninstrument zerstören. Anschläge für das bewegte System schützen wohl bei verhältnismäßig langsamem Druckanstieg Zeiger und Gestänge vor Verbiegungen; die Membran selbst wird dadurch aber nicht an weiterer Ausdehnung behindert. Bei Plattenfedern kann ein

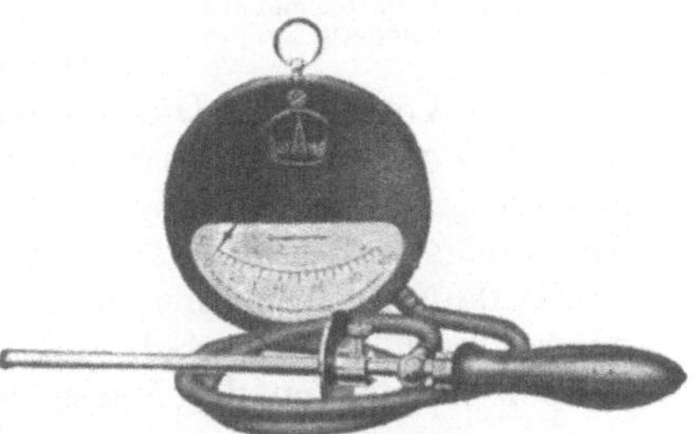

Abb. 146. Tragbarer Membrandruckmesser mit Sonde (Askania).

Schutz nach Abb. 285 durch Hintergießen in einer der Membran entsprechenden Wellenform geschaffen werden, so daß die Membran in ihrer äußersten Stellung auf der ganzen Fläche Unterstützung findet.

Gegen starke, aber seltene und unvorhergesehene Überlastungen, deretwegen man den Meßbereich nicht größer nehmen will als sonst nötig, helfen Anordnungen ähnlich Abb. 147, die von einem bestimmten Druck an durch Hinausdrücken der Flüssigkeit aus dem U-Rohr die Leitung öffnen. Das Verfahren ist natürlich nur für ungefährliche Gase anwendbar. Die Drossel in der Druckzuleitung (Staurändchen, Röhrchen) soll eine unzulässig starke Strömung und wesentliche Gasverluste unterbinden. Im normalen Betriebe hindert sie die richtige Anzeige nicht, da nur schnelle Druckschwankungen abgeschirmt werden, die man sowieso am Instrumentenhahn drosseln müßte, um den Zeiger zur Ruhe zu bringen.

Bei Dampfdruckmessungen sind alle Manometer vor unzulässiger Erwärmung infolge Berührung mit dem Dampf zu schützen, besonders die Federmanometer, die alle mehr oder weniger ihre Elastizität mit der Temperatur ändern. Eine Rohrschleife vor dem Manometer genügt schon, weil sich dann ein Kaltwasserpolster bildet.

3. Sonstige Druckmesser, insbesondere für sehr kleine oder für schnell wechselnde Drücke.

Als feinmessender Apparat ist der Druckwandler zu erwähnen. Er kommt hauptsächlich zur Messung und Registrierung sehr kleiner Drücke in Frage. Die Arbeitsweise ist bereits unter Kompensationsverfahren (s. S. 14) näher beschrieben worden. Unmittelbar mit einem Mikromanometer nur bei andauernder Einstellung meßbare Drücke, z. B. in der Größenordnung von $^1/_{10}$ bis 1 mm WS, werden damit beispielsweise auf 10 bis 100 mm WS übersetzt, so daß jeder gewöhnliche Niederdruckmesser als Anzeigeinstrument zu verwenden ist. Das Arbeitsschema des zur Druckmessung bestimmten Druckwandlers zeigt Abb. 13. Eine Ansicht des Apparates gibt Abb. 293.

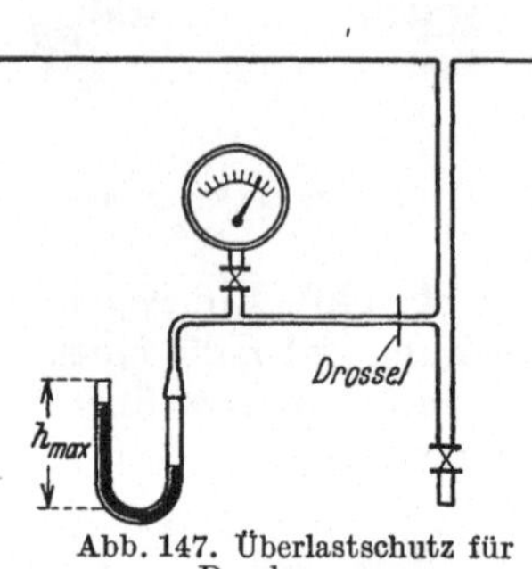

Abb. 147. Überlastschutz für Druckmesser.

Für die Messung kurzzeitiger Druckschwankungen genügt keines der bisher genannten Verfahren. Die kürzesten Schwankungen, die z. B. der in Abb. 146 gezeigte tragbare Druckmesser mit ganz leichtem Meßwerk hinsichtlich der Frequenz, aber kaum noch hinsichtlich der Weite des Ausschlags richtig wiedergeben könnte, müssen länger als etwa ½ Sekunde dauern. Druckmesser mit Flüssigkeitsfüllung sind durchweg viel unempfindlicher gegen Schwankungen als Federmanometer. Die Empfindlichkeit hängt von der Masse der bewegten Flüssigkeit ab. Resonanzerscheinungen bei langsamen Druckschwankungen gleichbleibender Zeitdauer kann man also durch Zugießen oder Abfüllen von Flüssigkeit abstellen (vgl. S. 25). Dünne U-Rohre können für Perioden von 1 Sekunde noch brauchbar gemacht werden. Ringwaagen sprechen im Durchschnitt erst auf sekundenlange Pendelungen an. Im Grunde interessiert bei diesen Apparaten aber auch immer nur der Mittelwert.

Zeigen die Druckmesser zu schnelle Schwankungen, so stört das die Ablesung, und man drosselt sie ab. Schreibinstrumente würden einen schnellen Vorschub brauchen; aber die Schwankungen, die ein leicht gebauter Membranschreiber noch auszeichnen würde, dürfen auch nicht schneller verlaufen als in etwa 3 Sekunden, sonst muß die Höhe des

Diagrammes sehr klein genommen werden, und es kann dann nicht mehr die gewünschte Aufklärung über den Druckverlauf geben. An Saugleitungen von Gasmaschinen und Kompressoren könnten die normalen Druckschreiber nur die länger dauernden Druckschwebungen einwandfrei wiedergeben.

Für die Erforschung der Feinstruktur solcher und ähnlicher Druckvorgänge kommt nur die Registrierung mit dem Druckoszillographen (Abb. 71) oder mit dem elektrischen Mikrometer in Verbindung mit einem Schleifenoszillographen in Frage.

B. Beliebiger Bezugsdruck (eigentliche Druckunterschiedmesser).

1. Allgemeines.

U-Rohr-Manometer, Mikromanometer und Ringwaagen sind ohne weiteres als Druckunterschiedmesser verwendbar. Es sind bei fast allen Ausführungen von vornherein zwei Anschlüsse vorgesehen (s. Abb. 119 bis 124, 128 und 129). Es wirken dann zwei vom Luftdruck verschiedene Druckkomponenten auf die beiden Seiten des anzeigenden Organes. Dabei ist nur zu beachten, daß bei wechselnder Druckrichtung die Anschlüsse vertauscht werden müssen, wenn die Skaleneinteilung mit Null beginnt, wie z. B. am Wassersäulen-Minimeter (Abb. 122). Bei diesem ist für Überdruckmessungen der obere seitliche Anschluß, für Zugmessungen der untere vordere Anschluß an die Druckquelle anzuschließen, damit in beiden Fällen die Flüssigkeit in das Hubgefäß hinaufsteigt. Bei Druckunterschiedmessungen ist also der höhere der beiden Drücke mit dem oberen Anschluß zu verbinden.

Es sei in diesem Zusammenhange auch auf die Differentialmanometer für Mengenmessung hingewiesen, die mit Quecksilber- oder Wasserfüllung und Schwimmer arbeiten. Wenn man die verschiedenen Vorrichtungen zur Wurzelziehung wegläßt, sind es gewöhnliche Druckunterschiedmesser.

2. Federmanometer.

Nicht so einfach wie bei den Flüssigkeitsmanometern entsteht aus einem Federmanometer ein Druckunterschiedmesser. Ein bloßes Gegeneinanderschalten zweier einzelner Meßsysteme, deren jedes eine der beiden Druckkomponenten gegenüber dem Luftdruck mißt, ist häufig versucht worden. Wenn aber Schwankungen im statischen Druck beliebig zulässig sein sollen, ist nicht die nötige Empfindlichkeit und Gleichförmigkeit erreichbar, da zwei solcher Meßsysteme nie vollkommen gleich sind. So eignet sich dieses Verfahren wohl zur Kompensation bei Quecksilberdruck-Thermometern (s. S. 127) oder zur Abgabe von Regelimpulsen. Für eine genaue Druckunterschiedmessung müssen andere Wege beschritten werden, bei denen die beiden Druckkomponenten unmittelbar auf die beiden Seiten derselben Membran einwirken.

Es ist das Gegebene, durch die Membran oder die Kapsel einen einzigen Druckraum abzutrennen. Es stößt aber auf Schwierigkeiten, zwei solcher Räume einwandfrei abzugrenzen, da die Membran zwischen beiden Räumen liegen und dabei ihre Bewegung auf ein Gestänge nach außen zur Anzeige übertragen soll. Für Anzeigeinstrumente war der Ausweg möglich, das ganze Instrumentengehäuse als den zweiten Druckraum aufzufassen und es abzudichten (Abb. 148). Das ist natürlich nur bis zu einem bestimmten Druck möglich, der durch die erlaubte Formänderung des Instrumentgehäuses vorgeschrieben ist. Eine Ausführung dieser Art, die etwa bis zu 3000 mm WS statischem Druck verwendet werden kann, zeigt die Abb. 149.

3. Durchführungen aus Druckräumen.

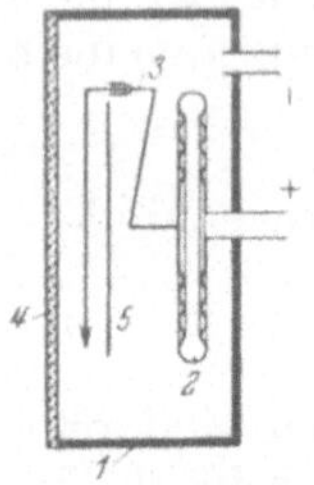

Abb. 148. Differenzdruck-Membranmesser, schemat. Schnitt.

1 druckdichtes Gehäuse, *2* Membrankapsel, *3* Zeigergestänge, *4* Glasdeckel, *5* Skala.

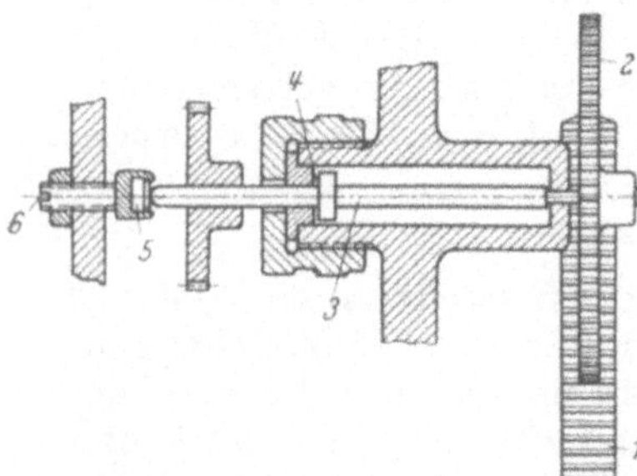

Abb. 149.   Membranmesser für Differenzdruck (Askania).

Bei Schreibinstrumenten war diese Ausführung nicht geraten, da man nicht zum Auswechseln von Feder und Papier jedesmal eine Betriebsunterbrechung eintreten lassen kann. Daher muß also die Bewegung des Anzeigeorgans irgendwie aus dem die Membran umgebenden Druckraum nach außen übertragen werden. Solche Durchführungen soll man zwar nach Möglichkeit zu vermeiden suchen, denn ohne irgendeinen Nachteil lassen sie sich in keinem Falle anbringen. Man kommt aber hier nicht ohne sie aus; deshalb werden die bisher verwendeten Arten von Durchführungen kurz zusammengestellt.

Bei niederem Druck in den abgeschlossenen Räumen werden dünne Druckstifte in einer feinen Bohrung verschiebbar angeordnet. Diese Druckstifte können als eine Art Labyrinthdichtung angesehen werden. Es ist natürlich schwierig, einen so kleinen Stift von etwa 1 mm Durchmesser in eine längere Bohrung gut einzupassen.

Einwandfrei in dieser Hinsicht ist die Durchführung mit einer sich drehenden Achse. Diese kann einen bedeutend größeren Durchmesser haben und ist gegen die Ausführung der Montage weniger empfindlich.

Abb. 150. Mechanische Durchführung mit einstellbarer Druckplatte (B. & R.).

1 Schwimmerstange, *2* Ritzel, *3* Triebwelle, *4* Dichtungsplatte, *5* Drucklager (Achatstein), *6* Stellschraube.

In Abb. 150 drückt eine kleine Platte, die fest auf der nach draußen führenden Achse angebracht ist, gegen die Gehäusewand. Der Druck der Abdichtung kann von außen durch eine kleine Schraube eingestellt werden, so daß die Reibung nicht zu groß wird.

Die in Abb. 232 verwendete Durchführung ist im Gegensatz zu den drei bisher genannten vollkommen dicht. Die Abdichtung geschieht durch lange Wellrohre von kleinem Durchmesser, die so dünnwandig, wie nur eben möglich, sind und daher selbst bei größeren Drücken verhältnismäßig geringe Steifigkeit besitzen. Die Hemmung der Bewegung ist aber doch so groß, daß sie mit eingeeicht werden muß. Hierher gehört auch die Abdichtung mit einer Gummibuchse, die der Drehung der Achse durch Formänderung nachgibt. Sie wird bei dem Wasserstandsanzeiger nach Hannemann (Abb. 320) verwendet.

Ferner sind in diesem Zusammenhang die Kapillarspiralen an verschiedenen Hochdruckmengenmessern (Abb. 275 und 277) und auch die lange auf Drehung beanspruchte Röhre des Mengenmessers der Abb. 276 zu erwähnen.

Häufig werden magnetische Durchführungen benutzt. Die Bewegung kann drehend (Abb. 151) oder auch hin- und hergehend (Fueß; s. auch S. 257, Höchstdruck-Wasserstandsanzeiger) übertragen werden. Der Schlupf zwischen Magnet und Anker hängt davon ab, wie groß die Reibung in den Lagerungen und Gelenken des Systems ist; praktisch ist er unbedeutend.

Auch die Eigenschaft des Wismuts, in einem veränderlichen Magnetfelde seinen elektrischen Widerstand entsprechend mit zu verändern, ist für die Übertragung von Bewegungen dieser Art vorgeschlagen worden. Durch das Gehäuse brauchen dann nur die elektrischen Zuleitungen zu den Wismutspiralen hindurchgeführt zu werden, was keine Schwierigkeiten verursacht. Praktische Ausführungen nach diesem Vorschlag sind nicht bekannt.

Abb. 151. Magnetische Kupplung (S. & H.).
Links: Magnet mit Antriebsritzel, rechts: Anker mit Achse,
Mitte: unmagnetische Haube.

Bei den Membrandruckmessern wird zur Durchführung des Membranhubes durch die dichtende Gehäusewand die drehbare Achse am meisten verwendet. Hier kommt man zwar nicht darum, eine kleine Undichtigkeit und etwas Reibung zuzulassen. Diese nahezu dichte Achsdurchführung mit geringem Drehwinkel ist selbst im Dampfmesserbau immer wieder benutzt worden. Während sie aber dort bei den höheren Drücken noch nie voll befriedigen konnte, ist sie bei Niederdruck vollkommen ausreichend. Die obengenannte Genauigkeit von 1%, auf den Skalenendwert bezogen, läßt sich auch hier einhalten.

Das Wellrohr ist in den letzten Jahren mehrfach als Feder für Druckmesser benutzt worden, insbesondere für Druckunterschiedmesser. Bei nahezu konstantem Druck hat man auch recht gute Erfahrungen damit gemacht. Bei sehr veränderlichem statischen Druck zeigen sich aber infolge der verschiedenen Steifigkeit der beiden Rohre die gleichen Mängel wie bei der Benutzung als Durchführung.

Bei Glockenmessern für Druckunterschiedmessung muß die Glocke ebenfalls von einem zweiten Druckraum umgeben sein, in den der niedrigere Druck geleitet wird, und ihre Bewegung muß durch eine ähnlich wirkende Durchführung aus diesem Druckraum heraus übertragen werden (s. Abb. 271). Bei diesen Apparaten hat man aber den Nachteil der gelegentlichen Betriebsunterbrechung bei einigen Ausführungen in Kauf genommen und das gesamte Schreibwerk doch mit in den Druckraum hineingesetzt, besonders da genügend Raum vorhanden ist.

Druckunterschiedmesser, besonders solche für hohen statischen Druck, müssen bei Inbetriebsetzung und Betriebsunterbrechung mit Vorsicht behandelt werden. Einseitiger Druck darf ihr Meßorgan, sei es Flüssigkeit oder Membran, nicht treffen. Die Hähne in beiden Druckzuleitungen sind daher fast stets gekuppelt, so daß sie zur gleichen Zeit öffnen und

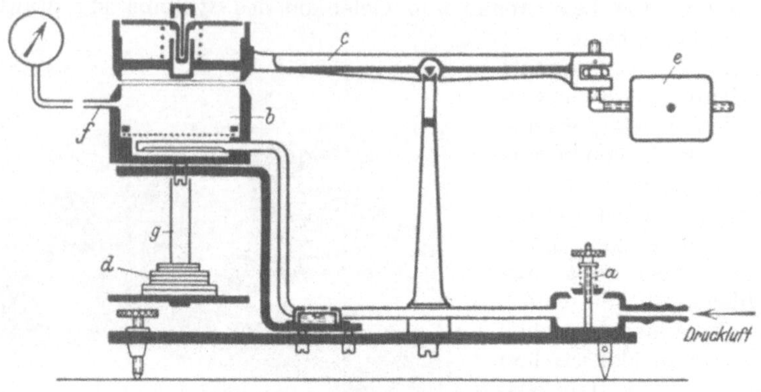

Abb. 152. Druckluftwaage (Askania).

a Überströmventil, *b* Druckzylinder, *c* Waagebalken, *d* Belastungsgewichte, *e* Tariergewicht, *f* Druckanschluß, *g* Bügel der Gewichtsschale.

schließen. Sie sollen ferner sowohl das Instrument zur Nullpunktskontrolle wie auch die Druckleitungen zum Ausblasen mit der Atmosphäre zu verbinden gestatten.

Bei höherem Druck ist ein besonderer Ausgleichhahn zwischen den Zuleitungen nötig oder die zwei Hähne müssen ganz genau gekuppelt sein. Die Kuppelhähne sollen langsam betätigt werden, wenn die aufzufüllenden Druckräume des Instrumentes sehr verschieden groß sind (vgl. Abb. 148). Hauptsache ist aber, daß beide Bohrungen gleichzeitig zu öffnen beginnen; dann sind Kuppelhähne auch für die höchsten Drücke ohne Ausgleichhahn verwendbar. Bei einem Doppelhahn mit gemeinsamem Küken kann man die Bohrungen so anordnen, daß zunächst beide Druckräume mit der gleichen Druckleitung verbunden und auf statischen Druck aufgeladen werden.

Befindet sich dicht an der Meßstelle noch je ein Absperrhahn, damit auch die Impulsleitungen vom Druck abgeschaltet werden können, dann ist zu beachten, daß diese nicht geöffnet und nicht geschlossen werden dürfen, solange der Doppelhahn am Instrument noch auf Durchgang steht.

4. Hilfsmittel zur Eichung und Nacheichung

werden deshalb kurz erwähnt, weil sich im Betriebe immer einmal die Notwendigkeit herausstellt, ein Instrument nachzuprüfen oder, wenn es eine einfache Bauart ist, auch vollkommen neu zu eichen. Es ist ja nicht immer möglich und auch nicht erforderlich, ein Instrument sogleich dem Hersteller einzusenden, wenn es durch eine Zufälligkeit oder durch dauernde äußere Einwirkungen verstellt worden ist. Der Apparat braucht auch gar nicht offensichtlich falsch zu zeigen; aber z. B. vor einem wichtigen Versuch besteht immer das Bedürfnis, sich mit Hilfe einer Eichvorrichtung von der Unversehrtheit zu überzeugen.

Abb. 152 zeigt den Querschnitt durch eine Eichwaage, die mit Druckluft betrieben wird und je nach der aufgelegten Gewichtsbelastung selbsttätig in der angeschlossenen Leitung

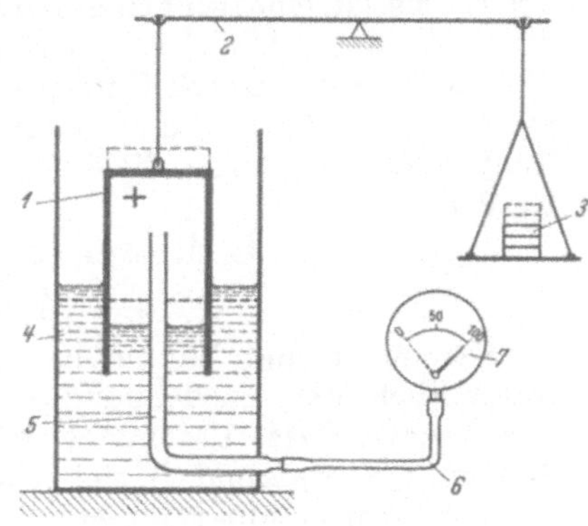

Abb. 153. Hydrostatische Waage.

1 Glocke, *2* Waagebalken, *3* Ausgleich- und Eichgewichte, *4* Sperrflüssigkeit (Wasser), *5* Druckentnahme, *6* Verbindungsschlauch, *7* zu prüfendes Instrument.

einen konstanten Druck hält. Über ein Drosselventil strömt Druckluft in den kleinen Windkessel, der durch einen aufgeschliffenen Deckel abgedeckt wird. Die Druckluft hebt den Deckel und es strömt so viel ab, daß der Druck im Windkessel den auf den Deckel drückenden Gewichten das Gleichgewicht hält. Dieser Druck herrscht dann natürlich auch in der angeschlossenen Leitung, die mit dem Instrument verbunden wird. Durch Ändern der Belastungsgewichte kann nacheinander der ganze Meßbereich des Instrumentes nachgeprüft werden. Die Genauigkeit der Druckeinstellung beträgt etwa 0,3 mm WS. Die Größe der Eichwaagen ist je nach dem Druckbereich sehr verschieden, der kleinste Einstellbereich geht bis 100 mm WS, der größte bis etwa 1 at.

Die hydrostatischen Waagen, deren Schema in Abb. 153 dargestellt ist, kommen für Nacheichungen kaum in Betracht. Es sind ortfeste Vorrichtungen, die mit Wasser gefüllt sind.

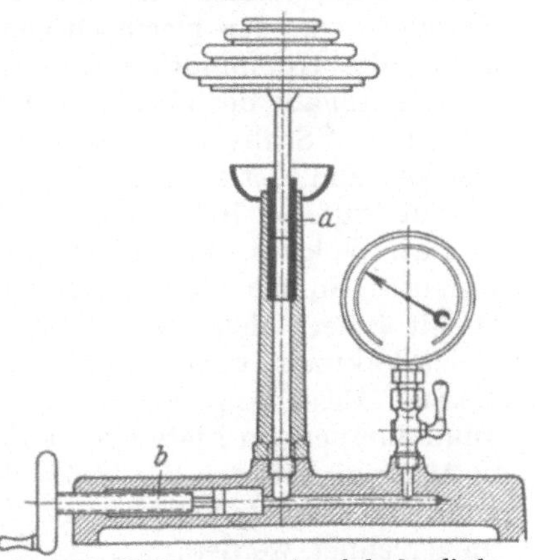

Abb. 154. Kolbenmanometer als hydraulische Waage für Eichzwecke.

a Kolben mit Eichgewichten, *b* Druckkolben (nach Arch. Wärmewirtsch. 1925).

Ihre Genauigkeit ist noch etwas höher als die der Luftdruckwaagen; sie werden daher von den Apparatebaufirmen für die Eicharbeiten verwendet.

Bei höheren Drücken dienen Kolbenmanometer (Kolbenpressen) dem gleichen Zweck (Abb. 154).

Der druckbewegte Kolben ist übrigens in neuester Zeit auch als Druckmeßgerät benützt worden. Dabei wird der Kolben zwecks Ausschaltung der Reibung durch einen Schwingankermagneten im Takt des Wechselstromes schnell hin- und hergedreht oder durch einen kleinen Motor in steter Drehung gehalten (S. & H.). Starke Federn bestimmen den Meßbereich. Durch Unterdrückung des Nullpunktes mit Hilfe von Belastungsgewichten kann man den Meßbereich auf beliebig kleine Teilbereiche begrenzen, die dann mit sehr großer Genauigkeit dargestellt werden.

C. Messer für absoluten Druck.

1. Allgemeines.

Barometer und Vakuummeter unterscheiden sich im Grunde nur hinsichtlich der Ausdehnung und Lage ihres Meßbereiches auf der Druckskala. Das Barometer mißt absolute Drucke von ungefähr 760 mm QS, während es sich bei den Vakuummetern fast immer um absolute Drücke unterhalb von 200 mm QS handelt. Grundsätzlich sind aber Barometer und Vakuummeter gleiche Instrumente. Ihnen ist mit Ausnahme der im folgenden Absatz genannten Messer gemeinsam, daß auf der einen Seite des Meßorgans, sei es eine Quecksilberfüllung oder eine Membran, der absolute Druck Null herrscht und auf der anderen Seite der zu messende Druck steht.

Eine besondere Gruppe von Instrumenten mißt den absoluten Druck erst mittelbar. Sie vergleichen nicht das Vakuum mit dem absoluten Druck Null, sondern messen es als Unterdruck und ziehen dann das Ergebnis von der gleichzeitigen Anzeige eines Barometers ab. Diese schon alte Kombination heißt Baro-Vakuummeter.

Die Angabe des absoluten Druckes dürfte eigentlich nur in mm QS abs., mm WS abs. oder ata geschehen. Die frühere Bezeichnungsweise „% Vakuum" ist aber auch beibehalten worden, und zwar bezieht man sie auf 100% = 760 mm QS = 1 Atm. oder auf 100% = 735,5 mm QS = 1 at. Welches von beiden gilt, muß angegeben sein, denn Null % bedeutet einmal 760 mm QS abs., das andere Mal 735,5 mm QS abs. Damit ändern sich auch die Prozentwerte aller Zwischendrücke.

% Vakuum vom jeweiligen Barometerstand kann man nicht messen. Diese Angabe ist auch nur bei Leistungsmessungen von Vakuumpumpen am Platze, da dort der erreichbare tiefste absolute Druck, in Abhängigkeit von der Größe des schädlichen Raumes, ein bestimmter Bruchteil des Luftdruckes ist. Sie muß dann aus anderen Messungen umgerechnet werden.

2. Barometer.

a) U-Rohre. Die älteste Form des mit Quecksilber gefüllten Glasmanometers als U-Rohr ist in Abb. 155 dargestellt. Das Standrohr ist über dem Quecksilber luftleer zugeschmolzen. Die über den Spiegel im Topf hinausragende Quecksilbersäule bildet das Gegengewicht für den Luftdruck und wird an einer Skala gemessen, deren Nullpunkt in der Höhe des breiten Quecksilberspiegels liegt. Eine Verschiebung der Skala in senkrechter Richtung ist bei weitem Standgefäß nicht erforderlich.

Da Quecksilber bei Erwärmung leichter wird, ist die gemessene Säule größer, als dem auf Null Grad reduzierten Barometerstand tatsächlich entspricht. Die Berichtigung geschieht an Hand des Diagrammes Abb. 114.

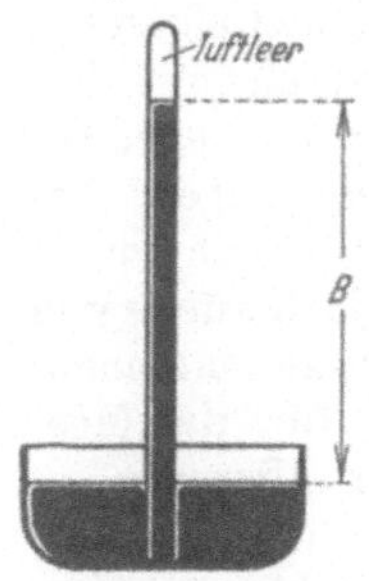

Abb. 155. Heber-
barometer.
B mm QS = Baro-
meterstand.

Die Ablesung ist um den dort angegebenen Hundertsatz zu verkleinern.

Eine andere Form des Barometers mit Flüssigkeitsfüllung zeigt die Abb. 156. Die Schenkel sind gleich stark. Die Kuppe des unteren Schenkels wird mit Stellschraube auf die Nullmarke eingestellt und die Höhe der oberen Kuppe an der festen Skala abgelesen.

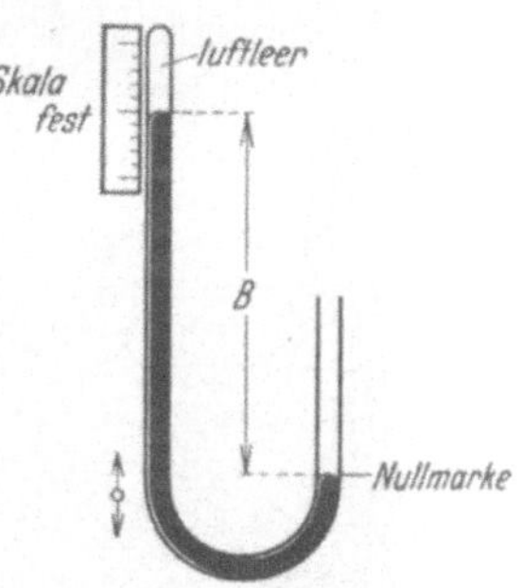

Abb. 156. U-Rohr-Baro-
meter, in der Senkrechten
verstellbar.

b) Membran-Barometer. Handlicher sind Barometer ohne Füllflüssigkeit, sogenannte Aneroid-Barometer mit Membrandosen. Schreibinstrumente werden fast ohne Ausnahme nur als Membran-Barometer gebaut. Das Prinzip ist im Schema (Abb. 157) wiedergegeben.

Das Arbeitsvermögen moderner Barographen ist so groß, daß die Aufzeichnung kaum dem wahren Werte nachhinkt. Die früher übliche, durch Reibung verursachte Treppenkurve gibt es heute kaum mehr. Der Meßbereich kann den Bedürfnissen ganz angepaßt werden; die Empfindlichkeit ist auch für kleine Bereiche von 40 mm QS noch ausreichend. Für Luftdruckmessungen auf hohen Bergen oder im Flugzeug kann der ganze Bereich beliebig verschoben hergestellt werden. Je 11 m Erhebung entsprechen ja, wie bekannt, einer Abnahme des Luftdruckes um etwa 1 mm QS.

Das Innere der Membran ist vollkommen luftleer. Durch Erhitzen während des Aufpumpens verschwinden auch alle Feuchtigkeitsspuren. Bei Verwendung der Barographen im Freien oder für wissenschaftliche Zwecke erweist sich trotz der an sich geringen Temperaturempfindlichkeit der Dosenmembranen eine Temperaturkompensation als erforderlich. Die Abweichung könnte sonst bis zu 1 mm QS für je 10° C betragen. Diese Kompensation

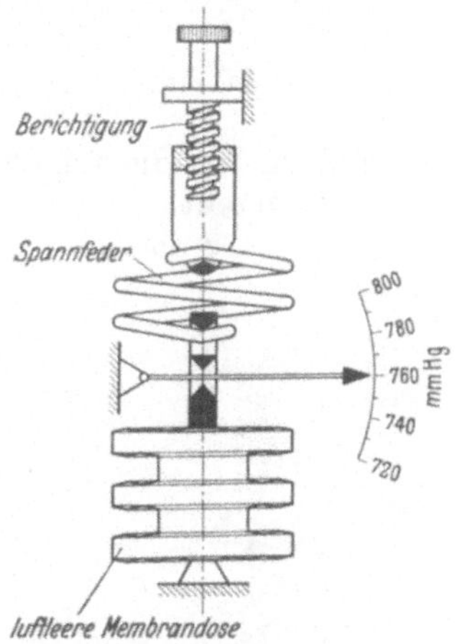

Abb. 157. Membranbarometer,
schematisch dargestellt.

wird durch Einschalten von Bimetallstreifen in das Zeigermeßwerk oder durch Einfüllen eines trockenen Gases von geringem Druck in die Membrandose erreicht[1].

---

[1] Pfeiffer: Zur gleichmäßigen Kompensation von Aneroiden im ganzen Druckmeßbereich. Z. Instrumentenkde. 1931 Nr. 6 S. 307—311.

Eine Abart des Barometers ist das Statoskop Abb. 158. Es ist ein Absolutdruckmesser mit jederzeit weit einstellbarem Meßbereich[1]. Das

Abb. 158. Statoskop.

Hauptanwendungsgebiet war zunächst die Flugzeughöhenmessung. Neuerdings wird es auch mit Erfolg für Messungen unter Tage, besonders für Wettermessungen, benutzt. Man braucht jetzt nicht mehr Leitungen und Gummischläuche von oft mehreren 100 m Länge zu ziehen, um den Bezugsdruck für die Messung an den Ort der Messung zu leiten.

Wie die Schemazeichnung Abb. 159 zeigt, besteht der einzige Unterschied gegen den Barographen (Abb. 157) in der weiten Verstellbarkeit. An der Kordelschraube kann die Federspannung derart verändert werden, daß sie jedem Luftdruck das Gleichgewicht hält, der einer Höhe zwischen 2600 m unter und 1400 m über Normalnull entspricht. Der zu erwartende Mittelwert des Druckes wird an der Grobskala, die über Rad und Schnecke mit der Kordel in Verbindung steht, eingestellt. Die Ableseskala für die feinen Unterschiede ist von der Mitte nach beiden Seiten geteilt.

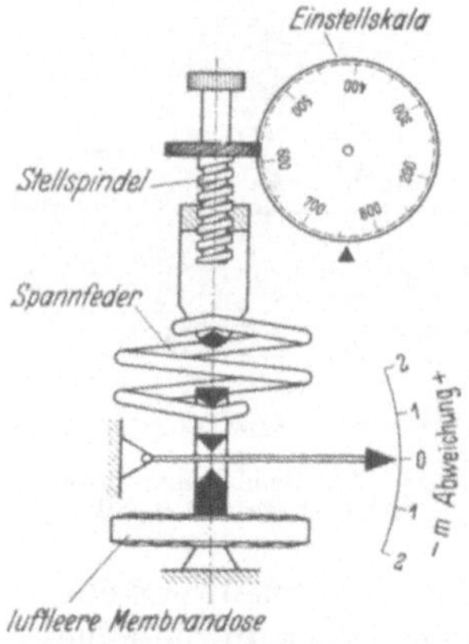

Abb. 159. Statoskop, schematisch dargestellt.

3. Vakuummeter[2].

a) **Die Baro-Vakuummeter** — wie schon erwähnt die Kombination eines Unterdruckmessers mit einem Barometer — sind weit verbreitet. Bei Ausführung mit Flüssigkeitsfüllung wird der Unterdruckmesser längs des Barometers oder umgekehrt verschoben, bis die oberen Quecksilberkuppen beider Instrumente auf gleicher Höhe stehen. Dann ist die Differenz zwischen den unteren Kuppen gleich dem absoluten Druck.

Die einzelnen Bauarten sind sehr verschieden und im Gebrauch mehr oder weniger praktisch. In Abb. 160 befindet sich rechts der Unterdruckmesser, links das Barometer; die breiten Gefäße beider sind kommunizierend

[1] Stach u. Kirsten: Meßtechn. 1930 Nr. 5 S. 119—123.
[2] Meßtechn. 1929 Nr. 7 S. 189—196.

verbunden. Die Barometerskala R wird mit ihrer unteren Spitze auf den Quecksilberspiegel des Gefäßes eingestellt. Die Einstellhülse (H_1) am Barometer trägt die Dreifachskala T, die Hülse (H_2) des Unterdruckmessers den breiten Ableseschieber S. Nach Einstellung der Hülsen auf die Quecksilberkuppen sind der Barometerstand und der absolute Druck, und zwar letzterer in % Vakuum (bezogen auf 760 mm QS), in ata (kg/cm²) und in cm QS nebeneinander am Schieber ablesbar (Abb. 161). Während des Transportes werden die Gefäße hochgeschraubt und schließen die Rohre unten ab.

Baro-Vakuummeter mit Membran gestatteten zum ersten Male das Vakuum in absolutem Druckmaß wie bei anderen Instrumenten mit großem Zeiger und runder Skala anzuzeigen. Bekannt sind die Bauarten nach Frerichs und nach Naumann. Sie unterscheiden sich nur in

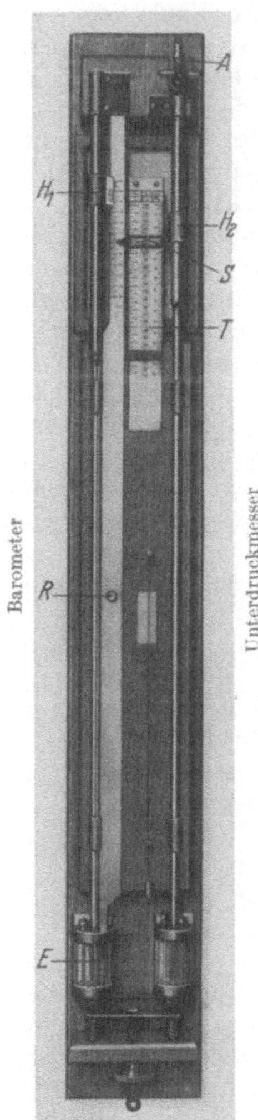

Abb. 160. Baro-Vakuummeter (Lambrecht).

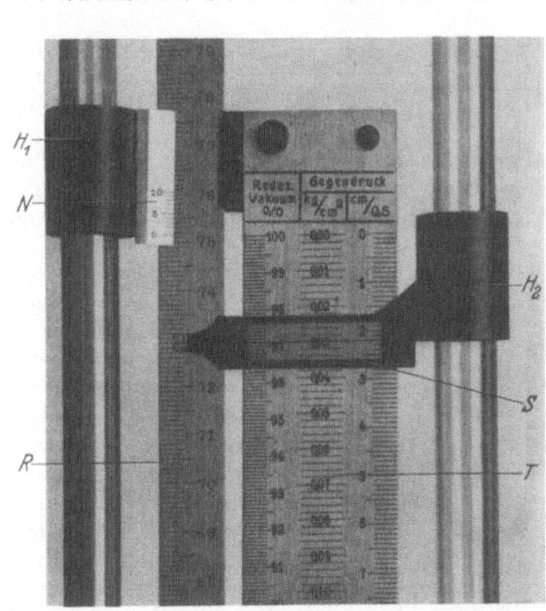

Abb. 161. Baro-Vakuummeter nach Abb. 160, Anordnung der Skalen.

A Anschluß, z. B. an Kondensator, E Skalenspitze, Quecksilberspiegel berührend, R Skala, H_1, H_2 Hülsen am Barometer und am Unterdruckmesser, T dreiteilige Skala, fest an Hülse H_1, S Ableseschieber für T, fest an Hülse H_2, N Nonius.

der Art der Verschiebung des Unterdruckmessers gegenüber dem Barometer. Bei der Bauart Frerichs verdreht das Meßwerk des Barometers die Skala des Unterdruckmessers, so daß der — einzige — Zeiger unmittelbar den absoluten Druck angibt. Bei der Bauart Naumann, Abb. 162, sind auf der feststehenden Skala mehrere konzentrische Teilkreise von verschiedener Länge angebracht. Jeder Kreis ist einem bestimmten Barometerstand zugeordnet. Die schräge Verbindungslinie der 100%-Punkte

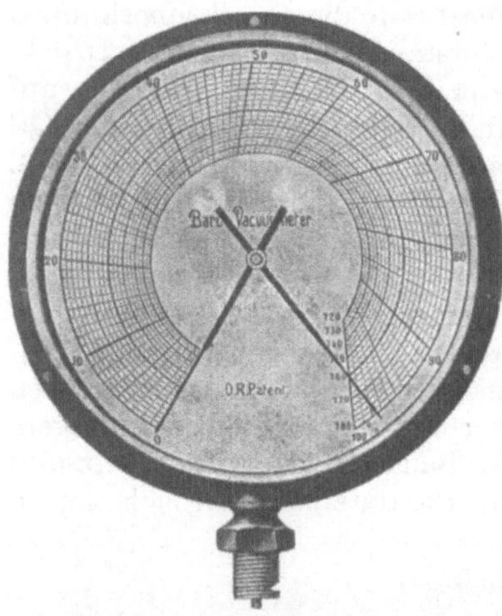

dieser Kreise ist die Skala für den Barometerzeiger, auf der dieser den jeweiligen Barometerstand und damit gleichzeitig die für den Druckmesserzeiger gültige Skala angibt. Es gilt jene Skala, an deren Endpunkt der Barometerzeiger steht.

b) Absolute Vakuummeter. Bei den Vakuummetern, die das absolute Vakuum unmittelbar messen, kann im Gegensatz zu den Baro-Vakuummetern das z. B. für Kondensatormessungen überflüssige Druckgebiet von 200 bis 760 mm QS abs. ohne weiteres weggelassen werden. Der Meßbereich fängt ja mit 0 mm QS abs. an und nicht am jeweiligen Barometerstand.

Abb. 162. Baro-Vakuummeter mit Membranmeßsystem, Bauart Naumann (Eckardt).

In U-Rohr-Form entsteht dann ein abgekürztes Barometer (Abb. 163). Das Quecksilber füllt das zugeschmolzene Ende gänzlich. Es sinkt erst, wenn der angeschlossene Druck p kleiner wird, als dem Gewicht der Säule H entspricht. Übertragung der

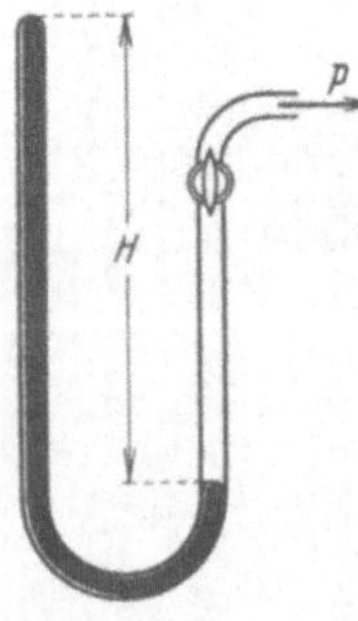

Anzeige auf einen Zeiger kann mit Eisenschwimmer und Magnet ausgeführt werden (Fueß).

Ebenfalls in Form eines abgekürzten Barometers ist die Ringwaage für Vakuummessung verwendbar (Abb. 164). Der Ring muß der Quecksilberfüllung wegen aus Glas hergestellt werden. Im übrigen entspricht die Ringwaage als Vakuummesser i. allg. ihrer normalen Druckmesserform[1] nach Abb. 125.

Auch Membranmesser können als abgekürzte Barometer arbeiten; Abb. 165 zeigt schematisch die Wirkungsweise. Die Membrandose wird im eingedrückten Zustande vollkommen luftleer mit einer Flüssigkeit von niedrigem Dampfdruck gefüllt und zugelötet. Bei Nichtgebrauch nimmt die Flüssigkeitsfüllung den äußeren Luftdruck auf. Die Vorspannung der Membran bestimmt den Anfang des Meßbereiches, wo Innen- und Außendruck gleich werden;

Abb. 163. Vakuummeter, in Form eines abgekürzten Barometers.

$H = 35$ bis 150 mm QS für Kondensationsanlagen.

bei weiterem Sinken des äußeren Druckes löst sich die Membran von der Füllung und nimmt den Zeiger mit. Die Durchführung der Membranbewegung aus dem Vakuumraum erfolgt auf bekannte Weise. Die

---

[1] Chemische Fabrik 1929 Nr. 48 S. 503/04.

äußere Ansicht eines solchen Membran-Vakuummeters gibt Abb. 166 wieder.

Bemerkenswert ist, daß nur bei Membranmessern, Ringwaagen und Schwimmermanometern — nicht aber bei den einfachen U-Rohr-Manometern — das wesentliche Druckgebiet mit der ganzen durch die Größe des Instruments gegebenen Skalenlänge dargestellt werden kann. Wie weit das angezeigte Druckgebiet reichen soll, ist beliebig. Bestimmte Größen sind allerdings als normal festgelegt. Der kleinste Meßbereich umfaßt 95 bis 100% Vakuum, bezogen auf 735,5 mm QS, entsprechend ungefähr 0 bis 35 mm QS abs. Der größte Meßbereich hängt bei Ringwaagen vom Innendurchmesser des Ringes ab und ist bei dem in Abb. 164 dargestellten Instrument auf etwa $^1/_5$ ata = rund 150 mm QS beschränkt. Innerhalb dieses Spielraumes sind die Bereiche durch verschiedene Rückstellgewichte austauschbar (s. S. 103). Die Membranmesser sind in der Ausdehnung ihres Meßbereiches nicht beschränkt.

Abb. 164. Ringwaage als Vakuummeter, ohne Instrumentgehäuse (H. u. B.).

c) Sonstige Messer für absoluten Druck. Die elektrische Druckmessung ist im allgemeinen auf Laboratoriumsmessungen beschränkt. Nur die fortlaufende Bestimmung, Registrierung und Fernmeldung des sehr

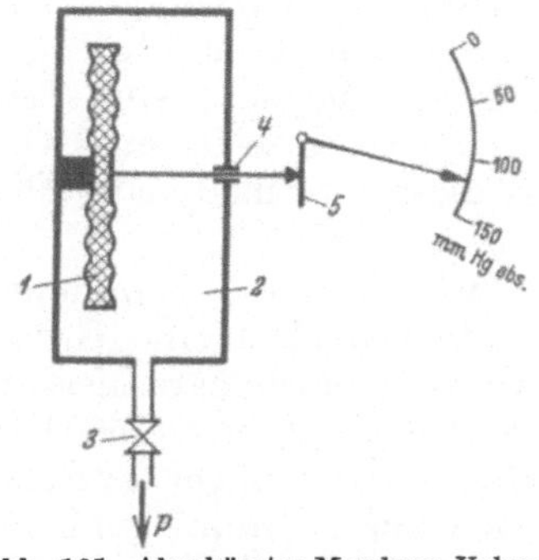

Abb. 165. Abgekürztes Membran-Vakuummeter (schematisch).

1 Membran, gefüllt, *2* Vakuumraum, *3* Meßleitung, *4* Durchführung aus dem Vakuumraum, *5* Übersetzung im Meßwerk.

Abb. 166. Abgekürztes Membran-Vakuummeter.

hohen Vakuums in Quecksilber-Dampfgleichrichtern (1 ÷ 10/10000 mm QS) hat auf elektrischem Wege die einzige technisch brauchbare Lösung gefunden.

Es gibt mehrere Verfahren, die von den Erbauern der Gleichrichter ausgebildet wurden. Die Messung beruht darauf, daß ein gleichmäßig beheizter Draht seine Temperatur ändert, wenn die Leitfähigkeit der

ihn umgebenden Gase durch veränderlichen Druck selbst Veränderungen
erfährt. Der Verlauf der Drahttemperatur wird thermoelektrisch oder
mit Widerstandsbrücke gemessen. Für Weiteres muß auf die vorhandene
Literatur verwiesen werden[1].

IX. Temperaturmessungen.

Allgemeines.

Als Einheit der Temperatur hat sich der Grad Celsius in der Wissenschaft fast allgemein, im geschäftlichen und häuslichen Leben zum
größten Teil durchgesetzt. Lediglich die angelsächsischen Länder rechnen noch heute nach Fahrenheit. Die Réaumur-Einteilung ist fast ganz
ausgestorben. Bekannt sind die Umrechnungsgleichungen für diese
drei Einheiten:

$$t_C = \tfrac{5}{4} t_R\,, \qquad t_C = \tfrac{5}{9}\,(t_F - 32)\,.$$

Die Temperaturskala wurde zunächst mit Hilfe des Gefrierpunktes
und des Siedepunktes von Wasser festgelegt. Diese Festpunkte sind
willkürlich, und es ergeben sich ober- und unterhalb der Skala bei der
Extrapolation bald Schwierigkeiten. Als praktisches Maß für die Temperatur nahm man die Ausdehnung fester, flüssiger und gasförmiger
Körper, da dies die auffälligste temperaturabhängige Erscheinung war.
Diese Ausdehnung wurde zunächst als der Temperatur streng proportional angenommen. Da sich aber jeder Stoff tatsächlich verschieden
ausdehnt, war kein genauer Vergleich möglich. Auch bei den Gasther-
mometern zeigen sich diese Unstimmigkeiten.

Erst die thermodynamische Temperaturskala, die sich aus dem
zweiten Hauptsatz der Wärmelehre ergibt, war von allen Stoffeigen-
schaften unabhängig und machte es trotzdem möglich, eine Temperaturskala durch Messung zu verwirklichen. Die Anzeige eines Gas-
thermometers mit idealem Gas stimmt mit dieser thermodynamischen
Temperaturskala überein.

Daraus abgeleitete allgemeine Gesetze, wie z. B. die Strahlungsgesetze, gestatten auch in solchen Temperaturbereichen eine Grundlage für praktische Messungen zu finden, wo die unmittelbare Messung
versagt. Erst bei sehr hohen Temperaturen oberhalb von 1500° ergeben sich auch auf dieser Grundlage kleine Abweichungen zwischen
den verschiedenen Skalen. Diese können sich auf mehrere Grade belaufen und setzen somit den Genauigkeitsangaben eine natürliche
Grenze.

Die thermodynamische Temperaturskala ist gesetzlich als Grundlage für Temperaturmessungen festgesetzt worden (1924). Sie gilt als
verwirklicht im untersten Gebiet von − 193 bis 630,5, dem Schmelz-

---

[1] BBC-Mitt. Bd. 13 S. 224. Referat in Elektrotechn. Z. 1927 S. 1153; Siemens-Z. 1927 S. 829. — Z. Physik 1933 S. 14—20.

punkt von Antimon, durch das Platin-Widerstandsthermometer, anschließend bis 1063°, dem Schmelzpunkt des Goldes, durch das Le Chatelier-Pyrometer (Platin-Platinrhodium), darüber hinaus durch die Strahlungsgesetze[1].

Als Nullpunkt der Temperaturskala nach Celsius gilt der Gefrieroder Schmelzpunkt des Wassers. Als Bezeichnung hat sich für Celsius-Grade t eingebürgert, bzw. ϑ, wenn t bereits als „Zeit" vergeben. Als absoluter Nullpunkt der Temperaturskala ist aus den Eigenschaften der Stoffe (Ausdehnung der Gase u. a.) — 273° C gefunden worden. In Annäherung auf etwa 0,05° ist diese Temperatur auch künstlich verwirklicht worden. Temperaturangaben, die vom absoluten Nullpunkt aus gerechnet werden, pflegt man mit T zu bezeichnen. Die Einheit, in der t und T gemessen werden, ist die gleiche. Sie werden neuerdings in der Bezeichnung unterschieden: ° C und ° K (Kelvin). Die Temperaturangaben in beiden Systemen sind durch die Gleichung verbunden: $T = t + 273$.

Andere genau bestimmbare Festpunkte liefern die Schmelzpunkte vieler Metalle und der Siedepunkt des Schwefels.

Die heute vorhandenen Meßgeräte ermöglichen die Messung aller Temperaturen mit einer Genauigkeit von wenigen Graden, auch bei sehr hohen Temperaturen. In nebenstehender Tabelle 3, die einen Nachtrag zu dem Reichsgesetz über die Temperaturskala von 1924 darstellt, sind die zulässigen Fehler für Meßgeräte des geschäftlichen Verkehrs zusammengestellt. Die Verkehrsfehler betragen das Doppelte des für eine Neueichung zugelassenen Fehlers.

Tabelle 3.

Zugelassene Meßfehler an Temperatur-Meßgeräten des geschäftlichen Verkehrs.

Unter	— 100	bis	— 200°	4°
„	— 20	„	— 100	2
von	— 20	„	+ 50	1
über	50	„	200	2
„	200	„	300	3
„	300	„	400	6
„	400	„	500	9
„	500	„	600	12
„	600	„	700	15
„	700	„	1000	20
„	1000	„	1500	30

Thermometer für Verbrennungskalorimeter müssen Temperaturdifferenzen auf 0,05° genau zu messen erlauben.

Die Schwierigkeiten der Messung liegen weniger an den Geräten als am Einbau. Bei jeder Berührungsmessung muß das Gerät die zu messende Temperatur selbst annehmen und fälscht dadurch naturgemäß die Temperatur an der Berührungsstelle mehr oder weniger. Wärmeleitung und Wärmestrahlung müssen bei jeder Messung auf ihren Einfluß untersucht werden. Die Angabe des Instrumentes bezieht sich auf die Temperatur seines Fühlers, die aber ganz erheblich von der Temperatur abweichen kann, die eigentlich gemessen werden sollte. Durch diese Nebeneinflüsse, deren Feststellung oder Vermeidung viel Mühe verursacht, ist die Messung der Temperatur eine der schwierigsten Meßaufgaben des Ingenieurs.

---

[1] Henning u. Moser: Die Bedeutung des Platins und Platinrhodiums für die Sicherung der Temperaturskala. Festschrift für Wilhelm Heräus, S. 52—68. Hanau 1930.

Temperaturen werden durch Beobachtung folgender Vorgänge gemessen:

1. Ausdehnung fester, flüssiger oder gasförmiger Stoffe,
2. Änderung des elektrischen Widerstandes,
3. Stärke der thermoelektrischen Kraft,
4. Stärke der Licht- oder Wärmestrahlung.

Ausdehnungsthermometer in bestimmten Ausführungen und Widerstandsthermometer sind bis etwa 500⁰ C brauchbar, Thermoelemente

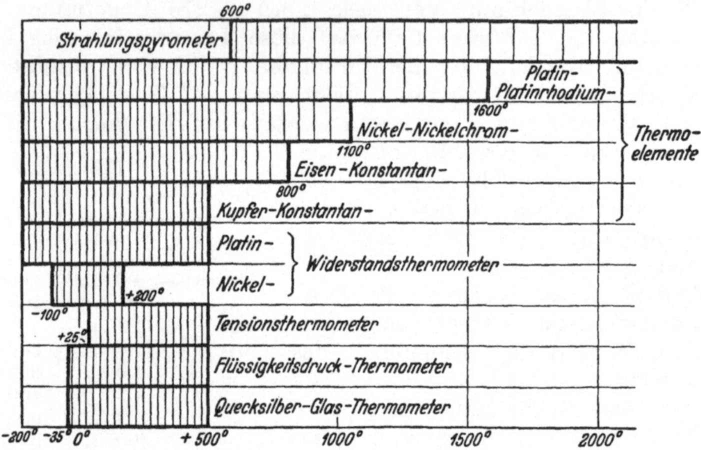

Abb. 167. Verwendungsgrenzen der verschiedenen Temperatur-Meßgeräte.

bis etwa 1500⁰ C, die Strahlungspyrometer ab 600⁰ C unbeschränkt nach oben. Pyrometer werden Temperaturmesser, gleich welcher Art, genannt, wenn sie für besonders hohe Temperaturen bestimmt sind. Abb. 167 zeigt eine schematische Darstellung der Verwendungsgrenzen verschiedener Temperaturmeßgeräte.

A. Mechanische Temperaturmesser.

[1. Ausdehnungsthermometer mit Flüssigkeitsfüllung.

Der verbreitetste und bekannteste Temperaturmesser ist das Quecksilberthermometer. Die gewöhnlichen Ausführungen mit Glasröhre sind bis 300⁰ brauchbar. Darüber hinaus wird das Röhrchen mit einem neutralen Gas — meist Stickstoff — unter Druck gefüllt. Dadurch erhöht sich der Siedepunkt des Quecksilbers, und das Thermometer kann bis etwa 500⁰ verwendet werden. Wird durchsichtiges Quarzglas für das Röhrchen genommen, so liegt die oberste Grenze der Benutzung erst bei 800⁰ C. Die untere Grenze für die Verwendung der Quecksilberthermometer ist durch den Erstarrungspunkt des Quecksilbers, — 39⁰ C, gegeben.

Der Druck der Stickstoff-Füllung beträgt bei hohen Temperaturen bis zu 100 at; er steigt natürlich mit der wachsenden Ausdehnung des Quecksilbers an. Die Bezeichnung „Stickstoffthermometer" für stickstoffgefüllte Quecksilberthermometer ist jedoch insofern unberechtigt und irreführend, als dort zum Messen und Ablesen nicht etwa der Stickstoff dient, sondern wie sonst die Ausdehnung des Quecksilbers. Ein Stickstoffthermometer wäre ein Gasthermometer auf Stickstoffbasis.

Um die Gefahr des Zerplatzens bei Überschreitung des normalen Meßbereiches zu beseitigen, muß die Skala etwa um ⅓ weiter gehen als für den betrachteten Vorgang nötig wäre, oder aber eine obere Erweiterung in der Kapillaren muß überlaufendes Quecksilber aufnehmen. Gegen Erschütterungen und Stoß sind alle Quecksilber-Glasthermometer empfindlich und deshalb häufig trotz ihrer Einfachheit nicht verwendbar.

Unter 35⁰ Kälte ist Quecksilber als Füllflüssigkeit nicht mehr angängig, und es müssen andere Flüssigkeiten dafür genommen werden. Alkohol ist empfindlich gegen Verunreinigungen und Feuchtigkeit, die die Ausdehnungszahl erheblich beeinflussen. Toluol kann im Gegensatz zu Alkohol an den beiden Hauptfestpunkten 0 und 100⁰ C verglichen werden, da es erst bei 110⁰ C siedet. Außerdem ist es leicht rein zu erhalten. Sein Verwendungsbereich erstreckt sich bis — 70⁰. Darunter kommt dann bis etwa — 200⁰ reines Pentan in Frage.

Eine neue Ausführung für hohe Temperaturen über 500⁰ C verwendet das von 30⁰ ab flüssige Metall Gallium. Die Thermometerröhre ist dabei aus Quarz. Das Gallium muß sehr rein sein, damit es nicht an den Wandungen hängenbleibt.

Bei fast allen praktischen Messungen ist es nicht möglich, den Flüssigkeitsfaden in seiner ganzen Länge in die zu messende Temperatur zu bringen. Von einem bestimmten Teilstrich ab wird der Faden aus dem Stutzen oder der Fassung herausstehen und seine Temperatur sich mehr oder weniger der Umgebung anpassen. Der dadurch entstehende Fehler macht die sogenannte Fadenberichtigung notwendig, deren Betrag nach der Formel

$$\Delta t = \frac{n \cdot (t_a - t_f)}{6300}$$

gefunden und zu der angezeigten Temperatur t_a hinzugezählt werden muß. t_f, die Fadentemperatur, wird von einem kleinen Thermometer angezeigt, dessen Kugel in halber Höhe des herausragenden Fadens aufgehängt ist. n bedeutet die Zahl der herausragenden Temperaturgrade des Quecksilberfadens. Bei langen Stockthermometern, auf denen ausdrücklich vermerkt ist: „Mit herausragendem Faden geeicht" fällt diese Berichtigung weg. Einen merklichen Einfluß hat auch die Wärmeableitung durch die Metallteile des Tauchfühlers und des Schraubstutzens. Ebenso ist die Eigenart etwa verwendeter isolierender Füllstoffe von Bedeutung[1].

Der Einbau soll möglichst senkrecht sein. Bei waagerechter Anordnung und insbesondere bei sehr engen Kapillaren, bleibt das Queck-

---

[1] Kraus: Arch. Wärmewirtsch. 1929 S. 301—307. Reiher u. Cleve 1926 S. 273, 1928 S. 193; Z. VDI 1925, Ergänzungsheft Techn. Mech. S. 49.

silber sonst leicht an den Wandungen hängen und die Säule reißt ab. Die Ausdehnung des Glases wird bei der Eichung mit berücksichtigt. Daß das Glas aber eine gewisse Zeit braucht, um eine andere Größe anzunehmen, darf bei einer schnellverlaufenden Temperaturänderung nicht übersehen werden; bei plötzlicher Temperaturabnahme wird zunächst zu wenig angezeigt.

2. Ausdehnungsstab-Thermometer

benutzen den von der Temperatur abhängigen Längenunterschied zwischen einem rohrförmigen Körper von hohem und einem stabförmigen Körper von sehr geringem Wärmeausdehnungs-Koeffizienten als Anzeigewert. Das bekannteste anzeigende Thermometer dieser selten gewordenen Art war das Graphit-Pyrometer. Bei dieser Ausführung befand sich in einem geschlossenen Metallzylinder ein Graphitstab, dessen Längenänderung relativ zu dem Zylinder unmittelbar auf den Zeiger übertragen wurde. Der Graphitstab dehnt sich mit der Temperatur wenig, das Rohr dagegen stark aus. Die Fehler dieses Graphit-Pyrometers sind verhältnismäßig groß; außerdem verursacht seine Masse eine erhebliche Anzeigeträgheit.

Diese Temperaturfühler werden heute wenig zur Temperaturmessung, hauptsächlich als Impulsgeber für automatische Temperaturregler verwendet. Die Beschaffung eines geeigneten Ausdehnungsmaterials für höhere Temperaturen bereitete sehr große Schwierigkeiten. Sonderlegierungen, wie NCT_3 oder Chronin, sind zur Not bis 1000° brauchbar. V2A bis 500, unter Umständen auch bis 800°, Monel bis 800, Nickel bis 500, Tombak bis 300, Kupfer bis 220, Aluminium bis 150°. Bis 50° wird Hartgummi genommen. Gefügeumwandlungen dürfen nicht innerhalb des Meßbereiches liegen; sie dürfen zum mindesten die Ausdehnungs-Charakteristik, die ja möglichst linear sein soll, nicht merklich beeinflussen. Als Materialien mit ganz geringer Wärmeausdehnung kommen Invar oder Indilatan bis etwa 150°, darüber nur Quarzglas oder Quarzgut in Frage; keramische Massen aller Art haben hierbei nicht befriedigt.

3. Flüssigkeitsdruckthermometer.

Bei den Flüssigkeitsdruckthermometern ist im Gegensatz zu den Fadenthermometern die Anzeigeskala nicht an den Ort des Thermostaten gebunden. Es können also die Temperaturen an unzugänglichen Stellen gemessen und die Anzeigen an eine beliebige andere Stelle übertragen werden. Quecksilber füllt das der zu messenden Temperatur in ganzer Länge ausgesetzte Tauchrohr, die Kapillarleitung und die Manometerfeder völlig aus. Dehnt sich die in dem Tauchrohr befindliche Quecksilbermenge bei steigender Temperatur, dann entsteht, weil ungehinderte Volumenvergrößerung nicht möglich ist, eine Spannung, der die Manometerfeder nachgibt[1]. Gleicherweise können auch Wasser, Petroleum oder Äthyläther als Druckflüssigkeit verwendet werden.

---

[1] Wolfarth: Meßtechn. 1928 Nr. 12 S. 319—324; 1929 Nr. 4 S. 106/07.

Der Teil des Quecksilbers, der in Kapillarleitung und Manometerfeder steckt, entspricht dem herausragenden Faden der Glasthermometer und erfordert bei größerer Länge eine ähnliche Korrektur wie dort. Die Entfernung für die Übertragung ist mit etwa 50 m begrenzt.

Je nach der Stärke der Kapillarleitung, d. h. je nach dem in Meßleitung und Manometerfeder enthaltenen Teil des ganzen Quecksilberinhaltes, ist der Fehler größer oder kleiner. Die selbsttätige Berichtigung dieser Abweichungen wird mit Hilfe einer längs der ganzen Meßleitung verlegten Kompensationsleitung aus gleichartigem Kapillarrohr

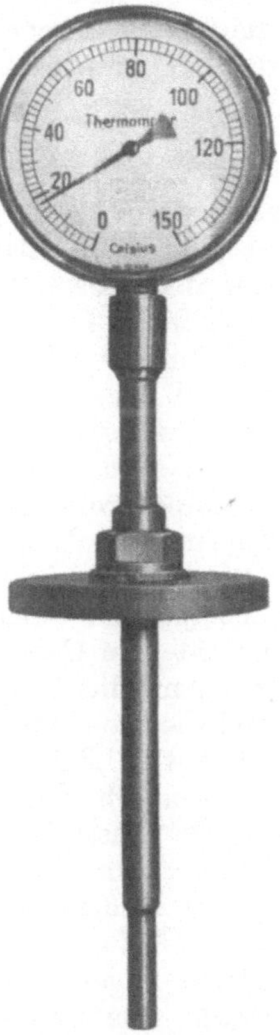

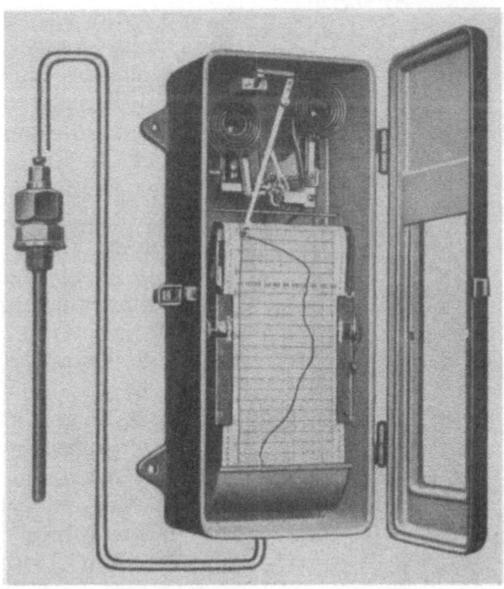

Abb. 168. Zeigerthermometer mit starrem Flanschanschluß für Flüssigkeitsdruck (DRD).

Abb. 169. Temperaturschreiber mit Flüssigkeitsdruckfühler und Kompensationsleitung (Sch. & Bud.).

erreicht, deren Druck auf eine zweite entgegengeschaltete Manometerfeder arbeitet (s. Abb. 169).

Bei Fernthermometern mit einfacher Fernleitung sollen die Verbindungsleitungen nur der gewöhnlichen Temperatur ausgesetzt werden. Sie dürfen nicht unmittelbar an heiße Wände verlegt und auch nicht durch besonders kalte Räume oder ins Freie geführt werden. Bei Fernthermometern mit Kompensationsleitung sind beide Leitungen auf ganzer Länge dicht nebeneinander zu verlegen.

Instrument und Tauchrohr dürfen nicht von der Verbindungsleitung getrennt werden. Sie bilden eine Eicheinheit, die schon durch Lockern der Anschlüsse zerstört werden kann. Die Temperatur darf nicht höher steigen, als die Skala angibt. Die Anzeige ist gelegentlich an einem zuverlässigen Glasthermometer zu prüfen und gegebenenfalls mit den dazu vorgesehenen Hilfsmitteln (Nullstellung) zu berichtigen. Abb. 168 stellt ein normales Zeigerthermometer nach dem Prinzip der Quecksilber-Druckmessung mit starrem Anschluß durch Flansch zum unmittelbaren Gebrauch an der Meßstelle dar. Abb. 169 zeigt einen Temperaturschreiber gleicher Art mit Fühler, Fern- und Kompensationsleitung und 2 Manometerfedern.

4. Siededruck- (Tensions-) Thermometer.

Den Quecksilberdruckthermometern äußerlich vollkommen gleich sind die Tensions- oder Siededruckthermometer (Abb. 170). Die Meßleitung läuft bei ihnen an der Meßstelle in ein Rohr aus, das in das eigentliche Tauchfühlerrohr hineinragt. Ein kleiner Teil des Tauchschaftes bleibt dadurch auch bei senkrechtem Einbau frei von der verdampfbaren Flüssigkeit, die sonst alles ausfüllt. Man macht sich hier die Eigenschaft der Dämpfe zunutze, daß der Dampfdruck eindeutig mit der Temperatur zusammenhängt. Der Dampfdruck einer Flüssigkeit steigt mit der Temperatur viel schneller an als der Druck eines idealen Gases bei Erwärmung ohne Ausdehnungsmöglichkeit, so daß mit diesen Dampfdruckthermometern eine hohe Empfindlichkeit erreicht wird. Ferner ist die Größe des Volumens unwesentlich, denn der Dampfdruck hängt, solange die Flüssigkeit zur Dampfbildung ausreicht, nicht vom Volumen ab. Auch die Temperatur der Meßleitung und der Manometerfeder spielt keine Rolle, wenn der Wärmefühler passende Abmessungen hat und die richtige Füllmenge enthält; eine besondere Kompensationsleitung braucht also nicht verlegt zu werden. Die Füllflüssigkeit in der Meßleitung dient nur zur Druckübertragung; sie kann sich im Gegensatz zu den Quecksilber-Druckthermometern frei ausdehnen, solange dabei der Dampfraum nicht ganz ausgefüllt wird.

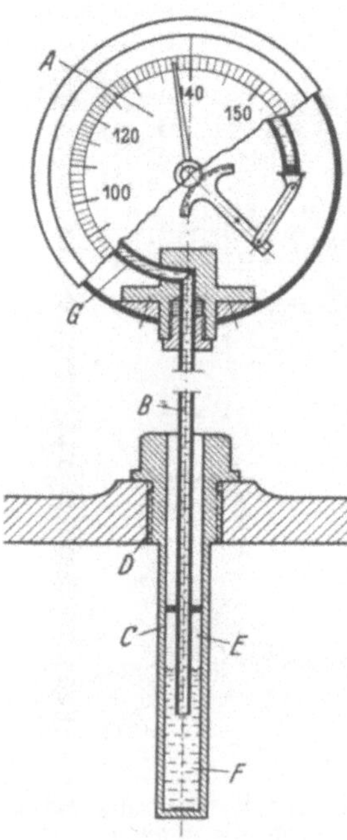

Abb. 170. Tensionsthermometer mit Tauchfühler und Fernleitung (nach Sch. & Bud.).

A Druckmesser, *B* Meßleitung, *C* Tauchschaft, *D* Verschraubung oder Flansch, *E* Dampfraum, *F* Meßflüssigkeit, *G* Röhrenfeder.

Bei geringen Spannungen entstehen unter Umständen merkliche Fehler dadurch, daß die Temperatur des Wärmefühlers den absoluten Druck der Füllung bestimmt, während das Manometer den Druckunterschied gegen die Atmosphäre anzeigt. Die Schwankungen des Barometerstandes machen sich also auch bemerkbar. Diese theoretische Unzulänglichkeit wirkt sich aber nur selten praktisch aus, da man meistens mehrere at Druck Spielraum nimmt. Von erheblichem Einfluß kann aber infolge der auflastenden Flüssigkeitssäule der Höhenunterschied zwischen der Dampferzeugungsstelle (dem Tauchfühler) und dem Anzeigeinstrument sein. Diese Druckdifferenz muß bei der Eichung berücksichtigt werden.

Die übliche Füllflüssigkeit ist Äther. Er kann von 50° aufwärts benutzt werden, da die Sättigungstemperatur bei gewöhnlichem Luftdruck etwa 35° beträgt. Je nach dem Temperaturbereich werden die verschiedensten Flüssigkeiten genommen, vom Äthylchlorid, das bei 11° siedet, bis zum Quecksilber, das bei 357° siedet. Die am häufigsten für Tensionsthermometer verwendeten Flüssigkeiten sind in der Tabelle 4 mit ihren wesentlichen Daten zusammengestellt.

Tabelle 4. Siede- bzw. Sättigungstemperaturen einiger Flüssigkeiten für Siededruck-Thermometer bei 1, 6 und 10 ata.

		Siede- bzw. Sättigungstemperatur in °C bei		
		1 ata	6 ata	10 ata
Äthylchlorid.	C_2H_5Cl	11	65	83
Äthyläther	$(C_2H_5)_2O$	34,5	95,5	119
Wasser	H_2O	100	158	179
Anilin	C_6H_7N	184,2	250	290
Quecksilber	Hg	357	470	512

Mit Flüssigkeiten, die z. T. in Kältemaschinen gebraucht werden, wie Kohlensäure, Ammoniak, Methyläther, Propan, ist es möglich, auch Temperaturen, die unterhalb der Raumtemperatur liegen, zu messen. Die Meßleitung ist dann nicht mit Flüssigkeit, sondern mit überhitztem Dampf als Druckübertragungsmittel gefüllt. Flüssigkeit befindet sich lediglich im Tauchfühler, so daß auch in diesem Falle für die Dampfbildung nur die Temperatur am Thermostaten maßgebend ist.

Bei einem der Abb. 169 entsprechenden Tensions-Temperaturschreiber würden die Kompensationsleitung und die zugehörige Manometerfeder wegfallen. Gegenüber Abb. 168 besteht äußerlich kein Unterschied.

5. Bimetallthermometer.

Als mechanische Temperaturmeßgeräte sind ferner noch die Bimetallthermometer zu nennen, die sich durch große Einfachheit auszeichnen. Die Bimetallspiralfeder kann so abgestimmt werden, daß die Einteilung auf dem ganzen Skalenkreis proportional ist (Thermindex). Durch wärmeleitende Kupferstreifen, die gleich zur Befestigung mit benutzt werden, z. B. als Schelle bei Rohren, ist der Temperatursprung zwischen Rohr und Meßspirale so gering wie möglich gehalten. Als Raumthermometer verwendet sind sie recht genau. Auch elektrische Fernübertragung durch Schleifkontakt und Widerstandswalze oder mit Ringrohr ist ausgeführt worden. Das Arbeitsvermögen der Bimetallthermometer ist jedoch gering, so daß bei dieser Übertragung nur wenig Reibung entstehen darf. Widerstandsthermometer sind für elektrische Fernleitung im Vorteil.

Mit einem Bimetallstreifen arbeitet auch das nur für Alarmzwecke verwendete Schauzeichen „Thermoalarm KS". Bei einer bestimmten

Temperatur gibt der Bimetallstreifen eine Arretierung frei, die das Schauzeichen, eine rote Fläche, mit Federkraft in die Alarmstellung dreht.

6. Sonstige mechanische Thermometer.

Eine Sonderausführung für Versuche, Kalori-Pyrometer genannt, ist in vereinfachter Form in Abb. 171 im Schnitt dargestellt und soll ihrer Eigenart wegen kurz besprochen werden. Auf dem Wege durch das innere Rohr wird der heiße Gasstrom durch Kühlwasser herunter-

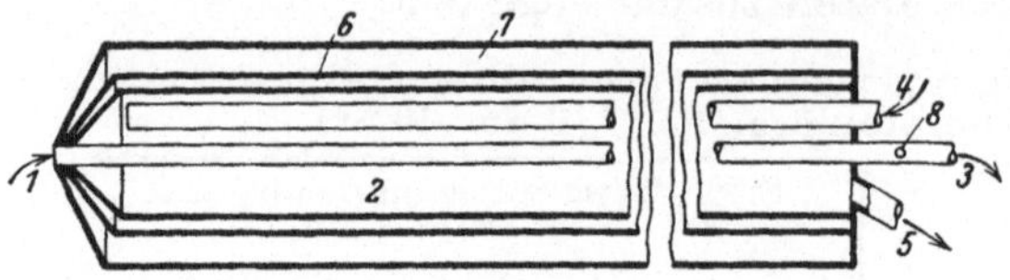

Abb. 171. Kalori-Pyrometer. Hinter *3* Gasmengenmessung z. B. mit Gaszähler, bei *4, 5* Temperatur- und Mengenmessung.

1 Eintritt der heißen Gase, *2* Kühlmantel, *3* Austritt der abgekühlten Gase, *4, 5* Kühlwasser-Zufluß und -Abfluß, *6* Luftleerer Raum als Wärmeschutz, *7* Äußerer Kühlmantel, *8* Temperatur-Meßstelle.

gekühlt und seine Temperatur am Ende gemessen. Werden gleichfalls die Menge von Gas und Kühlwasser mit einem Gas- bzw. einem Wasserzähler festgestellt, ferner die Eintritts- und Austrittstemperatur des Kühlwassers im Beharrungszustand, dann ist die Gastemperatur im Ofen leicht rechnerisch zu finden. Die zahlreichen Hilfsmessungen bringen viele Fehlerquellen mit sich, doch sind bei großer Sorgfalt einwandfreie Ergebnisse erreicht worden[1].

Verwandt hiermit ist das Durchsaugepyrometer nach Abb. 172, bei dem eine Druckunterschiedmessung zur Feststellung der Tempera-

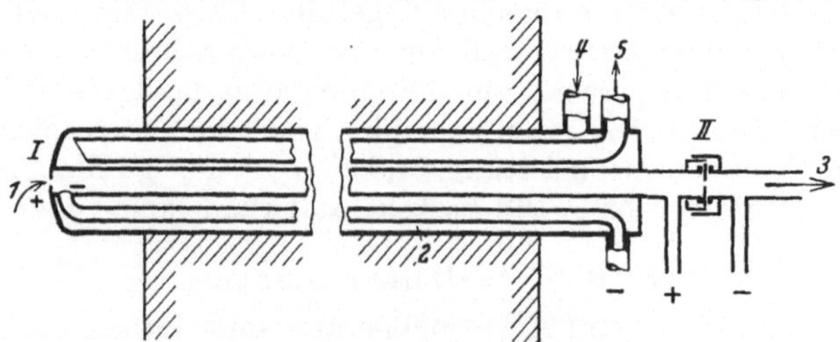

Abb. 172. Durchsaugepyrometer.

I Heiße } Differenzdruck-Meßstelle, *1* bis *5* siehe Abb. 171.
II Kalte

tur herangezogen wird[1]. Gegenüber Abb. 171 besteht der Unterschied nur in der Anordnung je einer Meßblende am Anfang und am Ende des Saug- und Kühlrohres. Die Wasser- und Gasmengenmessung fällt weg. Aus Mengenformel und Gasgleichung folgt unter Vernachlässigung der kleinen Änderungen im spezifischen Gewicht infolge der nur wenig verschiedenen Drücke:

$$T_1 = T_2 \cdot \frac{h_1}{h_2}.$$

<hr>

[1] Göbel: Ber. Nr. 105 des Stahlwerksausschusses beim Verein Deutscher Eisenhüttenleute 1925. Schwarz: Meßtechn. 1927 Nr. 7 S. 191—196. Schmick: Z. techn. Physik 1929 Nr. 4 S. 146/7.

Ein Vorgänger hiervon ist das alte pneumatische Pyrometer von Uehling & Steinbart, das bei Hochöfen viel benutzt wurde[1]. Die kalte Drosselstelle wird auf konstanter Temperatur gehalten; dann ist der Differenzdruck an der heißen Drosselstelle der dortigen Temperatur proportional und kann mit Druckmessern registriert werden.

Ein ähnlicher Vorschlag benutzt eine Meßanordnung, die der bekannten Wheatstoneschen Brücke nachgebildet ist und bei der zum Vergleich ein Luftstrom über zwei Strömungswiderstände geführt wird[2].

Zu erwähnen sind auch noch die Seeger-Kegel, dreiseitige Pyramiden aus Tonerde-Silikaten, die besonders für höhere Temperaturen in der keramischen Industrie angewendet werden. Je nach ihrer Zusammensetzung beginnen sie bei verschiedenen Temperaturen zu erweichen und zu schmelzen. Ganz den Anforderungen der keramischen Industrie entsprechend, ist für die Erweichung außer der höchsten Temperatur auch die Dauer der Erhitzung von Einfluß. Wenn die Masse so weich wird, daß die umgesunkene Spitze den Boden berührt, ist die für den betreffenden Kegel gültige Temperatur erreicht worden (Tabelle 5).

Tabelle 5. Schmelzpunkte einiger Seeger-Kegel[3].

Nr.	Temperatur	Nr.	Temperatur	Nr.	Temperatur	Nr.	Temperatur
022*	600	1a	1100	20	1530	35	1770
016	750	10	1300	26**	1580	39	1880
01a	1080	16	1435	30	1670	42	etwa 2000

Den Seeger-Kegeln verwandt ist eine Alarmvorrichtung, die insbesondere als Gefahrmelder für die Öltemperatur von Transformatoren dienen soll. Wird die Gefahrtemperatur erreicht oder überschritten, so schmilzt ein pilzförmiger Metallkörper, fließt in eine darunterliegende Form und erstarrt dort zu einem Pilz gleicher Gestalt, der umgedreht sofort wieder verwendbar ist. Eine ihrer Unterstützung beraubte Kontaktstange fällt dem wegschmelzenden Metallkörper augenblicklich nach und schließt dabei einen Alarmstromkreis[4].

B. Elektrische Widerstandsthermometer.

Bei den elektrischen Widerstandsthermometern wird zur Messung die Eigenschaft reiner Metalle benutzt, daß bei steigender Temperatur der elektrische Leitungswiderstand regelmäßig anwächst. Es werden fast ausschließlich Platin, Nickel und Eisen verwendet, Nickel mit Vorliebe für niedrige Temperaturen, also insbesondere für Raumtemperaturen. Für hohe Temperaturen eignet sich Nickel infolge eines Umwand-

---

[1] Stahl u. Eisen 1. 5. 1899. [2] Lehr: Meßtechn. 1930 Nr. 4 S. 93—95.
[3] Lieferant Staatl. Porzellan-Manufaktur, Berlin. S. a. „Hütte", Taschenbuch für Eisenhüttenleute 1930, 4. Aufl. S. 366.
* Sprich: Null zweiundzwanzig.
** Keramische Produkte, die über SK 26 schmelzen, werden als „feuerfest" bezeichnet.
[4] Meßtechn. 1930 Nr. 3 S. 86.

lungspunktes bei 300⁰ nicht mehr. Dann kommt nur das im übrigen auch verläßlichere, aber viel teurere Platin in Frage. Über 500⁰ hinaus wird auch Platin nur in Ausnahmefällen genommen; in diesen Temperaturbereichen sind dann nämlich die Thermoelemente vorteilhafter. Die untere Grenze für Temperaturmessungen mit Widerstandsthermometern liegt erst unter — 200⁰.

Der Vorteil der elektrischen Widerstandsthermometer gegenüber den Quecksilberthermometern und anderen mechanischen Thermometern liegt außer in der höheren Meßgenauigkeit und Zuverlässigkeit in der fast unbeschränkten Freiheit der Ortsbestimmung für das Anzeige- oder Schreibinstrument. Man kann sich dauernd über den Stand der Temperatur an einer Überwachungsstelle unterrichten, ohne erst die häufig unbequem liegenden Meßstellen aufsuchen zu müssen. Ferner

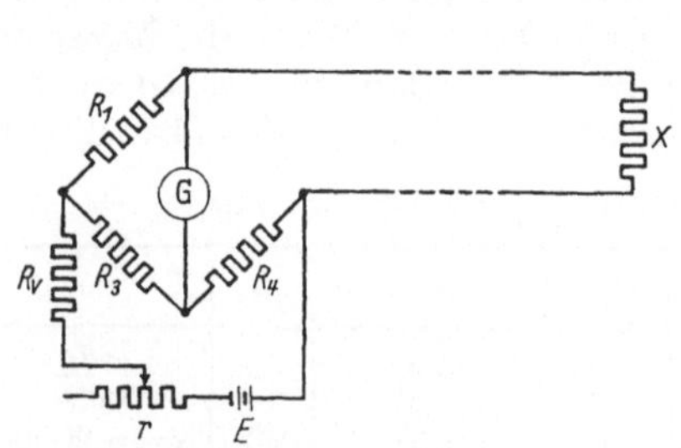
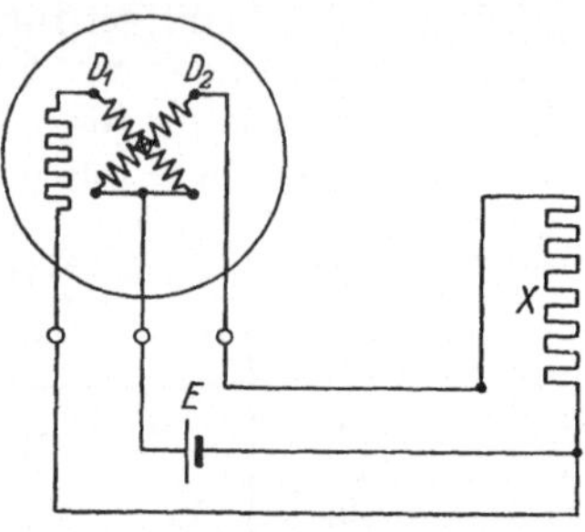

Abb. 173. Widerstandsthermometer in Brückenschaltung.   Abb. 174. Widerstands-Thermometer mit Kreuzspul-Instrument.

Zu Abb. 173 & 174 (nach S. u. H.): X Widerstands-Thermometer, R_1, R_3, R_4 Temperaturunempfindliche Brückenwiderstände, R_v Vorwiderstand, r Regelwiderstand, E Stromquelle, G Drehspul-Instrument, D_1 D_2 Spulen des Kreuzspulinstruments.

besteht bei den Widerstandsthermometern die Möglichkeit, durch handbediente Umschalter viele Meßstellen wechselweise an das gleiche Anzeigeinstrument zu legen. Gerade die Temperatur unterliegt ja nur verhältnismäßig langsam verlaufenden Änderungen und benötigt infolgedessen keine ununterbrochene Daueranzeige. Ist eine automatische Dauerüberwachung erforderlich, wie z. B. bei Kohlenbunkern, dann kann man den Umschalter auch durch Motor und Übersetzung in einer beliebigen einstellbaren Zeit nacheinander über sämtliche Kontakte streichen lassen[1]. Alarmvorrichtungen bei Überschreitung der zulässigen Temperatur sind an jedes Instrument getrennt angeschlossen (Klappen, Nummern, Leuchtschilder), so daß das dem Schwelnest benachbarte Thermometer sofort gekennzeichnet ist.

Die Anzeige der als Maß der Temperatur dienenden Widerstandsänderung kann auf zwei verschiedenen Wegen erreicht werden. In Abb. 173 wird die Brückenschaltung verwendet. Die als Thermometer wirkende Widerstandsspirale liegt in einem der vier Brückenzweige. Die drei anderen Zweigwiderstände werden von der Temperatur nicht beeinflußt. Das Widerstandsverhältnis ist so abgestimmt, daß das

---

[1] Wärme 1934 Nr. 4 S. 57.

Instrument im Diagonalzweig keinen Ausschlag gibt, wenn die untere Grenztemperatur am Meßwiderstand herrscht. Ändert sich diese Temperatur, so wird das Gleichgewicht der Brücke gestört, und durch das Instrument fließt ein der Temperaturänderung proportionaler Strom. Die Skala wird gleich in ^{0} C eingeteilt.

Den erforderlichen Strom liefert eine Stromquelle über einen Regulierwiderstand. Die Größe des Stromes in den Zweigen und damit auch des Ausgleichsstromes in der Brücke ist abhängig von der Spannung der Stromquelle. Zur Einstellung des für das Instrument vorgesehenen Stromes dient der eingeschaltete Regulierwiderstand. Spannungsschwankungen während des Betriebes beeinflussen natürlich den Ausschlag am Instrument und müssen vor der Ablesung ausgeglichen werden. Das geschieht mit Hilfe desselben Regulierwiderstandes, und zwar z. B. durch Abschalten des Meßwiderstandes und Einschalten eines konstanten Prüfwiderstandes in den gleichen Brückenzweig. Die zu diesem festen Widerstandsverhältnis gehörige Zeigerstellung ist durch einen auffälligen, meist roten Strich gekennzeichnet.

Das Einregulieren von Spannungsschwankungen vor dem Ablesen wird durch die Verwendung eines Kreuzspulsystems, welches ja das Verhältnis zweier Ströme anzeigt, überflüssig gemacht. Die einfachste Schaltung ist in Abb. 174 dargestellt. Da beim Kreuzspulinstrument die Spannungsschwankungen auf beide Spulen in gleichem Maße einwirken, fällt in den Grenzen von etwa $\pm 20\%$ der Spannungseinfluß heraus, und die Anzeige bleibt davon unberührt.

Der Betrieb der Widerstandsthermometer geschieht fast ausschließlich aus dem Netz über Gleichrichter. Die Betriebsspannung ist sehr verschieden und liegt zwischen 6 und 36 Volt. Bei Umschaltebetrieb genügen auch Trockenelemente.

Der Widerstand der Fernleitungen darf bei dem üblichen Thermometerwiderstand von 100 Ohm eine bestimmte Größe nicht überschreiten. Zwar wird der Widerstand selbst innerhalb der Brücke von vornherein ausgeglichen; an sich wäre seine Größe also für die Messung unwesentlich. Je größer aber der Widerstand, desto größer ist auch, in Ohm gemessen, seine Änderung infolge Temperaturschwankungen, und die Änderung läßt sich nicht ohne weiteres ausgleichen. Wird der Widerstand zu 3 Ohm für Hin- und Rückleitung bemessen, dann verursachen selbst 30^0 Temperaturschwankung nur $\frac{1}{2}\%$ Fehler infolge der Widerstandsänderung. 3 Ohm genügen also für hohe Ansprüche, und im allgemeinen werden auch bedeutend höhere Widerstände zugelassen. Bei 1 mm^2 Kupferdrahtquerschnitt dürfte die Entfernung demnach nur 100 m betragen, wenn 3 Ohm zugelassen sind; bei 15 Ohm wäre es $\frac{1}{2}$ km. Längere Fernleitungen werden gegebenenfalls durch Kompensationsschaltungen ermöglicht. Sowohl die Brückenschaltung als auch die Anordnung mit Kreuzspulsystem benötigen dann aber drei statt wie sonst zwei Fernleitungen.

Zur Messung von Temperaturunterschieden werden die zusammengehörigen beiden Widerstandsthermometer bei Brückenschaltung in benachbarte Zweige des Widerstandsvierecks gelegt. Bei Verwendung eines Kreuzspulsystems befindet sich desgleichen je ein Widerstandsthermometer in jedem der beiden Stromkreise. Die thermische Differenzmessung wird auf eine elektrische Verhältnismessung zurückgeführt. Nullpunktsunterdrückung ist bei beiden Anzeigesystemen möglich.

Zur Entscheidung zwischen Drehspul- und Kreuzspulsystem ist allgemein folgendes zu sagen:

Die Kreuzspulsysteme sind nicht so empfindlich wie die Drehspulsysteme. Als Genauigkeit muß 1% des jeweiligen Gesamtmeßbereiches angesehen werden. Bei kleinen Meßbereichen, etwa unter 20^0, sind infolge der geringen Belastbarkeit der Fühler nur die Drehspulsysteme anwendbar. Noch kleinere Meßbereiche verlangen Präzisionsausführung. Der kleinste z. Z. praktisch mit genügender Genauigkeit ausführbare Bereich ist etwa 10^0. Als Brücken-Kreuzspulgerät ausgebildet (S. & H.), kann auch das Kreuzspulsystem für kleine Meßbereiche bis 20^0 und weniger benutzt werden und ist nebenher noch spannungsunabhängig (vgl. S. 302).

Die Ausführung des Temperaturfühlers ist sehr verschieden. Die Spiralen aus Nickel werden meistens

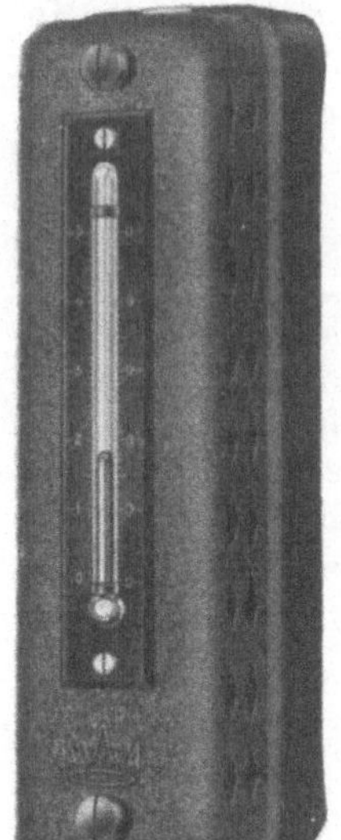

Abb. 175. Geber für Raumtemperaturen (Askania).

auf Glimmer, Pertinax oder andere Isolierstoffe aufgewickelt. Platindraht wird auch unmittelbar in Quarz- oder Hartglas eingeschmolzen und erhält dadurch gleichzeitig Halt und Schutz gegen äußere Einwirkungen chemischer Natur. Die Quarzglashülle ist so dünn, daß sie den Wärmeübergang kaum verzögert. Im übrigen dienen zum Schutz des nackten Elementes gegen mechanische Beanspruchung geeignete Bewehrungen und Schutzrohre.

Einen Geber für Raumtemperaturmessung zeigt Abb. 175. Diese Ausführung, die in dem durchbrochenen Isolierstoffgehäuse das Widerstandsthermometer enthält, ist nur für trockene und staubfreie Räume zu gebrauchen. Die äußere Gestaltung ergibt sich aus der üblichen Forderung, daß das Thermometer nicht als technische Einrichtung auffallen soll.

Für Betriebsräume mit Staub und Nässe und zur Benutzung im Freien kommen Ausführungen ähnlich Abb. 176 in Frage. Bei diesen werden die Anschlußleitungen durch eine Kabelstopfbuchse herausgeführt. Das Widerstandsthermometer selbst befindet sich geschützt in einem Metallrohr.

Abb. 176. Geber für Betriebsräume (S. & H.).

Zur Messung der Temperatur in Rohrleitungen und Behältern sind Ausführungen nach Abb. 177 notwendig. Das Schutzrohr wird durch Gewinde oder Flansch druckdicht in die Leitung eingeführt. Für die Kabelzuleitung am Kopf ist hier ebenfalls eine Stopfbuchse vorhanden. Die Tauchfühlerrohre haben je nach dem Verwendungszweck Längen zwischen 15 cm und 2 m. Das Material ist meist Stahl, in oxydierender Atmosphäre auch Monel- und Sonderstähle. Die Rohre werden außerdem noch nach Bedarf verkupfert oder verbleit, auch emailliert oder verzinnt.

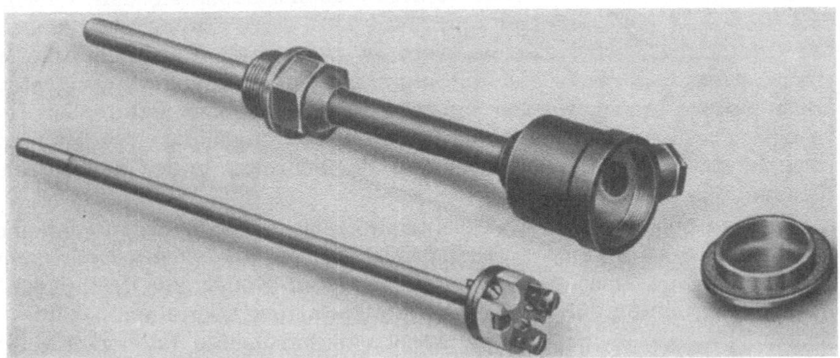

Abb. 177. Geber zum Einbau in Rohrleitungen und Behälter (S. & H.).

Für die Widerstandsthermometer ist die Frage der Bewehrung in den meisten Fällen nicht so schwerwiegend wie bei den i. allg. viel höheren Temperaturen, denen Thermoelemente ausgesetzt sind. Zur Verwendung in Metallbädern werden die Schutzrohre auch doppelt ausgeführt, und zwar so, daß das äußere ausgewechselt werden kann. Bei Heißdampf und besonders bei hohen Geschwindigkeiten muß auch auf die dynamische Beanspruchung der Schutzrohre geachtet werden. Es ist vorgekommen, daß die Hülsen infolge von Resonanzschwingungen abgerissen sind[1].

C. Thermoelektrische Pyrometer.

Die thermoelektrische Temperaturmessung ist, vielleicht von den Quecksilber-Ausdehnungsthermometern abgesehen, das am meisten angewendete Verfahren der industriellen Temperaturüberwachung. Das liegt zunächst darin begründet, daß mit den Thermoelementen das ganze technisch wichtige Gebiet bis 1600° C umfaßbar und daher die vielseitigste Anwendung möglich ist. Die Genauigkeit und Betriebssicherheit steht unter normalen Bedingungen der der Widerstandsthermometer nicht nach.

Thermoelemente allein kommen da in Frage, wo Widerstands- und Ausdehnungsthermometer nicht mehr verwendet werden können, also etwa von 500° C an. Aber auch darunter werden sie gelegentlich der Gleichförmigkeit wegen verwendet, insbesondere jedoch wegen der verschiedenen Vorzüge. Vor den Widerstandsthermometern zeichnet sie aus, daß die ganze Anlage infolge des Fehlens von Stromquelle und Regelwiderstand einfacher und billiger wird; allerdings erfordern sie

---

[1] Michel, F.: Lärm und Resonanzschwingungen im Kraftwerksbetrieb. Berlin: VDI-Verlag 1932. — Meßtechn. 1931 S. 69—73.

empfindlichere Galvanometer. Die absolute Genauigkeit in Graden ausgedrückt, bleibt erheblich hinter der der Widerstandsthermometer zurück. Man vermag dafür aber Temperaturen sehr kleiner örtlicher Ausdehnung mit ihnen festzustellen, weil sie Punktmessungen liefern. Gemeinsam mit den Widerstandsthermometern haben sie den Vorzug, daß Gebegerät und Anzeiger weit getrennt werden können. Der Geber, das eigentliche Thermoelement, wird in vielen Fällen an einer schwer erreichbaren, jedenfalls für die unmittelbare Ablesung ungeeigneten Stelle untergebracht werden müssen. Das Instrument kann aber beliebig entfernt an dem zweckmäßigsten Platz aufgehängt werden, und zwar der Anzeiger beim Betriebsmann, der Schreiber in der Meßzentrale oder im Betriebsbüro.

Bekanntlich entsteht eine elektromotorische Kraft, wenn man die Berührungsstelle zweier verschiedenartiger Metalle, z. B. Eisen und Konstantan, erwärmt und dabei die anderen Enden der Drähte kalt hält. Die Verbindung der beiden Drähte kann auch über einen beliebigen dritten Draht geschehen, sie kann weich oder hart gelötet oder geschweißt sein. Die an den übrigen metallischen Verbindungen entstehenden Thermokräfte heben sich insoweit auf, daß als Endergebnis die Thermokraft von Eisen gegen Konstantan übrigbleibt. An der sogenannten „kalten Lötstelle" entsteht natürlich ebenfalls eine Thermospannung. Wirksam im Thermostrom wird die Differenz beider Spannungen; daher auch die beliebte Anordnung von hintereinander geschalteten Thermoelementen für die Messung geringer Temperatur-Differenzen: Vor- und Rücklauf einer Heizung, Innen- und Außentemperatur an einer Wand, Kühlwassererwärmung beim Junkers-Kalorimeter.

Die resultierende Thermospannung steigt mit der Größe der Temperaturdifferenz, die zwischen der warmen und der kalten Lötstelle herrscht. Von der Temperatur der kalten Lötstelle wird sie natürlich weitgehend mit beeinflußt. Im übrigen hängt sie aber nur vom Material der beiden Drähte ab; deren Durchmesser und Länge sind ohne Einfluß.

Der absolute Betrag der Temperatur spielt eine untergeordnete Rolle. Immerhin geben 100^0 Temperaturunterschied etwa bei 0^0 eine etwas andere Thermospannung als bei 1000^0, denn die Spannungskurve ist, wie die Abb. 178 zeigt, leicht gekrümmt. Für Daueranzeige an einem elektrischen Zeigerinstrument ist es erforderlich, daß sich die kalte Lötstelle stets auf der gleichen Temperatur befindet. Auf diese wird der Zeiger einmal eingestellt (Nullstellung); meistens werden 20^0 zugrunde gelegt. Die Eichung geschieht, wie bei den anderen Arten der Temperaturmessung, nach Normal-Thermometern oder nach den bereits früher genannten Festpunkten.

Die Thermoelemente einer Gattung vermag man heute so gleichmäßig herzustellen, daß die Spannungskurve stets dieselbe ist und die Elemente beliebig ausgetauscht werden können, ohne daß eine Umeichung der Meßgeräte nötig wäre. Die erzeugte Thermospannung ungleichartiger Elemente ist natürlich je nach der Art der Zusammensetzung verschieden. Die Thermoelemente aus unedlen Metallen geben viel höhere Spannungen, sie sind aber nur für niedrige Temperaturen unter 1000° zu gebrauchen. Die obere Grenze bestimmt ihr eigener Schmelzpunkt und der bei zu hohen Temperaturen damit verknüpfte

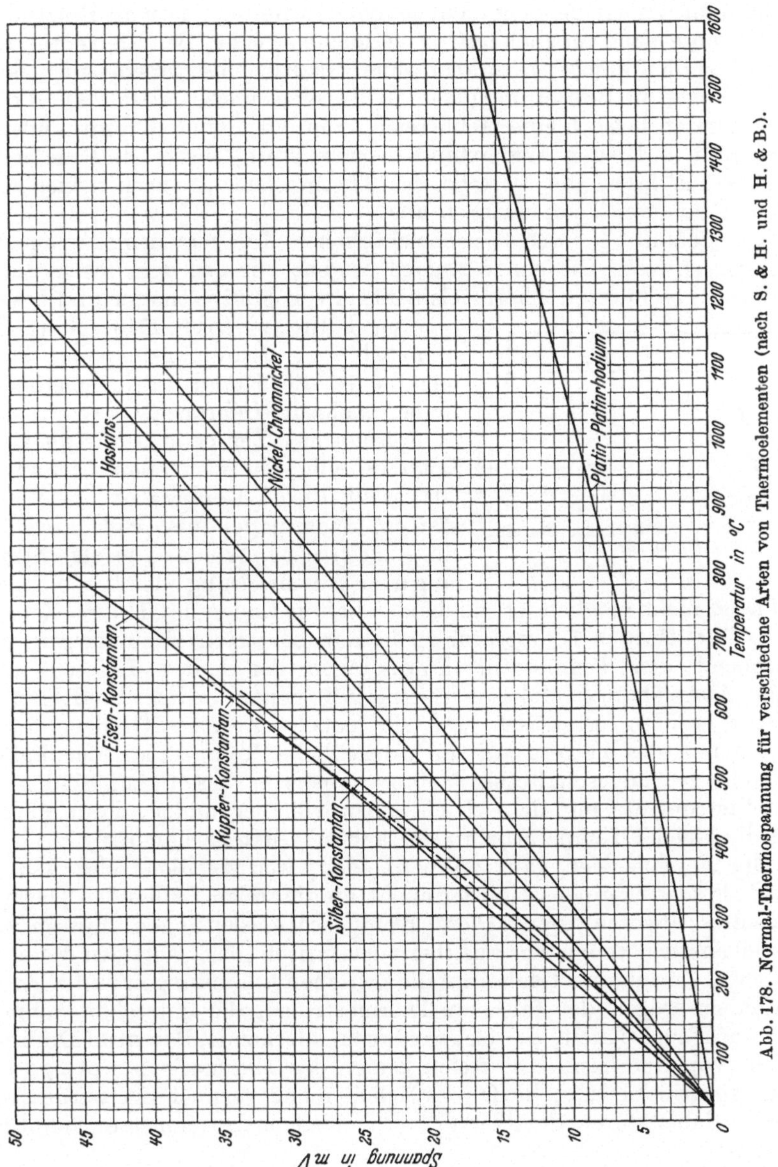

Abb. 178. Normal-Thermospannung für verschiedene Arten von Thermoelementen (nach S. & H. und H. & B.).

Verschleiß durch Oxydation. Sind Elemente aus Edelmetallen nicht unbedingt erforderlich, so sind die unedlen immer vorzuziehen. Die unedlen Elemente verursachen nämlich selbst schon geringere Kosten, außerdem aber können bei ihnen weniger empfindliche und daher billigere Betriebsinstrumente verwendet werden.

Der gesamte Meßbereich muß mit 20 bis 50 mV bestritten werden. Er kann also nicht beliebig klein genommen werden, da man Präzisionsinstrumente nach Möglichkeit zu vermeiden sucht. Bei Elementen aus edlen Metallen kommt man aber ohne Präzisionsinstrumente nicht aus. Der kleinste im Betrieb mögliche Meßbereich umfaßt etwa 200°. Praktisch kommt dieser kleine Meßbereich kaum vor, da er sich mit anderen Verfahren, z. B. den Widerstandsthermometern, besser und einfacher beherrschen läßt. Die Vorteile der Thermoelemente wirken sich erst bei den höheren Temperaturen aus.

Die Schaltung einer thermoelektrischen Temperaturmeßanlage ist denkbar einfach. Die ganze Anlage besteht nur aus dem meist durch ein Rohr geschützten Thermoelement, einem Millivoltmeter und 2 Verbindungsleitungen (Abb. 179). Statt der unmittelbaren Spannungsmessung kommen heute die Kompensationsmethoden immer mehr in Gebrauch.

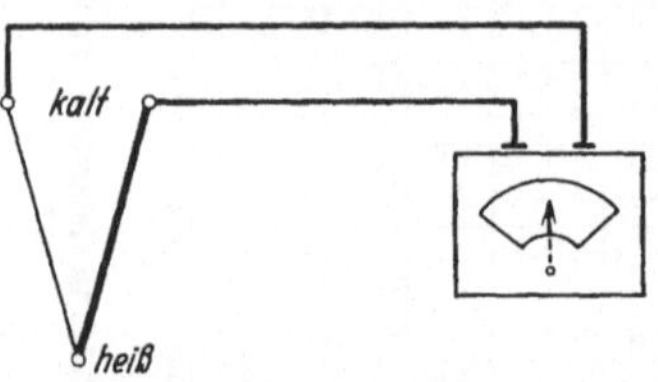

Abb. 179. Schaltschema für ein Thermoelement.

Als normale Temperatur für die kalte Lötstelle gilt bei fast allen Eichungen 20°, weil diese Temperatur in Werkstätten, Wohnungen und dgl. ungefähr eingehalten wird. Wenn es infolge Strahlung oder Wärmeleitung oder aus sonstigen Gründen nicht möglich ist, die beiden kalten Enden des Thermoelementes auf konstanter Temperatur zu halten, so treten Fehlanzeigen entsprechend den Temperaturschwankungen der kalten Lötstelle auf. Diese Abweichungen können rechnerisch genau verfolgt und berücksichtigt werden. Praktisch sind sie jedoch in weiten Grenzen durch Nachstellen des Zeigers auf die tatsächliche Temperatur der kalten Lötstelle bei abgeschaltetem Meßinstrument zu beseitigen. Sind mehrere Instrumente mit dem gleichen Anzeiger verbunden, dann müssen alle die gleiche Temperatur an der kalten Lötstelle haben.

Um Fehlanzeigen ganz zu vermeiden, werden Blei- oder Asbestkabel als sog. Kompensationsleitungen an die freien Enden des Thermoelementes angeschlossen. Diese Kompensationsleitungen müssen aus denselben oder wenigstens aus thermoelektrisch gleichwertigen Metallen bestehen. Zu achten ist dabei auf die Zwischenverbindungen und Klemmschrauben wegen der falschen Thermoströme, die entstehen können, und auf Feuchtigkeit, die elektrolytisch fälschende Potential-Differenzen hervorrufen kann. Die freien Enden des Thermoelementes und der Kompensationsleitung dürfen natürlich nicht verwechselt werden, sie werden daher durch Schilder und verschiedene Durchmesser kenntlich gemacht.

Durch die Zwischenschaltung von Kompensationsleitungen wird das Thermoelement gewissermaßen verlängert und die kalte Lötstelle an einen Ort mit sicher konstanter Temperatur (Raumtemperatur, Erdkasten) verlegt. Der Anschlußkopf des Thermoelementes darf aber auch dann keine Temperatur über etwa 150° annehmen. Die Anschluß-dose, in der die Kompensationsleitung endigt, ist häufig mit einem Quecksilberthermometer versehen, damit die Gleichmäßigkeit der Temperatur überwacht werden kann. Vor Feuchtigkeit muß die Anschlußdose auf jeden Fall geschützt werden. Die Länge der Ausgleichsleitungen ist innerhalb des zugelassenen Widerstandes frei nach Maßgabe der örtlichen Verhältnisse bestimmbar. Einige Lieferer haben Normlängen (z. B. 3 m bei S. & H.), andere verkaufen sie nach laufenden Metern; willkürliche Änderungen an der eingeeichten Länge können Meßfehler verursachen.

Vom Ende der Kompensationsleitungen bis zum Instrument führen dann wie sonst Kupferdrahtleitungen, für deren Verlegung die üblichen Vorschriften gelten. Diese eigentliche Fernleitung ist in der Größe ihres Widerstandes, also auch in ihrer Länge beschränkt. S. & H. haben z. B. die Vorschrift, daß der Widerstand bei den niederohmigen Betriebsinstrumenten (unter 100 Ohm) nicht größer als 0,5 Ohm sein darf. Bei Feinmeßgeräten, die hochohmig sind, kann die Fernleitung größere Widerstände bis etwa 2 Ohm aufweisen.

Über die angegebenen Werte hinaus ist besondere Eichung erforderlich, oder es müssen die Verfahren der Fernübertragung auf größere Entfernungen herangezogen werden (s. S. 68). Eine gemeinsame Rückleitung, wie sie bei den Widerstandsthermometern üblich ist, erweist sich bei den hohen Temperaturen als unzweckmäßig, da keine Isolation mehr zuverlässig ist.

Die vier gebräuchlichsten Thermoelemente bestehen aus:

$$+ \text{ Kupfer} - \text{Konstantan} -$$
$$+ \text{ Eisen} - \text{Konstantan} -$$
$$- \text{ Nickel} - \text{Nickelchrom} +$$
$$- \text{ Platin} - \text{Platinrhodium} +$$
$$(\text{Le Chatelier-Thermoelement})$$

Die Meßbereiche erstrecken sich auf etwa

500	800	1100	1600 ° C

und dem Endausschlag entsprechen die Spannungen:

28	46	39	16,67 mV	(s. Abb. 178)

Das Element mit den Edelmetallen Platin und Platinrhodium hat also eine bedeutend niedrigere Thermokraft als die übrigen. Platin-Ersatz-Elemente mit der gleichen Spannungskurve, bestehend aus Chrom-Nickel oder Kupfer-Nickel-Legierungen ganz bestimmter Zusammensetzung, sind nur bis etwa 1100° brauchbar.

Das Element Silber-Konstantan, dessen Thermokraft etwas geringer als die von Eisen-Konstantan ist, wird bis zu 600°, aber fast nur zu Versuchsmessungen gebraucht.

Das Hoskins-Thermoelement Chromel-Alumel (Nickel mit 10% Chrom bzw. 2% Aluminium) hat eine zwischen Eisen-Konstantan und Nickel-Chromnickel liegende Thermokraft. Es wird in neuester Zeit häufig angewandt, und zwar im Dauerbetrieb bis zu 1000° und bei zeitweiliger Übertemperatur bis 1400°.

Von weiteren Edelmetallelementen ist noch eine Kombination Gold-Palladium-Platin gegen Platin mit Rhodium, Iridium oder Palladium als Legierung 32/40 bekanntgeworden (Heraeus)[1]. Hervorzuheben ist bei diesem Element, das für Betriebsmessungen den Namen Pallaplat bekommen hat, die etwa fünfmal so große Thermokraft im Vergleich zum normalen Platinelement. Wie bei den unedlen Elementen brauchen also keine Präzisionsinstrumente verwendet zu werden. Reines Palladium nimmt erheblich Wasserstoff auf und verändert damit seine Thermokraft; ein Zusatz anderer Edelmetalle (Gold, Platin) bringt diese Eigenschaft zum Verschwinden.

Neuerdings kommen Thermoelemente mit stark gekrümmter Charakteristik auf, bei denen Temperaturschwankungen zwischen 0^0 und 150^0 an der kalten Lötstelle ohne Einfluß bleiben, da die Spannungskurve in jenem Bereich nahezu flach verläuft (S. & H). Diese neuartigen Thermoelemente brauchen keine Kompensation.

Alterungserscheinungen bei Thermoelementen, d. h. Nachlassen der Thermokraft mit der Zeit, also ohne Änderung des Elementwiderstandes, sind in geringem Maße nur bei sehr starker Hitzeeinwirkung zu beobachten. Bei den oben genannten Elementen sind innerhalb der angegebenen Verwendungsgrenzen keine Änderungen zu befürchten[2]. Dagegen können Gefügeänderungen z. B. durch mechanische Beanspruchung besonders bei unedlen Legierungen wie Konstantan merkliche Änderungen der Thermokraft verursachen[3]. Fehlerquellen liegen auch in Ungleichmäßigkeiten des Materials der Thermodrähte, wenn solche Stellen in einem Temperaturgefälle liegen; das wird aber meistens der Fall sein, da die Drähte aus heißer Temperatur herausgeführt werden. Die Ungleichmäßigkeiten wirken dann wie zwei verschiedene Metalle und erzeugen eine störende Thermokraft. Durch Ausglühen oberhalb 600^0 verschwinden solche Verschiedenheiten meistens.

Da die Drahtstärke thermoelektrisch ohne Einfluß ist, wird sie nach anderen Gesichtspunkten festgelegt. Wegen der Haltbarkeit ist große Drahtstärke angebracht, und die unedlen Elemente erhalten daher meist 3 bis 4 mm Stärke. Bei dem teuren Platinelement begnügt man sich dagegen mit 0,5 mm. Das Kupfer-Konstantan-Element wird überwiegend so ausgebildet, daß das Kupfer als Rohr den mit Asbest isolierten Konstantandraht umgibt. Der Kupfermantel dient dann gleichzeitig als Schutzrohr. Überschüssige Länge wird mit großem Radius aufgerollt.

Die anderen Elemente müssen je nach der Eigenart des Betriebes von einem besonderen Schutzrohr umgeben sein. Das Schutzrohr soll nach Möglichkeit ein guter Wärmeleiter sein, damit Änderungen der Temperatur recht schnell an das Element herankommen; keramische Massen sind in dieser Hinsicht nicht ideal. Andererseits zwingt eine

---

[1] Feußner: Elektrotechn. Z. 1927 Nr. 16 S. 535—537.
[2] Lent u. Kofler: Arch. Eisenhüttenw. Bd. 29 (1928) S. 173—176. Ber.: Arch. Wärmewirtsch. Bd. 5 (1929) S. 198; Z. VDI Bd. 8 (1929) S. 246; Stahl u. Eisen 1928 S. 1473. Hoffmann u. Schulze: Elektrotechn. Z. 1920 S. 427.
[3] Walger u. Lorenz: Z. techn. Physik Bd. 7 (1930) S. 242—246.

gute Leitfähigkeit wieder dazu, die Wärmeableitung nach außen, die erhebliche Fehler verursachen kann, zu überwachen und einzuschränken.

Die Elementdrähte werden gegeneinander durch kurze Röhrchen aus Quarz, Steatit, Magnesolit oder ähnlichen Kunstprodukten isoliert (Abb. 180). Quarz darf nicht zusammen mit eisernen Schutzrohren verwendet werden, da es bei höherer Temperatur von Eisenoxyd zerstört wird. Etwas leitend werden über 1000° alle diese Materialien, was bei dünnen Elementdrähten zu berücksichtigen ist. Beim Platinelement wird ein Stab aus Marquardt-Masse mit zwei längs durchgehenden Bohrungen für die nackten Drähte verwendet. Am Ende des Stabes ist eine Aussparung für die Lötstelle vorgesehen. Darüber kommt innerhalb des eigentlichen Schutzrohres noch ein gasdichtes Innenrohr. Platin ist insbesondere gegen CO empfindlich, es wird spröde und bricht dann schon bei geringen Erschütterungen.

Damit die Metalldrähte bei den hohen Temperaturen länger halten, werden sie von Schutzrohren umschlossen, deren Material von der Art der Atmosphäre und der Höhe der Temperatur bestimmt wird. Die Lebensdauer der Elemente und die Betriebssicherheit der ganzen Anlage hängen wesentlich von der richtigen Auswahl dieser Schutzrohre ab. Bei hohen Temperaturen ist allmähliche Abnutzung unvermeidlich. Regelmäßige Nachprüfung und rechtzeitige

Abb. 180. Thermoelement mit Isolierröhrchen (S. & H.).

Instandsetzung verhüten daher Schäden am Element und Ausfälle im Betrieb. Das Schutzrohr endigt im Anschlußkopf, der die Anschlußklemmen für das Instrument, für die Fernleitungen oder die Kompensationsleitungen enthält.

Die gebräuchlichen Ausführungen der Schutzrohre, die zulässige Höchsttemperatur und die Art der Verwendung sind in der Tabelle 6 (nach S. & H.) zusammengestellt.

Tabelle 6. Gebräuchliche Schutzrohre (nach S. & H.).

Werkstoff	Höchsttemp. °C	Anwendungsgebiet
Emailliertes Eisen	600	Rauchgas
Flußstahl	800	Metallschmelzen, wie Zink, Zinn, Blei, Lagermetall
Chromnickel	950	Salzbäder
Chromstahl . . . . . . dauernd	1200	Rauchgas, Generatorgas, Gichtgas; Glüh-, Härte- und Vergütungsöfen
kurzzeitig	1250	Metallschmelzen
Nickel	1300	Salzbäder
Temperaturwechselbeständiges, gasdichtes Porzellan	1500	Glühöfen, Muffelöfen, chemische Industrie
Sinterkorund	1600	Glasöfen, keramische Öfen

Waagerechter Einbau ist unzweckmäßig, besonders bei hohen Temperaturen nahe der Verwendungsgrenze. Bleibende Verbiegungen bei Metallrohren und Bruch bei keramischen Massen sind die Folge. Bei großen Tauchlängen sind deshalb Unterstützungen vorzusehen; durch die Art des Einbaues muß ferner regelmäßiges Wenden um 180° möglich sein. Mechanische Beanspruchungen dürfen keinem Schutzrohr, insbesondere nicht den keramischen zugemutet werden. Keramische Rohre werden häufig doppelt eingesetzt.

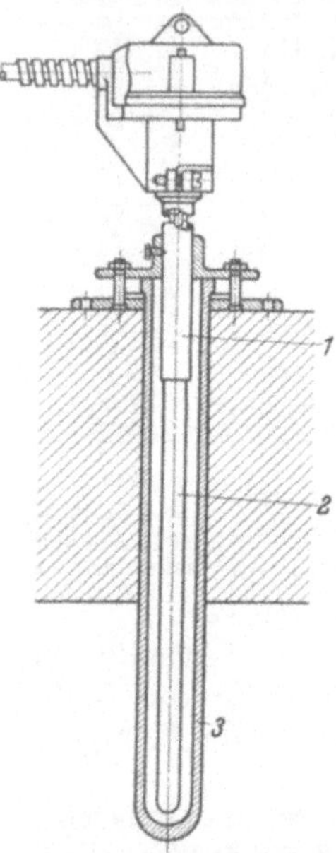

Abb. 181. Platin-Platinrhodium-Thermoelement im feuerfesten Schutzrohr (S. & H.).

1 Eisenschutzrohr, *2* Keramisches Außenrohr, *3* Feuerfestes Schutzrohr.

Die metallenen Schutzrohre werden am besten durch eine lückenlose Oxydschicht haltbar gemacht, die schon vor dem Gebrauch künstlich hergestellt wird und nicht erst im Betrieb entstehen soll. Für Metallbäder müssen die geeignetsten Schutzrohre von Fall zu Fall bestimmt werden. Die Tabelle 6 kann dafür nur ein paar Hinweise geben, z. B. hält Gußeisen in flüssigem Aluminium über 750° monatelang, besonders wenn es noch durch einen Überzug aus Kalk mit Graphit und Kieselsäure geschützt ist[1].

Nichtmetallische Schutzrohre sind in den verschiedensten Arten in Gebrauch: Porzellan, Schamotte, Marquardt-Masse, Pythagorasmasse. Die Reihenfolge gibt ungefähr die Feuerbeständigkeit von 1200 bis 1600° an. Die Gasdurchlässigkeit der Schutzrohre aus feuerfesten Stoffen ist sehr verschieden. Sie nimmt jedenfalls mit wachsender Temperatur wider Erwarten ab, und zwar infolge der Zunahme der Zähigkeit und des Volumens der Gase[2].

Die Länge des der zu messenden Temperatur ausgesetzten Rohrstückes ist bei den Thermoelementen nicht so wesentlich wie bei den Widerstandsthermometern, weil diese die Wirkung über ein bestimmtes Rohrstück summieren, während es sich bei jenen um die Wirkung an dem vordersten Punkt des Schutzrohres handelt. Trotzdem muß als Mindestlänge des Tauchrohres etwa 150 mm zugrunde gelegt werden, damit die Einflüsse der Wärmeableitung soweit wie möglich ausgeschaltet werden[3]. In Flüssigkeiten macht sich die Wärmeableitung weniger bemerkbar als bei Gasen; hohe Geschwindigkeit an der Meßstelle verringert den Einfluß weiter (vgl. Aspirations-Psychrometer). Starke Strömung setzt außerdem auch die Anzeigeverzögerung herab. Allgemein ist es vorteilhaft, die Meßstelle in einem Leitungsknie anzu-

---

[1] Elektrotechn. Z. 1930 Nr. 16 S. 579.

[2] Ber. dtsch. keram. Ges. 1931 Nr. 1 S. 29—38; Ber. s. Glastechn. Ber. 1931 Nr. 2 S. 84.

[3] Vgl. Ausdehnungsthermometer S. 125. Hildenbrand: Strahlungsmeßfehler. Arch. Wärmewirtsch. 1926 Nr. 11 S. 319/20.

ordnen. Bei engen Leitungen ist es anders gar nicht möglich, die nötige Länge unterzubringen. Tote Ecken müssen vermieden werden, da in ihnen ja nicht die Temperatur herrscht, die man eigentlich messen will. Auch die Wärmestrahlung umgebender Wände muß durch die Wahl der Meßstelle niedrig gehalten werden.

Die Abb. 181 und 182 zeigen Ausführungsarten von Thermoelementen für verschiedene Verwendungszwecke. In Abb. 181 ist der Einbau eines von einem gasdichten keramischen Außenrohr umgebenen Platin-Platinrhodium-Elementes dargestellt. Der ganze Temperaturfühler wird bei starken und schroffen Temperaturwechseln noch in ein feuerfestes Schutzrohr eingesetzt.

Bei Abb. 182 handelt es sich um ein normales Eisen-Konstantan-Element, das in Leitungen oder Behälter mit Drücken bis 40 atü eingeschraubt werden soll. Der Kopf ist durch Bajonettverschluß lösbar.

Winkelpyrometer werden zum ortsfesten Einbau in Schmelzbäder als Tauchpyrometer verwendet. Für Prüfmessungen erhält der Schaft einen Handgriff. Das Schutzrohr ist vielfach aus Gußeisen.

Die Anzeiger sind stets Drehspulinstrumente, die mit leichter Dämpfung schnell auf den Meßwert einspielen. Platinelemente verlangen wegen ihrer geringen elektromotorischen Kraft Präzisionssysteme (mit senkrechter Achse), während bei den übrigen die normalen kräftig gebauten Betriebsinstrumente (mit waagerechter Achse) ausreichen. Die Skala ist zum Zwecke der Nachprüfung vorteilhafterweise doppelt beschriftet, und zwar in mV und in ^{0} C. Abgekürzte Meßbereiche sind durch besondere Schaltung erreichbar; für gewöhnlich liegt der Skalenanfang bei der Normaltemperatur 20^0 C.

Abb. 182. Verschraubung für ein Eisen-Konstantan-Thermoelement (S. & H.) zum Einschrauben in Gefäße oder Rohrleitungen (vgl. Abb. 177). 1 Kopf mit Bajonettverschluß, 2 Einschraubstutzen, 3 Isolierröhrchen.

Die Schreibinstrumente müssen bei den geringen Spannungswerten Fallbügelschreiber oder andere mit Hilfskraft arbeitende Schreiber sein, bei denen das Galvanometer nur die Zeigereinstellung zu leisten hat (s. S. 38).

Einfache Thermoelemente geben bei Messungen in Räumen mit strahlenden Wandungen ganz erhebliche Fehlanzeigen. Meistens ist die Temperatur der Wände niedriger als die des Gases, so daß das Element mehr Energie abstrahlt als aufnimmt, d. h. zu wenig anzeigt[1].

Zur Verhinderung dieser Wechselbeziehung mit heißen oder kälteren Wänden sind die Durchsauge-Pyrometer entstanden. Bei diesen liegt das Thermoelement in einem offenen Rohr gegen unmittelbare Strahlung geschützt. Das Wesentliche der Anordnung ist aber die Erhöhung des Wärmeüberganges an das Element durch die außerordentliche Steigerung der Gasgeschwindigkeit. Das Gas wird von einer Strahlpumpe durch das Rohr am Element vorbeigesogen. Die mit

---

[1] 3. Fußnote auf S. 142.

Hilfe dieser verbesserten Bauweise aufgedeckten Unterschiede in den Meßergebnissen sind zum Teil sehr erheblich gewesen und belaufen sich bis auf 200⁰ bei 1000⁰ C. Diese Meßanordnungen wurden bisher nur für Versuche an Öfen und Feuerungen jeweilig neu zusammengestellt[1].

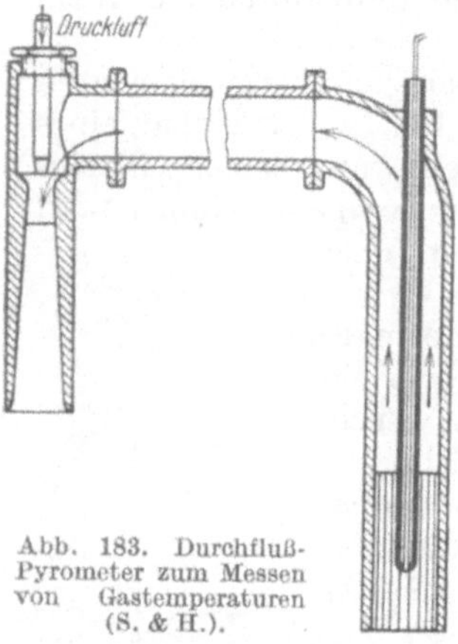

Neuerdings ist ein elektrisches Durchfluß-Pyrometer für kurzzeitige Temperaturmessungen bis etwa 1100⁰ unter Mitwirkung der Wärmestelle Düsseldorf entwickelt und in den Handel gebracht worden (Abb. 183)[2]. Es enthält ein Nickel-Nickelchrom-Thermoelement in einem Chronin-Schutzrohr, das von einem zweiten weiteren Rohr aus dem gleichen Material umgeben ist. Das weite Rohr hat zur Verstärkung des Wärmeüberganges innen Rippen oder in der Mündung einen keramischen Körper mit zahlreichen Bohrungen zur Vergrößerung der Oberfläche. Das seitwärts mit Stutzen angebaute Druckluftstrahlgebläse saugt die Gase an dem Element vorbei.

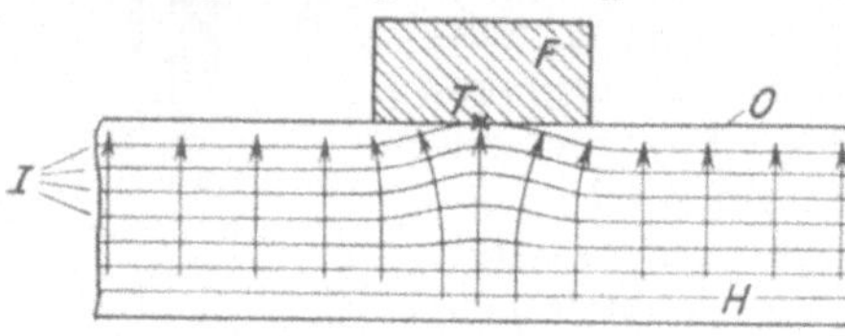

Abb. 183. Durchfluß-Pyrometer zum Messen von Gastemperaturen (S. & H.).

Die Meßtemperatur gilt als erreicht, wenn trotz Erhöhung der Ansaugleistung die Temperatur nicht mehr steigt.

Ein anderer Weg ist im Kaiser Wilhelm-Institut für Eisenforschung beschritten worden[3]. Durch elektrische Heizung eines mit der Lötstelle fest verbundenen Bügels wird der Energieverlust durch die Ausstrahlung ersetzt. Das Gas wird auch hier vorbeigesaugt und wirkt kühlend auf den Bügel, wenn er schon heißer war, bzw. heizend, wenn er die Gastemperatur noch nicht erreicht hat. Die Heizung muß so eingestellt werden, daß sich eine Änderung der Durchsaugegeschwindigkeit in der Anzeige des Pyrometers nicht mehr bemerkbar macht. Eine Erweiterung des Meßbereiches über 1150⁰ hinaus ist nur noch eine Materialfrage.

Abb. 184.

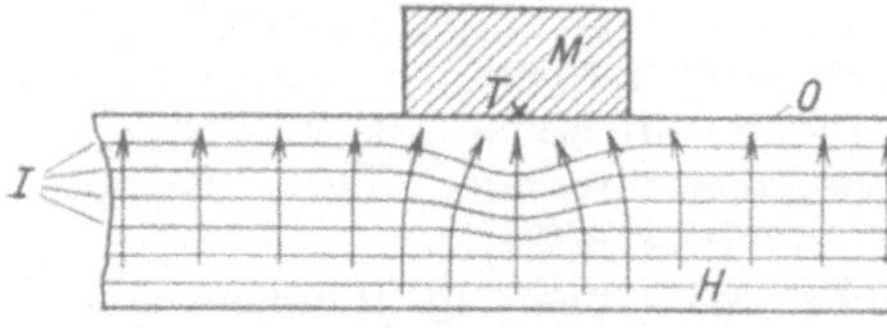

Abb. 185.

Abb. 184 u. 185. Darstellung des Temperaturverlaufs an der Berührungsstelle bei Oberflächenpyrometern (nach Hase).

H Heizplatte, O Oberfläche, T Temperatur-Meßstelle (Thermoelement), M Guter Wärmeleiter, z.B. Metallklotz, F Schlechter Wärmeleiter, z.B. Filz, I Kurven (Flächen) gleicher Temperatur.

---

[1] Wenzel u. Schulze: Mitt. 92 d. Wärmestelle Düsseldorf, Auszug; Arch. Wärmewirtsch. 1927 Nr. 9 S. 269. Schwarz: Meßtechn. 1927 Nr. 7 S. 191—196. Kuhn, E.: 21. Ber. des Kohlestaubausschusses.

[2] Arch. Wärmewirtsch. 1929 Nr. 3 S. 105 Messebericht.

[3] Mitt. Kais. Wilh.-Inst. Eisenforschg., Düsseld., Abhandl. 87. Ber.: Elektrotechn. Z. 1927 Nr. 36 S. 1293; Meßtechn. 1928 Nr. 3 S. 72; Z. techn. Physik 1926 S. 518—521.

Die Messung der Temperatur von Oberflächen beliebiger Gestalt und Ausdehnung läßt sich am besten von allen Temperaturmeßgeräten mit den Thermoelementen ausführen (s. auch Wärmeflußmessung, S. 247). Wie schon erwähnt, liefern Thermoelemente die tatsächliche Temperatur an dem Punkt ihrer Lötstelle. Es ist nur dafür zu sorgen, daß diese Temperatur nicht erst durch die Anwesenheit des Elementes entstanden ist. Der eigentliche Temperaturverlauf, wie er gemessen werden sollte, darf nicht durch Leitung infolge der Berührung mit dem Element oder durch Strahlung verwischt worden sein. Abb. 184 und 185 zeigen ohne viele Worte, wie das gemeint ist. Ein guter Wärmeleiter, etwa ein Metallklotz, auf eine heiße Platte gelegt, verschiebt die Isothermen, die

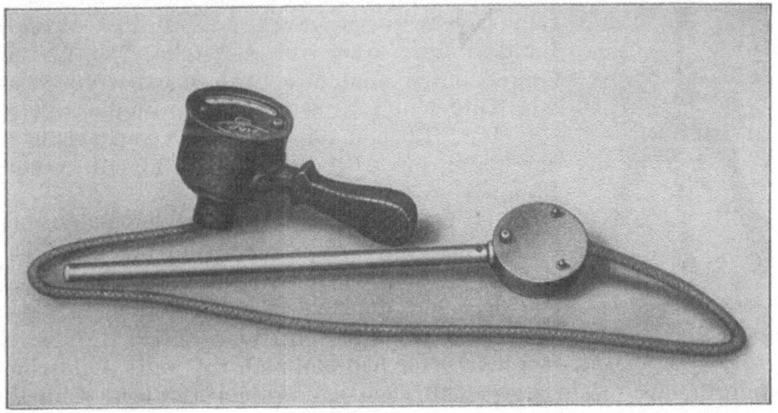

Abb. 186. Oberflächenpyrometer, bestehend aus Meßkörper mit Handgriff und getrenntem Ableseinstrument (Hase).

im ungestörten Zustande parallel der Oberfläche verlaufen, so nach innen, daß ein an seiner Unterfläche befestigtes Thermoelement eine zu niedrige Temperatur anzeigen muß. Umgekehrt erhöht ein schlechter Leiter, z. B. Filz, die Temperatur in der Berührungsfläche.

Der aufgelegte Meßkörper müßte also von der durch ihn bedeckten Oberfläche genau die gleiche Wärmemenge ableiten, wie es vorher die berührende Luft tat. Weil das nicht möglich ist, muß wenigstens der berührende Teil des Oberflächentemperaturmessers möglichst klein ausgeführt werden, damit sein Wärmefassungsvermögen recht gering ist. Er ist aus einem guten Wärmeleiter herzustellen, weil er dann schnell und ohne merkliche Temperaturverschiebung die Oberflächentemperatur annehmen kann. Die Fassung darf aber nur wenig Wärme weiterleiten. Natürlich spielt die Wärmeleitfähigkeit der Oberfläche auch eine Rolle. Im praktischen Betrieb besteht zwar kein Unterschied zwischen einer Messung an einer metallischen Oberfläche, oder z. B. an der Isolierschicht einer Dampfleitung. Schlechte Wärmeleiter erfordern aber eine besondere Eichung des Meßgerätes bzw. eine Korrektur der Ablesung.

Das Pyrometer nach Abb. 186 hat einen mit Stielgriff versehenen Meßkörper, der einen starken Druck auf die Unterlage ausübt. Die

Unterseite des Meßkörpers trägt zwei Spitzen zur Lagerung und einen hervorstehenden Korken, der drei ganz kleine Elemente isolierend umschließt. Die Einstelldauer beträgt daher nur einige Sekunden. Die Raumtemperatur wird durch eine Bimetallspirale selbsttätig kompensiert (s. auch S. 129), oder der Betrag der Abweichung wird an einem Thermometer im Handgriff angegeben. Ein Druckknopf hält die Anzeige fest, damit sie nach dem Abheben von der Oberfläche in Ruhe abgelesen werden kann.

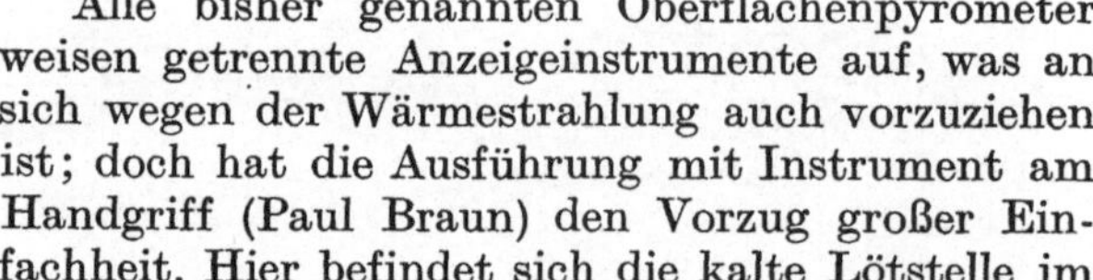

Abb. 187 zeigt eine viel verbreitete Ausführung für Messungen an umlaufenden Walzen, Trockenzylindern u. a., bei der das Thermoelement auswechselbar als Band zwischen zwei federnden Bügeln isoliert ausgespannt ist. In der Mitte des Bandes liegt quer die Lötstelle. Die Elementkomponenten sind, wie auch bei den vorgenannten, Kupfer und Konstantan; der Meßbereich geht bis 200^0. Ebenen oder hohlen Oberflächen wird das Band mit Hilfe des im Handgriff geführten Stempels angepaßt[1].

Abb. 187. Anlege-Pyrometer für umlaufende Walzen u. ä. (S. & H.).

Alle bisher genannten Oberflächenpyrometer weisen getrennte Anzeigeinstrumente auf, was an sich wegen der Wärmestrahlung auch vorzuziehen ist; doch hat die Ausführung mit Instrument am Handgriff (Paul Braun) den Vorzug großer Einfachheit. Hier befindet sich die kalte Lötstelle im Handgriff, der erfahrungsgemäß auch bei kalter Hand sehr schnell die Körpertemperatur abzüglich eines festen Betrages von etwa 6^0 annimmt.

Eine Sonderbauart meidet die durch das Anlegen des Elementes hervorgerufene Verschiebung des Temperaturverlaufes, indem der Wärmefluß von der Wand zur Umgebung durch eine einstellbare Heizung gehemmt wird. Zwei Thermoelemente zeigen in dem Augenblick die gleiche Temperatur an, wo der Wärmefluß aufgehört hat[2].

Temperaturfühler für bewegte Oberflächen werden auch nach dem Tensionsprinzip (s. S. 128) ausgeführt. Wegen der steifen Zuleitung eignen sie sich aber nur für ortsfeste Dauermessung.

Die Thermindex-Thermometer (s. S. 129) messen im Grunde ebenfalls nur die Oberflächentemperatur.

D. Strahlungspyrometer.

1. Allgemeines[3].

Die Strahlungspyrometer haben vor den übrigen Temperaturmessern den Vorteil, daß sie den Körper, dessen Temperatur gemessen werden soll, nicht zu berühren brauchen. Sie messen die Intensität der Strahlung fern von der eigentlichen Wärmequelle. Diese Meßmethode beruht auf

---

[1] Siemens-Z. 1929 Nr. 7 S. 454.   [2] Wärme Bd. 50 (1927) S. 87—89.
[3] Siehe u. a. Mitt. 77 u. 96/97 d. Wärmestelle Düsseldorf.

den Strahlungsgesetzen, insbesondere auf dem Stefan-Boltzmannschen Gesetz, welches aussagt, daß die Gesamtmenge der Strahlung eindeutig mit der absoluten Temperatur zunimmt, und zwar mit der 4. Potenz. Für Körper, die gewissen Vorbedingungen genügen, stimmen diese Gesetze sehr genau mit den Beobachtungen überein.

Wird ein beliebiger Körper erwärmt, so sendet er zunächst langwellige Wärmestrahlen aus, erst ab etwa 500⁰ auch die kürzeren Lichtwellen, zunächst dunkelrot, dann rot, gelb, blau, entsprechend der Rot-, Gelb- und Weißglut. Die ultravioletten kurzwelligen Strahlen werden erst bei mehreren 1000⁰ erreicht.

Die Verteilung der Strahlung über das Wellenband ist sehr verschieden. Das Intensitätsmaximum wandert mit zunehmender Temperatur aus dem Gebiet der langen zu immer kürzeren Wärmestrahlen. Der Flächeninhalt unter den Kurven der Abb. 188 ist proportional der Menge der gesamten Strahlung und im richtigen Maßstab in kcal/m² h.

Die Strahlungsgesetze gelten genau nur für den absolut „schwarzen" Körper, der die Eigenschaft hat, alle auftreffenden Strahlen zu absorbieren und nichts davon zu reflektie-

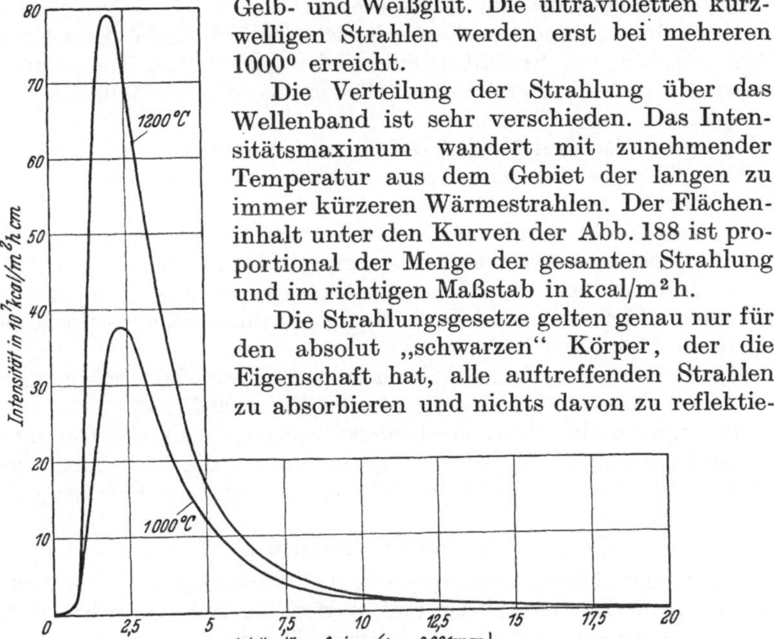

Abb. 188. Die Verteilung der Strahlung eines schwarzen Körpers auf die einzelnen Wellenlängen bei verschiedenen Temperaturen.

ren. Jeder Körper kann nur solche Wellenlängen ausstrahlen, die er absorbieren kann. Da er alles absorbiert, strahlt der absolut schwarze Körper am meisten. Praktisch dargestellt wird der schwarze Körper durch die Öffnung eines Hohlraumes mit gleichmäßiger Temperatur, z. B. kann die Visieröffnung eines geschlossenen Ofens als schwarzer Strahler gelten.

Jeder natürliche Stoff strahlt weniger aus als der schwarze Körper. Eine besondere Stellung nehmen die sogenannten Graukörper ein, worunter solche verstanden sind, die bei allen Wellenlängen den gleichen Prozentsatz eines gleich heißen schwarzen Körpers ausstrahlen. Viele der technischen Körper können als grau angesehen werden. Die Gesetze behalten dann die Gültigkeit bei und bekommen nur einen konstanten Faktor.

Andere Stoffe der Natur bevorzugen gewisse Strahlungsarten (Selektivstrahler). Die Beziehung zwischen Temperatur und Strahlung ist dann nicht mehr so einfach. Die Korrekturen, die an der Messung anzubringen sind, können sehr erheblich sein und viele 100^0 erreichen. Die Instrumente werden sämtlich in bezug auf den schwarzen Körper geeicht. Da die anvisierten Flächen weniger ausstrahlen, ergibt sich eine zu geringe Anzeige; diese wird „schwarze Temperatur" genannt, da sie ein schwarzer Körper bei derselben Strahlungsstärke aufweisen würde. Für die Größe der Berichtigung ist es wesentlich, welcher Strahlungsbereich der Messung zugrunde liegt[1].

Auch hinsichtlich der Farbe besteht eine ähnliche Beziehung. Im Gegensatz zu den Verhältnissen bei der „schwarzen Temperatur" ist jedoch diese „Farbtemperatur" höher als die tatsächliche Körpertemperatur.

Es gibt also drei Möglichkeiten, die zu der Bestimmung einer der wahren Temperatur mehr oder weniger nahekommenden „Pseudo-Temperatur" ausgenutzt werden:

a) Man ordnet dem beobachteten Körper die Temperatur des schwarzen Körpers zu, der die gleiche Gesamtstrahlungsenergie aussendet.

b) Man ordnet dem beobachteten Körper die Temperatur des schwarzen Körpers zu, der die gleiche Teilstrahlungsenergie (insbesondere im roten Licht) aussendet.

c) Man ordnet dem beobachteten Körper die Temperatur des schwarzen Körpers zu, der die gleiche Farbe aufweist.

So ergeben sich drei verschiedene Temperaturen, die Gesamtstrahlungstemperatur und Teilstrahlungstemperatur, die zusammengefaßt als Helligkeitstemperaturen zu bezeichnen sind, und die Farbtemperatur[2].

2. Meßprinzipien.

Die Gesamtstrahlungspyrometer sammeln die Wärmestrahlung einschließlich Lichtstrahlung und werfen sie auf ein wärmeempfindliches Meßsystem. Verwendet werden Thermoelement und Bimetall. Eigentlich ist es nicht die gesamte Strahlung, die verwendet wird; es ist nur ein großer Teil, denn die Strahlen oberhalb von $2\,\mu$ Wellenlänge werden von Glaslinsen nicht mehr durchgelassen. Man könnte statt dessen Quarz oder Flußspat nehmen. Dieser Ersatz erweist sich aber gar nicht als vorteilhaft, weil die Korrektur für nicht schwarze Körper bedeutend größer würde; denn gerade jene abgeschirmten Wellenlängen weisen die größten Intensitätsverschiedenheiten auf. Die Korrektur der „schwarzen Temperatur" gegenüber der wahren Temperatur ist erheblich; es ist immer eine Minderanzeige. Besonders unsicher ist die Korrektur, weil das Absorptionsvermögen bei den Gesamtstrahlungspyrometern sowohl von der Temperatur als auch von der Wellenlänge abhängt. Wirklich genau können die Gesamtstrahlungspyrometer nur bei schwarzen Körpern sein, also z. B. bei der Messung der inneren Ofen-

---

[1] Stahl u. Eisen 1932 Br 5 S. 122. Bericht über Dissertation Darmstadt: Messungen mit optischen Pyrometern (Berichtigungswerte für technisch wesentliche Stoffe).

[2] Hase, R.: Temperaturmessung an flüss. und festen Metallen. Z. VDI 1935 S. 1351—1355.

strahlung. Brauchbar sind sie natürlich auch da, wo nur der Verlauf eines Prozesses, nicht aber der absolute Wert der Temperatur überwacht werden soll.

Die Teilstrahlungspyrometer sind im wesentlichen optische Pyrometer und mit den Photometern und Helligkeitsmessern verwandt. Sie messen nur die Lichtstrahlung, die sich von 0,4 bis 0,8 μ Wellenlänge erstreckt. Von dieser wird auch nur ein sehr kleiner Teil ausgesiebt, und zwar im Rot; die Wellenlänge 0,65 μ ist dafür üblich geworden. Aus den Intensitätskurven der Abb. 188 geht hervor, daß die Lichtstrahlung mit 0,4 bis 0,8 μ noch viel schneller als mit der 4. Potenz der Temperatur anwächst, etwa mit der 15. bis 20. Potenz, weil das Maximum immer weiter auf die kürzeren Wellenlängen zu rückt. Da die Messung mit dem Teilstrahlungspyrometer nicht von der Wellenlänge abhängig ist, ergeben sich gegen die wahre Temperatur verhältnismäßig geringe Korrekturen; häufig ist die Minderanzeige sogar unerheblich, da eine ganz geringe Temperatursteigerung infolge des schnellen Anwachsens der Strahlung den durch die Berichtigung angegebenen Bruchteil schon wieder aufheben würde. Das Auge kann ein Helligkeitsverhältnis bis auf 1% genau bestimmen, so daß die Einstellfehler am Instrument einschließlich der vielerlei sonstigen Einflüsse nicht mehr als etwa 5° zu betragen brauchen. Dazu kommt dann allerdings die Korrektur infolge des Schwärzegrades, die aber für viele technische Körper bereits ausreichend genug bestimmt ist[1].

Praktisch ausgeführt sind folgende Arten von Teilstrahlungspyrometern:

1. Vergleich der strahlenden Fläche mit einem Glühfaden, dessen Temperatur und Helligkeit durch Stromänderung geregelt werden.

2. Vergleich der strahlenden Fläche mit einer konstant leuchtenden Fläche, wobei die Strahlung der glühenden Fläche meist durch einen Graukeil geschwächt wird.

3. Absorption des Lichteindruckes bis zur Reizschwelle durch einen Graukeil, als Vereinfachung von 2.

4. Bestrahlung einer Photozelle, die auf Licht reagiert, ähnlich wie das Thermoelement auf Wärmestrahlen.

Farbpyrometer benutzen die Farbe einer Strahlung als Maß für die Temperatur[2]. Diese durch die Intensitätsverteilung im Spektrum gemessene „Farbtemperatur" liegt meistens höher als die wahre Temperatur, häufig liegt sie ganz dicht oberhalb; bei Graustrahlern fällt sie mit der wahren Temperatur zusammen. Sie gibt also eine obere Grenze an, die technisch wichtiger und sicherer ist als die mit Gesamt- oder Teilstrahlungspyrometern bestimmte untere Grenze. Die Kombination von Farb- und Helligkeitstemperatur erscheint zweckmäßig, weil man dann auf die Feststellung der von dem Absorptionsvermögen der Oberfläche abhängigen Temperatur verzichten kann.

Zur Messung der Farbtemperatur ist also die Farbe der Lichtstrah-

---

¹ Vgl. Fußnote S. 148.

² Mitt. Kais. Wilh.-Inst. Eisenforschg., Düsseld. 1929 Nr. 22 S. 373—385, 1930 Nr. 18 S. 299—316.

lung mit der Farbe der schwarzen Strahlung, deren Temperaturzuordnung bekannt ist, zu vergleichen. Praktisch vergleicht man die Intensitäten zweier bestimmter Farben der ausgesandten Strahlung, deren Verhältnis sich mit wechselnder Temperatur ändert.

3. Eignung der Verfahren.

Die Strahlungspyrometer haben z. B. den Thermoelementen mit Schutzrohr gegenüber den Vorteil, daß sie schneller ansprechen können, da keine Wärme auf große Massen zu übertragen ist. Sie sind infolgedessen besonders für schnelle Temperaturschwankungen geeignet.

Die Anzeige der Gesamtstrahlungspyrometer ist, wenn sie erst einmal richtig eingestellt worden sind, von einem Beobachter unabhängig und unterliegt daher keinen einseitigen persönlichen Fehlern. Sie liefern in dem Thermostrom ein mit dem Millivoltmeter meßbares Maß für die Temperatur und können mit Registrierinstrumenten verbunden werden. Eine Stromquelle ist nicht erforderlich.

Dagegen sind sämtliche Teilstrahlungsmesser ebenso wie die Farbtemperaturmesser subjektive Geräte, da das menschliche Auge die Einstellung überwacht. Daß die betreffenden anvisierten Körper nicht absolut schwarz sind und daher für Teil- und Gesamtstrahlungspyrometer eine Minderanzeige, für Farbpyrometer eine Mehranzeige verursachen, ist eine andere Frage. Bei den Gesamtstrahlungspyrometern ist die Berichtigung der gemessenen schwarzen Temperatur recht unsicher. Für Absolutmessungen kommen sie daher nur bei Messung des Ofeninneren in Frage. Die Teilstrahlungspyrometer sind hier insoweit im Vorteil, als für viele Stoffe die Berichtigungszahlen einigermaßen festliegen. Außerdem kann man mit diesen einem Fernrohr ähnlichen Geräten den Körper dauernd beobachten und die Messung bestimmter Stellen nacheinander vornehmen. Die anvisierten Flächen können sehr klein sein.

Alle Strahlungsmesser werden durch unmittelbaren oder mittelbaren Vergleich mit dem schwarzen Körper geeicht. Die optischen Pyrometer können auch mit Glühlampe oder mit der Amylazetatlampe geeicht werden. Die Schwächung der Objekthelligkeit durch Rauchgläser dient als Hilfsmittel sowohl bei der Eichung wie zur Erweiterung des Meßbereiches.

Bei sämtlichen Strahlungsmessern ist zu beachten, daß Fremdstrahlung die zu messende Temperatur unzulässig erhöhen kann, z. B. wenn der glühende Körper im Sonnenschein liegt. Bei Gesamtstrahlungspyrometern ist dieser Einfluß allerdings kaum merkbar. Erheblich ist er dagegen bei den optischen Pyrometern, da ja bei diesen nur die Lichtstrahlung zur Messung verwendet wird. Im Falle starker Fremdstrahlung ist es übrigens sogar möglich, daß ein Helligkeitspyrometer eine Temperatur anzeigt, die oberhalb der wahren Temperatur liegt.

Durchsichtige, nicht leuchtende Feuergase zwischen Objekt und Instrument beeinflussen die Messung mit optischen Pyrometern nicht, da gerade Kohlensäure und Wasserdampf die benutzte Wellenlänge $0{,}65\,\mu$ nicht meßbar absorbieren. Leuchtende Flammen können aber leicht

Mehranzeigen bis zu 100⁰ hervorrufen. Gesamtstrahlungspyrometer sind dagegen in ihrer Anzeige von dem Vorhandensein von Feuergasen abhängig, auch wenn diese durchsichtig sind.

4. Beschreibungen.

a) Gesamtstrahlungspyrometer. Das gebräuchlichste Gesamtstrahlungspyrometer ist wohl das Ardometer.

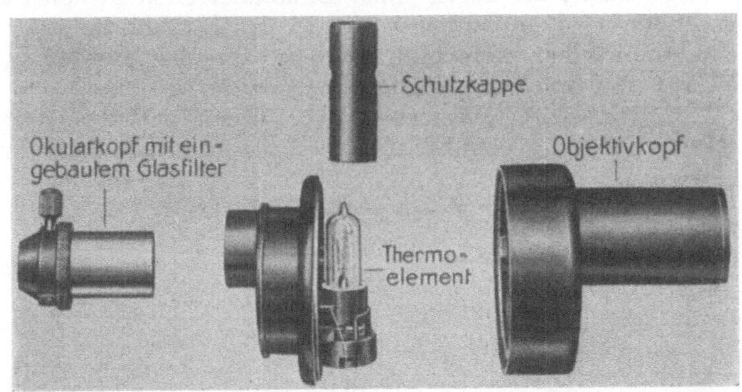

Abb. 189. Einzelteile des Ardometers (S. & H.).

Die Gesamtstrahlung des Meßkörpers fällt, soweit sie nicht oberhalb etwa 2 μ Wellenlänge vom Objektiv absorbiert wird, auf ein geschwärztes Platinblättchen mit angelötetem Thermoelement. Die Einzelteile sind in Abb. 189 getrennt gezeigt, in Abb. 190 das Thermoelement mit dem Blättchen allein. Die gesammelten Strahlen sollen nur auf das Blättchen und nicht auf die Elementschenkel fallen, sollen also das Blättchen ringförmig umgeben. Die das Element umhüllende Glasglocke hat noch einen Blechmantel mit einer kreisförmigen Öffnung, die den Strahlenweg freigibt. Zur Einstellung der richtigen Visierrichtung dient das Okular, vor das bei starker Helligkeit zum Schutze des Auges ein Grauglas geklappt werden kann. Die im Thermoelement entstehende elektromotorische Kraft wird an einem Spannungsmesser gemessen.

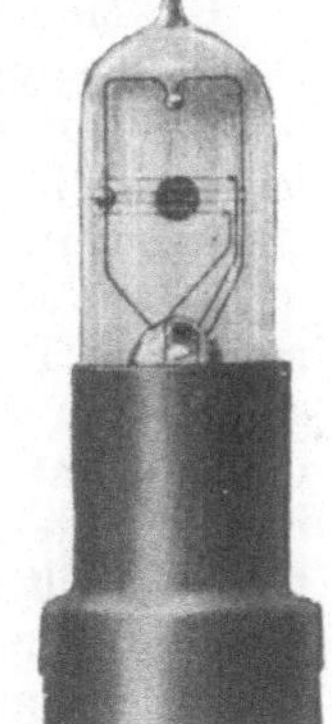

Abb. 190. Thermoelement mit Aufnahmeblättchen zum Ardometer.

Solange keine die Strahlen absorbierende Schicht dazwischentritt oder die helle Fläche groß genug ist, um das Pyrometerblättchen ganz zu bedecken, spielt der Abstand zwischen Strahler und Pyrometer keine Rolle, da sich die Fläche in gleichem Maße vergrößert, wie die Stärke der Strahlung (die Flächendichte) abnimmt, nämlich beide quadratisch mit der Entfernung. Beim Ardometer muß der Durchmesser der strahlenden Fläche größer sein als etwa $^1/_{20}$ des Abstandes.

Zum Schutze gegen zu starke Strahlung bei ortsfestem Einbau dicht an Öfen oder dgl. werden wassergekühlte Schutzgehäuse verwendet[1] (s. S. 158). Anzeige und Registrierung werden in bewährter Art wie bei den Thermoelementen mit Millivoltmeter und Fallbügelschreiber bzw. ähnlichen Schreibern mit Hilfskraft ausgeführt.

Das Gesamtstrahlungspyrometer „Pyrradio" (Hartmann & Braun) stimmt in der Wirkungsweise im wesentlichen mit dem Ardometer überein. Zum Ausgleich der Fehler bei schwankender Raumtemperatur ist eine sichelförmige Blende zwischen Objektiv und Thermoelement angebracht, die durch einen Bimetallstreifen in den Strahlenkreis geschoben wird. Außerdem wird hier der Strahler bei der Einstellung nicht unmittelbar betrachtet, sondern von einer zweiten Linse ein Bildchen von ihm auf eine Mattscheibe geworfen.

Das Gesamtstrahlungspyrometer „Pyro" (Hase) enthält keine wesentlichen Abweichungen gegenüber den eben geschilderten Ausführungen.

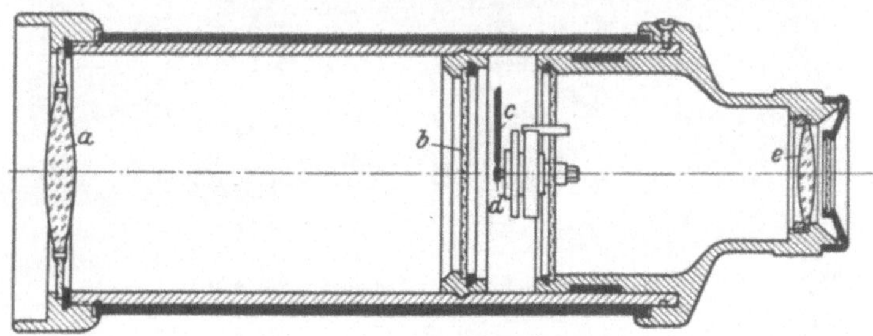

Abb. 191. Bimetall-Pyrometer KS.
a Objektiv, b Teilung, c Zeiger, d Bimetallspirale, e Okular.

Die Meßbereiche der in verschiedenen Typen gebrauchten Gesamtstrahlungspyrometer reichen normal bis etwa 2000°, meistens mit einem Temperaturverhältnis von etwa 1 : 2, z. B. 800 bis 1600° C. Die Genauigkeit in der Eichung, d. h. also in der Messung der schwarzen Temperatur, beträgt etwa ± 10°.

Etwas abweichend arbeitet der Gesamtstrahlungsmesser KS nach Abb. 191[2]. Das Strahlenbündel fällt hier auf eine winzige Bimetallspirale von 2,5 mm ⌀, die einen kleinen Zeiger trägt. Bei der Erwärmung dehnt sich die Spirale und dreht den Zeiger vor einer ebenfalls im Gesichtskreis liegenden durchsichtigen Skala. Dieser Temperaturmesser stellt sich also selbsttätig auf den Meßwert ein; er ist aber im Gegensatz zu den vorgenannten Ausführungen kein Geber für Fernregistrierung.

Der Einfluß der Raumtemperatur wird mit einer zweiten Bimetallspirale dadurch kompensiert, daß das ganze kleine Meßsystem gedreht wird; die Nullstellung wird durch Drehung des Okulars samt System gegenüber der feststehenden Teilung erreicht.

b) Teilstrahlungspyrometer. Das alte Glühfaden-Teilstrahlungspyrometer von Holborn-Kurlbaum ist in den heutigen Aus-

---

[1] Liesegang: Das Messen mit dem Ardometer an Industrie-Öfen. Arch. Wärmewirtsch. 1931 Nr. 10 S. 293—295.
[2] Arch. Wärmewirtsch. 1931 Nr. 5 S. 154.

führungen nach diesem Prinzip unverändert beibehalten. Der Faden
der geeichten Glühlampe erscheint innerhalb der anvisierten hellen
Fläche. Er hebt sich entweder heller oder dunkler von der Umgebung
ab, je nachdem ob er zu sehr oder zu wenig geheizt wird. Seine Helligkeit wird verändert, bis der obere Bogen auf dem hellen Hintergrunde
verschwindet. Den Meßwert bildet der benötigte elektrische Strom,
der an einem durch Kordel oder Knopf von außen einstellbaren Widerstand eingeregelt wird. Die Stromquelle, eine Taschenlampenbatterie,
ist mit im Gehäuse untergebracht.

Diese Helligkeitsmessung wird nur mit Hilfe eines ganz eng begrenz-
ten Strahlenbereiches vorgenommen, und zwar ist die Wellenlänge
$0,65\,\mu$ (dunkelrot) dafür üblich geworden. Alle anderen Strahlenarten

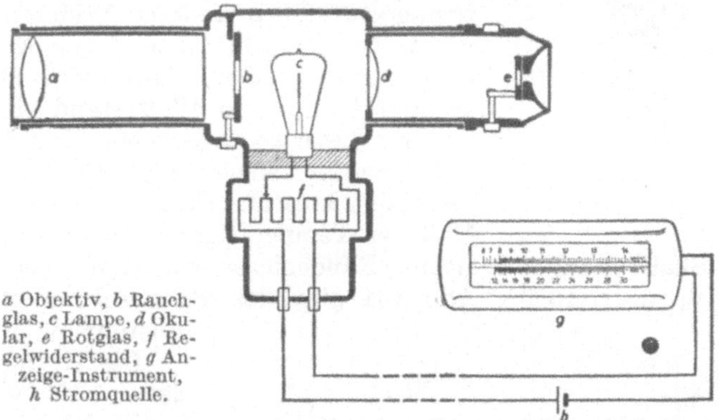

Abb. 192. Schematische Darstellung des Glühfadenpyrometers (nach S. & H.).

werden durch ein Rotfilter absorbiert. Mit Hilfe dieser Wellenlänge
kann man am weitesten nach unten in der Temperaturskala messen.
Bei niedrigeren Temperaturen, 600 bis 700⁰, wo die Strahlung sowieso
rot und sehr lichtschwach ist, darf das Filter wegbleiben. Das Rotfilter
befindet sich zwischen Okular und Glühfaden, so daß ins Auge des
Beobachters nur die rote Strahlung des glühenden Körpers und der
Vergleichslampe gelangt.

Das Glühfadenpyrometer von S. & H. hat ein vom Visier-
gerät getrenntes Anzeigeinstrument für den Heizstrom (Abb. 192). Der
erste Meßbereich geht nur bis 1400⁰ C, damit der Wolframfaden der
Glühlampe nicht in seiner Konstanz leidet. Zwei weitere Meßbereiche,
bis 2000 und bis 3000⁰, werden durch Einschalten zweier Rauchgläser
in den Strahlengang, die die Stärke der benutzten Wellenlänge bis
auf 3 bzw. 0,16% schwächen, gewonnen.

Diese Rauchgläser sind durch einen Knopf einstellbar. Für noch
höhere Temperaturen wird ein Rauchglas vor das Objektiv geschraubt.
Wenn eine kleine Glühlampe nur aus weiterer Entfernung beobachtet
werden kann, so daß bei der normalen Fernrohroptik das Gesichtsfeld
nicht mehr genügend ausgefüllt wird, dann wird ein besonderes Objektiv
vor das Pyrometer geschraubt, das bei achtfacher Vergrößerung einen
Bildwinkel von nur ½⁰ hat.

Im Prinzip gleich gebaut ist das Pyropto (Abb. 193). Der Batterie-
behälter dient gleichzeitig als Handgriff. Das Ableseinstrument ist an
das Pyrometer angebaut. Die Meßbereiche gehen bis 3500⁰ C.

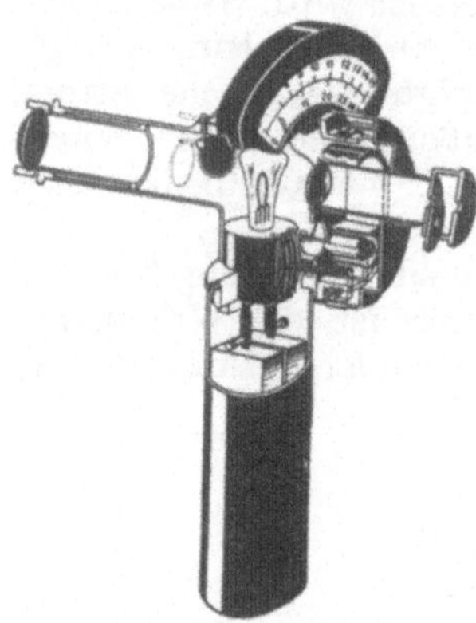

Abb. 193. Glühfadenpyrometer
„Pyropto" (H. & B.).

Das Glühfadenpyrometer „Pyrophot"
umgeht jede an einem besonderen Instrument vorzunehmende Spannungs-, Strom-
oder Widerstandsmessung[1]. Es enthält im
Stromkreise Glühlampe — Regelwiderstand
— Batterie eine zweite, von außen nicht
sichtbare Glühlampe, die die Helligkeits-
schwankungen der eigentlichen Verbrauchs-
lampe mitmacht und daher bei jeder Glühtemperatur einen anderen Widerstand aufweist. Ist der Glühfaden durch Einregulierung verschwunden, dann wird statt der
zweiten Lampe ein Widerstand eingeschaltet und dieser so abgeglichen, daß der Glühfaden wieder verschwindet. Die Stellung des
Gleitkontaktes am Ersatzwiderstand ist das
Maß der Temperatur und wird nach außen
an einer Skala sichtbar gemacht. Rauchgläser erweitern auch hier den
Meßbereich über 1600⁰. Abb. 194 gibt das Schaltschema für diese
Ausführung wieder.

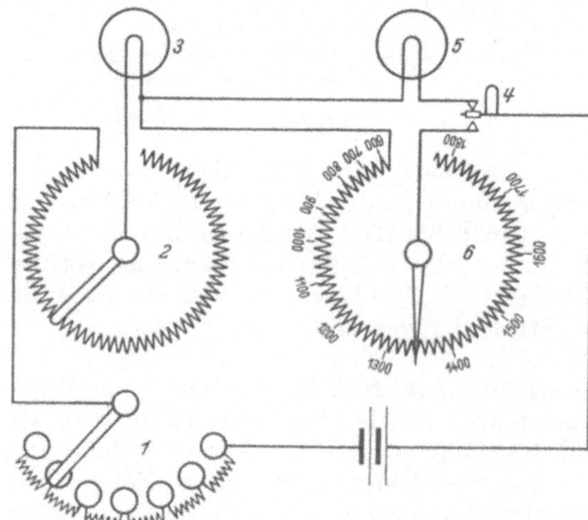

Abb. 194. Schaltschema zum Glühfadenpyrometer „Pyrophot"
(P. Braun).

1, 2 Regelwiderstand, grob und fein, *3* Faden der Meßlampe,
4 Umschalttaste, *5* Widerstandslampe, *6* Vergleichs-Widerstand
mit Temperaturteilung.

Die Genauigkeit
der Glühfadenpyro-
meter ist mindestens
± 10⁰, für geübte Be-
obachter und bei nicht
zu kleiner Glühfläche
auch bedeutend höher;
± 5⁰ ist wohl die er-
reichbare Grenze. Die
Rauchgläser für Er-
weiterung des Meß-
bereiches erhöhen den
Fehler stark. Zu be-
achten ist, daß es sich
bei diesen Fehleran-
gaben auch wieder um
den „Einstellfehler"
handelt. Am schwar-
zen Körper würde die
Temperatur bis auf
diesen Fehler genau

gemessen sein. Bei den übrigen Strahlern ist außerdem die Korrektur anzubringen, die allerdings für viele Strahlungsmesser, die mit

---

[1] Meßtechn. 1929 Nr. 7 S. 208/09.

konstanter Wellenlänge arbeiten, wie schon gesagt, häufig sehr gering ist und für die meisten Stoffe der Praxis mit mehr oder minder großer Sicherheit feststeht.

Im Gegensatz zum Glühfadenpyrometer nach Holborn-Kurlbaum, bei dem der Glühfaden in seiner Helligkeit dem Glühkörper angepaßt wird, gegebenenfalls der auf einen konstanten Bruchteil geschwächten Helligkeit, wird bei dem Wanner-Pyrometer die Helligkeit des Glühkörpers stetig durch einen Graukeil geschwächt, bis er mit der konstant gehaltenen Helligkeit der Vergleichslampe übereinstimmt. Die hierfür notwendige Verstellung des Graukeils dient als Meßwert für die Temperatur.

Das bekannteste Pyrometer dieser Art ist das „Optix" (Abb. 195). Statt der zwei nebeneinander liegenden Halbkreisflächen des Wanner-Pyrometers, deren Helligkeit zu vergleichen war, befindet sich hier

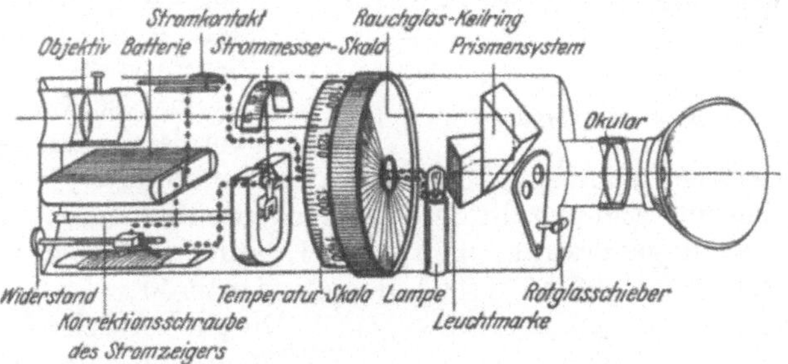

Abb. 195. Wanner-Pyrometer „Optix" (Hase).

eine kleine elliptische Leuchtmarke scheinbar freischwebend mitten im Gesichtsfeld. Auf deren konstante Helligkeit wird die Strahlung des Glühkörpers abgeschwächt, bis die Leuchtmarke verschwindet. Das Rauchglas ist als Keilring ausgeführt und trägt außen auf dem Umfang neben der Kordelung die Temperaturskala, deren weite Teilung infolge entsprechender Schwärzung des Keiles fast proportional verläuft. Der optische Teil besteht aus Objektiv, zwei Prismen und Okular. Die Rückwand des einen Prismas enthält in der Versilberung ein elliptisches Fenster, durch das das Licht der Vergleichslampe hindurchfällt und die schon erwähnte Leuchtmarke bildet. Der elektrische Teil enthält Strommesser, Taschenlampenbatterie und den Regelwiderstand für die Einstellung der Vergleichslampe auf konstante Helligkeit.

Auch hier wird das rote Licht von $0,65\,\mu$ durch einen Rotglasschieber herausgefiltert. Der Schieber enthält zwei Rotgläser für die beiden Meßbereiche 750 bis 1200° und 1100 bis 1800°.

Eine Sonderstellung zwischen Glühfaden- und Wanner-Pyrometer nimmt das Kreuzfadenpyrometer ein (Abb. 196)[1]. Wie beim Wanner-Pyrometer hat die Vergleichslampe hier zwei Glühdrähte von konstanter Helligkeit, die der unteren Temperaturgrenze des Meßbereiches entspricht. Die Helligkeit des Strahlers wird durch einen Graukeilring

---

[1] Siemens-Z. 1931 Nr. 6 S. 297—301; Meßtechn. 1931 Nr. 4 S. 113/14.

stetig herabgemindert, die zugehörige Temperatur wird auf der Ring-
skala abgelesen.

Das Eigenartige der Anordnung liegt in dem Fehlen eines Strom-
oder Spannungsmessers, der sonst zur Festlegung der konstanten
Helligkeit der Vergleichslampe (wegen Spannungsschwankungen, Über-
gangswiderständen u. dgl.) notwendig ist. Hier wird die bestimmte
Vergleichstemperatur mit Hilfe von zwei gekreuzten Glühdrähten aus verschiedenen Metallen eingestellt. Die Helligkeitszunahme der beiden Fäden bei steigendem Heizstrom ist sehr verschieden (Abb. 197), so daß der Punkt gleicher Helligkeit durch Einregeln der Stromstärke sehr genau einstellbar ist; für Helligkeits-
vergleiche ist das Auge ja

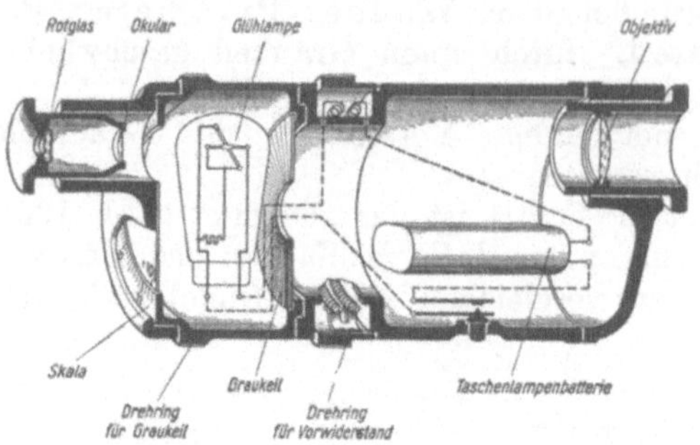

Abb. 196. Kreuzfadenpyrometer (S. & H.).

sehr empfindlich. Die richtige Temperatur am Punkte gleicher Helligkeit wird bei der Eichung durch einen Nebenschlußwiderstand fest eingestellt. Spannungsschwankungen spielen dann im Betrieb keine Rolle.
Der Meßbereich ist 900 bis 1800°, das Gewicht 750 g.

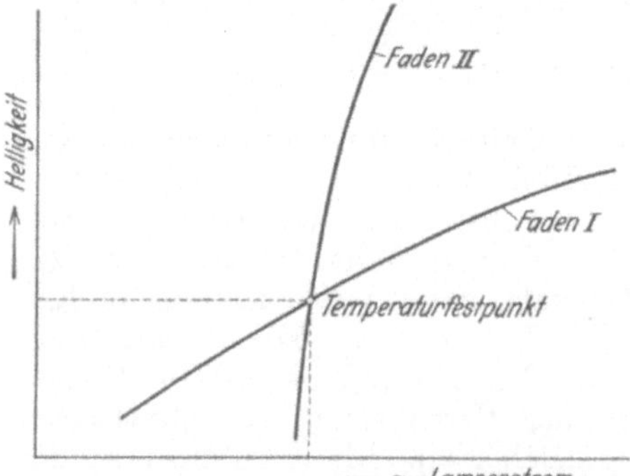

Abb. 197. Diagramm der 2 Helligkeitskurven für
das Kreuzfadenpyrometer Abb. 196.

Durch Abschwächung der Helligkeit bis zur Reizschwelle,
an der der Lichteindruck gerade verschwindet, legt das einem einfachen Rechenschieber ähnliche optische Pyrometer „Pyroversum" die Temperatur fest (Abb. 198). Es läßt die gesamte Lichtstrahlung durch eine verschieb-
bare Lochblende auf einen Grau-
keil mit wachsender Schwärzung fallen. Die Kante des Schiebers,
der die Lochblende trägt, be-
zeichnet an einer Längsskala die herrschende Temperatur. Der
Meßbereich geht von 600 bis 1200°. Da nicht mit einer bestimmten
Wellenlänge gearbeitet wird, ist die Größe der Berichtigung für dieses
Instrument bei technischen Körpern unsicherer als bei den bisher genannten optischen Pyrometern. Die Einstellgenauigkeit dagegen ist nicht
schlechter als dort. Die Stärke dieses kleinen Gerätes ist die Schnelligkeit der Einstellung bei mäßiger Genauigkeit. Die Abmessungen sind
210 × 25 mm.

In neuester Zeit wird auch die Photozelle wieder zur Temperaturmessung herangezogen, nachdem frühere Bemühungen nicht den rechten Erfolg hatten. Sie arbeitet als Teilstrahlungsmesser, weil sie im

wesentlichen nur auf Lichtwellen anspricht. Ein Photozellenpyrometer ist also der Wirksamkeit nach den optischen Pyrometern zuzuzählen, unterscheidet sich aber von ihnen wesentlich dadurch, daß es nicht dauernd durch einen Beobachter eingestellt werden muß, sondern ähnlich den Gesamtstrahlungspyrometern selbsttätig einen elektrischen Strom als Meßwert liefert.

Vor der Selenzelle zeichnet sich die Photozelle durch hohe Empfindlichkeit und schnelles Ansprechen aus. Es steht nichts im Wege, als

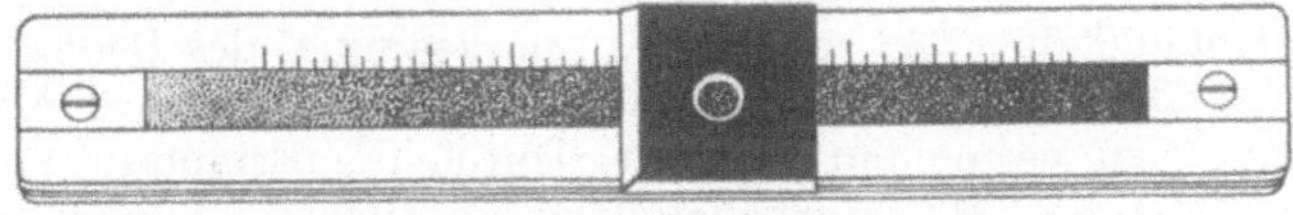

Abb. 198. Optisches Pyrometer „Pyroversum“ (Ströhlein & Co.).

Beleuchtungsmesser (Luxmesser) bereits ausgeführte Instrumente dieser Art auch als Strahlungspyrometer zu benutzen[1].

c) **Farbpyrometer.** Die Farbpyrometrie ist erst in neuester Zeit auf die Praxis übertragen worden, insbesondere auf Grund der Arbeiten von Dr. Naeser beim Kaiser Wilhelm-Institut für Eisenforschung[2] und einiger Vorarbeiten. Ein dem eben genannten Pyroversum (Abb. 198) in Aussehen und Bedienung sehr ähnliches Farbpyrometer, „P 2“ genannt, ist vorläufig der einzige Vertreter seiner Gattung. Es war schon oben gesagt worden, daß praktisch die Farbtemperatur durch Vergleich der Intensitäten zweier bestimmter Farben der ausgesandten Strahlung, deren Verhältnis sich mit wechselnder Temperatur ändert, bestimmt wird. Ist die physiologische Wirkung beider Farbeindrücke gleich stark, dann erscheint sie dem Auge zusammen als Mischfarbe; das Entstehen dieser Mischfarbe vermittelt den Ablesewert.

Statt des Graukeiles, mit dem das Pyroversum arbeitet, hat das Farbpyrometer P 2 einen Farbkeil mit von links nach rechts zunehmender Farbdichte. Die bewegliche Lochblende und die Skala sind genau wie dort beschaffen. Als Farbkomponenten sind Rot und Grün gewählt worden, da sie wie alle Komplementärfarben als Mischfarbe das untrügliche Weiß ergeben. Der Aufbau des Keiles ergibt sich aus Abb. 199. Es sind drei verschiedene Filter zu unterschei-

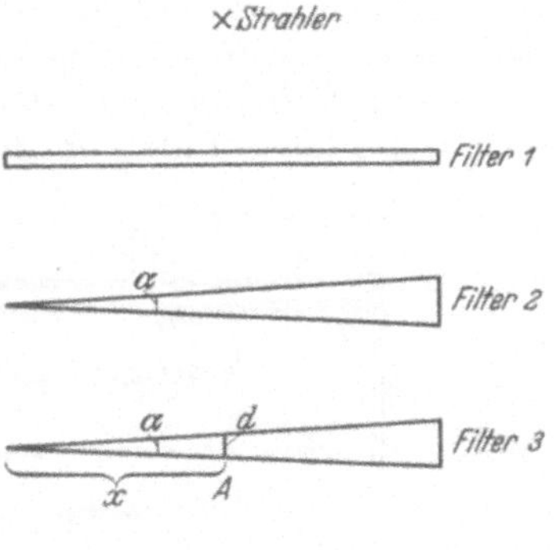

Abb. 199. Schematische Darstellung der Filter des Farbpyrometers P₂ (nach Dr. Naeser).

---

[1] Elektrotechn. Z. 1930 Nr. 18 S. 643/44. Feußner u. Müller: Festschrift für Wilhelm Heraeus, S. 1—17. Hanau 1930.

[2] Mitt. Kais. Wilh.-Inst. Eisenforschg., Düsseld. 1929 Nr. 22 S. 373—385; 1930 Nr. 18 S. 290—316. — Stahl u. Eisen 1929 Nr. 14 S. 464—466; 1930 Nr. 51 S. 1788/89; 1934 Nr. 45 S. 1158—60. — ATM V 214—2 (1933).

den, die allerdings in der tatsächlichen Ausführung einen einzigen Farbkeil bilden. Filter *1* absorbiert alle Strahlenarten außer den beiden bestimmten Wellenlängen im Rot und im Grün. Keilfilter *2* absorbiert in einem mit der Keildicke wachsenden Grad das Rot, Keilfilter *3* absorbiert entsprechend, aber im Gegensinne wachsend, das Grün. Dagegen läßt Filter *2* das Grün und Filter *3* das Rot unbehindert hindurch. Das sich von Stelle zu Stelle in der Keilachse ändernde Lichtgemisch schlägt von Rot nach Grün unter Durchgang durch die Mischfarbe Weiß um, wenn das Auge beide Helligkeiten als gleichwertig empfindet.

Die Genauigkeit hängt von der Aufmerksamkeit des Beobachters ab, mit der er einseitige Ermüdung für Rot oder Grün, die den Vergleich stören muß, zu vermeiden versteht. Durch die Ermüdung verschiebt sich die Stelle des Mischfarbeneindruckes. Übung kann die Genauigkeit auf etwa $\pm 10^0$ bringen. Der Meßbereich geht von 900 bis 1900⁰.

Skala und Keil können auch Uhrform bekommen. Ferner besteht die Möglichkeit, größere Farbglaskeile unmittelbar in Ofenwände einzusetzen und so auf größere Entfernung den Temperaturzustand an der Stelle des Farbumschlages zu erkennen.

5. Besondere Fragen.

Beim Einstellen auf die Visieröffnung eines Ofens muß darauf geachtet werden, daß das Gesichtsfeld des Pyrometers gänzlich von der glühenden Fläche eingenommen wird.

Ist eine Öffnung unstatthaft, z. B. wenn Überdruck im Ofen herrscht oder wenn keine Luft von draußen angesaugt werden darf, dann wird

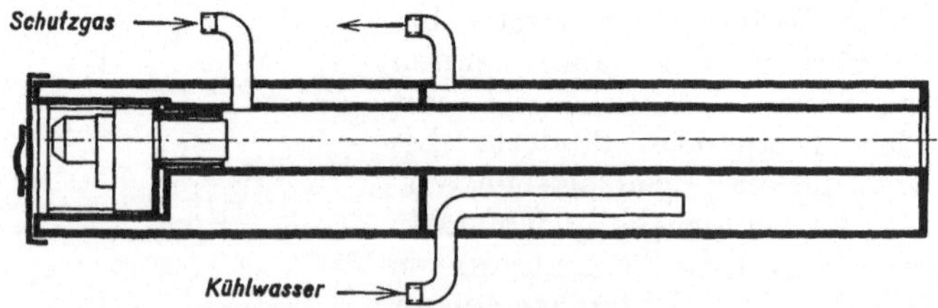

Abb. 200. Ardometer mit wassergekühltem Visierrohr (nach S. & H).

sie durch ein Glührohr verschlossen, dessen Schaft druckdicht eingesetzt ist. Die Spitze des Glührohres muß sich innerhalb der zu messenden Temperatur befinden, so daß sie auf die richtige Glühtemperatur kommt; auf den leuchtenden Teil an der Spitze wird das Pyrometer eingestellt.

Für die Beschaffenheit der Glührohre gilt Ähnliches, wie bereits bei den Thermoelementen für die Schutzrohre gesagt wurde. Es kommen hier nur keramische Rohre in Frage, da die Temperatur bei Strahlungspyrometern fast immer über 1200⁰ liegt bzw. gelegentlich darüber steigen wird.

Um keramische und andere Massen für Visierrohre zu vermeiden, werden in neuester Zeit auch wassergekühlte Visierrohre verwendet, an die das Pyrometer, in diesen Fällen meist ein Gesamt-Strahlungspyrometer, unmittelbar angebaut wird[1]. Abb. 200 zeigt eine solche Anordnung, aus der Einzelheiten entnommen werden können. Das Visierrohr wird gegen den Ofen zu geneigt. Zum Schutze des Objektives bläst man noch Leuchtgas oder Luft durch das innere Rohr.

X. Messung strömender Stoffe.

Übersicht.

Jede Mengenmessung ist ursprünglich eine Volumenmessung gewesen, auch wenn es sich um strömende Mengen handelte. Es gab zunächst nur Zähler, d. h. fortlaufend summierende Apparate. Zwei der ältesten Geräte sind noch heute bewährt: Gaszähler und Wasserzähler. Auch Anemometer und Ottflügel für Punktmessung sind Zählinstrumente, denn sie messen den Windweg. Sämtliche Zähler dieser Art sind motorische Meßgeräte, denn sie bewegen sich bei der Messung dauernd, und zwar mit einer Geschwindigkeit, die im idealen Grenzfall dem Durchfluß des gemessenen Stoffes proportional ist.

Für Momentananzeige brauchte man das U-Rohr-Manometer, also im Gegensatz zu den motorischen Zählern ein Gerät, das nur bei Änderung des Durchflusses eine Bewegung ausführt. Es ist der Anfang des heute am weitesten verbreiteten Meßverfahrens: der Druckunterschiedmessung.

Die Dampfmessung, der besonders großes Interesse entgegengebracht wurde, gestaltete sich infolge der dabei herrschenden hohen Drücke und Temperaturen schwierig. Motorische Zähler waren dafür praktisch nicht ausführbar. Die ersten Dampfmesser waren in die Leitung eingebaute Schwimmer-Durchflußmesser, also Anzeigegeräte, keine Zähler.

Die zunächst nur versuchsmäßig gehandhabte Staudruckmessung, mit der die Geschwindigkeit einer Strömung zu finden war, wurde in der Folge zur Druckunterschiedmessung mit Hilfe von Drosselorganen, die den ganzen Leitungsquerschnitt erfassen, erweitert. Heute ist die Druckunterschiedmessung das vielseitigste aller Meßverfahren. Sie ist für alle Medien verwendbar, und es gibt kaum eine Meßaufgabe, die nicht nach diesem Verfahren zu lösen wäre. Den Anfang der zugehörigen Meßgeräte bildete, wie schon gesagt, das U-Rohr-Manometer. Daraus entstanden die Manometer mit Schwimmer und die Gefäß- und Ringwaagen, deren unvermeidlicher Nachteil das Vorhandensein der Meßflüssigkeit ist. Um diesen Mangel zu beheben, hat man immer wieder Membranmesser gebaut, jedoch im Grunde ohne bleibenden Erfolg.

Die Apparate zur Mengenmessung werden vielfach nach Medien: Gas, Dampf, Wasser, getrennt behandelt. In der vorliegenden systematischen Betrachtung, die sich den heutigen Gesichtspunkt, alle Medien zusammenzufassen, zu eigen macht und damit auch dem heutigen Bedarf am besten Rechnung trägt, ist die oben mehr geschichtlich gegebene Einteilung besser zu gebrauchen. Es ist dadurch auch möglich,

---

[1] Arch. Eisenhüttenw. 1930/31 Nr. 9 März S. 422 (Mitt. 148 d. Wärmestelle Düsseldorf). — Arch. Wärmewirtsch. 1931 Nr. 10 S. 293—295.

überragende Verfahren, wie es die Druckunterschiedmessung oder das
Teilstromverfahren sind, ganz oder im wesentlichen ohne Rücksicht auf
den zu messenden Stoff, geschlossen zu behandeln. Die Reihenfolge
ist also:

A. Volumenmessung durch Zähler
B. Schwimmer-Durchflußmessung
C. Staudruck- und Druckunterschied-
   messung
D. Teilstrommessung
E. Sonstige Methoden
F. Messung pulsierender Stoffströme
G. Messung von Wärmemengen.

Im Laufe der Jahre hat sich eine eigenartige Wandlung im Zwecke
der Mengenmessung vollzogen. Zunächst wurde fortlaufend gezählt;
dann kam die Momentananzeige auf, und heute ist man wieder für
viele Anwendungen auf die Zählung zurückgekommen. An Hand der vorgenannten Einteilung ist es möglich, die notwendigen theoretischen
Erörterungen und allgemeinen Beschreibungen zwanglos an der richtigen Stelle einzufügen, ohne daß ein Vorgreifen häufig erforderlich wäre.

Für das Allgemeinverständnis sei noch darauf hingewiesen, daß dem
Nachteil des deutschen Sprachgebrauchs, sowohl bei Zählung wie bei
Momentananzeige von „Menge“ schlechthin zu sprechen, durch die
Bezeichnungen „(Gesamt)-Menge“ und „Durchfluß“ abgeholfen wer-
den kann. Im Englischen hat man dafür schon immer die unterschied-
lichen Bezeichnungen: „quantity“ und „rate of flow“.

Die Angabe der Menge geschieht nach Volumen oder nach Gewicht.
Das Gewicht ist eine von äußeren Umständen unabhängige Mengen-
bezeichnung und daher besonders vorteilhaft. Leichter zu bestimmen
ist aber in den meisten Fällen das Volumen. Beide hängen durch das
spezifische Gewicht zusammen:

$$G = V \cdot \gamma \left[\mathrm{m^3} \cdot \frac{\mathrm{kg}}{\mathrm{m^3}} \right] \quad \text{bzw.} \quad V = \frac{G}{\gamma}.$$

In der Veränderlichkeit von γ mit Druck, Temperatur und Feuchtigkeit
liegt die Unzuverlässigkeit von Volumenangaben begründet; wenn man
aber einen bestimmten Zustand bei der Angabe nennt, wird auch sie
eindeutig. Als Normalzustand ist besonders in Gebrauch: 0° C, 760 mm
QS Druck (Barometerstand), trocken. Diese Volumenangabe ist dann
im Grunde auch eine Gewichtsangabe. Die Bezeichnung des auf „0°,
760 mm QS, trocken“ bezogenen Normal-$\mathrm{m^3}$ ist: $\mathrm{Nm^3}$.

A. Volumenmessung.

1. Motorische Gaszähler.

Die Apparate, die man heute Volumenmesser nennt, müßten eigentlich in weniger mißverständlicher Bezeichnungsweise Literzähler heißen;
denn das ist es, was dem Eichgesetz als wesentliches Merkmal der Eich-
fähigkeit zugrunde liegt: ein Füllraum von genau bestimmbaren und
nicht veränderlichen Abmessungen. Zu begründen wäre diese strenge
Unterscheidung etwa folgendermaßen. Mit dem Begriff eines Kubik-
meters Gas verbindet sich hinsichtlich der praktischen Verwendung
unwillkürlich keineswegs der Begriff eines bloßen Rauminhaltes, son-

dern der eines Energieinhaltes. Hätte man einen Kesselwagen in der Ebene ohne Überdruck mit Leuchtgas gefüllt und müßte ihn dann an einem hoch gelegenen Orte wieder entleeren, so würde der gleiche Litergaszähler beim Entleeren bedeutend mehr anzeigen als bei der Füllung; der gesamte Kaloriengehalt der versandten Gasmenge — das bei dem Verkauf eigentlich Wesentliche — würde aber trotzdem der gleiche geblieben sein.

Sowohl die Gasmesser als auch die Wassermesser der Volumen zählenden Art können unterteilt werden in Kolbenzähler und Turbinenzähler. Erstere ermöglichen eine vollkommene oder nahezu vollkommene Abtrennung eines Meßraumes, dessen Füllungen gezählt werden. Letztere verwerten die Umdrehungszahlen eines sich im Strom mitdrehenden Flügelrades als Meßwert. Diese können nicht so zuverlässig wie jene sein, da ein gewisser Schlupf, der nicht ganz genau feststellbar ist und außerdem an den einzelnen Stellen des Meßbereiches verschieden sein kann, unvermeidlich ist.

a) Bei den trockenen Gaszählern[1], die im wesentlichen für den kleinen Abnehmer bestimmt sind, werden durch 2 Membranen 4 Meßkammern abgetrennt, die abwechselnd gefüllt und entleert werden. Der Füllraum liegt zwischen den Endlagen der gespannten Membranbalgen und der zugehörigen inneren Meßschale. Seine Größe ist für die Leistung bestimmend. Heute entspricht sein Literinhalt meistens der Anzahl „Flammen", für die der Zähler gebaut ist. 1 Flamme ist dabei die von alters her übliche Leistungseinheit und bedeutet 150 l/h. Ein 5flammiger Gaszähler hat also eine Normalleistung von 750 l/h und einen Meßraum von etwa 5 Litern. Das Doppelte der Normalleistung gilt als höchste noch zulässige Belastung.

Das Umschaltewerk für die abwechselnde Füllung ist sehr verschieden ausgebildet; in seiner Wirkungsweise ist es dem bekannten Dampfschieber ähnlich. Der zunächst allgemein verwendete Flachschieber hat einige Nachteile, deren endgültig Herr zu werden viele Schwierigkeiten macht. Störungen verursacht insbesondere die unvermeidliche Verschmutzung der Gleitflächen, indem sich der Schieber festsetzt oder undicht wird. Zur Abhilfe enthalten einige Konstruktionen Drehschieber, wie sie aus gleichem Grunde auch an der Dampfmaschine ausgebildet wurden. Die Hauptdichtungsflächen verlassen im Gegensatz zu den gewöhnlichen hin- und hergehenden Muschelschiebern den Sitz nicht, so daß Ablagerungen nicht dazwischen geraten können.

Die äußere Gestalt der Gaszähler hat sich im Laufe der Jahrzehnte nur noch unwesentlich geändert, aber die Leistung bei gegebener Größe ist auf das Vielfache gesteigert worden, insbesondere nachdem vor mehreren Jahren Hochleistungsmesser gegen Gewohnheit und veraltete Bestimmungen durchgesetzt wurden[2]. Die Meßräume erhielten, ohne daß der äußere Mantel des Zählers verändert wurde, eine größere Weite. Sie wurden bei einer Reihe von Ausführungen rechteckig, statt rund

---

[1] Müller, H.: Die trockenen Gasmesser. Z. VDI 1932 Nr. 29 S. 699—704.
[2] Mitt. Physik.-techn. Reichsanstalt 1928 Nr. 9 S. 133—137. Meßtechn. 1931 Nr. 11 S. 287—296, Nr. 12 S. 315—319.

Wünsch-Rühle, Meßgeräte. 11

wie früher, gestaltet und konnten dadurch natürlich den gebotenen Raum besser ausfüllen. Sämtliche Querschnitte wurden erweitert, da die Strömungswiderstände im wesentlichen den Druckverlust verursachen; hauptsächlich aber wurden die Wechselzahlen erheblich erhöht.

Die Beschaffung von geeignetem Membranleder ist die Kernfrage für die Güte des ganzen Zählers. Leder hat sich von jeher am besten bewährt; es hat auch mit dauerndem Erfolg noch nicht ersetzt werden können, obwohl es an sich wünschenswert wäre, statt dieses teuren gewachsenen Materials künstliche Stoffe zu verwenden. Leder hält sich im Gas (Leuchtgas) fast unbegrenzt, dagegen nicht in Luft, wo es allmählich erhärtet. Gerade die Weichheit und Geschmeidigkeit des Leders ist die Vorbedingung für einwandfreies Arbeiten. Durch Imprägnieren und Tränken mit Vaseline und ähnlichen Stoffen werden diese Eigenschaften neben der Haltbarkeit noch nachdrücklich gefördert. Das an sich begreifliche Bestreben, Metallmembranen statt der in gewissem Grade stets unzuverlässigen tierischen Haut einzuführen, ist noch nirgends zum Erfolg gediehen. Der Hub ist zu gering, so daß die Abmessungen bedeutend vergrößert werden müßten.

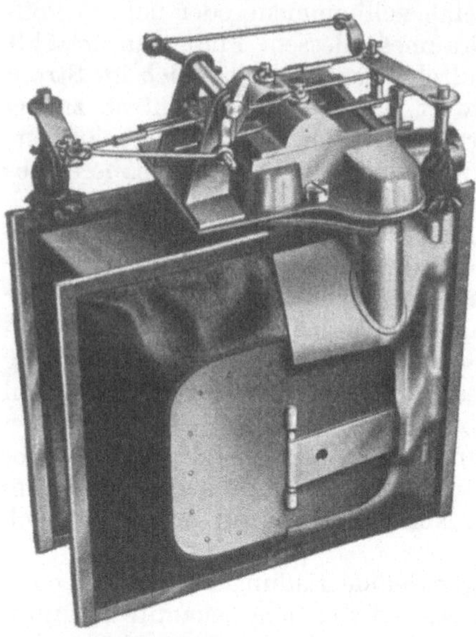

Abb. 201. Hochleistungsgaszähler (Elster). Innenkonstruktion mit Steuerung, aus dem Gehäuse genommen, eine Meßschale teilweise entfernt. Zu erkennen das Profil der Meßschale und die innerhalb liegenden Teile.

Um allmähliches Ausweiten der Membran zu verhindern, sind auch auf der Außenseite besondere Meßschalen vorgesehen worden, die der prall gefüllten Membran in der Endlage ein flaches Anliegen gestatten (Abb. 201). Dadurch wird erreicht, daß der Füllraum unter allen Umständen in der gleichen Größe erhalten bleibt. Eine ausgeweitete Membran würde Minderanzeige verursachen.

In neuster Zeit erstrecken sich die Bestrebungen, Verbesserungen an den Gaszählern zu schaffen, insbesondere darauf, mit einem Membranbalgen auszukommen und Ventile statt der Schieber zur Umsteuerung zu verwenden. Abb. 202 zeigen einen Einbalg-Ventilgaszähler, in dem beide Neuerungen gleichzeitig mit Erfolg eingeführt sind. Das äußere Gehäuse bildet gleichzeitig die Gaskammer, so daß also Gestänge und Zählerwerk mit im Gasraum liegen; bei anderen ähnlichen Ausführungen liegt die Umschalteinrichtung außerhalb des Gasraumes.

Ventile wurden zwar schon häufig verwendet, aber ohne daß seither praktisch wirklich brauchbare Ergebnisse erzielt worden wären. Der

Vorteil der Ventile im Vergleiche zu den Schiebern ist die plötzliche Umschaltung, die mit Hilfe eines Kippfederspannwerkes erreicht wird. Während des Balgenhubes wird die Hauptfeder des Kippspannwerkes

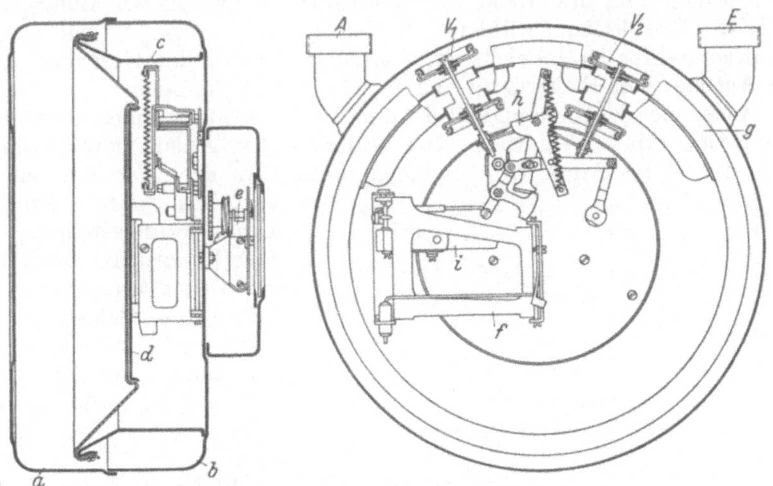

Abb. 202. Einbalg-Ventilgaszähler (Askania, Dessau).
E Eingangsrohr, A Ausgangsrohr, V_1, V_2 Ventile, a Hinterschale, b Vorderschale, c Innenmantel, d Membrane mit Membranboden, e Zählwerk, f Balgenhebel, g Ventilkammer, h Kippspannwerk, i Inhaltsregler.

gespannt. Im Moment der Totpunktlage der Membran tritt dann ein Abreißmechanismus in Tätigkeit, und die in der Federspannung an-

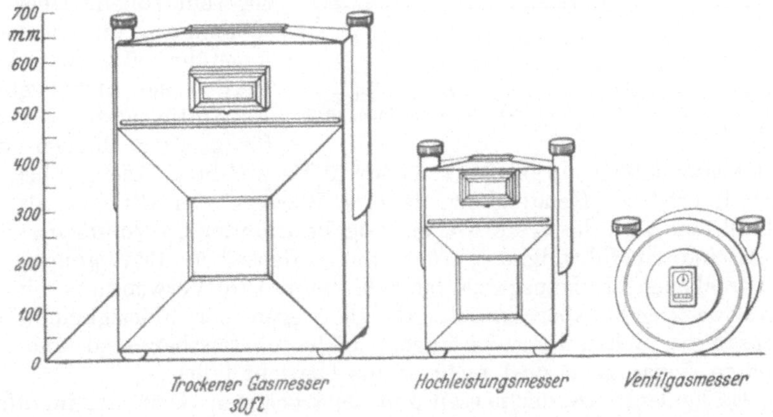

Abb. 203. Die Leistungssteigerung trockener Gaszähler. 3 trockene Gaszähler gleicher Leistung: 7,5 m³/h bei 10 mm WS Druckverlust.

gesammelte Energie schaltet die Ventile mit einem Ruck um. Schieber dagegen arbeiten mit Voreilung, so daß, wenn auch nur für kurze Zeit, beide Schaltorgane geöffnet sind.

11*

Bei den Einbalgzählern wird das Gehäuse durch die einzige Membran in zwei Räume geteilt. Füllraum ist der Raum zwischen den beiden Endlagen. In Abb. 203 wird veranschaulicht, welche bedeutende Leistungssteigerung die trockenen Gaszähler auf dem Entwicklungsgange über die Hochleistungszähler zum Ventilgaszähler erreicht haben. Der Ventilgaszähler ist hinsichtlich seiner Größe und der Geschlossenheit im Aufbau dem Elektrizitätszähler sehr nahe gekommen.

Außer der Meßgenauigkeit ist für die Beurteilung eines Gaszählers der Druckverlust wesentlich[1]. Der Widerstand im Anlauf beträgt durchweg etwa 1 bis 2 mm WS; er steigt dann etwa nach den Kurven der Abb. 204 weiter. An den Umsteuerungsstellen tritt eine kurzzeitige Steigerung im Druckverlust ein. Je höher die Belastung ist, desto mehr tritt diese Erscheinung zurück. Verschmutzung und Abnutzung erhöhen den Druckverlust.

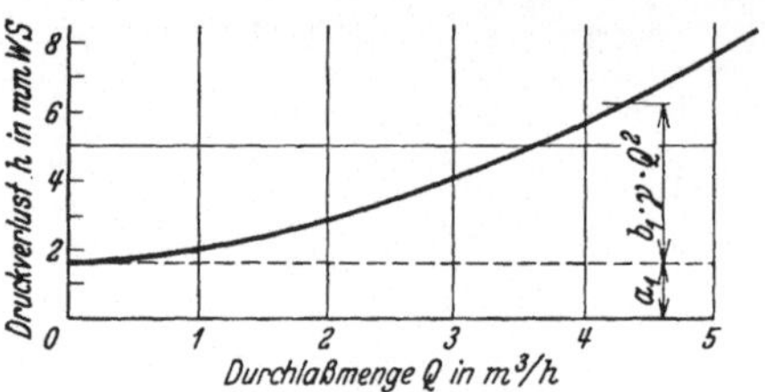

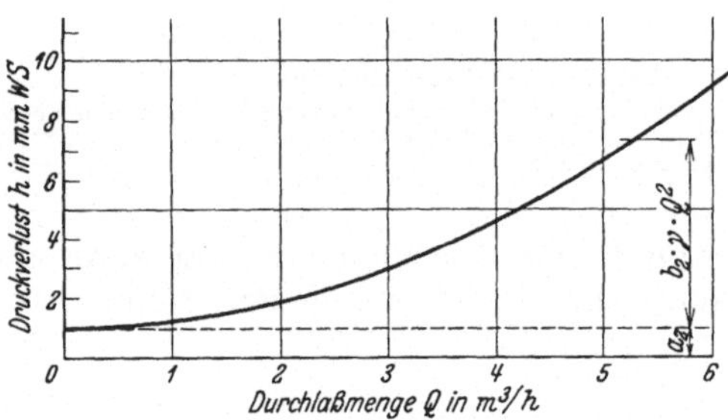

Abb. 204. Kurven für den Druckverlust in Hochleistungs- und in Ventilgaszählern (nach Gas u. Wasserfach 1929 S. 627).

b) In der Betriebsüberwachung spielen die trockenen Gaszähler der besprochenen Art eine verhältnismäßig untergeordnete Rolle, da sie ja im wesentlichen Hausgasmesser sein sollen. Über 300 Flammen, entsprechend ungefähr 50 m³/h, hinaus werden sie nicht gebaut. Als Stationsgasmesser, also für größere Mengen, sind fast ausschließlich nasse Gaszähler in Verwendung. Diese haben den Vorteil größerer Genauigkeit, da eine Wasser- oder Ölfläche als Abschluß eine zuverlässigere Abtrennung bestimmter Gasvolumen zuläßt.

Kleine Ausführungen werden unter denselben Bedingungen wie die trockenen als Hausgaszähler gebraucht. Ihre Verwendung für diesen Zweck geht aber zurück, da sie wegen der Flüssigkeitsfüllung sorgsamere Behandlung verlangen, nicht überlastbar sind und ihre größere Genauigkeit dort nicht so ins Gewicht fällt.

Als Fehlergrenze der nassen und der trockenen Gaszähler im öffentlichen Verkehr sind 4% der Normalleistung festgesetzt. Für nasse Gaszähler mit 150 m³/h (1000 Flammen) und mehr gilt 2%. Die tatsächlich mögliche Genauigkeit nasser Gaszähler ist noch größer. Unter Beachtung aller Vorsichtsmaßregeln können praktische Messungen bis

[1] Marx: Die Druckverlustkurve als Unterlage zur Konstruktion trockener Gasmesser. Gas- u. Wasserfach 1929 Nr. 25 S. 626—630.

auf 1% genau sein. Infolge des geschlossenen Meßraumes werden auch kleine Gasmengen (Nachts oder Sonntags) mit großer Genauigkeit erfaßt.

Die alte umlaufende Crosley-Trommel der nassen Gaszähler ist im Prinzip bis zum heutigen Tage erhalten geblieben. Das Wesentliche an dieser Trommel ist, daß Einlauf und Auslauf nie zur gleichen Zeit oberhalb des Wasserspiegels liegen. Das Gehäuse ist bis etwas oberhalb der Drehachse mit Wasser gefüllt. Jede Kammer der Trommel muß bei unverändertem Wasserspiegel den gleichen Gasinhalt haben. Die Trommel bewegt sich infolge des geringen einseitigen Überdrucks, der als Druckverlust in Erscheinung tritt und hier ebenfalls wenige mm WS beträgt. Die Anordnung der ursprünglichen Trommelform würde aber wegen der verhältnismäßig kleinen Durchtrittsöffnungen praktisch sehr große Abmessungen verlangen. Tatsächlich hat die Scheidewand daher auch eine kompliziertere räumliche Gestalt, wie aus Abb. 205 hervorgeht. Zutritt und Ablauf des Gases befinden sich an der Stirnseite einer mehr oder weniger langgestreckten Trommel (Abb. 206 u. 207). Bei hohen Leistungen bekommen die Stationsgasmesser stattliche Abmessungen. Im Durchmesser der Trommel ist man bis zu 5 m gegangen.

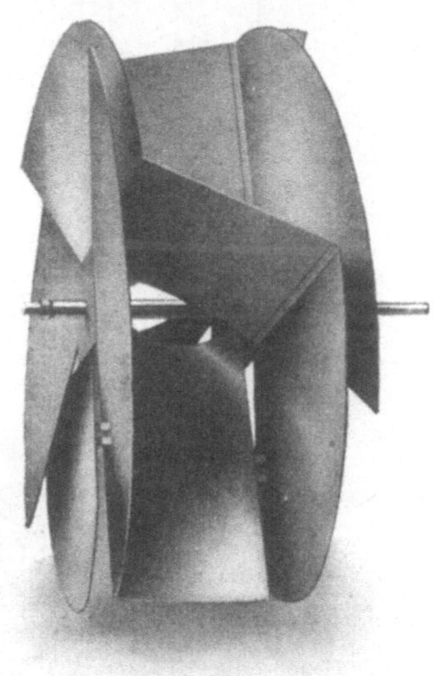

Abb. 205. Räumliche Gestaltung der modernen Stationsgasmessertrommel (Schirmer & Richter).

Die obere Grenze der Leistung liegt zur Zeit etwa bei 10 000 m³/h. Diese Begrenzung wird hauptsächlich durch die Umdrehzahl gegeben, die zur Vermeidung starker Wasserbewegungen mit wachsender Zählergröße immer geringer werden muß. Bei einem Zähler für 10 000 m³ darf die Trommel zur Vermeidung von Fehlern in der Minute höchstens eine Umdrehumg ausführen. Aus dem gleichen Grunde wirken Druckstöße, wie z. B. von Kompressoren, allmählich zerstörend auf den Zähler ein. Bestenfalls treten nur Wasserschwingungen auf, die die Messung fälschen, weil die Kanten der Kammern nicht zur richtigen Zeit austauchen.

In dem Augenblick, wo eine Kammer ihren Inhalt abschließt, ist der am Wasserspiegel befindliche Kammerquerschnitt klein. Der Einfluß von Spiegelschwankungen wird dadurch etwas herabgemindert. Da aber die Verdunstung bei starkem Durchgang erheblich sein kann, muß er trotzdem stets beobachtet werden. Dazu ist an der Stirnseite des Messers ein Wasserstandsglas angeordnet. Es gibt zahlreiche Ausführungen mit Überlauf, Schwimmern und Schöpfvorrichtungen, die den Spiegel selbsttätig konstant halten sollen. Am gebräuchlichsten ist zur Zeit der dauernde Betrieb von Zulauf und Auslauf (Kingscher Überlauf s. Abb. 207).

Sehr wesentlich ist auch die genau waagerechte Einstellung des Messers, da das Volumen innerhalb der Scheidewände dadurch beeinflußt wird. Mit der Wasserwaage muß der Zähler bei der Montage pein-

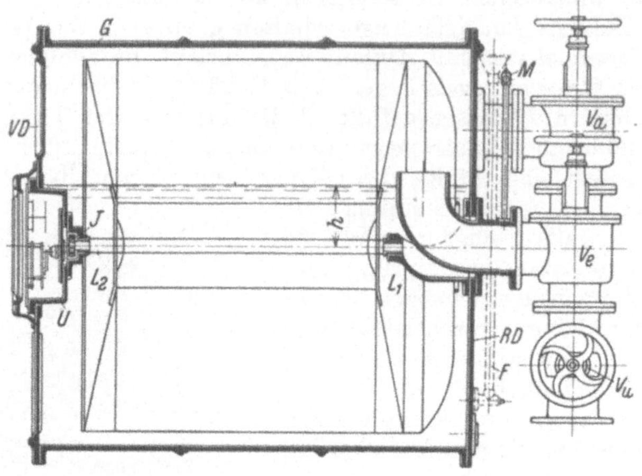

Abb. 206.

Abb. 207.

Großer Stationsgasmesser. (Schirmer & Richter.) Abb. 206. Im Längsschnitt, Abb. 207. Stirnseite mit Gas-Zu- und -Ableitung, Ventilen und Hilfsarmaturen.

VD Vorderdeckel, RD Rückdeckel, G Gehäuse, L_1, L_2 Trommellager, U Uhrkasten, J Zwischenübersetzung, h konstanter Spiegel der Wasserfüllung, F Füllrohr, V_e Eingangsventil, V_a Ausgangsventil (Eckventile), V_u Umlaufventil (Kreuzventil).

lich ausgerichtet werden. Kleinere Ausführungen tragen eine Libelle, auf die eingestellt wird.

Als Füllstoff darf Öl statt des Wassers verwendet werden. Es wird aber wegen der starken Temperaturabhängigkeit von Zähigkeit und Volumen nur wenig davon Gebrauch gemacht. Zur Notwendigkeit wird die Einfüllung von Öl, Glyzerin oder Glysantin nur, wenn Frostgefahr besteht. Infolgedessen ist man sonst fast ausschließlich bei Wasser geblieben.

Mit dem Aufkommen der Ferngaslieferung mußten die Gaszähler auch für höhere Drücke verwendungsfähig gemacht werden, wofür es im Grunde genügt, das äußere Gehäuse zu verstärken. Diese Hochdruckstationsgasmesser sind bis zu 10 at statischem Überdruck gebaut worden[1] (Abb. 208). Die gewöhnlichen kleinen trockenen wie nassen Gaszähler sind etwa bis zu 2000 mm WS brauchbar, normale Stationsgasmesser für einige 100 mm WS, da der früher allgemein übliche Behälterdruck immer sehr niedrig war.

Bei jeder Messung mit Gaszählern müssen Temperatur und Druck (Barometerstand) bekannt sein. Es ist dabei nicht gleichgültig, wo beide gemessen werden, da es auf die Zustandsgrößen während der Füllung ankommt. Deshalb wird der Druck am Eintrittsstutzen gemessen, die Temperatur dagegen nach Durchströmen des Zählers, weil das Gas die Temperatur der Wasserfüllung erst innerhalb der Trommel annimmt.

Kleine nasse Gaszähler mit großem umlaufendem Zeiger auf der Trommelachse, sogenannte Experimentiergaszähler werden außer für Versuche häufig noch als Hilfsapparate bei den mittelbaren Mengenmeßverfahren verwendet. Sie haben Kreiszählwerke, neuerdings überwiegend Springzahlen, deren Ablesung wegen des Fortfallens der gegenläufigen Zählkreise sicherer ist. Druck und Temperatur können häufig unmittelbar am Zähler an Zusatzeinrichtungen (U-Rohr und Quecksilberthermometer) abgelesen werden.

Das Volumen, das mit allen genannten Apparaten gemessen wird, ist, wie schon gesagt, gerade bei Gasmengen eine zweifelhafte Meßgröße. Um eine tatsächlich verwertbare, unzweideutige Angabe über die Menge zu bekommen, sind erst alle sorgsam mitgemessenen Zustandsgrößen: Überdruck, Barometerstand, Temperatur und Feuchtigkeit, durch Umrechnung oder Berichtigungszahlen zu berücksichtigen. Das Gewicht oder das auf einen bestimmten Normalzustand bezogene Volumen (Normalkubikmeter Nm³ für 0°, 760 mm Hg, trocken) sind dann die zweckentsprechenden Angaben.

c) Bei Mengenzählung mit Volumenmessern unter Hochdruck (Abb. 208) darf man sich über den Mangel dieser Messung nicht hinwegtäuschen, denn die Zählung sagt tatsächlich Genaues über die Gasmenge nur dann, wenn entweder der Druck nahezu konstant bleibt oder wenn Zählerstand und Zustandsgrößen in kurzen Abständen abgelesen und notiert werden. Beträgt die Druckänderung nur 5%, dann ist der mögliche Fehler — im Gewicht — ebenfalls 5%. Bei Druckschwankungen um einen Mittelwert kann man allerdings als wahrscheinlich voraussetzen, daß

---

[1] Schütz, v.: Gas- u. Wasserfach 1928 Nr. 48 S. 1166—1171.

sie im Laufe der Zeit mehr oder weniger wieder ausgeglichen werden.
Wenn der Gasdurchgang, wie es bei der Gaslieferung überwiegend der

Abb. 208. Stationsgasmesser für 10 at Überdruck (Pintsch). An der Stirnseite Registrierapparate
für die Zustandsgrößen und Zählwerk für die Gasmenge.

Fall ist, in täglicher und jährlicher Periode zwischen Null und einem
Größtwert schwankt, wird die Unsicherheit tatsächlich noch größer.
Die Zählung verteilt sich ja nicht gleichmäßig über die Zeiträume.

Abb. 209. Kopf eines Stationsgasmessers mit Zeit-Mengen-Diagramm.

Hiernach dürften also Hochdruckgaszähler nur bei vollkommen
konstantem Druck benutzt werden. Diese Vorbedingung ist aber, so-

lange der Überdruck nicht mehrere Atmosphären beträgt, schon wegen der Schwankungen des Barometerstandes nie erfüllt, auch nicht bei einwandfreier Regelung, da diese Regelung immer den Überdruck, nicht aber den für die Dichte allein maßgebenden absoluten Druck konstant hält.

Bei großen Gaszählern wird ein Belastungsdiagramm mit aufgezeichnet. Ein Schreibstift bewegt sich z. B. von einem Uhrzeiger mitgenommen in stets gleich bleibender Zeit auf und ab, während sich die runde Diagrammscheibe entsprechend der Drehzahl der Trommel, d. h. proportional der Gasmenge, unter ihm vorbeidreht (Abb. 209). Die Steilheit der Zacken des entsprechenden Diagramms ist ein Abbild des zeitlichen Verlaufs der Drehungsgeschwindigkeit, also der hindurchgegangenen Menge. Zusammen mit dem Diagramm eines Druckschreibers — am besten für den absoluten Druck — sind bei Hochdruckzählern erst richtige Schlüsse auf die Menge — in Gewicht — möglich.

Eine selbsttätige Berichtigung des Druckes, also Umrechnung auf Normalzustand, läßt sich mit Hilfe einer in das Zählwerk eingeschalteten, mit dem Druck veränderlichen Über-

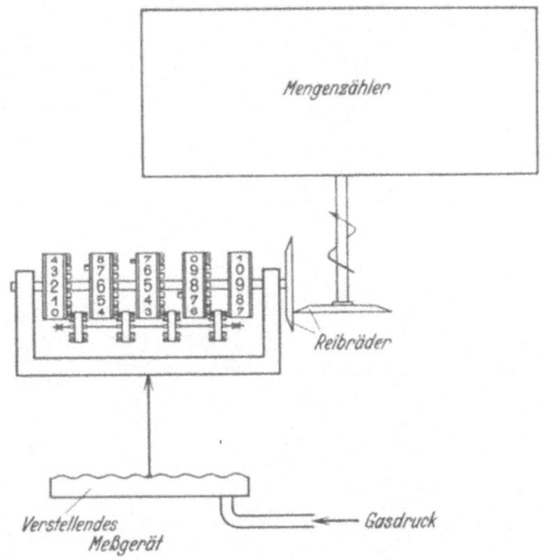

Abb. 210. Selbsttätige Druckberichtigung an der Gasuhr (Reduktion auf Normalzustand).

setzung bewerkstelligen. Abb. 210 zeigt schematisch an einer Gasuhr eine vom Gasdruck beaufschlagte Membrandose, die ein zwischen Zählwerk und Gestänge befindliches Reibradgetriebe entsprechend dem Druck verstellt. Bei einer Korrektur abhängig vom Barometerstand, z. B. für die Feststellung des Treibgasgewichtes bei Luftschiffen, ist die Membran eine Barometerdose.

Mit mehreren Gebergeräten für die getrennte Umwertung der einzelnen Zustandsgrößen arbeiten neuartige selbsttätige Zusatz-Apparate, die an die Stationsgasmesser angebaut werden[1]. Zwischen zwei Zählwerken, deren eines den noch nicht umgewerteten, deren anderes den umgewerteten Durchgang angibt, greifen die im gleichen Gehäuse vereinigten Barometerstands-, Druck- und Temperaturmesser in die Übersetzung ein. Ein Fühler tastet einmal je Trommel-Umdrehung die Instrumente ab; die darauf folgende zwangläufige Verstellung der Übersetzung geschieht entsprechend dem Gasgesetz. Die Genauigkeit soll 1 % betragen.

---

[1] Brandl: Gas- u. Wasserfach 1931 Nr. 43 S. 995—998. Schütz, v.: Z. VDI 1934 Nr. 29 S. 875—877.

Mit dünnwandigen luftgefüllten Dosen von etwa 1 l Inhalt, die bei ausreichender Verstellkraft einen erheblichen Hub hergeben, läßt sich die Korrektur unmittelbar auf Dichte vornehmen. Die Dose wird dazu innerhalb des Gasstromes angebracht, so daß ihre Füllung den Zustand des Gases annimmt. Ihre Längenänderung kann dann recht genau als unmittelbares Maß für die relative, auf einen Normalzustand bezogene Dichte gelten.

d) Bei sehr großen Gasmengen[1] wird die Ausführung nasser Stationsgasmesser teuer und macht sich dann bereits als fühlbare Belastung im Preis des Gases bemerkbar. Man ist infolgedessen über 12 000 m³/h für einen Stationsgasmesser bisher noch nicht hinausgegangen. Andrerseits sind aber eine Reihe von Sonderausführungen für große Gasmengen entstanden.

Bekannte Großgaszähler beruhen auf dem, auch bei Flüssigkeitszählern benutzten Prinzip der Taumelscheibe (Schwinggaszähler von Brandl-Marischka[2]) und des Flügelrades (Rotary[3]). Der Schwinggaszähler nach Abb. 211 weist eine gute Eichkurve und geringen Druckverlust auf. Große Ausführungen können in Eisenbeton hergestellt werden.

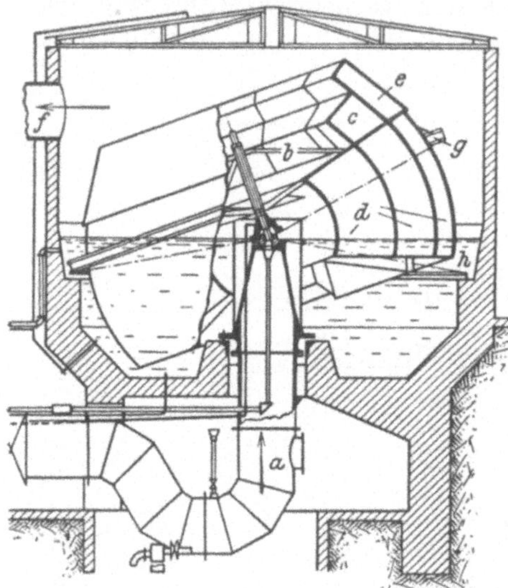

Abb. 211. Großgaszähler nach Brandl-Marischka.
a Gaszuleitung, *b* Verteilerraum, *c* Zuführkanäle, *d* Meßkammern, *e* Ableitungskanäle, *f* Ausgangsstutzen, *g* Stützrand, *h* Bund.

Eine Umkehrung des Roots-Kapselgebläses ist der Drehkolbengaszähler (Abb. 212), im Auslande unter dem Namen Connersville-Gasmesser in Gebrauch. Er wird ähnlich dem Verbund-Wasserzähler mit einem kleineren Gaszähler derselben oder anderer Bauart vereinigt, der für die kleinen Mengen einspringt, die der große Zähler nicht mehr genau genug erfassen kann, und zwar so, daß jeweils der schneller laufende von den beiden Zählern auf das gemeinsame Zählwerk arbeitet.

Der Turbinengaszähler von Kent-Hodgson[4] besitzt ein regelrechtes Turbinenrad, das allerdings in einem Teilstrom läuft. Die Drehzahl ist nach Versuchen von etwa 7 % der Nennleistung ab proportional der Menge.

Die Gasmeßmaschine von Eickhoff[5] läuft mit Drehzahlen bis zu

[1] Schütz, v.: Großgasmesser. Z. VDI 1932 Nr. 22 S. 522—526.
[2] Gas- u. Wasserfach 1930 Nr. 31 S. 721—724 und 1205; 1931 Nr. 3 S. 67/68.
[3] Meßtechn. 1929 Nr. 11 S. 301—304; Gas- u. Wasserfach 1928 Nr. 48 S. 1166 bis 1169.
[4] J. sci. Instrum. Bd. 6 (1929) Aug. S. 258—261.
[5] Gas- u. Wasserfach 1931 Nr. 19 S. 431/32 und Nr. 40 S. 934/35.

2000 je Stunde und besitzt nur etwa $^1/_{10}$ der Größe eines für gleiche Last bestimmten Stationsgasmessers. Für die metallisch gesteuerte doppeltwirkende Meßglocke ist hinsichtlich der Genauigkeit der Stand der Sperrflüssigkeit unmaßgeblich.

Diese Großgaszähler sind alle nur in verhältnismäßig geringer Zahl in Gebrauch, hauptsächlich, weil bei großen Gasmengen hierzulande dem im übrigen auch billigeren Differenzdruckverfahren der Vorzug gegeben wird. Im Auslande findet man sie häufiger, z. B. den Rotary-messer in Amerika und anderen überwiegend von dort belieferten Ländern, wie Rumänien.

Eine mehr psychologisch begründete Hemmung bedeutet auch die den Flügel-radzählern fehlende Eich-fähigkeit. Nur der Dreh-kolbenzähler ist seit einiger Zeit als eichfähig zugelassen worden.

Das Prinzip der Taumel-scheibe liegt auch dem Preßluftmesser „Exakt" (Froning; vgl. S. 176) zugrunde. Der früher ebenfalls viel verwendete Preß-luftmesser „Perfekt" ist dagegen ein Hubkolbenmes-ser (vgl. S. 175). Bei beiden wird das entspannte Volumen durch Multiplikation mit dem absoluten Druck (in ata) erhalten. Die Kolbenluftmesser spielen heute aber kaum eine Rolle. Insbesondere schreckt der

Abb. 212. Hochdruck-Drehkolben-Gaszähler für Vor- und Rückwärtslauf, Belastung bis 5000 m³/h (Pintsch).

große Druckabfall, außerdem die Gefahr des Kolbenfressens bei Un-achtsamkeit.

Die Anemometer, mit denen zumeist die Geschwindigkeit eines freien Luftstromes gemessen wird, gehören als Flügelradzähler ebenfalls hierher. Es sind zu unterscheiden:

Schalenkreuzanemometer und

Flügelradanemometer.

Die Schalenkreuzanemometer sind völlig unabhängig von der Wind-richtung. Sie brauchen daher nicht vor der Messung in eine bestimmte Richtung eingestellt zu werden und eignen sich besonders für Messungen im Freien. Die verhältnismäßig geringe Drehzahl läßt auch die Messung hoher Geschwindigkeiten zu.

Die Flügelradanemometer mit schräg gestellten Flügeln sind gegen Schräglage zur Strömungsgeschwindigkeit empfindlich. Die Eichung ist für Gebrauch im Freien oder zur Volumenmessung in Rohrleitungen verschieden. Ein im Freilauf geeichtes Anemometer mit 70 mm Schwungringdurchmesser zeigt in einer Rohrleitung unter 200 mm Durchmesser infolge der Querschnittsverengung zu viel an. Der statische Druck beeinflußt die Drehzahl in weiten Grenzen nicht, so daß die Angaben wirklich Volumen bedeuten.

Anemometer bekommen entweder ein Drehzählwerk der üblichen Art, gebotenenfalls mit elektrischem Kontaktwerk für eine Fernzählung, oder sie werden zur Fernübertragung der Geschwindigkeit wie elektrische Tachometer mit kleinen magnetelektrischen Maschinen gekuppelt, deren erzeugte Spannung das Maß der Drehzahl bzw. der Geschwindigkeit oder des Durchflusses ist.

Für Anemometer gilt allgemein die Gleichung

$$w = w_0 + b \cdot w_x,$$

worin w die wahre Geschwindigkeit, w_x die durch die Drehzahl gemessene Geschwindigkeit und w_0 und b Konstanten sind. w_0 gibt die zur Überwindung der ruhenden Reibung nötige Anlaufgeschwindigkeit wieder, und b ist eine Instrumentenkonstante, die u. a. von der Flügelstellung abhängt.

2. Motorische Zähler für Flüssigkeiten.

Auch bei den Flüssigkeitsmessern sind unter den in die Strömung eingebauten motorischen Zählern mehrere Gattungen zu unterscheiden, und zwar

a) die Kippzähler und

b) die Trommelzähler,

beide nur für offene, drucklose Flüssigkeiten geeignet,

c) die Hub- und Drehkolbenzähler und

d) die Turbinenzähler,

beide für Druckflüssigkeit bestimmt.

Die neuesten Verordnungen der Physikalisch-Technischen Reichsanstalt über die „Eichung von Flüssigkeitsmaßen und Meßwerkzeugen für Flüssigkeiten"[1] unterscheiden im gleichen Sinne zwischen Meßwerkzeugen mit „festen Maßwänden" (u. a. zugehörig a, b) und solchen mit „beweglichen Maßwänden" (c, d). Die Eichfähigkeit ist aber bisher auf die Bauarten a bzw. c beschränkt; daher sind in den Verordnungen auch nur diese enthalten.

Die Kipp- und Trommelzähler arbeiten selbst bei tropfenweisem Zufluß sehr genau. Auch die Kolbenzähler sind für weite Bereiche, $1:5$ bis $1:20$ und mehr je nach der Zähigkeit des strömenden Stoffes, geeignet, weil sie nur einen geringen Lässigkeitsverlust aufweisen. Der bleibende Druckverlust, den sie verursachen, ist allerdings ziemlich hoch.

Die Turbinenflüssigkeitszähler, zu denen außer den Flügelradzählern als besondere Ausführung auch der weit verbreitete Woltman-Zähler gehört, brauchen ebenfalls eine gewisse Anlaufgeschwindig-

---

[1] Reichsgesetzblatt Teil I 1935 Nr. 72 S. 855 ff.

keit; unterhalb dieser fließt die Flüssigkeit ungemessen hindurch. Die konstruktive Anordnung ermöglicht aber einen recht kleinen Druckverlust, insbesondere bei dem Woltman-Zähler, bei dem kaum eine Umlenkung des Flüssigkeitsstromes eintritt. Durch selbsttätige Umschaltung zweier zusammengebauter Zähler, die für sehr verschiedene, aber sich ergänzende Meßbereiche bestimmt sind, läßt sich schließlich sogar der Vorteil des geringen Druckverlustes mit geringer Anlaufgeschwindigkeit vereinigen.

Daß die gebräuchlichen Wassermesser sämtlich Zähler sind, ist eine Folge der Interessen der Wasserwerke, die in der ersten Zeit die Entwickelung maßgebend beeinflußt haben. Für die übrige Technik, z. B. für Dampfkessel, kommen diese Instrumente höchstens zur Verrechnung in Frage. Dort ist die Kenntnis des augenblicklichen Durchflusses wesentlicher.

Bei der Ausrüstung der Zähler legt man heute mehr Wert auf die leichte Ablesbarkeit, als es früher der Fall war. Auch hier kommt man, wie bei den Gaszählern, immer mehr von den Zahlenkreisen mit gegenläufiger Zeigerbewegung ab und verwendet Zahlenrollen, dazu unter Umständen noch 1 oder 2 Zahlenkreise der bekannten Art für die Dezimalen oder einen großen Umlaufzeiger.

Auch Kurvenschreiber können an diesen Zählern angebracht werden. Es ist aber i. allg. keine Registrierung in gewohntem Sinne.

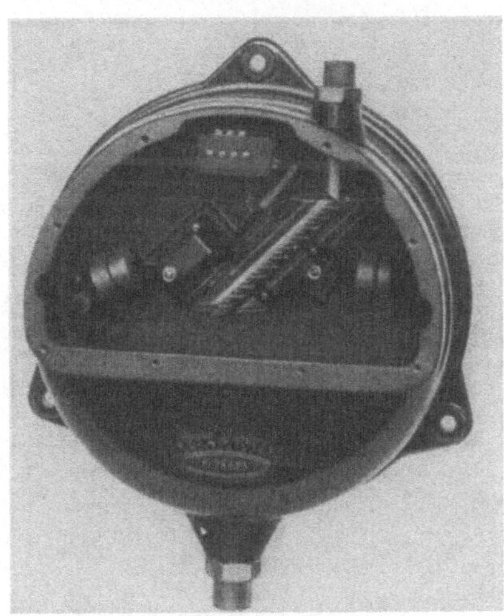

Abb. 213. Kippwasserzähler für kleine Kondensatmengen (Askania).

Häufig wird sie durch ein Kontaktwerk im Innern des Zählers an einem entfernten Schreiber betätigt. Die Aufzeichnung gibt dann lediglich eine auf- und wieder ablaufende Treppenkurve auf der Schreibtrommel, die den Gesamtverbrauch darstellt. Die Steilheit der Kurve entspricht dem Durchfluß.

Eine zweite Art der Registrierung beruht darauf, daß in Abhängigkeit von der Zeit alle 100 oder 1000 Liter eine Marke geschrieben wird, aus deren schnellerer oder langsamerer Aufeinanderfolge wieder auf den Durchfluß geschlossen wird.

Die dritte neueste Ausführung arbeitet mit einem Mittelwertschreiber, etwa nach Abb. 80. Für ein bestimmtes Zeitintervall, z. B. 5 Minuten, werden die eintreffenden Kontakte summiert und dann die Kurve entsprechend weitergezogen.

Im übrigen müssen, wenn es auf Momentananzeige ankommt, Schwimmerdurchflußmesser verwendet werden, sofern man nicht lieber das Druckunterschiedverfahren heranzieht. Für geringen oder schleichenden Verbrauch ist letzteres nicht geeignet, und daher benutzt man die Zähler, solange es geht, und die anderen Verfahren erst für sehr große Mengen.

a) Die Kippzähler sprechen auf Gewicht an, die Trommelzähler auf Volumen. Der Kippwasserzähler der Abb. 213 enthält ein Glas-

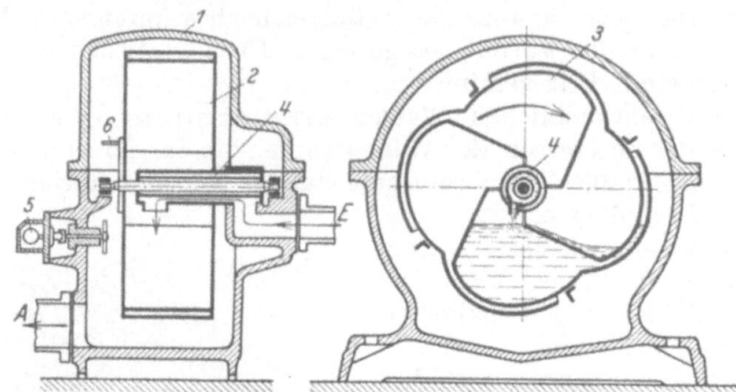

Abb. 214. Trommelzähler, halbschematischer Schnitt (nach Eckardt).
1 Trog u. Deckel, *2* Trommel, *3* Meßkammer, *4* Zulauf in der Achse, *5* Zählwerk, *6* Mitnehmer.

gefäß mit geeichter ccm-Teilung. Der Kippunkt wird durch Verschieben des Ausgleichsgewichtes eingestellt. Erreicht das Wassergewicht dieses Kippgewicht, dann löst die Schnappfeder aus. Jede Kippung wird durch

Abb. 215. Trommelzähler für industrielle Flüssigkeiten mit Zahlenrollenwerk
und Schwitzwasserwischer (S. & H.).

Kettenzug auf ein mechanisches Zählwerk oder durch Kontaktgabe auf ein elektrisches übertragen. Dieser Kippmesser ist für sehr kleine Mengen druckloser Flüssigkeiten bestimmt. Zur Kesselwassermessung sind diese Apparate nicht zweckmäßig, da die Aufnahme von Sauerstoff durch die große offene Oberfläche zu sehr begünstigt wird.

b) Das Schema eines Trommelflüssigkeitszählers ist in der Abb. 214 dargestellt. Die drei oder vier Meßkammern der Trommel werden nacheinander während der Drehung gefüllt und geleert. Die Drehbewegung wird durch die dauernde seitliche Verlegung des Schwerpunktes hervorgerufen. Die Anzahl der Umdrehungen, deren jede einer bestimmten Literzahl entspricht, wird an einem Zählwerk summiert.

Diese Trommelzähler dienen hauptsächlich zur Kondensatmessung bei Dampfverbrauchern und zur Messung des Alkohols in Brennereibetrieben. Die Genauigkeit ist sehr groß, da kein Tropfen ungemessen hindurchgehen kann. Bei einem Meßbereich von 1 : 100 ist $\pm 1\%$ normal; für Teilmeßbereiche von 1 : 10 läßt sich sogar ein Fehler von nur $\pm 0,2\%$ erreichen (Abb. 215 u. 216). Eine Sonderausführung in keramischem Werkstoff gestattet genauere Messungen sonst schwer erfaßbarer Flüssigkeitsmengen, z. B. Säuren, und ist daher für die chemische Industrie wertvoll geworden (S. & H.).

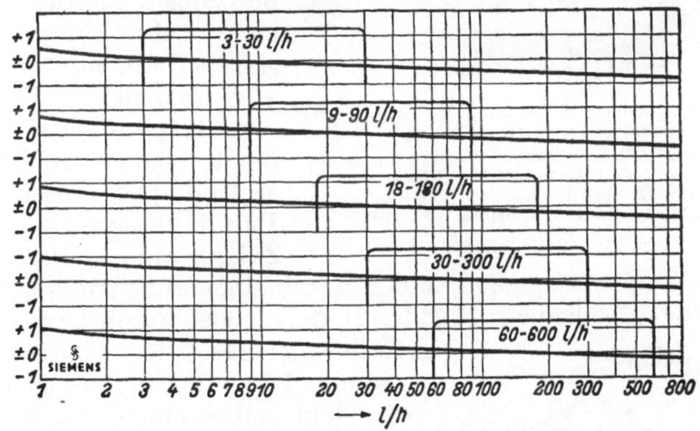

Abb. 216. Fehlerkurven eines 3-l-Trommelzählers, mit $\pm 0,2\%$ für verschiedene Meßbereiche 1 : 10.

Für Tankstellen sieht man die Trommelzähler kaum noch vor, da sie zu langsam arbeiten. Hauptsächlich im Betrieb sind in Tankstellen umschaltbare Zwillingsmeßgläser[1]. Diese füllen sich abwechselnd selbsttätig bis zu einer geeichten Strichmarke, die durch Überlauf eingehalten wird. Infolge einer Membransperrung mit Flüssigkeitsdruck wird die Umschaltung erst nach Erreichen dieser Strichmarke freigegeben. Die Apparate unterliegen zum öffentlichen Gebrauch sämtlich der Zulassung durch die Eichbehörde. Seit einer Reihe von Jahren führen sich auch auf diesem Gebiet die Drehkolbenzähler erfolgreich ein.

c) Die Hub- und Drehkolbenzähler messen unter Druck stehende Flüssigkeiten selbsttätig. Die Hubkolbenzähler werden nur bei wertvollen Flüssigkeiten verwendet, weil die Apparatur nicht einfach ist und sorgsame Wartung beansprucht. Der Kolben wird vom Druck der Pumpe bis in die eine Endlage geschoben. Dort wird mit Hilfe der als Zahnstange ausgebildeten Kolbenstange ein Vierwegehahn in der Druckleitung umgeschaltet, so daß der Überdruck jetzt auf die andere Seite des Kolbens wirkt und ihn wieder zurücktreibt. Dabei wird die beim Hingang in den Kolbenraum eingetretene Menge weiter-

---

[1] Z. VDI 1930 S. 187—189.

geschoben. Die Abdichtung des Kolbens muß sorgfältig ausgeführt werden und geschieht durch federnde Kolbenringe bzw. solche aus Gummi oder Leder, die gleichzeitig gegen Klemmen infolge von Temperaturschwankungen sichern und den Messer gegen Verunreinigungen unempfindlich machen. Die Antriebsarbeit wird aus dem entstehenden Druckverlust gedeckt, der, wie schon gesagt, ziemlich hoch ist.

Abb. 217. Taumelscheibenzähler für große lichte Weite und höhere Drücke.
Der Durchbruch läßt die Taumelscheibe, die Kugelkalotten, die obere und die untere Kegelfläche und die Übertragung zum Zählwerk erkennen. Die Regulierung geschieht mit Wechselrädern in Stufen von etwa 0,2%.

Die Drehkolbenzähler kommen mit kleineren Abmessungen aus und sind daher in zahlreichen Ausführungen vorhanden. Sie sind gewissermaßen die Umkehrung der Kapselpumpe. Häufig dient auch, z. B. bei Brennstoffpumpen dieser Art, die Pumpe gleichzeitig als Messer. Zulauf und Ablauf werden durch eine Taumelscheibe (S. & H.), durch einen exzentrischen Schwingkolben (Ringkolbenzähler: S. & H., B. & R.) oder durch zwei elliptische Zahnräder (B. & R.) voneinander getrennt. Diese Organe bewegen sich unter dem selbst erzeugten Druckabfall und verdrängen bei jedem Umlauf den Inhalt der Meßkammer.

Die Drehkolbenzähler werden für Heiß- und Kaltwasser, Kondensat und Kraftstoffe aller Art verwendet. Im Gegensatz zu allen anderen Mengenmessern gibt es bei diesen Zählern kaum eine angebbare obere Grenze für die Zähigkeit der hindurchfließenden Flüssigkeit.

Abb. 218. Scheibenzähler mit senkrecht stehendem Zifferblatt, Zahlenrollenwerk und seitlich rückstellbarem Zeigerwerk (S. & H.).
Links am Hals eine Schmierbuchse für die Zählerachsdurchführung.

Abb. 217 zeigt einen Teilschnitt durch einen Taumelscheibenzähler großer lichter Weite, der Einblick in das Innere gestattet. Die Scheibe taumelt beim Umlauf um die Lagerkugel in ihrer Mitte und schiebt den Inhalt der Meßkammer von den Eintrittsdurchbrechungen in der umgebenden Kugelschale zu den Austrittöffnungen[1]. Verunreinigungen bereiten diesen Messern natürlich Schwierigkeiten, da sie an den dichtenden Mantellinien einen allmählichen

---

[1] Zöllich, H.: Zur Theorie des Taumelscheibenzählers. Wiss. Veröff. Siemens-Konz. Bd. 14 Heft 3. Berlin: Julius Springer 1935.

Verschleiß verursachen. Es muß also für weitgehende Fernhaltung von Staub und Schmutz gesorgt werden.

Die Verwendungsgrenzen des Zählers sind recht weit und seine Genauigkeit groß: $\pm$ 0,5% bei 1 : 10 bis 1 : 20 und darüber, wachsend mit höherer Zähigkeit. Die Zähler sind eichfähig; sie werden für Leistungen bis zu etwa 100 m³/h gebaut. Darüber kommt außer dem Woltman-Zähler nur noch die Druckunterschiedmessung in Frage.

Als Baustoffe für die Lagerkugel und die Taumelscheibe wird bei kaltem Wasser Hartgummi verwendet, bei heißem Wasser für die Kugel selbstschmierende Graphitkohle und für die Scheibe Bronze. Bei Benzin hat sich Messing bewährt, Eisen bei laugenhaltigen Ölen wie Masut.

In Abb. 219 ist ein Zähler mit Schwingkolben dargestellt, der sogenannte

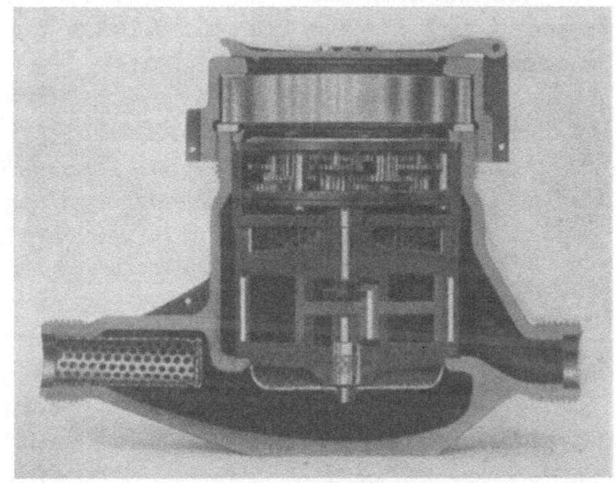

Abb. 219. Schnitt durch den Ringkolben-Naßläufer (S. & H.).

Ringkolbenzähler, der sich für die Wassermessung im Kleinverbrauch sehr gut eingeführt hat. Sein Meßsystem ist der zwischen zwei konzentrischen Zylinderringen schwingende Ringkolben; er wälzt sich, von einer dünnen Trennwand gehalten, gleichzeitig auf beiden Zylinderringen ab. Die Flüssigkeit strömt von den Eintrittsdurchbrechungen in der Bodenplatte (s. Abb. 220) durch das Ringinnere zu den Austrittsöffnungen, die spiegelbildlich in der Deckplatte angeordnet sind.

Der Ringkolbenzähler ist besonders für kleine Durchflüsse geeignet, da die Anlaufempfindlichkeit sehr hoch ist. Kolben und Meßkammer bestehen aus Hartgummi; im übrigen werden korrosionsbeständige Werkstoffe wie Nickel und Bronze (mit Hartlacküberzug) verwendet.

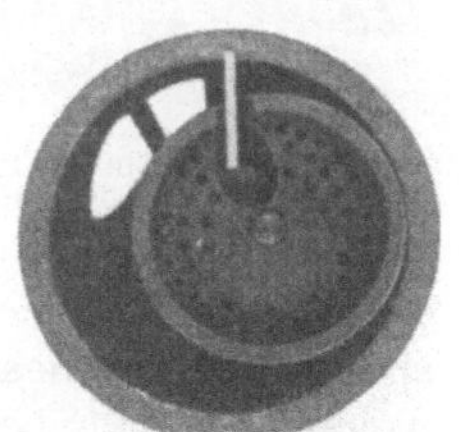

Abb. 220. Innenansicht der Meßkammer (Meßkammer-Deckplatte abgenommen).

d) Hinsichtlich der breiten Verwendungsmöglichkeit haben die **Turbinenzähler,** nämlich die Flügelrad- und Woltman-Zähler[1] den übrigen Bauarten vollkommen den Rang abgelaufen. Wenn es nicht so sehr auf die kleinste Menge ankommt, also ein kleiner Schlupf erträglich ist, sind sie auch unbedingt überlegen. Hinsichtlich Fernmeldung gilt das gleiche wie für jene gesagt wurde; ein auf den Zähler aufgesetztes Kontaktwerk arbeitet auf einen elektrischen Zähler oder Mittelwertschreiber.

---

[1] Eggers: Neuere Bauarten motorischer Wassermesser. Z. VDI 1929 S. 557 bis 563. Götting: Empfindlichkeit von Wassermesser. GWF 1933 S. 897—899 u. 917—921.

Das Meßwerk der Flügelradzähler ist ein senkrecht gelagertes Flügelrad. Der Flüssigkeitsstrom wird bei Mehrstrahlmessern längs des Umfanges eines das Flügelrad umfassenden Grundbechers in tangentiale Strahlen aufgelöst, während er bei dem Einstrahlmesser geschlossen hindurchgeht. Wesentlich ist auch die Unterscheidung zwischen Naßläufern und Trockenläufern. Bei den Naßläufern liegen Zeigerwerk und Getriebe innerhalb der Flüssigkeit. Bei den Trockenläufern dagegen befinden sich nur die schnellaufenden Räder des Getriebes im inneren Wasserraum, während die übrigen Teile des Werkes im trockenen Außenraum liegen und durch eine Stopfbuchse hindurch von jenen mitgenommen werden. Diese Stopfbuchse darf nur wenig Reibung verursachen, sie soll aber gegen die Flüssigkeit dicht halten. Auf jeden Fall ist ihre sorgsame Ausführung von wesentlicher Bedeutung für Betriebssicherheit und Meßgenauigkeit. Naßläufer können im allgemeinen nur für Wasser, und zwar nur für kaltes Wasser verwendet werden, da das Zifferblatt nur bei vollständig reinem Wasser nicht mit der Zeit beschlägt und dadurch unkenntlich wird. Als Vorzug ist bei ihnen der Fortfall der Stopfbüchse zu werten; sie sind dadurch einfacher im Aufbau und laufen etwas leichter an.

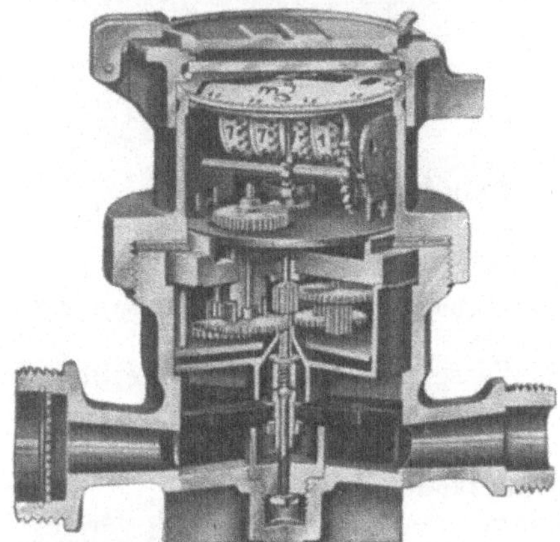

Abb. 221. Einstrahl-Flügelradzähler, Trockenläufer (Meinecke).

Abb. 221 zeigt die allgemeine Anordnung in einem Einstrahlmesser. Dem Flüssigkeitsstrahl wird beim Durchströmen keine schroffe Richtungsänderung aufgezwungen; der Druckverlust durch das Laufwerk ist daher gering. Im übrigen aber wird durch entsprechende Bemessung erreicht, daß z. B. jeder 40-mm-Zähler, gleich welcher Bauart, bei 20 m³/h Durchfluß vereinbarungsgemäß 1 m Druckverlust verursacht. Zum Justieren der Einstrahlzähler dienen entweder Staukörper in der Nachbarschaft des Rädchens, deren Winkelstellung den Durchgang beeinflußt, oder eine von außen einstellbare kleine Leitfläche, die den Wasserstrahl mehr oder weniger beiseite drängt (DRD).

Die Umdrehungen der Laufradachse werden unmittelbar durch Zahnräder auf das Zählwerk übertragen. Durch Verwendung hochwertiger zweckentsprechender Werkstoffe und konstruktiver Neuheiten sind die Flügelradmesser weiter vervollkommnet worden. Gegen Verschmutzung sind sie ähnlich dem Woltman-Messer verhältnismäßig unempfindlich. Zum Zurückhalten von Verunreinigungen ist nur ein großes Sieb auf der Einlaufseite erforderlich. Ein Messer soll regelmäßig nach einigen Jahren ausgebaut und nachgesehen werden. Bei normaler Wasserbeschaffenheit kann auch das Sieb so lange ohne Reinigung bleiben.

Als Muster für Mehrstrahlmesser diene der Naßläufer nach Abb. 222.

Das im Einlauf des Messers befindliche Schutzsieb ist wegen der engen Durchtrittsöffnungen und der Strahlregelung notwendig. Der Messer wird durch einen kleinen verstellbaren Umlauf oder durch eine über

dem Flügelrad angeordnete drehbare Fläche eingeregelt, die den Flüssigkeitsstrahl mehr oder weniger ablenkt. Staurippen in der Nähe des Flügelrades drosseln bei steigendem Durchfluß die Geschwindigkeit des Flügelrades immer mehr und sind unerläßlich für die Gewinnung einer guten Fehlerkurve. Abb. 223 zeigt die normale Fehlerkurve eines Mehrstrahltrockenläufers, dazu gestrichelt den Verlauf der Kurve, wie er eintritt, wenn die Staurippen nicht vorhanden

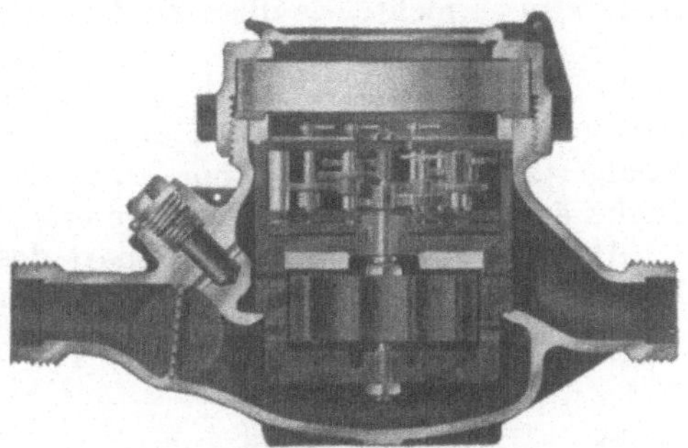

Abb. 222. Mehrstrahl-Flügelradzähler, Naßläufer (B. & R.).

sind. Das baldige Umbiegen der Kurve auf einen nahezu konstanten Fehlerwert wird durch diese Staurippen erreicht. Ohne sie würde also

die Fehlerkurve erst bei viel höherer Durchflußmenge waagerecht verlaufen. Auch der bei Flügelradwasserzählern für selbstverständlich gehaltene Meßbereich von 1:100 und mehr ist erst durch diese Beeinflussung der Drehzahl erreichbar.

Die **Woltman-Zähler** enthalten ein Meßrad mit mehreren steilgängigen schraubenförmigen Flügeln, die sich durch das fließende Wasser hindurchschrauben. Der für den Antrieb notwendige Schlupf, der sich in einem geringen Zurückbleiben der Flügeldrehung gegenüber der Wasserströmung äußert, wird durch weitgehende Beseitigung aller Hemmungen klein gehalten. Die Drehbewegung wird auf das Zählwerk durch ein kleines gekapseltes Schneckengetriebe übertragen. Woltman-Messer sind

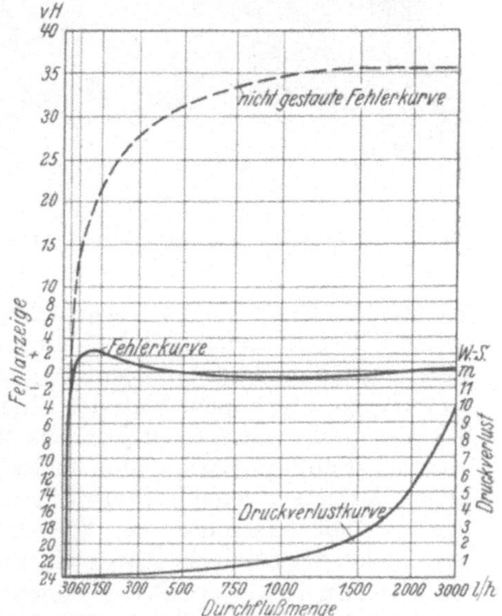

Abb. 223. Fehlerkurve und Druckverlustkurve für Flügelradzähler.

immer Trockenläufer. Für Hochdruck oder bei angreifenden Flüssigkeiten sind auch magnetische Kupplungen zwischen Meßwerk und Zählwerk eingebaut worden (S. & H.).

Da sich der Wasserstrahl fast geradlinig durch das Rad hindurchbewegt, ist der Druckverlust sehr gering. Dadurch sind die Woltman-

Zähler insbesondere als Hauptwassermesser geeignet. Man geht aber heute nicht mehr über Anschlußweiten von 400 mm hinaus. Dann wird trotz allem das Druckunterschiedverfahren wirtschaftlicher, dessen Apparatur ja nicht, wie diese Zähler, mit der Größe der Leitung immer umfangreicher wird.

Vor dem Woltman-Läufer befindet sich als Strahlregler ein Stern radialer Rippen. Diese sollen dem Flügel den Wasserstrom möglichst axialgerichtet zuführen. Zum Einregeln dient der als drehbare Leitfläche ausgebildete Teil von einer dieser Rippen.

Abb. 224 zeigt eine Sonderbauart des Woltman-Zählers für größere Leitungen, die zur Prüfung des Messers nur auf kurze Zeit einmal unterbrochen werden können. Das Meßwerk wird dort nach oben aus dem Gehäuse herausgezogen und die Öffnung einstweilen durch einen Deckel verschlossen.

Abb. 224. Großer Woltman-Zähler mit herausnehmbarem Meßwerk (S. & H.).

Über die Baustoffe der Flügelrad- und Woltman-Zähler (Abb. 221—224) ist in Ergänzung der oben gemachten Angaben noch einiges hinzuzufügen. Der bewegliche Teil nud das Gehäuse sollen einerseits allen Anfressungen chemischer und mechanischer Art widerstehen, andererseits aber soll das bewegliche System so leicht sein, daß es durch Reibung an Lagern und Spitzen kaum Hemmungen verursacht. Für das Rädchen werden Hartgummi, Bakelit oder Zelluloid verwendet. Der Auftrieb im Wasser ist also bei diesen Baustoffen nur gering und der Lagerdruck infolgedessen so gut wie aufgehoben. Muß der Flügel aus Metall sein, z. B. bei heißem Wasser, dann werden mit Vorliebe Nickel- oder Kupferlegierungen verwendet. Schutzüberzüge aus aufgebranntem Lack sichern weiterhin gegen Anfressungen und verhindern außerdem das Entstehen örtlicher galvanischer Elemente. Im Wasser arbeitende Zählwerksteile werden aus Nickel, Spezialporzellan oder Preßmasse hergestellt.

Verbundwasserzähler sollen durch zwei sich im Meßbereich ergänzende Einzelmesser die Möglichkeit geben, bei sehr stark schwankender Menge sowohl die Lastspitzen als auch den schleichenden Verbrauch richtig zu messen. Solche Verbundmesser können Meßbereiche bis zum Mehrhundertfachen ihrer unteren Genauigkeitsgrenze mit der in der Technik üblichen Genauigkeit von $\pm 2\%$ beherrschen. Der Druckverlust bleibt dabei in erträglichen Grenzen. Die Verbundschaltung zweier Flügelradzähler ist insbesondere für die Messung kleiner, aber stark schwankender Mengen geeignet.

Schadensucher sind tragbare Wassermesser von äußerster Genauigkeit, die so eingerichtet sind, daß sie mit wenigen Handgriffen hinter einen Zähler oder eine Rohrstrecke eingeschaltet werden können und so, den gleichen Wasserstrom messend, die Zählung des eingebauten Messers überprüfen. Das Gemeinsame aller Schadensucher liegt darin, daß neben der Zählung noch eine Registrierung des Momentandurchflusses vorhanden ist.

Eine besonders einfache Lösung, die es von vornherein vermeidet, daß der Zähler lediglich für die sich vielleicht als unnötig herausstellende Prüfung ausgebaut werden muß, zeigt Abb. 225. Dort ist der gewöhnliche Absperrhahn durch ein Freiflußventil

Abb. 225. Kontrollventil
(B. & R.).

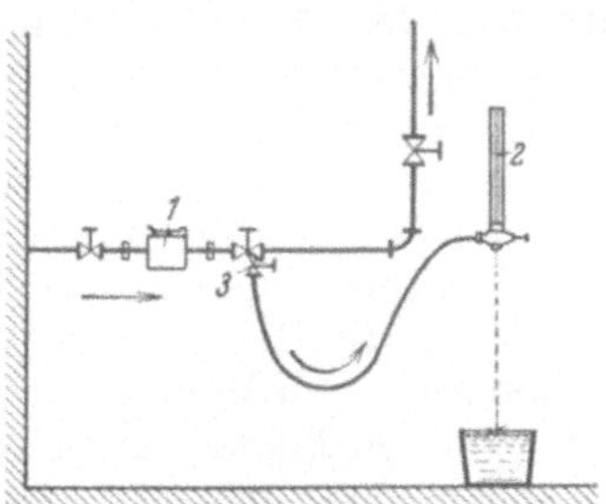

Abb. 226. Anordnung zur Anlauf-
prüfung.

1 Wassermesser, *2* Anlaufprüfer,
3 Kontrollventil, ähnlich Abb. 225.

mit zwei Prüfanschlüssen ersetzt. Der Prüfmesser wird an die Hahnstutzen angeschlossen und in den Wasserstrom eingeschaltet.

Wesentlich ist bei der Nachprüfung die Feststellung, inwieweit der Zähler die Fähigkeit verloren hat, auch die kleinen Mengen mitzumessen. Als untere Genauigkeitsgrenze gilt der Durchfluß, bei dem mindestens 98% der wirklichen Menge gezählt werden. Anlaufempfindlichkeit nennt man jene Menge, auf die der Messer gerade eben regelmäßig anspricht. Es ist nun eine Erfahrungstatsache, daß ein Wassermesser etwa bei der Hälfte der Menge anläuft, bei der er genau zu zählen beginnt. Durch diesen Zusammenhang wird eine Vereinfachung der Prüfung nahegelegt. Man läßt den Wasserstrom über eine kleine Düse ins Freie ab; dann entsteht vor der Düse ein mit der Ausflußmenge wachsender, genau eichbarer Druckabfall, der an einem Manometer angezeigt wird. Im Augenblick des Anlaufens kann man die Durchflußmenge in l/h dort ablesen, wenn die Skala gleich passend eingeteilt ist. Ein Anlaufprüfer dieser Art besteht also aus Regelventil,

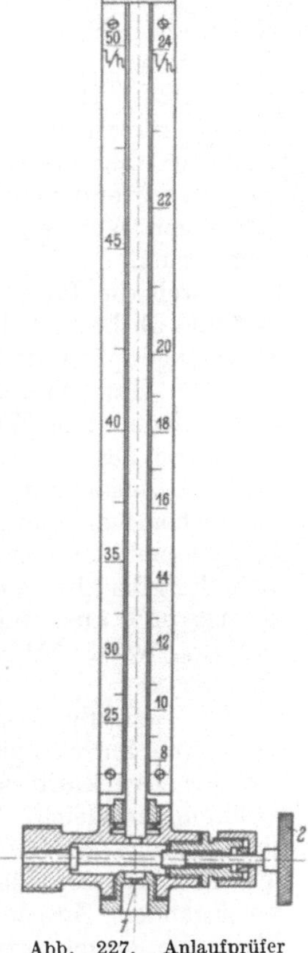

Abb. 227. Anlaufprüfer
(B. & R.).
1 Ausflußdüse, auswechselbar,
2 Regelventil.

Ausflußdüse und Manometer. Eine Sonderarmatur in einfacher Ausgestaltung zeigen Abb. 226 und 227.

Gerade hinsichtlich der Wassermessung muß schließlich noch auf die Zusammenstellung sonstiger, nicht allgemein üblicher Meßverfahren hingewiesen werden, die sich am Ende dieses Kapitels befindet.

B. Durchflußschwimmermessung.

Durchflußschwimmermesser zählen ursprünglich nicht fortlaufend, wie es Gas- und Wasserzähler tun, sondern sie geben in der Stellung eines Schwimmers einen Anzeigewert für den augenblicklichen Durchfluß. Die Einheiten sind dabei ganz beliebig, z. B. m³/min oder l/h.

Der Flüssigkeits- oder Gasstrom schiebt den Schwimmer entgegen der Schwerkraft (oder auch entgegen der Auftriebskraft) in einem kegeligen oder ähnlich geformten Leitungsstück so weit hoch, daß der Druckunterschied, den das Vorbeiströmen verursacht, das Gewicht des Schwimmers und der mit ihm verbundenen Teile tragen kann (Abb. 228.) Hieraus folgt gleich die sehr wichtige Feststellung, daß die Richtkraft eines Schwimmermessers durch den ganzen Meßbereich hindurch fast konstant bleibt und daher die Reibung auch im Gegensatz zu Differenzdruckmessern bei den kleinsten Mengen (in Prozent des jeweiligen Wertes gerechnet) keine größeren Fehler als bei den großen hervorruft.

Durch die Form des Leitungsstückes, in dem sich der Schwimmer auf und ab bewegt, läßt es sich erreichen, daß die Hubhöhe der Durchflußmenge proportional ist. Der Durchfluß ist dabei = Durchtrittsfläche × Geschwindigkeit, und die Geschwindigkeit entspricht ihrerseits wieder dem Wurzelwert aus dem durch das Schwimmergewicht erzeugten Druck vor und hinter dem Durchgangs-Querschnitt. Damit sind die Zusammenhänge in großen Zügen geklärt.

Bisher war der Abb. 228 entsprechend angenommen worden, der Schwimmer sei eine Scheibe oder einer solchen im wesentlichen ähnlich. Es gibt aber auch Ausführungen, bei denen der Schwimmer kegelig ist und aus einer Durchflußöffnung mehr oder weniger herausgehoben wird (Abb. 229). Die Art der Anzeige ist praktisch die gleiche.

Da Reibung vorhanden ist und sich der Charakter der Fließbewegung am Schwimmer vorbei mit wechselndem Durchfluß ändert, ist der Druckunterschied in Wirklichkeit nicht in allen Stellungen vollkommen gleich; die Abweichungen sind aber gering. Übrigens spielt ja die Höhe des Differenzdruckes nur insofern eine Rolle bei diesen Messern, als der bleibende Druckverlust eine bestimmte, durch den vorliegenden Zweck gegebene Größe nicht überschreiten darf. Der bleibende Druckverlust besteht aber nicht nur aus einem Teil der Druckdifferenz am Schwimmer; mehr machen häufig die Strömungswiderstände im Messer aus, die hauptsächlich durch die verschiedenen Ablenkungen des Stromes verursacht werden.

Es darf nicht außer acht gelassen werden, daß die Geschwindigkeit des Durchströmens außer von dem Differenzdruck auch noch vom spezifischen Gewicht der strömenden Menge abhängig ist. Verschiedene Gase oder Wasser und Luft verlangen also jedes eine besondere Eichung

Abb. 228. Scheibenförmiger Schwimmer in einer Düse.   Abb. 229. Kegelschwimmer.
Formen für Durchflußschwimmermesser.

oder zur Berichtigung einen Faktor $\sqrt{\gamma_1/\gamma_2}$. Jeder für Luft geeichte Schwimmerdurchflußmesser gibt bei Durchlaß von Leuchtgas, d. h. also bei einem bedeutend niedrigeren spezifischen Gewicht, eine Minderanzeige von über 30%, bei Anzeige von Gewicht oder Nm^3 entsprechend zuviel. Änderungen in den Zustandsgrößen muß also wie bei der Differenzdruckmessung durch Berichtigungszahlen Rechnung getragen werden. Der Einfluß des mit dem spezifischen Gewicht der strömenden Menge veränderlichen Schwimmerauftriebs ist dagegen gering, darf aber nicht vernachlässigt werden.

Die Durchflußmesser lassen sich also durch das spezifische Gewicht des Schwimmers allen Stoffarten und durch die Abmessungen allen Meßbereichen anpassen. Bei Niederdruckgas müssen ganz leichte Schwimmer verwendet werden, bei Flüssigkeitsmessung dagegen solche, die schwerer sind als die betreffende Flüssigkeit. Ein praktischer Nachteil der Schwimmerdurchflußmesser gegenüber den Differenzdruckmessern besteht darin, daß sie in die Leitung selbst eingebaut werden müssen und Schäden an ihnen jedesmal Betriebsunterbrechungen hervorrufen. Daher sind bei Schwimmerdurchflußmessern stets Umführungsleitungen erforderlich. Bei ungünstiger Lage der Leitungen können die Behinderungen für die Messung erheblich sein; die Verwendung von elektrischer Fernanzeige kann allerdings manches mildern.

Auch die mangelnde Anpassungsfähigkeit schränkt die Verwendungsmöglichkeiten der Schwimmerdurchfluß-

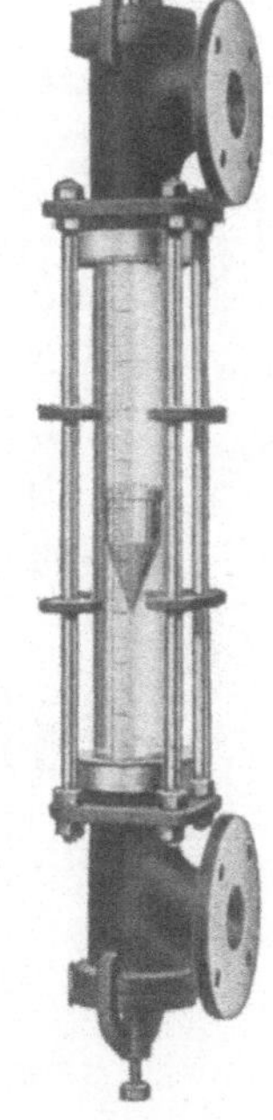

Abb. 230.
Rota-Messer.

messer trotz sonstiger Vorteile erheblich ein. Stoffart und Flüssigkeitsmenge legen eine bestimmte Messergröße fest. Daher kann der Meßbereich nachträglich nicht mehr erweitert werden, wie das bei Differenz-Manometern im allgemeinen leicht durch Ausdrehen der Blende durchzuführen ist. Bei großen Leitungsdurchmessern werden die Schwimmerdurchflußmesser außerdem recht umfangreich und

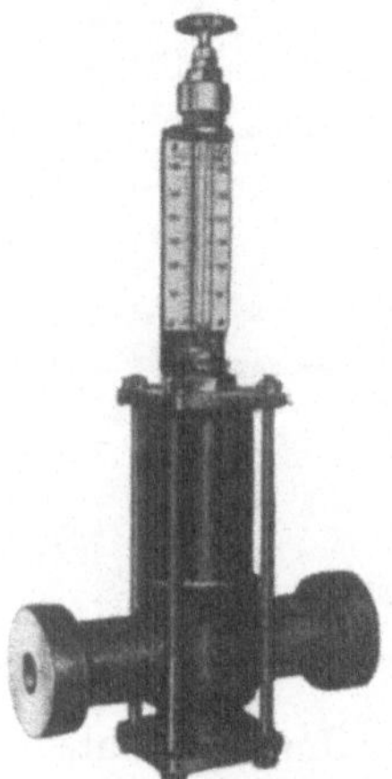

Abb. 231. Durchfluß-Schwimmermesser aus Steinzeug für Säuren (Grefe).

teuer. Zudem können sie, wie aus dem Prinzip ihrer Meßweise hervorgeht, nur in waagerechten Leitungen verwendet werden, wobei der Knick in der Strömungsrichtung auch noch insofern von vornherein festgelegt ist, daß die Strömung immer zuerst nach unten und dann am Schwimmer vorbei nach oben führen muß.

Durch besondere Einfachheit zeichnet sich der Rota-Messer (Abb. 230) aus[1]. Er ist in mehreren Ausführungen für Niederdruckgas, Preßluft, Wasser und andere Flüssigkeiten vorhanden, kann also allgemein verwandt werden. Der Schwimmer des Rota-Messers hat schraubenförmige Rillen längs seines Umfanges, so daß er, wenn Gas oder Flüssigkeit diese kleinen Kanäle durchströmt, in schnelle Drehung kommt. Diese Drehung hindert ihn daran, durch Adhäsion oder Verschmutzung am Rande des Meßglases festzuhaften; dadurch steigt die Empfindlichkeit in der Anzeige der Geschwindigkeitsänderung. Ferner ist die von außen sichtbare Drehung immer ein Zeichen dafür, daß der Messer in Ordnung ist. Die Drehbewegung wird schon bei einem geringeren Verschmutzungsgrad gehemmt und unterbunden als die Steigbewegung, so daß durch Aufhören der Drehung eine Warnung gegeben wird, ehe erhebliche Fehlmessungen eingetreten sein können.

Um bei größeren Mengen keine unpraktische Größe des Messers zu bekommen, wird er in Verbindung mit einer Teilstrommessung angewandt. Der Schwimmer dieses Staurand-Rota-Messers sitzt dann im Nebenschluß. Im Hauptstrom befindet sich ein Staurand und in der Zweigleitung eine kleine Düse. Die zum Anheben des Schwimmers nötigen Druckdifferenzen, etwa 2 bis 3 mm WS bei Apparaten für Industrie-Gasöfen, bestimmen die Weite des Meßbereiches nach unten. Da es sich hier um eine Anzeige und keine Zäh-

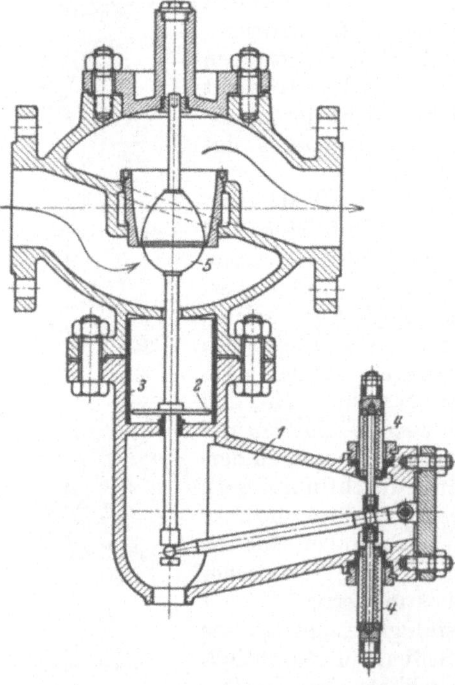

Abb. 232. Durchfluß-Schwimmermesser, Schnitt (Samson).

1 Gehäuse, 2 Bremse, 3 Bremszylinder, 4 stopfbuchsenlose, druckentlastete Durchführung nach außen durch Federrohre, 5 Schwimmer.

---

[1] Meßtechn. 1929 Nr. 3 S. 89.

lung (wie bei der unmittelbaren Teilstrommessung, s. S. 229) handelt, wird die Abweichung eingeeicht und macht sich dadurch gar nicht bemerkbar. Verschmutzung, die sich in einer Erhöhung des Differenzdruckes äußert, gibt natürlich eine langsam wachsende Fehlmessung. Daher ist diese Ausführung des Staurand-Rota-Messers für sehr feuchte oder verschmutzte Gase nicht brauchbar; man muß dann schon bei Hauptstrommessern bleiben.

Die gleiche Anordnung, aber eine etwas abweichende Ausführung liegt beim Demag-Messer und beim Grefe-Messer (Abb. 231) vor. Ersterer wird hauptsächlich .zur Überwachung des Preßluftverbrauches benutzt, letzterer hat sich für Flüssigkeiten aller Art bei beliebigem Druck, insbesondere in chemisch-technologischen Betrieben eingeführt. Der Grefe-Messer ist zu diesem Zweck außer in Rotguß und Eisen auch in jedem sonst erforderlichen Material, Aluminium, Hartblei, V 2a-Stahl, Glas, Steinzeug, erhältlich.

Durchflußschwimmermesser, die ein Gestänge zur Betätigung von Zeiger oder Schreibhebel besitzen, sind zunächst als Dampfmesser entwickelt worden. Die Namen Bayer-Siemens[1], Claaßen, Stabe, Wagner (Pondo)[2], Samson sind mit dieser Art von Dampfmessern verknüpft.

Die Wirkungsweise ist die gleiche wie die der bereits beschriebenen Durchflußmesser. Die Unterschiede bestehen darin, daß die Schwimmerbewegung aus den Druckräumen heraus nach außen durchgeführt wird. Die Art der Durchführung ist bei den einzelnen Dampfmessern verschieden vorgenommen und

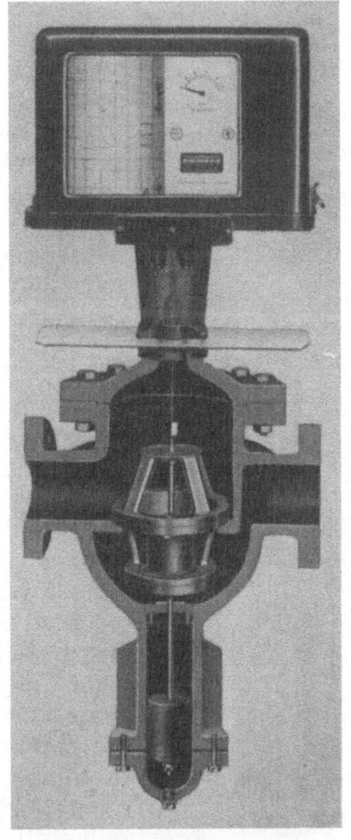

Abb. 233. Bayer-Siemens-Schwimmermesser mit Schreibtrommel, mechanischem Zählwerk und kleinem Belastungsanzeiger (I. G. Farben, Leverkusen — S. & H.).

geschieht durch eine Gleit-Stopfbuchse beim Bayer-Siemens, eine Dreh-Stopfbuchse beim Claaßen, Stabe und Wagner und eine Wellrohrabdichtung beim Samson.

Der Dampfmesser Samson (Abb. 232) betätigt unmittelbar ein Zählwerk (s. Abb. 303), während die übrigen den Augenblicksbedarf anzeigen oder registrieren. Der Bayer-Siemens-Messer wurde zunächst nur registrierend hergestellt. Abb. 233 zeigt eine neue Ausführung, die mit einem mechanisch betätigten Zahlenrollenwerk (s. S. 60) und

---

[1] Wärme 1931 Nr. 9 S. 171/72; Siemens-Z. 1931 Nr. 6 S. 290—297.
[2] Meßtechn. 1927 Nr. 6 S. 187/88; Arch. Wärmewirtsch. 1927 Nr. 9 S. 284.

einem kleinen Belastungszeiger versehen ist[1]. Druckberücksichtigungen bekannter Art werden auch hier gelegentlich angebracht. Fernmeldung geschieht auf auch sonst bewährter Grundlage, Zählung mechanisch oder elektrisch.

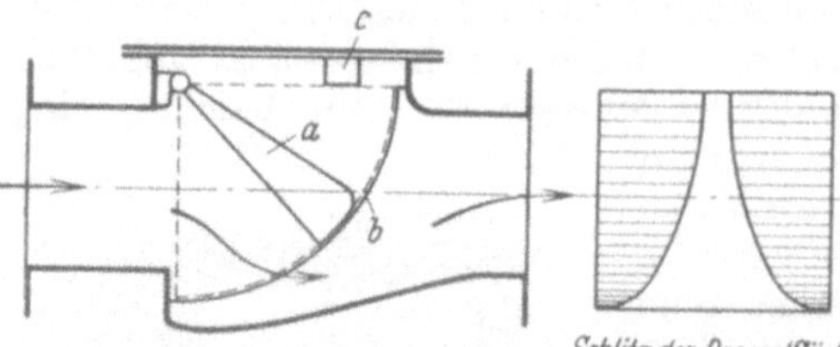

Abb. 234. Klappenmesser, schematisch.
a schwingende Klappe, zugleich Zeiger, b Drosselfläche, c Begrenzung

Der englische Drayton[2]-Dampfmesser ersetzt zugleich ein Absperrventil. Im übrigen weicht er von den vorgenannten Bauarten nur konstruktiv etwas ab.

Wenn der Schwimmer nicht zu schwer gehalten und sein Hub der Menge proportional ist, können diese Apparate für die Beobachtung stark schwankender Belastungen nützlich sein. Für schnellpulsierenden Durchfluß sind aber auch sie nicht geeignet, da die Massen nach oben durch den Stoß, nach unten jedoch durch ihr Eigengewicht bewegt werden. Für schleichenden Verbrauch sind sie gut verwendbar. Auch der Benutzung für Preßluft- und Wassermengenmessung steht unter den genannten Einschränkungen nichts im Wege.

Weitgehende strömungstechnische Untersuchungen am Bayer-Siemens-Messer haben Ergebnisse gezeitigt, die für die Beurteilung aller Schwimmer-Durchflußmesser von großem Wert sind[1].

Eine besondere Form der Durchflußmesser stellen Apparate mit schwingender Klappe dar. Die Abb. 234 zeigt, mit wie einfachen Mitteln unter Umständen gearbeitet werden kann. Infolge der Bemessung des Durchtrittsquerschnittes entsprechen gleichen Winkeldrehungen der Klappe gleiche Änderungen in der austretenden Luftmenge. Daher ist auch die Skalenteilung linear in der Menge. Trotz der Einfachheit soll die Genauigkeit 1% betragen. Der Druckabfall beläuft sich auf weniger als $^1/_{10}$ Atm. Solche Ausführungen wurden z. B. in südafrikanischen Minen in großer Anzahl als Luftmesser eingebaut[3]. In der heimischen Industrie haben die Klappenmesser keine Bedeutung erlangt.

Beim Klappenmesser von Samson, der im Prinzip ähnlich Abb. 234 ist, wird der Hub über eine Wellrohrdurchführung aus dem Druckraum übertragen und

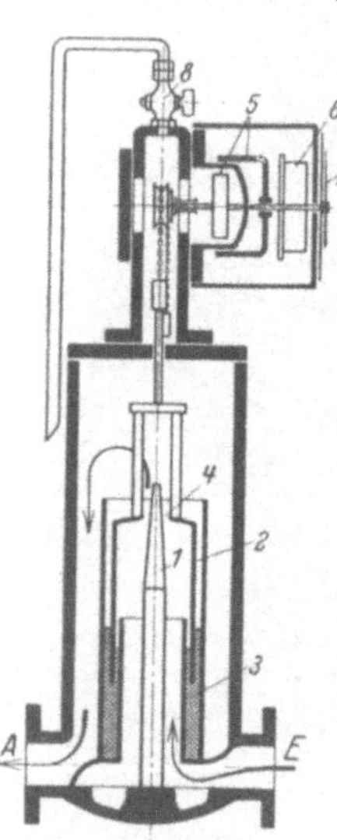

Abb. 235. Festkegel-Durchflußmesser (Thermotechnik).
1 Profildorn, feststehend (Festkegel), 2 Tauchglocke, beweglich, 3 Sperrflüssigkeit (Quecksilber), 4 Durchtrittsquerschnitt, 5 magnetische Kupplung, 6 Ferngeber, 7 Zeiger, 8 Entlüftung.

<hr>

[1] Ruppel u. Umpfenbach: Strömungstechnische Untersuchungen an Schwimmermessern. Techn. Mech. Thermodyn. 1930 Nr. 6, 7, 8 S. 225, 257, 290.
[2] Engineering Bd. 119 (1925) Nr. 3103 S. 777.
[3] Engineer 1927 30. 12. S. 747.

verstellt ein Zahnrad, das mit einer Staffelwalze zusammen arbeitet und von dieser angetrieben den Meßwert zählt.

Erwähnenswert ist auch die Ausführung mit Tauchglocke nach Abb. 235. Die leichte Bearbeitbarkeit des dort verwendeten Profildorns gibt einen fabrikatorischen Vorteil gegenüber innen auszudrehenden Hohlkegeln. Der Hub der Glocke wird auf die Anzeige- oder Schreibvorrichtung auf bekannte Art, bei höherem Druck durch magnetische Kupplung, übertragen. Dieser Messer ist ein Mittelding zwischen den Durchflußschwimmer- und den Druckunterschiedmessern. Infolge des nur bei Null-Last ausgeglichenen Tauchglockengewichtes sind hier sowohl der Druckunterschied als auch der Durchgangsquerschnitt mit der Belastung veränderlich.

C. Staudruck- und Druckunterschiedmessung.

1. Allgemeines.

Infolge der Trennung zwischen Meßdruckgeber und Meßapparat, die beim Druckunterschiedmeßverfahren zwangläufig eintritt, ist die Druckunterschiedmessung dann am Platze, wenn die, häufig an sich einfacheren, in die Leitung eingebauten Mengenmeßgeräte so groß ausfallen würden, daß die Preisfrage eine erhebliche Rolle spielt.

Stationsgasmesser werden z. B. von etwa 2000 m³/h Gasdurchgang an teurer als Druckunterschiedmesser. Sie wirken sich also, wenn auch zunächst nur in geringem Maße, im Gaspreis verteuernd aus. Die Flügelradzähler bekommen zwar bis zu den größten Leistungen noch mäßige Abmessungen, aber auch sie sind in die Leitung eingebaut und Schäden an ihnen können den Betrieb aufs empfindlichste beeinflussen. Eine Druckunterschiedmeßstation hat dagegen für alle Gasmengen fast gleiche Größe und steigt kaum im Preise mit. Es ist also verständlich, daß die Druckunterschiedmeßverfahren, insbesondere bei der Ferngasmessung, das Übergewicht bekommen haben.

Die folgende Behandlung des Druckunterschiedmeßverfahrens und der wesentlichen Apparaturen hierzu beginnt mit einer kurzen theoretischen Begründung. Dann werden die Meßdruckgeber: Staurohr, Blende (Staurand), Düse, Venturirohr, in ihrer Wirksamkeit, Bauweise und Eignung beschrieben. Anschließend folgt die Behandlung der Meßapparate selbst in der Reihenfolge:

U-Rohr-Manometer,
Schwimmer- und Glockengeräte,
Gefäß- und Ringwaagen,
Membranmesser.

Dabei werden insbesondere die verschiedenen Möglichkeiten der Wurzelziehung und der selbsttätigen Berichtigung, die Anwendung mehrerer Meßbereiche, Verhinderung von Überlastungen und die Eignung für pulsierende und stark schwankende Strömungen betrachtet. Im Zusammenhange damit folgen besondere Kapitel, die eine gebührende Würdigung der mit der Druckunterschiedmessung verwandten modernen Teilstrom- und Hilfsstromverfahren enthalten und eine Übersicht über Sonderverfahren geben, deren Anwendung gelegentlich zweckmäßig ist.

2. Staudruck und Staurohr.

Die Druckunterschiedmessung baut auf dem Energiesatz auf: Spannungsenergie + Bewegungsenergie = const. Dieser Satz, auf eine strömende Flüssigkeit angewandt, sagt aus, daß ein Anwachsen der Geschwindigkeit eine Drucksenkung zur Folge haben muß.

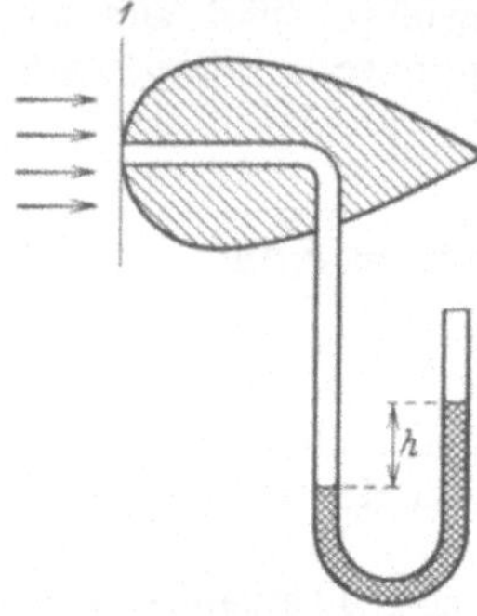

Abb. 236. Schematische Darstellung eines Staurohrs mit U-Rohr.

Der einfachste Fall dieser Art ist in dem Staurohr gegeben. Befindet sich ein, zunächst beliebig geformter Körper in einer Strömung (Abb. 236), so erhält er auf der dem Strom zugewendeten Vorderseite einen zusätzlichen Druck h, der, wenn eine der Strömung genau zugewendete Anbohrung mit einem Druckmesser verbunden wird, genau quadratisch mit der Strömungsgeschwindigkeit anwächst. Er wird dynamischer Druck genannt:

$$h = c \cdot w^2 \, \text{kg/m}^2 \text{ oder mmWS}. \qquad (1)$$

Wird eine Strömung zugrunde gelegt, die keine tiefgehenden Nebenbewegungen durch Wirbelzöpfe und ähnliches ausführt, so besteht für den Zustand an der Druckanzapfstelle 1 und an einer beliebigen Stelle vorher die Beziehung:

$$\frac{P}{\gamma} + \frac{w^2}{2g} = \frac{P_1}{\gamma} + \frac{w_1^2}{2g}, \quad \text{und da } w_1 = 0, \quad P_1 - P = h = \frac{\gamma}{2g} \cdot w^2 \, \text{kg/m}^2. \qquad (2)$$

Die Bedeutung des Staudruckes wird noch klarer, wenn man der Gleichung (2) die bekannte Arbeitsgleichung

$$A = M \cdot \frac{w^2}{2} \qquad (3)$$

gegenüberstellt. Beide sind scheinbar ganz verschieden. Schreibt man aber:

$$h = \frac{\gamma}{g} \cdot \frac{w^2}{2} \quad \text{und} \quad A = \frac{\gamma}{g} \cdot V \cdot \frac{w^2}{2}, \qquad (4)$$

so ergibt sich:

$$h = \frac{A}{V} \, \text{mkg/m}^3, \qquad (5)$$

d. h.: der Staudruck in kg/m² oder mm WS ist „die kinetische Energie (Wucht, mkg) für 1 m³ der strömenden Flüssigkeit."

Hieraus geht hervor, daß der Staudruck nicht allein mit der Geschwindigkeit der fortschreitenden Strömung zusammenhängt, daß obige Beziehung (2) also nur unter bestimmten einschränkenden Voraussetzungen zutrifft. Bei sehr starken Wirbelungen oder bei pulsierender Strömung ist die Bewegungsenergie je nach der Schärfe der Ungleichförmigkeit bedeutend größer als bei einer gleichmäßigen geordneten Strömung, gelegentlich bis zu mehreren 100%. Also auch der Staudruck würde ungleich höher ausfallen, als dem Maß der Geschwindigkeit entspricht. Dies sei für spätere Erörterungen über die Messung pulsierender Ströme schon jetzt vorausgeschickt.

Bei geordneter Strömung, unter der im folgenden nicht etwa laminare, sondern gleichmäßig turbulente Strömung verstanden sein soll, wie sie für Meßzwecke immer vorausgesetzt werden muß, kann also die Geschwindigkeit und damit die Menge (Volumen bzw. Gewicht) mit Hilfe des Staudruckes gemessen werden. Es gilt:

$$w = \sqrt{\frac{2\,g\,h}{\gamma}}\ \text{m/sec} \tag{6}$$

und damit:

$$V = F \cdot w\ \text{m}^3/\text{sec}$$

oder

$$Q = F \cdot w \cdot \gamma\ \text{kg/sec}.$$

F ist ein bisher noch nicht festgelegter Strömungsquerschnitt in m².

Es leuchtet ein, daß je nach der Form der stauenden Oberfläche die einfache Beziehung kleine Abweichungen erfährt. Diese werden durch einen Beiwert bezeichnet, meist mit β, so daß

$$w = \beta \cdot \sqrt{\frac{2\,g\,h}{\gamma}} \tag{7}$$

ist. Dieser Beiwert wird aber bei den bekannten Staurohrausführungen durch die Formgebung zu 1,00 gemacht, so daß doch die Formel (6) ohne den Beiwert Geltung hat.

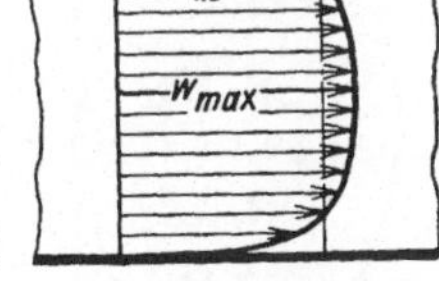

Abb. 237. Geschwindigkeitsprofil bei turbulenter Strömung.

Der Staudruck als Maß für die an der Meßstelle herrschende Geschwindigkeit gilt nur für einen bestimmten Punkt in der Strömung. Deshalb ist bei der Messung der durch eine Leitung strömenden Stoffmenge zu berücksichtigen, daß die Geschwindigkeit am Rande wegen der Reibung Null ist und zur Mitte hin bis zu einem Größtwert zunimmt. Bei der laminaren Strömung (Fadenströmung) gilt die Geschwindigkeit als nach einer Parabel über dem Rohrdurchmesser verteilt. Die mittlere Geschwindigkeit w_m und die größte Geschwindigkeit in der Rohrachse w_{max} hängen also durch die Gleichung

$$w_m = \tfrac{1}{2} \cdot w_{max} \tag{8}$$

zusammen. Technisch kommt die laminare Strömung fast nie vor. Wie später bei der Erörterung der wichtigen Reynoldsschen Zahl berichtet wird, ist sie nur bei sehr kleinen Geschwindigkeiten möglich.

Meist ist die Strömung an den Meßstellen verwirbelt, jedoch ohne Wirbelzöpfe und ähnliche das Strömungsbild verzerrende Erscheinungen. Dabei ist die Geschwindigkeitsverteilung ähnlich der Abb. 237 und obiges Verhältnis ist etwa:

$$w_m = 0{,}84 \cdot w_{max}. \tag{9}$$

Diese Verteilung ist in gewissen Grenzen von der absoluten Größe der Geschwindigkeit unabhängig.

Wenn ein Staurohr in Richtung der Rohrachse eingebaut ist, läßt sich demnach aus dem Staudruck an diesem einen Punkte auf die mittlere Geschwindigkeit und damit auf die Stoffmenge schließen.

$$w_m = 0{,}84 \cdot \sqrt{\frac{2\,g\,h}{\gamma}} \ \mathrm{m/sec}\,, \tag{10}$$

$$V = 3000 \cdot w \cdot F \ \mathrm{m^3/h}\,,$$

$$Q = 3000 \cdot w \cdot F \cdot \gamma \ \mathrm{kg/h}\,.$$

Sehr hohe Geschwindigkeiten, Krümmer u. a. geben Geschwindigkeitsprofile, die mit einer immer gültigen Formel nicht zu erfassen sind. Dann kann die Menge nicht mehr durch eine einzige Messung in der Achse gefunden werden. Durch punktweises Abtasten des Querschnittes muß erst die Verteilung festgestellt und danach der Faktor für den Meßwert in der Achse bestimmt werden.

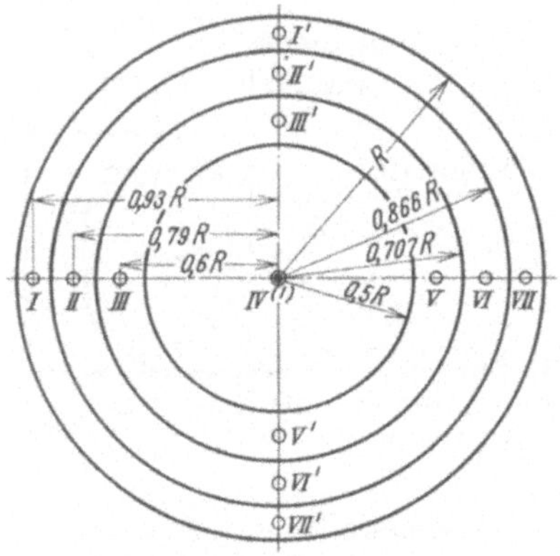

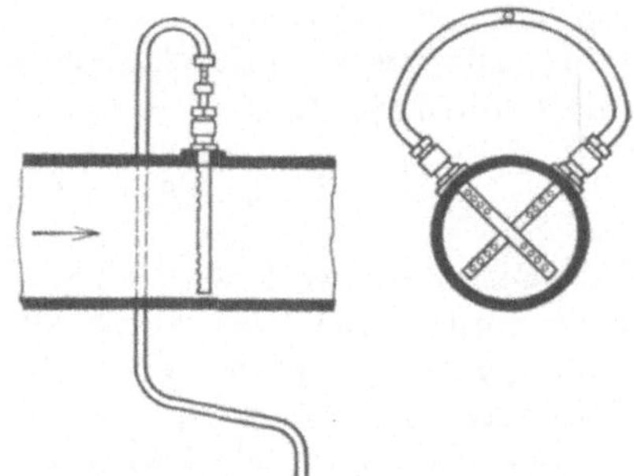

Abb. 238. Teilung eines Rohrquerschnitts in flächengleiche konzentrischeKreisringe.

Abb. 239. Netzmessung mit gekreuzten Diagonal-Staurohren (nach Hydro).

Man kann oft eine Stelle auswählen, an der die mittlere Geschwindigkeit wirklich herrscht. Hier ist aber für die Erhaltung der Geschwindigkeitsverteilung bei verschiedener mittlerer Geschwindigkeit kein Beweis erbracht. Am besten teilt man dann den Querschnitt nach Abb. 238 in eine Reihe flächengleicher konzentrischer Kreisringe und bestimmt durch Staudruckmessung die Geschwindigkeit an mindestens je vier Punkten auf der Mitte dieser Ringe. Wegen der Flächengleichheit hat das arithmetische Mittel die größte Wahrscheinlichkeit, der richtige Mittelwert für die Geschwindigkeit zu sein. Bei dem Vorschlag nach Abb. 239 wird angenommen, daß die an der Vorderseite nach Maßgabe der Abbildung angeordneten Diagonal-Staurohre selbsttätig die richtige Mittelwertbildung herstellen.

Da bei Staudruckmessungen in Rohrleitungen der statische Druck ein anderer als der Druck der umgebenden Lufthülle zu sein pflegt, muß der statische Druck in der betreffenden Leitung ebenfalls gemessen werden. Die Geschwindigkeit kann ja nur mit dem dynamischen

Druck, der Differenz zwischen Gesamtdruck und statischem Druck, in Beziehung gesetzt werden. Die für Messungen in Rohrleitungen gebräuchlichen Staurohre haben infolgedessen stets zwei Druckabnahmestellen. Die eine liegt der Strömung genau entgegen und mißt den Gesamtdruck, die andere steht winkelrecht zur Strömungsrichtung und gibt den statischen Druck.

Die bekannten Staurohre nach Prandtl (Abb. 240) und nach Brabbée unterscheiden sich zunächst in der Form des Staukörpers. Ferner hat ersteres zur Abnahme des statischen Druckes einen nahezu ringsherum gehenden Schlitz, letzteres stattdessen um den Staukörper verteilte Bohrungen. Das

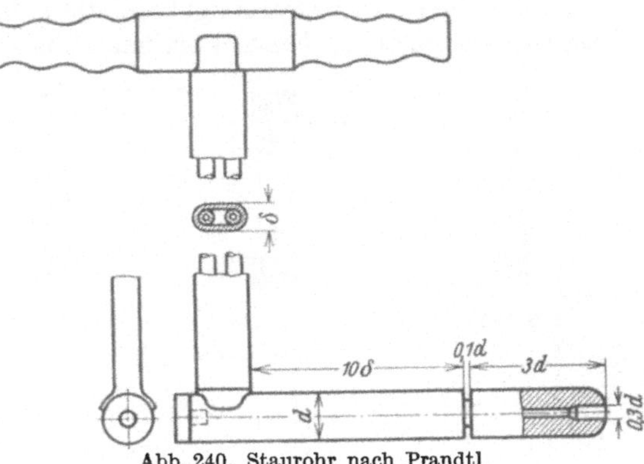

Abb. 240. Staurohr nach Prandtl
(nach Mitt. 76 der Wärmestelle Düsseldorf).

Staurohr nach Prandtl ist innerhalb von etwa 15⁰ unempfindlich gegen ungenaue Einstellung in die Strömungsrichtung. Das Staurohr nach Brabbée leidet infolge seiner größeren axialen Bohrung weniger unter der bei technischen Gasen vielfach unvermeidlichen Verschmutzung. Die Form als Ganzes ist bestimmend für den Beiwert. Unscheinbare Ab-

Abb. 241. Hochdruck-Staurohr.

weichungen von der geeichten Form können wesentliche Fehlmessungen verursachen. Das Staurohr nach Prandtl ist das gebräuchlichere.

Für Messungen bei höheren Drücken wird das Staurohr mit passenden Armaturen versehen und die Schlauchstutzen durch Lötnippel ersetzt. Die Verwendung als Hochdruck-Staurohr ist aber recht selten. Eine Ausführung dieser Art für eine Leitung mit sehr hoher Strömungsgeschwindigkeit zeigt die Abb. 241; Blende und Düse konnten hier nicht mehr benutzt werden.

3. Blende, Düse, Venturirohr.

a) Eigenschaften und Berechnung von Düse und Blende. Die Blende, früher Staurand, Stauring, Stauscheibe, Drosselscheibe oder Meßrand genannt, die Düse und das Venturirohr (Abb. 242—244) sind die drei Ausführungen des Meßdruckgebers, die zur Zeit vor allem für technische Dauermessungen in Frage kommen. Zusammenfassend werden sie zum

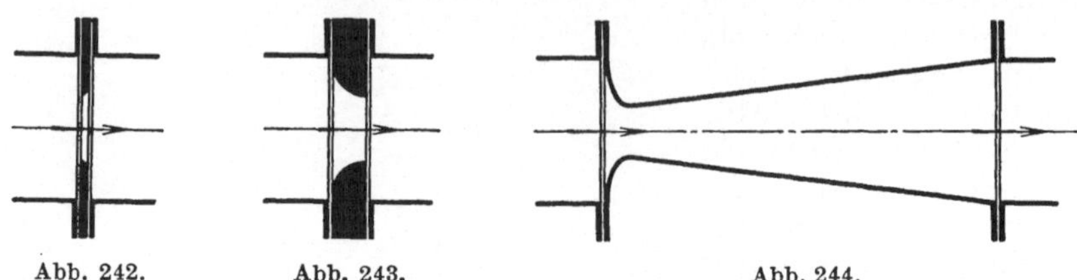

Abb. 242.   Abb. 243.   Abb. 244.
Abb. 242—244. Blende, Düse, Venturirohr schematisch.

Unterschied gegen die vorbehandelten Staugeräte „Drosselgeräte" genannt.

Hinsichtlich der Ableitung der Gleichungen, der Beschreibung, der Zahlenwerte und Toleranzen lehnen sich die folgenden Ausführungen eng an die heute als maßgebend anerkannten „Regeln für die Durchflußmessung mit genormten Düsen und Blenden"[1] an, die der Strömungsmesser-Ausschuß des VDI im Jahre 1930 erstmalig aufgestellt hat.

---

[1] Regeln für die Durchflußmessung mit genormten Düsen und Blenden. Aufgestellt vom Strömungsmesser-Ausschuß des VDI. 3. Aufl. 1935. VDI-Verlag, mit ausführl. Literaturverzeichnis.

Zur Einführung der 1. Auflage: Ruppel: Arch. Wärmewirtsch. 1931 Nr. 6 S. 173/74. — Desgl. zur 3. Auflage: 1935 Nr. 10 S. 265.

Bemerkungen zu den Regeln: Witte: Z. VDI 1931 Nr. 48 S. 1454.

Pflaum: Beitrag zur Mengenmessung strömenden Dampfes mittels Stauringen. VDI-Forsch.-Heft 298 (1928).

Jakob u. Kretzschmer: Die Durchflußzahlen von Normaldüsen und Normalstaurändern für Rohrdurchmesser von 100 bis 1000 mm. VDI-Forsch.-Heft 311 (1928); Z. VDI 1929 S. 935 bis 937 (Ber.).

Witte: Durchflußbeiwerte der IG Meßmündungen für Wasser, Öl, Dampf und Gas. Z. VDI 1928 S. 1493—1502, dazu Berichtigung 1929 S. 976; Durchflußzahlen von Düsen und Staurändern. Techn. Mech. Thermodyn. 1930 Nr. 1, 2 u. 3, S. 34—41, 72—85, 113—120.

Mueller u. Peters: Durchflußzahlen der Normaldüse. Z. VDI 1929 S. 966/67.

Ruppel: Einfluß der Expansion auf die Kontraktion hinter Staurändern. Techn. Mech. Thermodyn. 1930 S. 151—157. Zuschrift: Techn. Mech. Thermodyn. 1930 S. 338—340 (Busemann).

Witte: Die Strömung durch Düsen und Blenden. Forschung 1931 Nr. 7 u. 8 S. 245—251, 291—302.

Ruppel u. Jordan: Die Durchflußzahlen von Normblenden mit und ohne Störung des Zuflusses. Forschung 1931 S. 207—212.

Kretzschmer u. Wälzholz: Versuche über die Einbaufehler der Normblenden. Forschung 1934 Nr. 1 S. 25—35.

Witte: Neuere Mengenstrommessungen zur Normung von Düsen und Blenden. Forschung 1934 Nr. 5 S. 205—211.

Ruppel: Untersuchungen an Normdüsen. Forschung 1935 Nr. 5 S. 223—234.

Stach, E.: Die Beiwerte von Normdüsen u. Normblenden in Einlauf u. Auslauf. Z. VDI 1934 Nr. 6 S. 187—189.

Strömt ein Stoff in nur langsam schwankender Menge durch ein Rohr, dessen Querschnitt sich mehr oder minder plötzlich ändert (Abb. 242—245), so muß sich die Geschwindigkeit und infolgedessen auch der statische Druck des Stoffes entlang der Rohrachse gleichfalls ändern; auch hier gilt wieder, daß der Energieinhalt des strömenden Stoffes, bestehend aus der Summe von Wucht und Spannungsenergie unverändert bleiben muß. Vernichtung von Energie durch Reibung und ähnliche nicht umkehrbare Prozesse soll zunächst außer Betracht bleiben. Für jeden Querschnitt der Rohrleitung gilt also

$$\frac{P}{\gamma} + \frac{w^2}{2g} = \text{const} \quad (11)$$

und insbesondere für Querschnitt 1 und 2

$$\frac{P_1}{\gamma_1} + \frac{w_1^2}{2g} = \frac{P_2}{\gamma_2} + \frac{w_2^2}{2g}, \quad (12)$$

$$\left(\frac{P_1}{\gamma_1} - \frac{P_2}{\gamma_2}\right) = \frac{w_2^2 - w_1^2}{2g}. \quad (13)$$

Dazu tritt dann zweitens die Kontinuitätsgleichung:

$$w_1 F_1 \gamma_1 = w_2 F_2 \gamma_2 \quad (14)$$

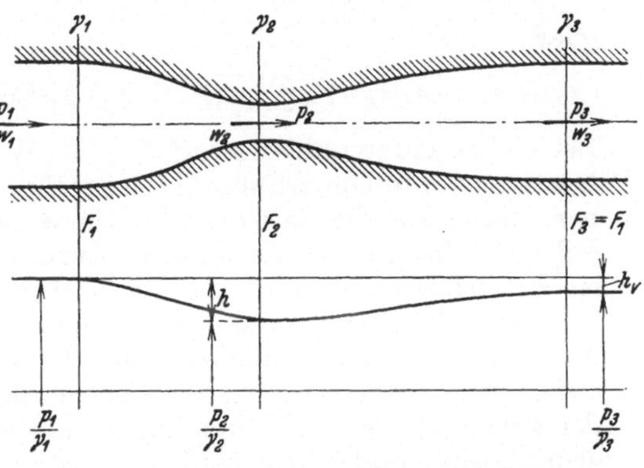

Abb. 245. Schematische Darstellung einer Rohrverengung mit Druckdiagramm.

F Querschnitte m², P Druck kg/m², w Geschwindigkeit m/sec, γ spezifisches Gewicht kg/m³, h Druckhöhen m (größter Druckabfall), h_v bleibender Druckverlust.

und drittens eine Gleichung für die — adiabatisch angenommene — Zustandsänderung

$$\frac{\gamma_1}{\gamma_2} = \left(\frac{P_1}{P_2}\right)^{\frac{1}{k}}. \quad (15)$$

Wendet man nun diese Gleichungen auf die bestimmten Querschnittsformen der Abb. 242—244 an, wobei der engste Querschnitt der Strömung den Index 2 erhält, dann muß für die praktische Durchführung noch berücksichtigt werden, daß hinter dem kleinsten Drosselquerschnitt, besonders bei der Blende, eine weitere Strahleinschnürung eintritt, deren Lage und Weite nicht genau bekannt ist und auch nicht gemessen werden kann. Mit Hilfe der Kontraktionszahl μ werden der tatsächliche engste Querschnitt F_2 und der Nennquerschnitt F_0 der Drossel in Beziehung gebracht:

$$F_2 = \mu \cdot F_0. \quad (16)$$

Wird noch das Öffnungsverhältnis

$$m = \frac{F_0}{F_1} = \left(\frac{d}{D}\right)^2 \text{ eingeführt}, \quad (17)$$

ferner mit ζ die Abweichung der tatsächlichen mittleren Geschwindigkeit w_2 von dem theoretischen Wert infolge Wand- und innerer Reibung erfaßt, mit α eine Zusammenfassung von μ, ζ und m von der Form

$$\alpha = \frac{\zeta \cdot \mu}{\sqrt{1 - \mu^2 m^2}} \text{ bezeichnet,}$$

schließlich durch ε eine sehr komplizierte Funktion ersetzt, die der Expansion Rechnung trägt,

dann ist

$$Q = \alpha \cdot \varepsilon \cdot F_0 \cdot \sqrt{\frac{2g}{\gamma_1} \cdot (P_1 - P_2)} \text{ m}^3/\text{sec} \qquad (18)$$

oder

$$G = \alpha \cdot \varepsilon \cdot F_0 \cdot \sqrt{2 g \gamma_1 \cdot (P_1 - P_2)} \text{ kg/sec}, \quad \text{da ja} \quad G = Q \cdot \gamma. \qquad (19)$$

Bei nicht kompressiblen Stoffen, z. B. Wasser, fällt die Beizahl ε weg. Die sogenannte Durchflußzahl α ist rechnerisch nicht so genau bestimmbar, wie es für die Messungen nötig wäre. Durch sehr viele Versuchsreihen im In- und Auslande, in Instituten und bei interessierten Firmen ist die Größe dieser Zahl aber ausreichend bestimmt worden.

Unterstützt wurde diese Arbeit wesentlich durch Heranziehung der hydrodynamischen Ähnlichkeit mit Hilfe der Reynoldsschen Zahl R. Unter der Voraussetzung, daß neben der geometrischen Ähnlichkeit der Drosselstellen und ihrer Umgebung auch die Strömungen an sich geometrisch vergleichbar sind, können die mit einem bestimmten Stoff, z. B. mit Wasser, gefundenen Werte für α auf Stoffe anderer Dichte und anderer Zähigkeit übertragen werden[1]. Die Reynoldssche Zahl ist dimensionslos und bedeutet ursprünglich das Verhältnis zweier Kräfte, der Trägheitskräfte und der Zähigkeitskräfte. Sie wird in der Form

$$R = \frac{L \cdot w}{\nu} \text{ gebraucht, wobei:}$$

L in m eine charakteristische Länge der verglichenen Drosselstrecken, w in m/sec die mittlere Geschwindigkeit und

$\nu = \dfrac{\eta \cdot g}{\gamma}$ m²/sec die kinematische Zähigkeit bedeutet.

η in kg $\cdot$ sec/m² ist die dynamische Zähigkeit.

Bei Rohrleitungen wird als charakteristische Länge der Rohrdurchmesser D genommen. Die Bezeichnung ist dann $R_D = \dfrac{D \cdot w}{\nu}$ zum Unterschied von der selteneren Schreibweise R_d, die sich auf den kleinsten Durchmesser der Drosselstrecke bezieht. Kleine Reynoldssche Zahlen deuten auf ein Überwiegen der Zähigkeitskräfte, große auf Überwiegen der Trägheitskräfte hin. Die Zähigkeitskräfte machen sich insbesondere bei langen Stromführungen durch die Wandreibung bemerkbar (in der Düse, mehr noch im Venturirohr), die Trägheitskräfte bei scharfen Querschnittsänderungen und damit verbundenen Strahlablenkungen (bei der Blende).

Da die Verwendbarkeit der Reynoldsschen Zahl für solche Ver-

---

[1] Ruppert, W.: Die Zähigkeit von Gasen, ihre Bestimmung u. Bedeutung f. d. Strömungsmessung. Meßtechn. 1932 Nr. 11 S. 237—242.

Plank, R.: Die Zähigkeit von Gasen u. Dämpfen. Forschung 1933 Nr. 1 S. 1—7; vgl. auch Fußnote 1 auf S. 265.

gleiche feststeht, kann die nötige Versuchsarbeit erheblich beschränkt werden. Es ist nicht mehr nötig, für irgendeinen Stoff erst Versuche über die Durchflußzahlen zu machen. Mit Hilfe von R sind die mit anderen Stoffen gemachten Erfahrungen übertragbar.

Das Ergebnis der Versuchsreihen — die Durchflußzahl α — wird über der Abszisse R aufgetragen. Dabei stellt sich heraus, daß α oberhalb einer bestimmten Reynoldsschen Zahl konstant bleibt. Das hängt damit zusammen, daß oberhalb von etwa 300 mm Durchmesser der Einfluß der Zähigkeit verschwindet, die Wandreibungsschicht macht sich dann nicht mehr so bemerkbar wie bei kleinen Leitungen.

Die Zahlenwerte für α für die auf Grund der Versuchsreihen festgelegten Normdüsen und Normblenden entnimmt man am besten den bereits genannten Regeln. Bei der Düse ist keine Abhängigkeit von der Glätte des Rohres vorhanden, solange $m < 0{,}3$. Bei der Blende dagegen überschreitet die Abweichung bei sogenannten betriebsrauhen Rohren, z. B. bei gußeisernen angerosteten Rohren, aber ohne grobe Verkrustungen, bereits die für glatte Rohre gegebene Toleranz erheblich. Je kleiner die Rohrweite und je größer das Öffnungsverhältnis, desto wesentlicher werden die Abweichungen. Eine weitere Abweichung entsteht, wenn die Blendenkante nicht, wie es eigentlich Voraussetzung ist, ganz scharf ist. Beide Einflüsse zusammen verursachen eine Vergrößerung der Durchflußzahl für kleine Rohrweiten bis etwa 2%.

Für die in den Formeln (18) und (19) außerdem noch stehende Zahl ε enthalten die Regeln ebenfalls alle notwendigen Zahlenwerte.

Für die praktische Verwertung sind die Formeln (18) und (19) noch nicht in bequemer Gestalt. Es ist üblich, die Momentanwerte für Gas-, Dampf- und Wasserverbrauch in m^3/h oder kg/h anzugeben. Ferner wird statt F_0 zweckmäßiger die lichte Durchtrittsweite des Drosselorganes d, und zwar in mm eingesetzt. Statt $(P_1 - P_2)$ wird ferner noch das gewohnte Zeichen h (mm WS = kg/m^2) genommen; damit ergeben sich als Endgleichungen:

$$Q = 0{,}0125 \cdot \alpha \cdot \varepsilon \cdot d^2 \cdot \sqrt{\frac{h}{\gamma_1}}\ m^3/h \quad (d \text{ in mm}), \tag{20}$$

$$G = 0{,}0125 \cdot \alpha \cdot \varepsilon \cdot d^2 \cdot \sqrt{h \cdot \gamma_1}\ \text{kg/h} \quad (d \text{ in mm}). \tag{21}$$

Bei der Umrechnung von mm QS in mm WS ist zu beachten, daß bei Dampfmessungen infolge der Wasserfüllung über dem Quecksilberinhalt des Messers das wirksame spezifische Gewicht des Quecksilbers nur mit $13{,}55 - 1{,}0 = 12{,}55$ eingesetzt werden darf.

Aus den Gleichungen (20) und (21) folgt noch mit $\left(\dfrac{d}{D}\right)^2 = m$:

$$\alpha \cdot m = \frac{80 \cdot Q \cdot \sqrt{\gamma_1}}{\varepsilon \cdot D^2 \cdot \sqrt{h}} = \frac{80 \cdot G}{\varepsilon \cdot D^2 \cdot \sqrt{h \cdot \gamma_1}}. \tag{22}$$

Dieser Wert $\alpha \cdot m$ — je nach Bedarf in der Form mit Q oder G — als Abszisse genommen, m als Ordinate, gibt eine praktische Kurvenschar[1], aus der

____

[1] Diese Kurven sind in den „Regeln für die Durchflußmessung" (VDI-Verlag, 3. Aufl. 1935) enthalten.

sich der lichte Durchmesser des Drosselgeräts sehr einfach entnehmen läßt, wenn ein bestimmter Durchfluß eine durch einen bestimmten Meßapparat bereits festgelegte Druckdifferenz am Meßdruckgeber erzeugen soll.

Sollte für die Gasmenge ein Normalzustand vorgesehen sein — bisher bezog sich ja die Angabe des Volumens immer auf den Zustand vor der Meßstelle, Index 1 — dann hat Gl. (22) die Gestalt:

$$\alpha \cdot m = \frac{80 \cdot Q_n \cdot \sqrt{\gamma_n}}{\varepsilon \cdot D^2 \cdot \sqrt{h}} \cdot \sqrt{\frac{P_n \cdot T_1}{P_1 \cdot T_n}}, \tag{23}$$

worin P_n und T_n die zu dem verwendeten Normalzustand gehörigen Zustandsgrößen sind.

b) Formgebung und Einbau. Wie die Normdüse 1930 und die Normblende 1930 gestaltet werden müssen, damit die in den Regeln fest-

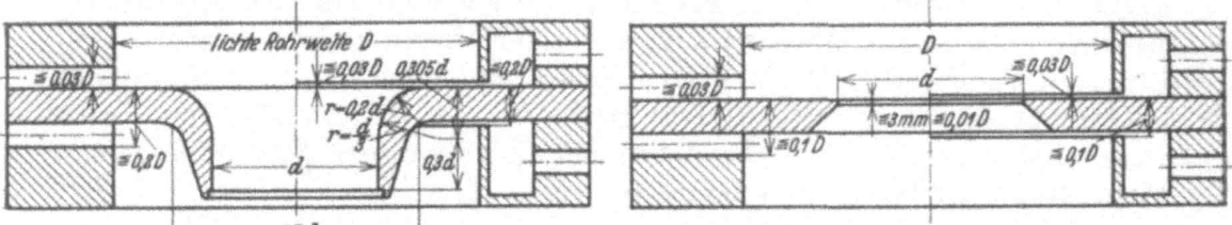

<table>
<tr><td>Abb. 246. Normdüse 1930.</td><td>Abb. 247. Normblende 1930.</td></tr>
</table>

Nach „Regeln für Durchflußmessung", links Druckentnahme durch Einzelanbohrung, rechts durch Ringschlitz[1].

gelegten Beiwerte und Toleranzen Gültigkeit haben, zeigen die Abb. 246 und 247, die auf der linken Hälfte die Baumaßgrenzen für Druckanbohrungen und auf der rechten Hälfte jene für Ringentnahme enthalten.

Die angegebenen Durchflußzahlen der Normblende gelten nur für ganz scharfe Kante der inneren Bohrung. Erst bei größeren Blendendurchmessern von 150 mm an ist eine leichte Brechung der Kante statthaft.

Die Frage der Druckentnahme, ob Einzelanbohrung oder Ringschlitz, ist auch heute noch stark umstritten und noch nicht restlos geklärt. Fest steht, daß die Ausbildung der Druckentnahme bei kleinem Durchmesser-Verhältnis $\left(\dfrac{d}{D}\right)$, also bei kleiner Öffnung, ziemlich unmaßgeblich ist. Je größer die Drosselöffnung im Vergleich zum Rohrleitungsdurchmesser wird, je kürzer die zur Verfügung stehende Meßstrecke, je ungünstiger überhaupt die Einbaustelle ist, desto peinlicher muß auf die Befolgung der in den Abb. 246 und 247 gegebenen Anhaltspunkte geachtet werden. Die Düse ist bei Abweichungen in dieser Hinsicht weniger empfindlich als die Blende. Doch scheint der Ringschlitz selbst bei großem Durchmesser-Verhältnis nur auf der Vorderseite wirklich nötig zu sein. Bei den sehr sorgfältigen Versuchen der I. G. Farben-Ind., die den Regeln im wesentlichen zugrunde gelegt worden sind, wurde er nirgends angewandt[2].

---

[1] Bemerkung: In der 3. Auflage der Regeln wurden einige Maße geändert.
[2] Witte: Z. VDI 1928 S. 42ff.

Bei Dampfmessungen können Kapillarkräfte störend wirken, wenn die nicht mit Wasser gefüllte, aber gelegentlich Wasser ableitende Verbindung zwischen Kondensgefäß und Rohrleitung zu klein ist. Geringe Weiten der Bohrung für die Meßdruckentnahme, etwa unter 10 mm, sind deshalb bei Dampf zu verwerfen; Ringschlitze sind unterhalb 150 mm Rohrweite sicherer.

Die altgewohnte Bauweise, die Blendenscheibe einfach zwischen zwei Flanschen einzuklemmen, ist hiernach von etwa 150 mm Rohrweite an u. U. noch statthaft. Dieser einfachen Montage verdankt ja die Blende überhaupt ihre vielfache Anwendung. Da es wegen der Flanschenstärke nicht möglich ist, die Anbohrungen innerhalb des Abstandes 0,03 D unterzubringen, beschränkt man sich zweckmäßig bei dieser vereinfachten Ausführung auf Durchmesser-Verhältnisse unterhalb 0,5. Sonst müssen eben besondere Meßflanschen (s. Abb. 246 und 247) verwendet werden, in denen die Blende oder der Düseneinsatz befestigt sind. Trotz geringer Baulänge (35 mm und weniger) lassen sich dann die Anbohrungen und die äußeren Anschlüsse ohne Schwierigkeit unterbringen. Im übrigen ist darauf zu achten, daß sich der Meßdruckgeber an einer Stelle mit einwandfreier Strömung befindet. Dazu ist eine längere geradlinige Rohrstrecke gleichbleibenden Durchmessers vor und hinter der Meßstelle erforderlich. Je nach Art und Stärke der davor befindlichen Störungsquelle kann die notwendige gerade Rohrlänge bis zu 50 D betragen, z. B. hinter einem halbgeöffneten Schieber oder einem Raumkrümmer. Diese geben der Strömung einen Drall, der sich besonders weit in die Leitung hinein bemerkbar macht. Einfache Rohrkrümmer, dicht vor der Einbaustelle, drängen die Strömung infolge der Zentrifugalkraft an der Außenseite zusammen und verursachen ebenfalls kleine Fehler. Messungen an starkbelasteten Leitungen mit hochgespanntem Dampf haben ergeben, daß man mit diesen einfachen Entfernungsangaben nicht immer zum Ziel kommt. Die hierbei gemachten Erfahrungen legten die Vermutung nahe, daß die Beruhigungsstrecke ganz allgemein der Reynoldsschen Zahl R proportional ist, so daß die genannten Längen nur für einen bestimmten Strömungszustand gerade richtig, d. h. notwendig sind. Es ist einleuchtend, daß auch in solchen Fällen Meßdruckgeber mit enger Bohrung oder solche mit Ringschlitz zur Impulsabnahme weniger bedroht sind; letztere bilden selbsttätig einen gewissen Mittelwert.

Scharf ist auch darauf zu achten, daß an Bohrungen kein Grat stehenbleibt, daß Schweißnähte nicht vorstehen, oder Dichtungen zu eng sind oder exzentrisch sitzen.

Bei großen schmalen Blenden ohne Meßflansch ist das zentrische Einsetzen zwischen zwei Flanschen immer mit Schwierigkeiten verknüpft[1]. Das Zentrieren mit Hilfe der Flanschbolzen ist selten genau genug. Empfehlenswert erscheint es, die Stauscheiben mit einem oder besser zwei unter einem Winkel von 90 oder 180° angeschweißten Lappen zu versehen (Abb. 248), die erstens das Festhalten beim Ein-

---

[1] Euler, H.: Einteilige Blenden schmaler Einbaubreite für die Mengenmessung. Arch. Eisenhüttenwes. 1933 März Nr. 9 S. 375—377.

klemmen möglich machen und zweitens Marken für die Zentrierung tragen. Schließlich können diese Lappen gleich noch mit einem Schildchen versehen werden, auf dem die Daten der Meßstelle vermerkt sind. Sorgt man, etwa durch Anordnung des Schräubchengewindes, dafür, daß diese Schilder nur auf der Seite der scharfen Blendenkante sitzen können, so hat man auch jederzeit eine Kontrolle über das richtige Einsetzen des Meßdruckgebers zwischen die Leitungsflanschen. Als Daten, die für das Schildchen in Frage kommen, sind anzusehen:

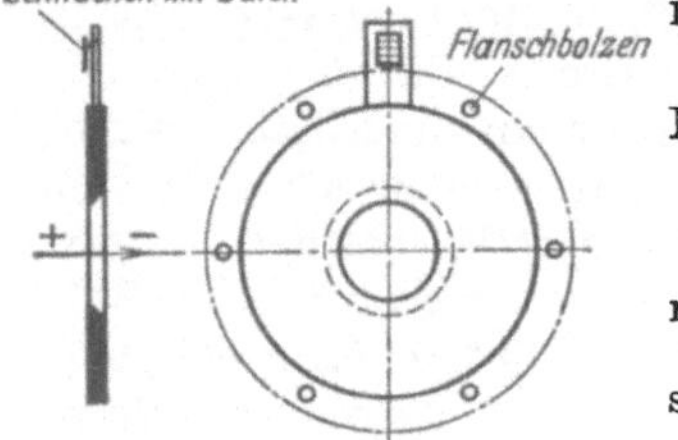

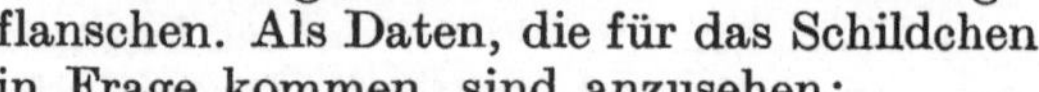

der tatsächliche Rohrdurchmesser D (nicht die Nennweite!),
die Blendenbohrung d,
G oder Q in kg/h oder m³/h
die dazugehörige größte Druckdifferenz h in mm WS oder QS und
das der Blendenberechnung zugrunde liegende spez. Gewicht γ in kg/m³.

Abb. 248. Blende mit angeschweißtem Lappen als Handhabe.

c) Das Venturirohr ist bisher nicht mit in den Kreis der Betrachtung gezogen worden. Das hat seinen Grund hauptsächlich darin, daß es noch nicht in dem Maße wie Düse und Blende allgemeiner verwendet wird. Für diese beiden hat die Auswertung der Forschungen Richtlinien geben können, unter deren Beachtung sich jeder selbst seine Meßdruckgeber herstellen kann, ohne daß sie erst geeicht zu werden brauchen. Die Venturirohre dagegen müssen einzeln geeicht werden, was bei großen Ausführungen viel Überlegung, Zeit und Kosten beansprucht. Die Eichung muß deshalb geschehen, weil wegen der Unsicherheit der Wandreibung der Einschnürungsfaktor rechnerisch nicht genau erfaßbar ist. Bei der Blende sind ja demgegenüber die Einflüsse der Wandreibung verschwindend klein. Es ist schon viel wert, daß die heutige Erkenntnis gestattet, von einem Medium auf das andere aus der hydrodynamischen Ähnlichkeit zu schließen. Es kön-

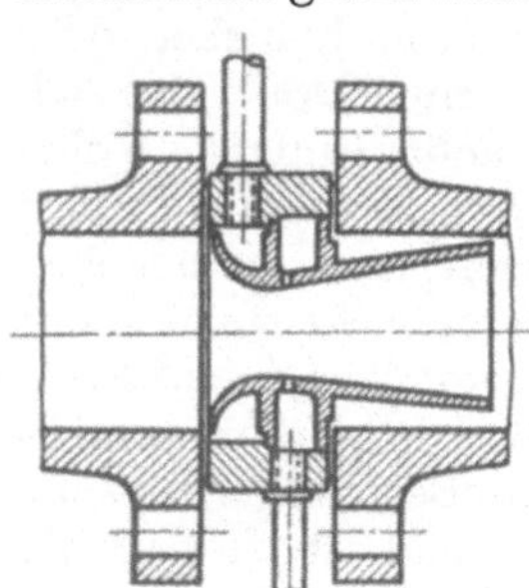

Abb. 249. Venturi-Einsatz (S. & H.).

nen also die Venturirohre mit dem Medium geeicht werden, das am leichtesten zu beschaffen und am bequemsten in der Verwendung ist; meistens wird Wasser dafür genommen. Die wenigen Lieferanten für Venturirohre haben natürlich außerdem noch ihre besonderen Erfahrungen und sie haben gelernt, diese Eichungen zu vereinfachen. Die Allgemeinheit ist aber über die Mittel und Wege kaum unterrichtet und zu ihrer Anwendung sehr selten in der Lage.

Es haben sich im wesentlichen zwei Arten von Venturirohren herausgebildet. Die ältere Form weist eine schlanke Verengung auf; die neue Form, die Venturidüse, besteht aus einem kurzen, parabolischen, düsenähnlichen Einlaufstück und einem anschließenden Kegelrohr. Die Druckabnahme ist ausschließlich ringförmig; sie läßt sich ja auch zwanglos ausführen.

In neuester Zeit sind verschiedene Formen von Venturi-Einsätzen entstanden, die bis zu einem gewissen Grade die Vorteile des Meßflansches — die geringe Baulänge — und des Venturirohres — den kleinen Druckverlust — in sich vereinigen. Abb. 249 zeigt eine einteilige Ausführung dieser Art; bei anderen sind Einlaufdüse und Auslaufrohr getrennt.

d) Die Wahl des richtigen Drosselgeräts ist häufig schwierig. Man muß dabei die verschiedensten Faktoren berücksichtigen, und zwar

die Kosten des Drosselgeräts und des Einbaues,
die erreichbare Genauigkeit,
den Druckverlust,
die Gefahr der Verschmutzung,
die Einflüsse der Einbaustelle.

Die Kostenfrage ist schnell entschieden. Die Blende ist am billigsten; sie kann häufig gewöhnliches Blech sein. Als korrosionsfeste Materialien kommen sonst Monel und V2a-Stahl in Frage. Die Bearbeitung der Blenden verlangt keine besonderen Maßnahmen. Der Außendurchmesser entspricht ungefähr dem äußeren Bolzenkreisdurchmesser, falls kein Meßflansch vorgesehen ist.

Die Düsen sind überwiegend aus Bronze. Ihre Herstellung verlangt schon mehr werkstattechnische Vertrautheit und außerdem einige Einsicht in das Wesen der Düsenmessung.

Das Venturirohr besteht, besonders bei großen Ausführungen, aus einer Mehrzahl hauptsächlich gegossener Teile, die bereits bei kleinem Leitungsdurchmesser erhebliche Abmessungen bekommen. Der Kegel des Auslaufrohres sollte keine stärkere Steigung als 1 : 6 haben, soll nicht der Zweck dieses Drosselgerätes, nämlich der erhebliche Druckrückgewinn, in Frage gestellt werden. Daraus folgt unter Umständen eine Länge von mehrfachem Leitungsdurchmesser.

Hinsichtlich der Sicherheit und Genauigkeit der Messung sind nach den in den Regeln festgelegten Normen Düsen und Blenden gleichberechtigt. In der Eignung ergeben sich aber doch einige bemerkenswerte Unterschiede, welche diese oder jene für bestimmte Aufgaben auszeichnen. Bei den Blenden ist die übliche Toleranz unterhalb von 300 mm Rohrdurchmesser nicht mehr zu halten, da der Einfluß der Rohrrauhigkeit in Erscheinung tritt. Unterhalb von 300 mm Rohrdurchmesser ist also die Düse im Vorteil; darüber sind aber die leichtere Herstellung und der einfache Einbau der Blende so wesentlich, daß sich die sonst gleichwertige Düse nicht behaupten kann.

Andererseits ist die Blende bis zu geringeren Reynoldsschen Zahlen verwendbar. Die Abnahme der Durchflußziffer infolge des Einflusses der Zähigkeit beginnt bei der Düse bei höherem R als bei der Blende die Zunahme. Die Blende kann also gelegentlich noch ein Strömungsgebiet fehlerfrei mit beherrschen, in dem die Düse bereits fehlerhaft arbeitet.

Schließlich geben die Regeln noch an, daß die Expansionsberichtigung bei der Blende eine Erweiterung der Toleranz verursacht, nicht dagegen bei der Düse. Bei einzelnen berichtigten Versuchsmessungen gibt also die Düse die genaueren Werte; bei Betriebsmeßgeräten ist das aber nicht der Fall, weil dort nur eine Durchschnittszahl für die bei jeder Belastung verschiedene Expansionsberichtigung verwendet werden kann und zahlenmäßig der Expansionseinfluß bei der Blende geringer ist.

Sehr zu beachten ist ferner noch, daß man sich nicht verleiten lassen darf, dem Druckrückgewinn zuliebe zu große Öffnungsverhältnisse anzuwenden. Über $\frac{d}{D} = 0{,}8$ sollte man bei diesen nicht gehen, bei Blenden nicht über 0,85. Es geht immer auf Kosten der Meßgenauigkeit, denn es gewinnen dann viele Fehlerquellen allmählich erheblichen Einfluß.

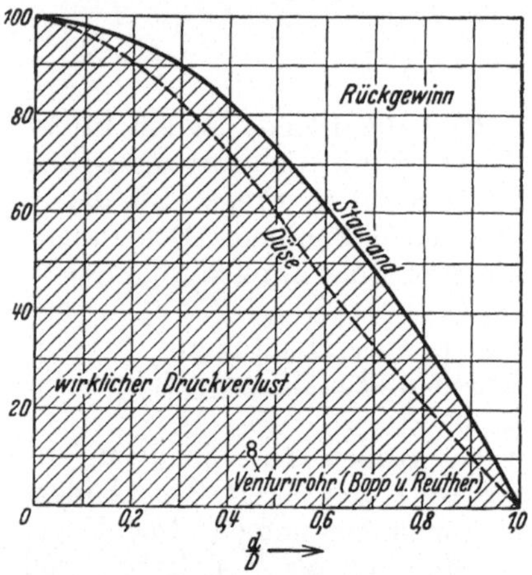

Der Druckverlust ist nicht in meßtechnischer, sondern in wirtschaftlicher Hinsicht die entscheidende Eigenschaft der Drosselgeräte. Der nicht wieder gewinnbare Teil des Druckabfalles deckt sich bei Blende und Düse ungefähr mit dem theoretisch aus dem Carnotschen Stoßverlust

$$h_v = \frac{\gamma \cdot (w_3 - w_2)^2}{2\,g} \qquad (24)$$

folgenden Betrag. In Abb. 250 ist der Druckverlust durch Blende und Düse dargestellt. Zum Vergleich sind auch Versuchspunkte für ein Venturirohr eingetragen.

Abb. 250. Bleibender Druckverlust an Blende, Düse und Venturirohr, über $\sqrt{m} = d/D$ aufgetragen.

Eine Entscheidung bei der Wahl zwischen den drei Drosselgeräten ist in voller Allgemeinheit auf Grund der geschilderten Eigenheiten nicht zu fällen. Es wird praktisch meist so sein, daß man Blende und Düse ihrer Billigkeit wegen überall nimmt, wo es irgend geht, und das Venturirohr nur, wenn die Rücksicht auf den Druckverlust dies erfordert.

Die Gefahr grober Verschmutzung an der Meßstelle nimmt mit der Glätte der Wandungen und der Abrundung der Stromführungen ab. Leichte Niederschläge auf allen Oberflächen spielen bei der Blende keine Rolle; die Verengung der Durchtrittsöffnung ist unmerklich. Wesentlichen Einfluß übt dagegen die Änderung der Rauhigkeit aus, wodurch insbesondere Düse und Venturirohr wegen ihrer langen Stromführung zu Fehlmessungen neigen.

Für Kondensate, Schwitzwasser u. dgl. muß vor und hinter den Drosselgeräten ein Ablauf geschaffen werden. Bei schrägen Leitungen kann sich sonst eine Flüssigkeitsoberfläche nach Abb. 251 ausbilden. Ein Syphon, dessen Höhe für den größten vorkommenden statischen Druck zu bemessen ist, sorgt für dauernde Entfernung; gelegentlich muß eine Reinigung vorgenommen werden.

Gase mit leicht ausscheidenden Bestandteilen können schon bei geringen Temperaturunterschieden die Leitungen völlig verstopfen. Es führt bei der Messung schon zu den peinlichsten Überraschungen, wenn sich die Querschnitte nur etwas verengen. Naphthalin z. B. kann wegen seiner großblättrigen Struktur binnen kurzem so viel absetzen, daß die Blendenkante völlig eingebettet wird. Dadurch verschwindet der Differenzdruck trotz der großen Geschwindigkeit nahezu völlig. Heizschlangen vor und hinter der Blendenfläche helfen infolge der schlechten Leitfähigkeit des Naphthalins wenig. Nur genaue Beobachtung der Temperaturen kann Fehlmessungen vermeiden, wenn solche Bestandteile im Gas enthalten sind. Das Venturirohr ist wegen seiner besseren Stromführung vor solchen Ablagerungen ziemlich geschützt.

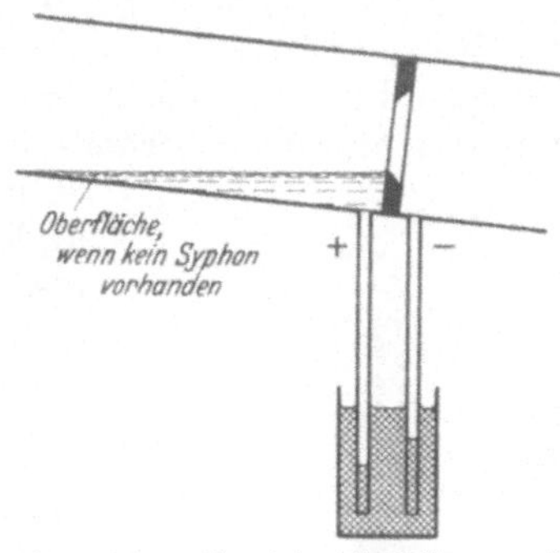

Abb. 251.　Geneigte Gasleitung mit Syphon an der Blende.

Die Eigenheiten der Einbaustelle, worunter z. B. ungenügender Abstand von Krümmern zu verstehen ist, wirken erfahrungsgemäß beim Venturirohr am wenigsten ungünstig. In dieser Hinsicht sind Düse und Blende schlechter gestellt. Aber auf Grund besonderer Versuche ist es heute i. allg. möglich, diesen Einfluß nicht nur in seiner Richtung festzustellen, sondern auch auf seine Größe hin abzuschätzen. Je nach dem Grade der Abweichung vom idealen Einbau muß jedoch die Toleranz für den Beiwert etwas erweitert werden. Für die nähere Unterrichtung über diese bedeutungsvollen Zusammenhänge sei wieder auf die schon erwähnten Regeln hingewiesen.

e) Für die Anordnung der Druckentnahmestellen haben sich gewisse Regeln herausgebildet. Die vorstehenden Angaben berühren sich in mehreren Stükken mit den früher schon über Meßleitungen gemachten Ausführungen (s. S. 8).

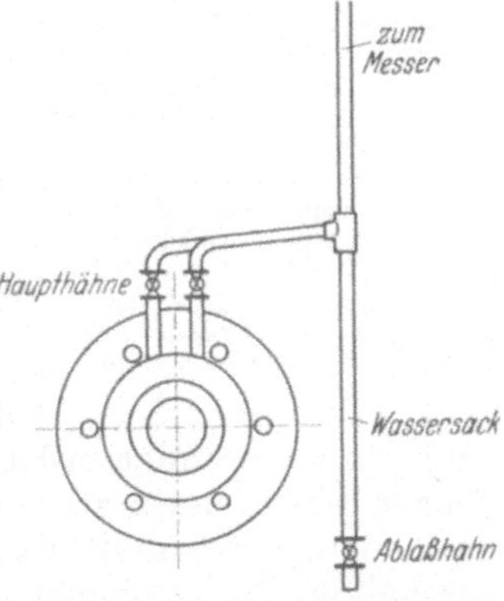

Abb. 252.　Leitungsanschlüsse für Gas- und Luftmengenmessungen.

Bei Luft und Gasen ist die Richtung der Druckentnahmestutzen gleichgültig. Die Anschlüsse können nach unten, nach oben, beliebig zur Seite gehen. Hier kann man sich vollkommen nach der Lage der Flanschbolzen richten. Zur Vermeidung von Verstopfungen, Kondensatausscheidungen ist es stets, auch bei nicht verschmutzten und nicht feuchten Gasen, angebracht, dicht an der Druckentnahmestelle je ein senkrechtes Fallrohr mit Ablaßhahn als Wassersack in die Meßleitungen einzubauen (Abb. 252). Bei staubhaltigen Gasen wird der Anschluß zweckmäßig recht weit genommen, möglichst so weit, daß sein Rauminhalt das Füllvolumen des Meßapparates decken kann; dann tritt nämlich nur ruhendes, also gewissermaßen vorgereinigtes Gas in die eigentliche dünnere Meßleitung ein.

Hinsichtlich der Verwendung des Schutzgasverfahrens zum Fernhalten aggressiver Bestandteile im Gas ist in Ergänzung früher gemachter Angaben (s. S. 10) noch folgendes zu erwähnen. Wenn bei der Mengenmessung eines sehr leichten Gases (Leuchtgas oder Koksofengas) Luft als Schutzgas verwendet wird, und sich außerdem der Messer sehr weit unterhalb der Gasleitung befindet, so kann unter Umständen die eine Meßleitung mit Luft, die andere mit Gas angefüllt sein. Der Unterschied im Gewicht der beiden Gassäulen, der sich als Druckunterschied am Instrument bemerkbar macht, beträgt dann z. B. bei 5 m Höhenunterschied bereits $(1{,}25 - 0{,}5) \cdot 5 = $ rd. 4 mm WS. Undichtigkeiten in der einen Meßleitung, die sich bei einheitlichem Gas nicht in jedem Falle durch Fehlmessungen bemerkbar zu machen brauchen, können auf diese Weise zu erheblichen Fehlanzeigen führen[1]. Eine Kontrollmessung mit einem anderen Apparat, aber an den gleichen Meßleitungen, würde diese Fehler nicht aufdecken; der Kontrollapparat zeigt voraussichtlich noch einen anderen Wert an.

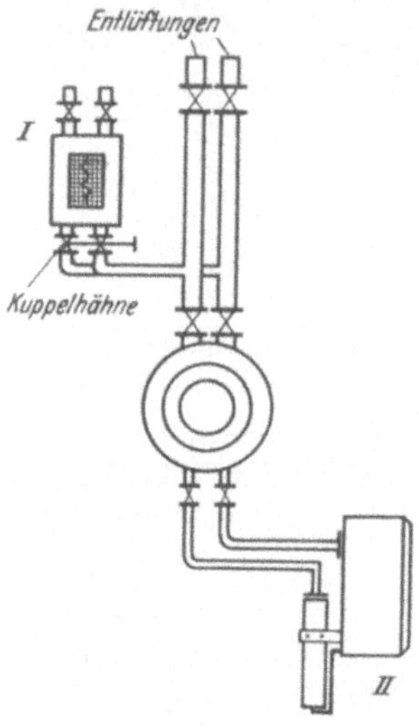

Abb. 253. Leitungsanschlüsse bei der Messung von Flüssigkeiten.

I Instrument oberhalb der Rohrleitung (Aufmerksamkeit nötig), *II* Instrument unterhalb.

Bei großem Füllvolumen des Meßinstrumentes, z.B. bei Glockenmessern, müssen die spezifischen Gewichte von Gas und Schutzgas möglichst gleich sein, denn bei jeder Änderung des Meßwertes wird dann eine erhebliche Gasmenge durch die Leitung einströmen, so daß die Art des Gases, die sich in der Meßleitung befindet, nie genau feststeht. Bei Messung von ungereinigtem Koksofengas wäre also z. B. gereinigtes Koksofengas zum Schutz zu verwenden. Ist dafür nur Luft oder Stickstoff vorhanden, dann muß man an der Impulsentnahmestelle große Töpfe einschalten, die genügend Gasvorrat in sich aufnehmen können.

Bei Wassermessungen ist für vollständige Ausfüllung aller Leitungen mit Wasser zu sorgen. Befindet sich die Leitung unterhalb des Apparates, so sind an der höchsten Stelle der Meßleitung, genau wie im Apparat selbst, Entlüftungsventile vorzusehen (Abb. 253). Zu den Entlüftungen hin muß die Leitung ohne Unterbrechung ansteigen.

Bei der Dampfmessung verlangt die Leitungsverlegung ganz besondere Aufmerksamkeit. Dampf kann bei Druck- wie bei Mengenmessungen nur mit Hilfe eines die Meßleitungen füllenden Wasserpolsters gemessen werden; unmittelbar in das Meßinstrument darf der

---

[1] Löbbecke: Der Einfluß von Falschluft in Meßleitungen. Feuerungstechn. 1928 Nr. 23 S. 268—272.

Dampf nicht geraten. Wenn nicht gerade eine falsche Ventilbetätigung das Kondenswasser aus den Leitungen herausdrückt, kommt das auch nicht vor, denn die Auskühlung längerer Meßleitungen ist sehr stark. Bei der Mengenmessung muß nun aber außerdem dafür gesorgt werden, daß die Meßleitungen gleich hohe Wassersäulen enthalten. Der verhältnismäßig kleine Meßdifferenzdruck würde ja sonst weit mehr gefälscht werden, als das beim einfachen Manometer mit dem statischen Druck geschieht. Die zwei verbreiteten Einrichtungen für die Gleichhaltung der Wasserspiegel sind Kondensgefäße und horizontale Rohrschlangen, die mit beiderseits genau gleich hoch gelegenen Überläufen versehen sind. Die große Oberfläche läßt den Wasserspiegel bei einer Meßwertänderung viel weniger absinken als eine dünne Meßleitung und

kondensiert außerdem schnell Wasser nach. Steigt die Säule an, so fließt das Wasser über die Überlaufkante hinweg durch den Anschlußstutzen in die Dampfleitung ab (Abb. 254). Die gemeinsame Wasserüberlauf- und Dampfzuflußleitung zum Kondensgefäß darf nicht zu eng sein; 10 mm Durchmesser sollten das mindeste sein. In anspruchslosen Fällen und wo sonst genug Platz vorhan-

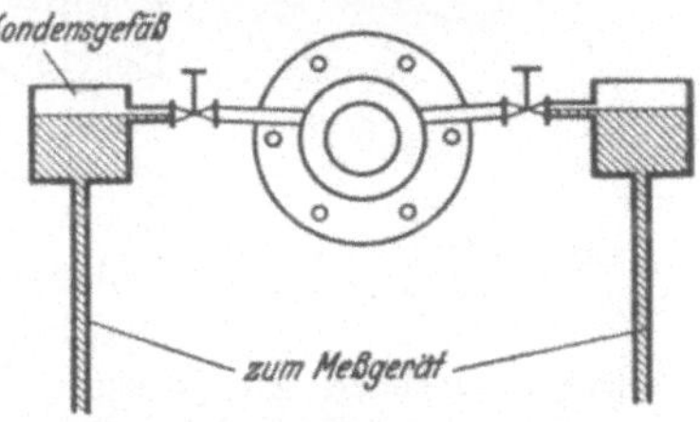

Abb. 254. Leitungsanschlüsse bei Dampfmessungen.

den ist, tun ein paar Rohrschlangen, die möglichst genau waagerecht verlegt werden, die gleichen Dienste wie die teuren Kondensgefäße.

Läßt es sich nicht umgehen, daß sich das Meßinstrument oberhalb der Dampfleitung befindet, dann müssen von den Druckentnahmestellen zunächst Steigeleitungen so hoch geführt werden, daß das Kondensgefäß oder die Rohrschlange der höchste Teil der ganzen Anlage sind. Die Steigeleitungen dürfen nicht zu eng sein (l. W. > 10 mm) und sind sorgfältig zu isolieren, damit in ihnen nur Dampf stehen und sich kein dauernder Kondenswasserstrom bilden kann. Bei hohen Drücken, wo Luftabscheidung praktisch nicht in Frage kommt, genügt aber auch die übliche Anordnung. Vom Kondensgefäß, das dann wie sonst am Meßflansch sitzt, muß die Meßleitung zunächst ein Stück nach unten gezogen werden, damit sie nicht ausläuft.

f) Sonderformen für Meßdruckgeber. Die Besprechung der Drosselgeräte kann nicht abgeschlossen werden, ohne daß noch einige Sonderformen für bestimmte Zwecke Erwähnung finden.

Im Ausland, insbesondere in England und Nordamerika, werden vielfach Stauscheiben von der Form eines Kreissegmentes benutzt. Bei uns ist kaum das Vorhandensein solcher Scheiben bekannt; verwendet werden sie nirgends.

Um die Einfachheit der Blende und die günstige Wirkung des Venturikegels zu verbinden, hat man einige Arten von Einsteckdüsen oder Venturieinsätzen konstruiert, die an einer Blende innerhalb der Rohrleitung angebracht werden (s. Abb. 249). Die eigentliche Baulänge ist dadurch nicht größer als die einer Blende geworden; zum Einbau muß aber doch das ganze Leitungsstück demontiert werden.

Der Staurost nach Prof. Schmidt, Danzig, (Abb. 255) ist für große Rohrleitungen von 300 bis 800 mm Durchmesser, besonders für Wasser bestimmt, wenn wenig Platz für den Einbau eines Drosselgerätes zur Verfügung steht[1]. Er besteht aus mehreren durch stabförmige Verdrängungskörper gebildeten Schlitzen von Venturiprofil, hat also die guten Eigenschaften des Venturirohres und trotzdem eine sehr geringe Baulänge.

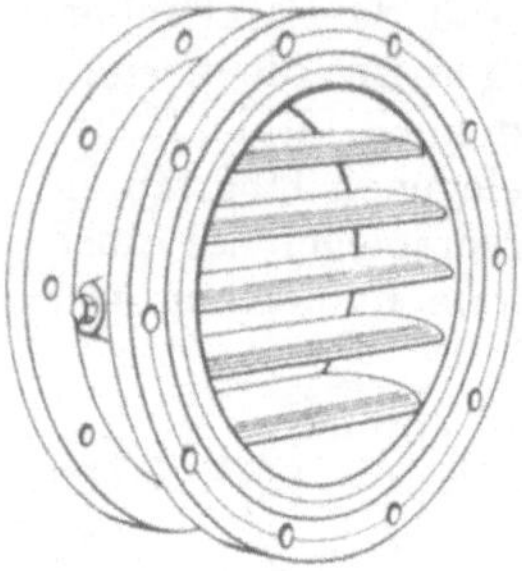

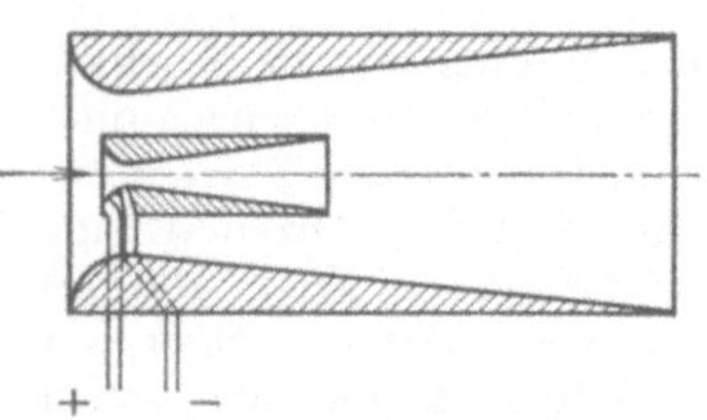

Abb. 255. Staurost (B. & R.).

Für die Messung bei kleinen Geschwindigkeiten bzw. bei kleinen Reynoldsschen Zahlen konnte bis vor kurzem die quadratische Proportionalität zwischen Differenzdruck und Menge nicht mehr aufrechterhalten werden. Auf Grund gelegentlich festgestellter starker Streuungen in den Durchflußwerten unterhalb der sogenannten Toleranzgrenze der genormten Drosselgeräte glaubte man, dies Gebiet für einwandfreie Messungen meiden zu müssen. Es zeigte sich aber, daß gerade bei ganz kleinen Reynoldsschen Zahlen außerordentlich genaue Messungen gemacht werden können. Es sei in diesem Zusammenhang nur an die Ausflußmessung bei der Dichtebestimmung mit dem Schilling-Bunsen-Apparat erinnert. Auch bei der Prüfung der für die Strömungsteiler (s. S. 231) verwendeten kleinen Staurändchen von nur 0,4 mm Durchmesser sind keinerlei merkliche Streuungen der Meßwerte zu beobachten. Die Vermessung geschieht hier auf 0,1% genau, und zwar mit Hilfe einer der Wheatstoneschen Brücke sehr ähnlichen Anordnung; größere Abweichungen als 0,5% werden nicht zugelassen[2].

Kleine Blenden, die ein Mittelding zwischen Düse und Blende darstellen, haben hier gute Aussichten. Zu dieser Formgebung veranlaßte die versuchsmäßig bestätigte Tatsache, daß bei fallender Reynoldsscher Zahl die Durchflußziffer bei Düsen kleiner, dagegen bei scharfkantigen Blenden größer wird. Durch die Kombination beider Staugerätformen ist es gelungen, einen konstanten Beiwert bis zu Reynoldsschen Zahlen unter 1000, bezogen auf den Durchmesser der Blendenöffnung, zu erzielen[3]. Bei Einzeleichung und Zulassung geringer Fehler ($<$ 2%) sind kegelige oder zylindrische Bohrungen mit ganz bestimmten Maßen noch bis zur Reynoldsschen Zahl 200 herab brauchbar.

Abb. 256. Multiplikatordüse (Askania).

---

[1] Schmidt, E.: Z. VDI 1931 Nr. 5 S. 1535—1538.

[2] Lehr: Meßtechn. 1926 Nr. 12 S. 252.

[3] Witte: Techn. Mech. Thermodyn. 1930 Nr. 3 S. 119/20; Forschung 1931 Nr. 8 S. 298—300 (s. Literaturzusammenstellung S. 192).

Giese: Forschung 1933 Nr. 1 S. 11—20. — Hansen: Forschung 1933 Nr. 2 S. 64—66.

Als besonderes Drosselorgan ist ferner noch die Multiplikatordüse verschiedener Ausführungen zu erwähnen, die aus zwei oder noch mehr ineinander gefaßten Venturirohren besteht und kleine Differenzdrücke zu verstärken gestattet (Abb. 256).

Schließlich sei noch auf die sogenannte Kapillarpatrone hingewiesen, in deren kleinen Glasröhrchen laminare Strömung herrscht und bei der infolgedessen Druckdifferenz und Menge proportional sind. Sie hat jedoch den Nachteil, daß ihr Widerstand proportional mit der Zähigkeit verläuft, d. h. also stark von der Temperatur abhängig ist (s. S. 232).

Gelegentlich wurde zur Mengenmessung auch der Druckabfall in langen glatten Rohren herangezogen. Dieser Druckabfall steigt proportional mit der Rohrlänge, aber etwa proportional mit dem Quadrat der Geschwindigkeit, da laminare Strömung bei größeren lichten Weiten praktisch nicht mehr erreichbar ist.

g) Umrechnungen. Wie aus den Formeln (18) und (19) hervorgeht, gilt jede Differenzdruckmessung unmittelbar nur in bezug auf ein bestimmtes spezifisches Gewicht des strömenden Stoffes, ist also bei Gasen z. B. von Druck, Temperatur und Feuchtigkeit abhängig. Wenn nun bei einer Differenzdruckmessung Abweichungen von den der Messung zugrunde liegenden Mittelwerten der Zustandsgröße nicht durch selbsttätig eingreifende Vorrichtungen (s. S. 208) ausgeglichen werden, dann muß eine Berichtigung in Gestalt eines Multiplikatorfaktors an dem Meßergebnis angebracht werden[1]. Bei dieser Umrechnung darf der Feuchtigkeitsgehalt nicht übersehen werden, da er, insbesondere bei höheren Temperaturen, einen erheblichen Hundertsatz ausmachen kann[2]. Aus den Sättigungskurven für Wasserdampf (Abb. 355) ist zu entnehmen, daß der Teildruck des Wasserdampfes bei 40^0 und voller Sättigung $(\varphi = 1,0)$ 55 mm QS beträgt. Bei Gasen unter geringem Überdruck, also etwa von 785 mm QS statischem Druck, sind dann nur $\left(1 - \frac{55}{785}\right) \cdot 100 = 93\%$ reines Gas; die restlichen 7% sind Wasserdampf.

Die einfachsten Umrechnungsformeln für einen Normalzustand — meist 0^0 C, 760 mm QS, trocken — ergeben sich mit Hilfe des Gay-Lussacschen Gesetzes.

$$V_0 = \frac{p}{p_0} \cdot \frac{T_0}{T} \cdot V \quad \text{für trockenes Gas}, \tag{25}$$

$$V_0 = \frac{p\left(1 - \frac{\varphi \cdot p_d}{p}\right)}{p_0} \cdot \frac{T_0}{T} \cdot V \quad \text{für feuchtes Gas}, \tag{26}$$

wobei:

p_0 der Bezugsdruck, p der stat. Druck des Gases $= B + p_u$.

p_d der Sättigungsdruck des Wasserdampfes, abhängig von der Temperatur (Einheit beliebig, jedoch mm QS üblich),

T_0 Bezugstemperatur in abs. Maß.

T Gastemperatur,

V gemessenes Volumen

bedeuten.

---

[1] Jung u. Ruppel: ATM V 1240—3 (Mai 1934).
[2] Ruppel: ATM V 1240—2 (März 1933).

Für die schnelle Umrechnung sind bei häufiger Benutzung Tabellen oder Nomogramme, die die wesentlichen Größen enthalten, von Vorteil[1].

Die Umrechnung bei schwankenden Betriebsbedingungen geht aus von der anders geschriebenen Gleichung (18):

$$Q = K \cdot \frac{\sqrt{h}}{\sqrt{\gamma}}, \qquad (27)$$

die den Zusammenhang zwischen der Menge vom Zustand an der Meßstelle, dem Differenzdruck und dem spezifischen Gewicht zeigt. Für den der Staurandberechnung zugrunde gelegten Zustand p_1, T_1 ist

$$Q_1 = \frac{K}{\sqrt{\gamma_1}} \cdot \sqrt{h_1}. \qquad (28)$$

Ändert sich nun γ_1 um $\varDelta\gamma$, während die Anzeige dieselbe bleiben soll, dann wird aus dem Faktor $\dfrac{K}{\sqrt{\gamma_1}}$

$$\frac{K}{\sqrt{\gamma_1+\varDelta\gamma}} = \frac{K}{\sqrt{\gamma_1}} \cdot \left[1 + \frac{\varDelta\gamma}{\gamma_1}\right]^{-\frac{1}{2}} \approx \frac{K}{\sqrt{\gamma_1}} \cdot \left[1 - \frac{1}{2}\left(\frac{\varDelta\gamma}{\gamma_1}\right)\right] \qquad (29)$$

und

$$Q = \left[K \cdot \frac{\sqrt{h_1}}{\sqrt{\gamma_1}}\right] \cdot \left[1 - \frac{1}{2}\left(\frac{\varDelta\gamma}{\gamma_1}\right)\right]. \qquad (30)$$

$\dfrac{\varDelta\gamma}{\gamma_1}$ ist die Änderung von γ, $100 \cdot \dfrac{\varDelta\gamma}{\gamma_1}$ in %. Da nun γ einerseits proportional dem absoluten Druck zunimmt und andererseits proportional der absoluten Temperatur abnimmt, folgt aus Gleichung (30):

„Das wahre Volumen im Zustand an der Meßstelle ist im halben Prozentsatz der Temperatur- und Druckschwankung zu berichtigen, und zwar so, daß eine Temperatursteigerung eine Vermehrung des Volumens, eine Drucksteigerung eine Verminderung bewirkt. Gleiches gilt, wenn das spezifische Gewicht infolge schwankender Zusammensetzung steigt; es verursacht eine Abnahme des Volumens im halben Prozentsatz und umgekehrt."

Stark veränderter Feuchtigkeitsgehalt infolge veränderter Temperatur muß bei Gasen, deren spezifisches Gewicht bei 0^0 und 760 mm QS wesentlich von 0,8 kg/m³, dem theoretischen spezifischen Gewicht des Wasserdampfes bei 0^0 und 760 mm QS, abweicht, noch besonders im spezifischen Gewicht berücksichtigt werden (s. S. 298).

Auf das auf einen Normalzustand reduzierte Volumen wirkt die Änderung der Zustandsgrößen genau so, wie sie das Gewicht ändern würde, denn die Volumenangabe bei einem Normalzustand ist tatsächlich eine Gewichtsangabe. Aus Formeln (18) und (19) geht hervor, daß die Berichtigung für Gewicht und für Normalzustand entgegengesetzt, wie oben für Volumen im Betriebszustand angegeben, zu geschehen hat. Feuchtigkeit muß besonders berücksichtigt werden.

Diese kurzen Regeln gelten für Gase aller Art und dürfen bis zu Abweichungen von etwa 10 % in Temperatur und Druck unbedenklich

---

[1] Boehm: Gas- u. Wasserfach 1930 Nr. 44 S. 1045—1047.
Ruegg: Wärme 1935 Nr. 16 S. 253—254.

angewandt werden. Der Fehler zweiter Ordnung, der in der Gleichung (29) durch Abbrechen hinter dem linearen Glied der Reihe begangen wurde, macht sich dann erst mit 0,4% in der Anzeige bemerkbar.

Bei statischen Drücken über 2 atü können die Schwankungen des Barometerstandes stets vernachlässigt werden. Die Abweichung in der Anzeige infolge der geänderten Zustandsgrößen beträgt bei $\pm$ 20 mm QS im Maximum 0,5%. Bei Hochdruckgas von 100 atü und mehr werden die Umrechnungen wesentlich durch die Abweichungen des spezifischen Gewichtes vom Gasgesetz erschwert.

Einen Fall, bei dem die Feuchtigkeit bisher vernachlässigt wurde, zeigen die bisherigen Vorschriften des Azetylen-Vereins[1]. Nach diesen wird die Feuchtigkeit einfach als Gas mitgerechnet und dem Abnehmer in Rechnung gestellt. Das wäre, obgleich sich der Prozentsatz auch bis zu 5% belaufen kann, nicht so schlimm, weil diese Bestimmung und die Art der Berechnung

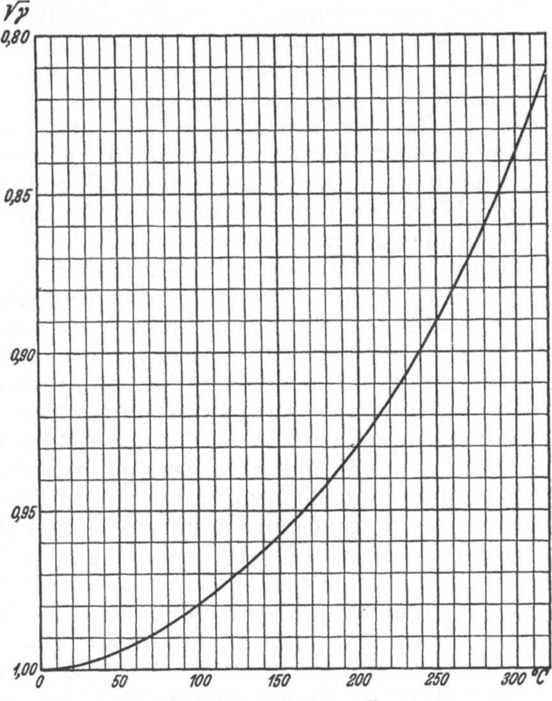

Abb. 257. Korrekturkurve für $\sqrt{\gamma}$ bei Wasser.

bei den Beteiligten als bekannt anzusehen ist. Unangenehmer ist es, daß mehrere Messungen nicht übereinstimmen können, wenn die Temperaturen an den Meßstellen verschieden sind.

Leicht zu vermeiden sind Fehlmessungen dieser Art bei heißem Kesselspeisewasser, wenn es tatsächlich eine andere Temperatur hat, als auf der Skala des zugehörigen Meßinstrumentes angegeben ist. Bezeichnet γ_0 das der angegebenen Temperatur entsprechende spezifische Gewicht in t/m³, γ_h das wirklich vorhandene, sind ferner G_w und Q_w bzw. G_a und Q_a die gesuchten wirklichen bzw. die angezeigten Mengen in t/h bzw. m³/h, dann ist:

$$G_w = G_a \sqrt{\gamma_0} \quad \text{und} \quad Q_w = Q_a \sqrt{\gamma_w}. \tag{31}$$

Die Werte für $\sqrt{\gamma}$ zeigt die Kurve der Abb. 257.

---

[1] Chem.-Ztg. 1929 Nr. 25 S. 247.

4. Instrumentelle Einzelheiten.

a) Wurzelziehung. Das einfachste Mengenmeßinstrument, das auf dem Differenzdruckverfahren beruht, ist das U-Rohr-Manometer; aber es ist auch jedes andere im Abschnitt Druck beschriebene Manometer, das Differenzdrücke messen kann, verwendbar. Das äußere Kennzeichen sind zwei Anschlüsse für die beiden Komponenten der Druckdifferenz.

Aus den Gleichungen (18) usw. (S.194) geht hervor, daß der am Drosselorgan entstehende Druckunterschied im Quadrat des Durchflusses steigt. Die Skala der U-Rohr-Mengenmesser, in Durchfluß eingeteilt, ist also im unteren Meßgebiet gedrängt und nach oben allmählich immer mehr erweitert. Eine solche Skalenteilung ist nur in seltenen Fällen angebracht, meist ist eine in Durchfluß gleichmäßig geteilte Skala erwünscht. Vorrichtungen, die dieses Ziel erreichen sollen, werden unter der Bezeichnung „Wurzelziehung" zusammengefaßt. Diese ist sehr verschieden ausgebildet; sie kann z. B. im Prinzip des Apparates begründet, oder mechanisch in die Zeigerübersetzung eingegliedert sein. Diese Vorrichtungen werden bei den betreffenden Apparatebauarten besprochen.

Es wird gelegentlich versucht, die Wurzelziehung nach unten weiter als 10%, womöglich bis 0, zu treiben, z. B. bei Schwimmer-Druckunterschiedmessern durch Kombination von Wälzhebeln für den unteren Bereich und parabolischen Einsätzen für den oberen. Es braucht nur darauf hingewiesen zu werden, daß bei 10% der Differenzdruck nur noch 1% seines Höchstwertes beträgt, daß sich also die Auseinanderzerrung des untersten Zehntels nur in erhöhter Unsicherheit der Einstellung auswirken kann. Es würde in dieser Hinsicht nichts im Wege liegen, den untersten Teil des Meßbereiches einfach ganz abzuschneiden. Wenn der Meßbereich in seinen ersten 10 oder 20% quadratisch bleibt, ist die Nullstellung klar und einwandfrei, und daran liegt viel mehr als an der Gewinnung eines proportionalen Stückes, das praktisch nicht brauchbar ist und auch selten verwendet würde.

b) Selbsttätige Berichtigungen. Nur wenige Meßgeräte berücksichtigen von vornherein Schwankungen der Zustandsgrößen Druck und Temperatur bzw. werden von ihnen gar nicht beeinflußt, wie z. B. der sog. Strömungsteiler (s. S. 230). Daher sind Vorrichtungen zur selbsttätigen Berichtigung dieser Schwankungen an Mengenmessern häufig anzutreffen[1]. Ihre Bedeutung ist allerdings früher überschätzt worden, vielfach zum Schaden der Entwicklung und Vereinfachung des betreffenden Gerätes. Die dauernde Eingriffsmöglichkeit bringt eine Komplizierung des Hauptmeßgerätes mit sich und vermindert dadurch zwangläufig die Zuverlässigkeit.

Kleine Schwankungen in den Zustandsgrößen heben sich i. a. im Mittel von selber wieder auf. Bleibende Änderungen können durch einen Korrekturfaktor oder durch Einsetzen eines neuen Drosselorgans mit etwas anderer Durchtrittsweite oder auch durch Neueichung mit

---

[1] Hoffmann: Meßtechn. 1929 Nr. 10 S. 271—274 u. Nr. 12 S. 329—334.
Lohmann u. v. Grundherr: ATM V 1245/2 (1934).
Beckmann: Wärme 1935 Nr. 20 S. 318—321.

anderer Skalenbeschriftung aufgehoben werden. Eine unmittelbare Verstellung am Apparat selbst wird nur selten angängig sein.

Sofern eine selbsttätige Berichtigung in dauernd wechselnder Größe zweckmäßig ist, sollte aber wenigstens keine unmittelbare Beeinflussung des Hauptgerätes eintreten. Die Zusatzapparatur muß selbständig arbeiten. Das ist z. B. bei der Abb. 264 der Fall, wo eine Rückwirkung auf den eigentlichen Meßwertgeber ausgeschlossen ist. Wohlbegründet ist auch die Anordnung nach Abb. 258, weil hier der Mengenzählung mit Schwimmermanometer ein selbständiger Korrekturzähler zugeordnet ist, den ein Röhrenfedermanometer betätigt[1].

c) Überlastfähigkeit und Überlastschutz. Bei Mengenmessern beträgt der statische Druck fast immer ein Vielfaches des maximalen Differenzdruckes, gelegentlich das 100 fache und mehr. Eine unvorsichtige Handhabung des Apparates, durch die einseitig der volle statische Druck angelegt wird, würde ihn je nach seiner Empfindlichkeit mehr oder weniger schädigen. Deshalb sind häufig besondere Überlast-Schutzvorrichtungen nötig. Ebenso wie der Überlastschutz muß auch die Überlastfähigkeit der einzelnen Mengenmesser ganz verschieden gewertet werden.

Die Volumenzähler aller Art haben eine bestimmte Dreh- oder Hubzahl, die nach Möglichkeit nicht überschritten werden soll. Geschieht dies doch, so geht es auf Kosten der Lebensdauer und der Genauigkeit.

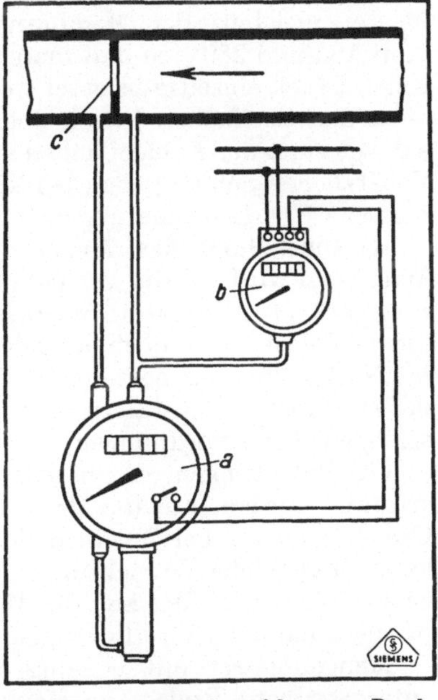

Abb. 258. Kontaktgabeverfahren zur Druckberichtigung mit Korrektionsmanometer und mechanischem Korrekturzählwerk.

a Mechanischer Mengenzähler mit Momentankontakt (unkorrigiert), *b* Korrektionsmanometer mit mechanischem Korrekturzähler, *c* Drosselgerät.

Die Durchflußmesser sind nicht überlastfähig, wenigstens nicht in dem Sinne, daß sie oberhalb ihres Meßbereiches noch richtig messen. Die Durchfluß-Schwimmermesser legen sich gegen eine Hubbegrenzung und wirken von da ab als Drossel mit konstantem Querschnitt. Schaden erleiden sie nicht, solange es sich nicht um harte Stöße, etwa bei Leitungsbrüchen, handelt. Für die hydrostatischen Druckunterschiedmesser gilt das gleiche, nur muß hier ein besonderer Schutz gegen das Ausblasen der Meßflüssigkeit vorgesehen werden. Diese Flüssigkeit darf einerseits nicht in die Hauptleitung hineingetrieben werden, weil Explosionsgefahr und andere Schäden eintreten könnten; andererseits

---

[1] Lohmann: Mechanische u. elektrische Durchflußmeßgeräte mit Druck- u. Temperaturberichtigungen. Siemens-Z. 1934 Nr. 8 S. 274—281.

steht und fällt mit der genauen Menge die Gültigkeit der Eichung bei allen hydrostatischen Messern außer den Ringwaagen. Abhilfe schaffen außer gekuppelten Absperrorganen bzw. Doppelhähnen in den beiden Meßdruckleitungen Rückschlagventile, als welche vielfach gleich die Anschläge ausgebildet sind; ferner Überlauftöpfe an den U-Rohrköpfen und Prallplatten in der Schußrichtung des ausgeblasenen Flüssigkeitsstrahles.

Membranmesser brauchen Anlageflächen in der ganzen Größe ihrer Membran, wenn der Schutz ausreichend sein soll. Daher haben diese Messer meistens der Membranform genau angepaßte Gehäuse (vgl. Abb. 285 und 289), so daß manche ohne weiteres mit dem vollen statischen Druck einseitig belastet werden dürfen. Kapselmembranen halten etwa den fünffachen Druck aus, ohne sich bleibend auszuweiten. Anschläge statt der Anlageflächen sind keine Sicherung für eine Membran. Zusätzlichen Schutz geben bei Niederdruck richtig angebrachte und bemessene Überlaufsicherungen in der Art der Abb. 147.

d) Umstellung des Meßbereiches und Messung kleiner Mengen. Manchmal wird auf die Möglichkeit Wert gelegt, den Mengenmesser auf mehrere Meßbereiche umzustellen, entweder zu dem Zwecke, sehr kleine Belastungen noch ausreichend genau zu messen (Gasverbrauch bei Nacht) oder zur besseren Verfolgung mehrerer beträchtlich verschiedener Belastungszustände. Die eingeschlagenen Wege sind sehr verschieden. Die Anordnungen erinnern zum Teil an die selbsttätigen Umschaltvorrichtungen, die bereits bei den Wassermessern (S. 180) kurz erwähnt wurden. Für die Messung kleiner Mengen, z. B. des Koksofen-Gasverbrauches bei Feierschichten, der eine erhebliche Rolle spielen kann, sind solche Vorrichtungen gewiß wertvoll und erforderlich. Sonst ist aber die Umstellbarkeit des Meßbereiches, soweit es sich um ortsfeste Anlagen handelt, im allgemeinen nicht nötig.

Mengenmesser mit beliebig einstellbarem Meßbereich spielen eine untergeordnete Rolle. Ihr Hauptanwendungsgebiet bilden die Zweit-Instrumente bei Folgezeiger-Anordnungen, die eine gewisse Einstellbarkeit zulassen müssen (Abb. 98).

In Ausnutzung gegebener Möglichkeiten ist die Umstellung des Meßbereiches mit praktischem Erfolge erstmalig bei der Ringwaage vorgenommen worden. Durch bloßen Austausch des Einstellgewichts am Ring kann die Größe des Meßbereiches in recht weiten Grenzen, etwa 1:3, abgeändert werden. Mehr der Zwang, aus Wettbewerbsgründen Gleichwertiges zu bieten, als die praktische Notwendigkeit haben die Hersteller veranlaßt, auch andere Wege dafür zu finden. So sollen u. a. mehrere Ringwaagenkörper axial oder konzentrisch auf die gleiche Achse gesetzt und nach Bedarf zugeschaltet werden. Mit zwei austauschbaren Meßbereichen ist alles erreicht, was praktisch nötig werden könnte; denn zwei Meßbereiche von z. B. $\sqrt{h} = 3$ und $\sqrt{h} = 6$ beherrschen einzeln zwei ganz verschiedene Belastungszustände, und außerdem insgesamt einen Meßbereich von 1:20.

Als Selbstverständlichkeit muß natürlich hingenommen werden, daß durch keine dieser Umschaltungen für die kleinen Bereiche etwa eine größere Verstellkraft gewonnen wird. In dem Maße wie der Meßbereich auseinandergezogen wird, vergrößert sich auch die Ungenauigkeit, abgesehen vom Ablesefehler und vom quadratischen Anfangsbereich, die allerdings beide kleiner werden.

Die automatisch gesteuerte Umschaltung ist bei Wassermeßanlagen sehr weit ausgebildet worden. Hier werden ja auch die Fehler nicht mit vergrößert, denn es wird ein anderer Messer eingeschaltet, der nur für die kleinen Mengen bestimmt ist. Da Woltman-Zähler leicht anlaufen, sind garantierte Meßbereiche von 1:100 und mehr für Verbundmesser ausführbar. Kapselmesser sind u. U. auch ohne Verbundschaltung für schleichenden Verbrauch geeignet.

Die Messung kleiner Gasmengen neben sehr großen an derselben Meßstelle ist durch die Gasfernversorgung notwendig geworden. Es sind dabei Lösungen entstanden, die denen der Wassermessung sehr ähnlich sehen. Der Stationsgaszähler mißt wie der Kapselwasserzähler auch die kleinste Menge. Die heute überwiegend verwendete Druckunterschiedmessung ist aber auf Umschaltungen ähnlich den bei Wasser-Zählern verwendeten angewiesen. Es lohnt sich, bei den verschiedenen Möglichkeiten das Für und Wider kurz anzugeben[1].

a) An derselben Blende befinden sich zwei Apparate, der eine für große, der andere für kleine Gasmengen.

b) Eine weite und eine enge Blende befinden sich hintereinander in der gleichen Leitung, dazu ein umschaltbarer Apparat oder zwei.

c) Es sind eine starke Leitung und eine schwächere Nebenleitung vorhanden, dazu ein umschaltbarer Apparat oder zwei.

d) Es sind mehrere gleichstarke Leitungen mit je einer Blende gleicher Bohrung vorhanden und an eine dieser Leitungen ist ein Apparat angeschlossen.

e) Es sind eine Blende und ein Apparat vorhanden, ferner ein Druckwandler, der bei Bedarf dazwischengeschaltet wird.

Zunächst ist als wesentlich festzuhalten, daß die Reynoldssche Zahl bei Verwendung der genormten Meßdruckgeber auch bei der kleinsten Menge etwa 50000 nicht unterschreiten soll. Dieser Hinweis ist besonders bei a) und e) zu beachten.

Bei b) wird die praktische Ausführung an dem bei großer Menge unvermeidlichen, sehr starken Druckverlust durch die kleinere der beiden Blenden scheitern.

c) ist die normale Lösung, die auch am häufigsten angewendet wird. Die Ausführung ist einem Verbund-Wassermesser mit Umschaltung ähnlich. Die Umschaltung wird eingeleitet, wenn der Druckunterschied an einer vor der Verzweigung befindlichen Drosselstelle unter eine bestimmte Größe sinkt. Ein Motor oder Druckölzylinder verstellt dann die eigentlichen Umschaltorgane und schaltet die große Leitung ab und die kleine Leitung zu. Mit der Umschaltung der Leitung kann gleichzeitig unter Verwendung desselben Geräts eine Umschaltung auf ein zweites Zählwerk vorgenommen werden[2].

---

[1] Rheinländer: Arch. Eisenhüttenw. Bd. 3 (1929/30) Nr. 4 S. 334.
[2] Schaack u. Lohmann: Meßtechn. 1933 Nr. 2 S. 23—27.

14*

Bei d) wächst der Apparatfehler entsprechend der Zahl der eingeschalteten Leitungen. Wird nur ein Apparat verwendet, dann muß man den bei jeder Umschaltung wechselnden Maßstab beachten. Wollte man mehrere Apparate vorsehen, so würde die große Anzahl von Schreibstreifen unangenehm wirken.

Alles in allem ist der Fall selten, daß die Mengen unterhalb von 10% des Maximums unbedingt genau gemessen werden müssen. Entscheidend ist die Zeitdauer, in der die geringe Menge durch die Leitung fließt. Die fünf Vorschläge zeigen jedenfalls die vorhandenen Möglichkeiten.

e) Messung pulsierender Stoffströme. Immer größer wird das Verlangen nach solchen Mengenmessern, die sich für die Messung pulsierender Stoffströme ohne jede Einschränkung eignen. In dieser Hinsicht liegt nicht nur die Ausführung geeigneter Apparate, sondern auch noch die Erkenntnis über die Vorgänge selbst sehr im argen. Pulsierende Stoffströme sind recht häufig, denn jede hin- und hergehende (Kolben-) Maschine erzeugt sie. Daß bis in die heutige Zeit verhältnismäßig wenig darauf geachtet wurde, liegt wohl daran, daß stark gedämpfte Schwingungen und solche von nicht stark ausgeprägter Ungleichförmigkeit vorherrschen. Bei diesen betragen die Fehler, die im Prinzip liegen, nur einige Prozent, zwar genug, um den Zweck der Messung in Frage zu stellen, aber nicht groß genug, um mit Sicherheit als Fehler aufzufallen.

Die meisten Mengenmesser arbeiten mit ziemlich großen bewegten Massen: Quecksilberfüllung, Tauchglocken. Verläuft nun die Meßbewegung proportional dem Differenzdruck, was zum großen Teil der Fall ist, dann suchen sich diese Massen auf den Mittelwert des Druckunterschiedes einzustellen. Verlangt wird aber der Mittelwert des Durchflusses, der bekanntlich der Wurzel aus dem Differenzdruck proportional ist. Die Mittelwerte von Durchfluß und Differenzdruck ergeben natürlich grundsätzlich verschiedene Werte. Das Dämpfen oder Mitteln der Meßbewegung an einem zur Messung pulsierender Strömungen bestimmten Apparat darf erst nach der Wurzelziehung geschehen.

Wesentlich ist in diesem Zusammenhang, daß, soweit die Erkenntnisse heute reichen, auch ein masseloser Apparat im Differenzdruckverfahren pulsierende Ströme nicht richtig messen kann, denn bei Pulsationen stellt der Druckunterschied nicht mehr das Maß der mittleren Geschwindigkeit dar (s. S. 188).

Die erwähnten fünf Punkte:

a) Wurzelziehung,
b) Selbsttätige Berichtungen,
c) Überlastungsschutz,
d) Austauschbarkeit des Meßbereiches und Messung kleiner Mengen
e) Messung pulsierender Strömungen,

werden bei der Behandlung der einzelnen Apparate gesondert vorgenommen. Das wichtige Gebiet der pulsierenden Strömung wird am Schluß noch einmal ausführlich dargestellt (s. S. 240 usw.).

5. Bauarten der Mengenmesser.

a) Einfache Druckunterschied-Manometer. Eine Reihe von U-Rohr-Manometern sind für den Gebrauch als Mengenmesser besonders hergerichtet worden. Für Gasmessungen bei niederem Druck sind die im

Kapitel Druckmessungen behandelten und im Bilde vorgeführten Mikromanometer sämtlich brauchbar. Durch Verstellen der Schräge des Manometerschenkels können mehrere Meßbereiche eingestellt werden (Abb. 259). Die Schrägverstellung ist aber auch zur selbsttätigen Berichtigung von Druck und Temperatur herangezogen worden, indem man sie von einem Bourdonrohr oder einem Bimetallstreifen betätigen läßt.

Bei höheren Drücken werden die U-Rohr-Manometer lediglich zu Prüfzwecken benutzt; um der Gefahr des Zerspringens und seinen unangenehmen Folgen zu entgehen, werden diese Ausführungen armiert. Die Glasröhren erhalten Schutz durch Metallröhren oder durch Drahteinlagen. Abb. 260 zeigt einen solchen Leistungsanzeiger. Gegen Überlastungen und dadurch hervorgerufenes Herausschleudern der Quecksilberfüllung sind selbsttätige Rückschlagventile in den Ventilköpfen angeordnet; ferner ist ein Fangtopf oder eine Prallplatte vorgesehen. Die Skalen sind verschiebbar, wie sonst auch bei den U-Rohr-Manometern.

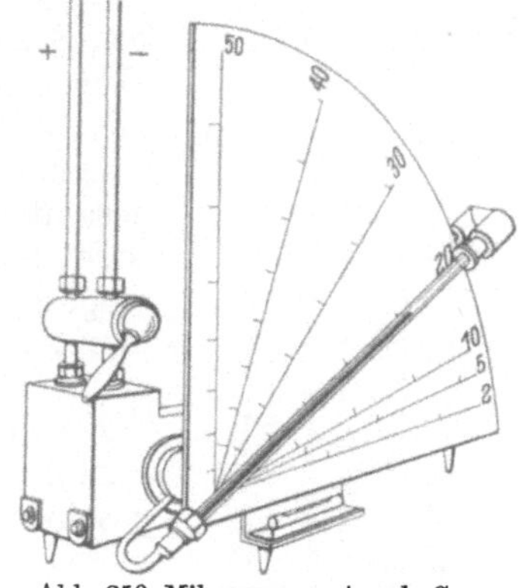

Abb. 259. Mikromanometer als Gas- u. Luftmesser (Metrum).

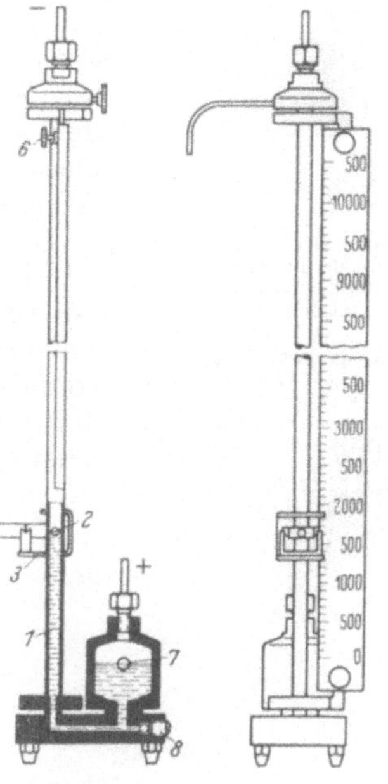

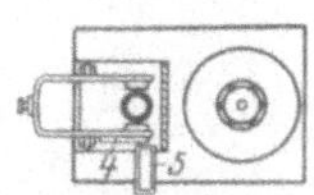

Eine besondere Ausführung, die Beachtung verdient, ist in Abb. 261 dargestellt. Das U-Rohr besteht aus einem Schenkel und einem breiten Gefäß. Der Schenkel ist nicht aus Glas, sondern aus unmagnetischem Metall, z. B. V 2 a oder Monel. Der Markenschlitten trägt statt der sonst üblichen Ablesemarke eine kleine Magnetnadel. Diese steht waagerecht, wenn sich die auf der Quecksilberfüllung schwimmende Stahlkugel in ihrer Höhe befindet. Die Bauart ist für sehr hohe Drücke besonders geeignet und schützt den Be-

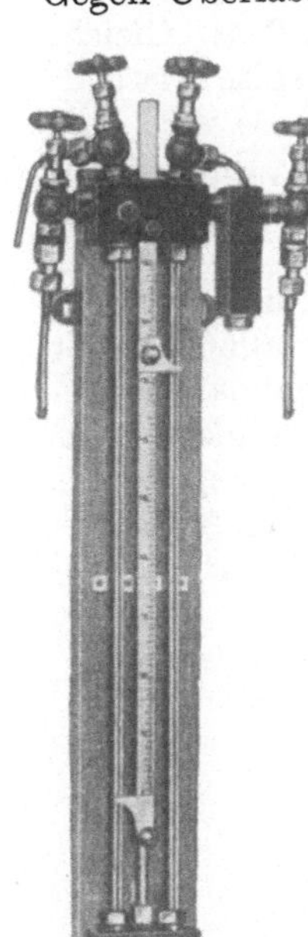

Abb. 260. Hochdruckmanometer als Durchflußmesser (B. & R.).

Abb. 261. Prüfmanometer für Hochdruck mit Magnetnadel (Askania).

1 Quecksilber, *2* Eisenkugel als Schwimmer, *3* Skalenläufer, *4* Zeiger (Magnetnadel), *5* Skala, *6* Skalenbefestigung, *7* Eisenkugel als Rückschlagventil, *8* Ablaßöffnung.

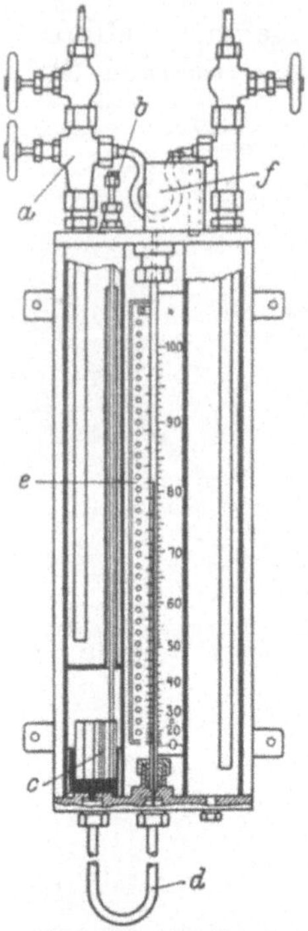

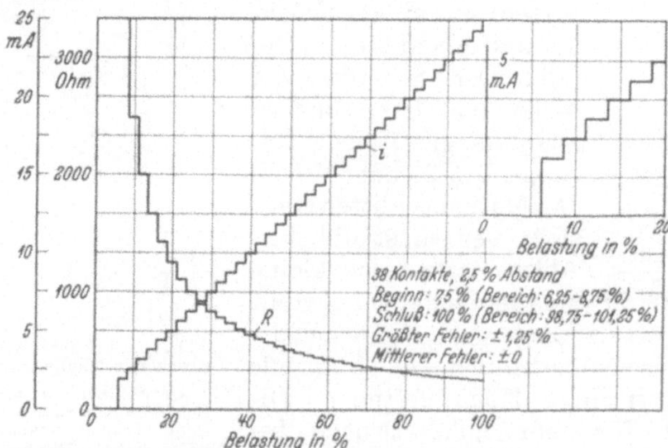

Abb. 262. Druckunter-
schied-Manometer mit
eingeschmolzenen elek-
trischen Kontakten
(Hallwachs).

a Ausgleichventil zwischen
+ u. — Anschluß (Null-
punktskontrolle), b Null-
punktseinstellung durch
Verdrängungskörper c,
d U-Rohr, e Stufenwiderstand, f Fangtopf für
Quecksilberfüllung
(bei Überlastungsstößen).

obachter gänzlich vor der Gefahr des Zerspringens von Rohren aus Glas o. ä.

b) Elektrisch messende Druckunterschied-Manometer. Ein ebenfalls mit Quecksilber gefülltes einfaches U-Rohr, das jedoch unmittelbar elektrisch Meßwerte abgeben kann, ist der Dampfmesser nach Abb. 262. In dem einen — engeren — Schenkel, in dem die gesamte Hubbewegung des Quecksilbers ausgeführt wird, sind Kontakte durch die Glasröhre hindurch eingeschmolzen, und zwar in quadratisch wachsendem Abstand. Die zwischen den Kontaktstellen liegenden Widerstandselemente sind alle gleich, so daß der durch den Kreis fließende Strom der Menge unmittelbar proportional ist (Abb. 263). Die Anzeige geschieht an einem normalen elektrischen Strommesser, die Zählung mit einem Amperestundenzähler. Temperatur- und Druckberichtigung wird rein elektrisch mit Widerstandsthermometer und Kontaktmanometer vorgenommen (Abb. 264). Gleichstrom und Wechselstrom sind gleicherweise verwendbar. Zur Verbesserung der Kontaktgabe wird dem Meßgleichstrom ein dauernd fließender, durch Kondensator vom Meßstromkreis getrennter Wechselstrom überlagert.

Das Glasrohr wird bis zu etwa 65 at verwendet. Darüber wird es durch einen Metallkörper mit eingesetzter Glasscheibe ersetzt und sieht dann einem Wasserstandglas ähnlich. Durch Schräglegen des Kontaktrohres entsteht ein elektrisch ferngebendes Mikromanometer, das insbesondere für Abdampfmessungen, bei denen nur geringe Druckverluste entstehen dürfen, gut verwendbar ist.

Abb. 263. Abhängigkeit des Widerstands und des Meßstromes von der Belastung (zu Abb. 262).

In der Wirkungsweise dem Hallwachs-Messer gleich ist der elektrische Mengenmesser nach Abb. 265. Hier ragen eine Reihe Metallstäbe von oben in die Quecksilberfüllung hinein. Ihre Längen sind derart abgestuft, daß mit der Einschaltung der Widerstände selbsttätig ein der Wurzel aus dem Differenzdruck proportionaler Strom entsteht. Der Apparat wird gewöhnlich unmittelbar an das Wechselstromnetz angeschlossen.

Als dritte Ausführung ähnlicher

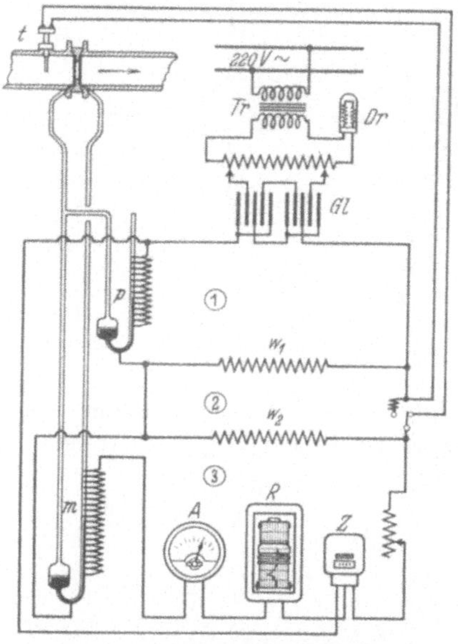

Abb. 264. Schaltungsschema für Druck- u. Temperaturberichtigung.
① Stromkreis für die Druckberichtigung, p Quecksilber-Manometer. ② Stromkreis für die Temperaturberichtigung, t Widerstandsthermometer. ③ Mengenstromkreis, m Mengenmesser nach Abb. 262.
w_1, w_2 Widerstände, Tr Transformer, Dr Eisendrahtlampe, Gl Gleichrichter,
A Anzeiger ⎫
R Schreiber ⎬ für die berichtigte Menge.
Z Zähler ⎭
p steuert Spannungsdifferenz
an w_1 prop. $\sqrt{\gamma p / \gamma_0}$,
t jene an w_2 prop. $\sqrt{\gamma p / \gamma_0} \cdot \sqrt{\gamma t / \gamma_0}$.

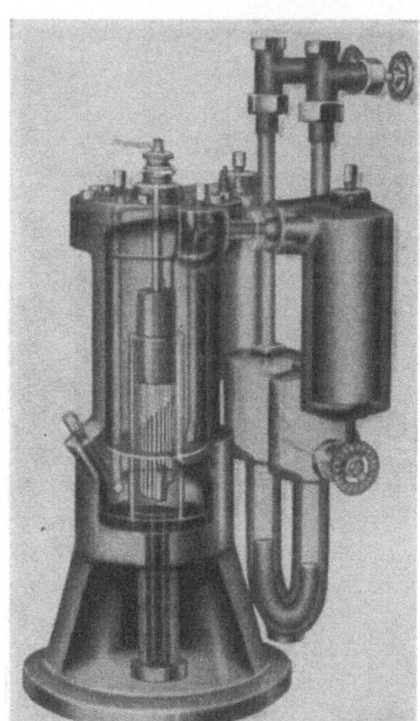

Abb. 265. Mengenmesser mit Tauchstäben (Republic Flow Meters Co.).

Art ist noch der Transformatormesser der General Electric Co. zu nennen. Hier bildet das Quecksilber als Zylinder wechselnder Höhe die Sekundärwicklung eines Transformators. Die Wurzelziehung läßt sich durch Querschnittsbemessung bewerkstelligen. Die Anzeige bleibt aber meist, wie in Amerika üblich, quadratisch. Bailey baut einen ganz ähnlichen Apparat.

Die besprochenen unmittelbar elektrischen Differenzdruck-Manometer haben keine bewegten Teile. Die Anzeige der erstgenannten ist allerdings sprunghaft. Die Sprünge sind jedoch klein gehalten, meist geringer als 1% vom Höchstwert des Durchflusses. Die unmittelbare Umsetzung der Meßimpulse in elektrische Meßwerte ist für Fernübertragung sehr angenehm.

c) Schwimmer-Druckunterschiedmesser. Den einfachen U-Rohr-Manometern am nächsten stehen die Schwimmer-Manometer, die durch

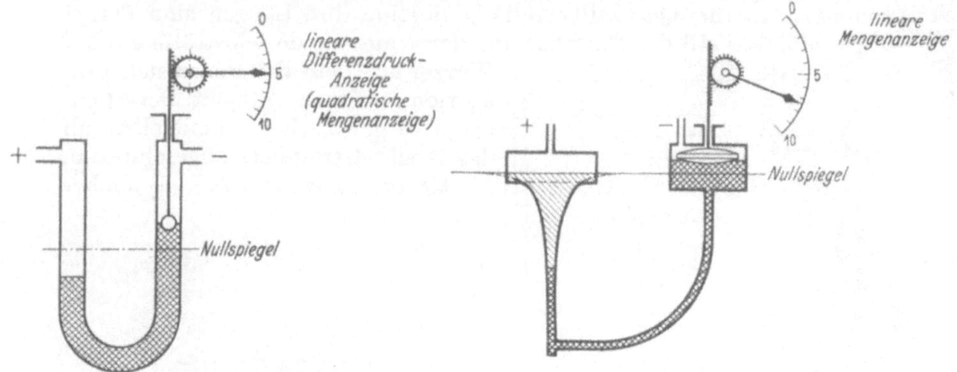

Abb. 266. Schwimmer-Differenzdruck-messer, schematisch.   Abb. 267. Wurzelziehung durch profilierte Gefäße, schematisch.

eine mechanische Übertragung etwa folgender Art: Schwimmer — Zahnstange — Durchführung — Übersetzung einen Zeiger antreiben. Das Schema ist in Abb. 266 dargestellt.

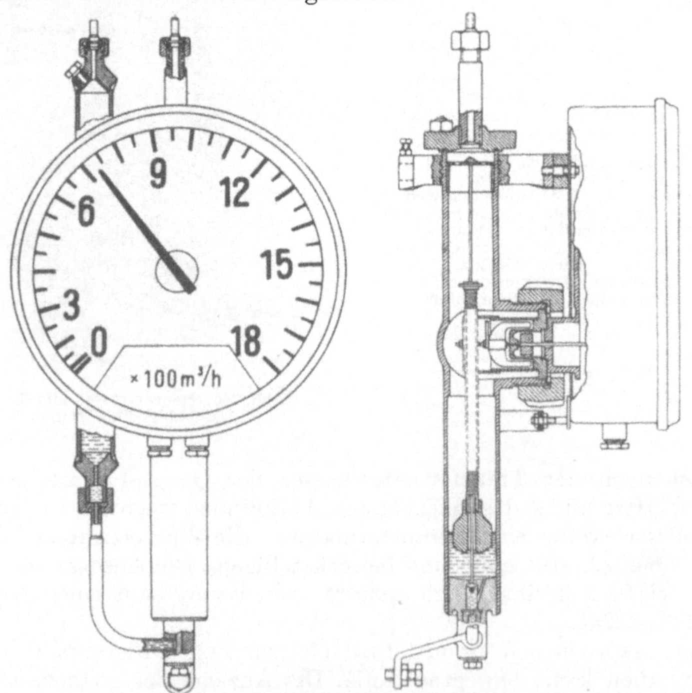

Abb. 268. Schwimmermanometer mit zylindrischen Gefäßen, magnetischer Kupplung und Wurzelziehung durch Kurvenscheibe (S. & H.).

Die Art der Füllflüssigkeit hängt von der notwendigen Größe des Meßbereiches ab. Für Niederdruckgas ist es Wasser oder Öl, für Dampf

und Wasser Quecksilber. Das Meß-
prinzip ist bei beiden das gleiche,
nur die Abmessungen sind verschieden. Die Niederdruckmesser brauchen breitere Querschnitte; die Hochdruckmesser mit Quecksilberfüllung
haben Schenkel bis zu 1,5 m Länge
entsprechend einem Differenzdruck
von 1500 mm QS = $\sim$ 2 at.

Um auch hier den Hub des Schwimmers proportional dem Durchfluß statt
proportional dem Druckunterschied
zu bekommen, ist es üblich, den Quer-
schnitten des U-Rohres mit Hilfe von
Einsätzen, Nadeln u. a. gesetzmäßig
veränderliche Größen zu geben. Tatsächlich sieht der Schwimmermesser
daher im allgemeinen so aus, wie es
die Abb. 267 zeigt. Die Wurzelziehung
mit Wälzhebeln wird nur wenig angewendet; über die Kom-
bination von Wälzhebel und
Einsatz kann auf die Vor-
bemerkung von S. 208 ver-
wiesen werden.

Der obere zylindrische
Teil des profilierten Schenkels (Abb. 267) ist erforderlich, weil die Kurve theoretisch bei Null seitlich ins
Unendliche gehen müßte.
Dieser Zylinder erstreckt
sich bis 10 oder 20% des
Meßbereiches und hat den
gleichen Quecksilberinhalt
wie der ersetzte flache Dreh-
körper. Die Abmessungen
der Gefäße und die Größe
des linearen Bereiches sind
voneinander abhängig.
Nimmt man jedoch be-
stimmte Fehlweisungen im
oberen Gebiet gegenüber
der linearen Skala in Kauf,
so kann die Grenze der
Proportionalität auch ohne
Vergrößerung der Gefäße
noch nach unten ausgedehnt

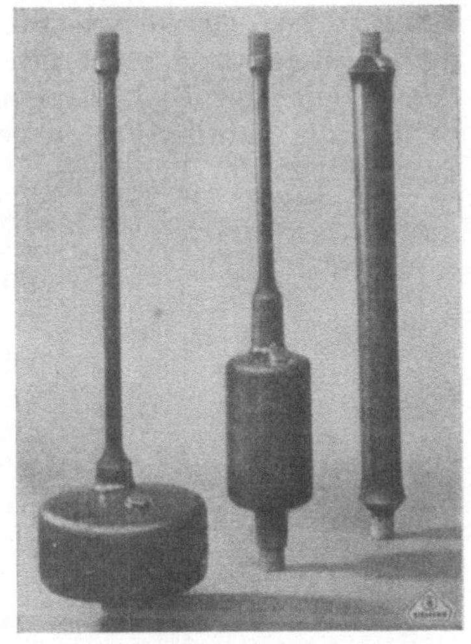

Abb. 269. Austauschbare Minusdruckge-
fäße zum Schwimmermanometer Abb. 268.

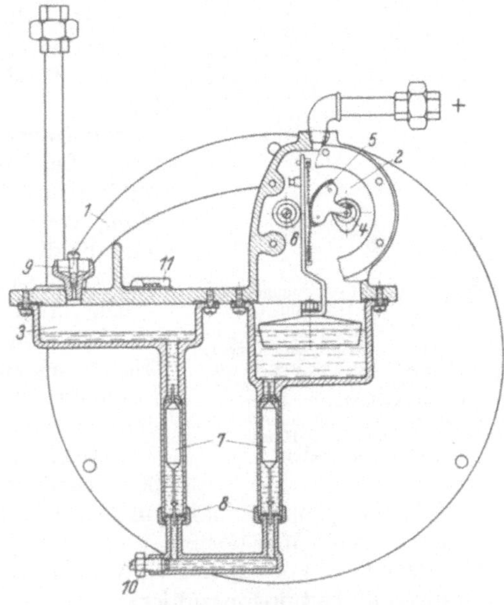

Abb. 270. Schwimmer-Druckunterschiedmesser mit
Drehstopfbuchse und ohne Wurzelziehung (allgemeine
Anordnung nach Foxboro).

1 Gehäuse, nur wenig größer als die Diagrammscheibe, *2* Plus-Kammer, Schwimmer und Gestänge
enthaltend, *3* Minus-Kammer, *4* Drehstopfbuchse,
5 Kettensegment, *6* Hubbegrenzung, *7* doppelseitige
Rückschlagventile, rostgeschützt unter Quecksilber,
8 metallene geführte Abschlußkegel, *9* Füllstutzen,
10 Ablaßstutzen, *11* Libelle.

werden[1]. Die genaue Einhaltung der Spiegelhöhe ist Vorbedingung für einwandfreie Anzeige. Verlust von Füllflüssigkeit durch Überlastungen oder Undichtigkeiten gibt entsprechende Fehler.

Um die Fabrikation zu vereinfachen und weitgehenden Austausch zu ermöglichen, kehrt man neuerdings wieder zu zylindrischen Gefäßen zurück und überläßt die Wurzelziehung einer Kurvenscheibe (Abb. 268 und 269).

Die Übertragung des dem Durchfluß entsprechenden Schwimmerhubes auf Zeiger oder Schreibhebel erfordert eine Durchführung aus dem Druckraum, die bei Niederdruck leicht auszuführen ist, bei Hochdruck aber erhebliche Schwierigkeiten bereitet. Die bekannten Arten der Durchführungen sind bereits S. 112 und 113 zusammengestellt. Praktisch in Verwendung sind bei diesen Mengenmessern die magnetischen Durchführungen mit Drehbewegung (S. & H., Abb. 151) oder mit Hubbewegung (Fueß), die einstellbare Plattendichtung (B. & R., Abb. 150) und als älteste die unmittelbare, drehende Achsdurchführung (Klinkhoff, Böhme, Bailey, Foxboro, Abb. 270).

Ein Nachteil der Schwimmermesser ist die große Menge Quecksilber, die durchschnittlich 5 kg beträgt. Vom Preis abgesehen, verursacht sie eine erhebliche Trägheit, die die Einstellzeiten verlängert, aber auch dauerndes Überpendeln verhindert.

Die Ausführung nach Abb. 86 trägt mit dem Schwimmer den Eisenkern eines Transformators[2]. Bei wachsender Durchflußmenge schiebt sich der Eisenkern immer mehr zwischen die Spulen, und der Induktionsstrom verstärkt sich entsprechend den den Eisenkern durchsetzenden Kraftlinien.

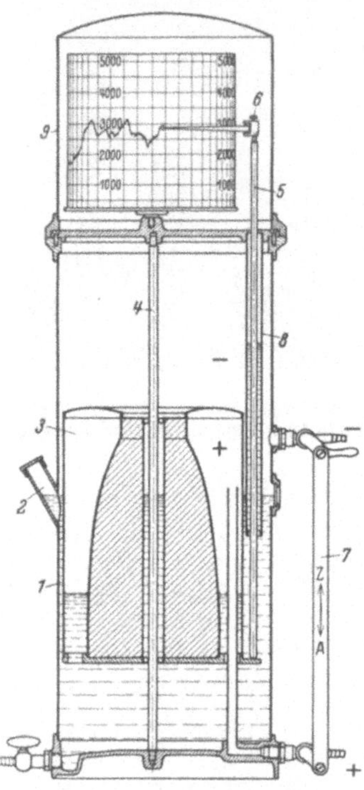

Abb. 271. Glocken-Gasmengenmesser mit Rohrabdichtung (Fueß). *1* Unterteil, *2* Füllöffnung, *3* Tauchglocke mit parabolischem Körper, *4* Führungsstange, *5* Schreibstange, *6* Schreibarm mit Stellschraube, *7* Verbindungsstange zur Kopplung der Hähne, *8* Hüllrohr zur Abdichtung des Gehäuses, *9* Haube mit großen Glasfenstern.

Der Hub ist proportional dem Durchfluß. Anzeige, Registrierung und Zählung werden mit normalen elektrischen Meßgeräten vorgenommen. Der besondere Vorteil dieser Anordnung ist die bequeme elektrische Zählung mit Induktionszähler.

Brown Instr. Co. (Philadelphia) benutzen das gleiche Prinzip, verwenden aber zwei Quotientenspulen und als Empfänger ein dem Geber vollständig gleiches Induktionssystem, dessen Eisenkern sich stets ent-

---

[1] Kalmán: Siemens-Z. 1925 S. 473.
[2] Lohmann u. v. Grundherr: Siemens-Z. 1930 S. 37.

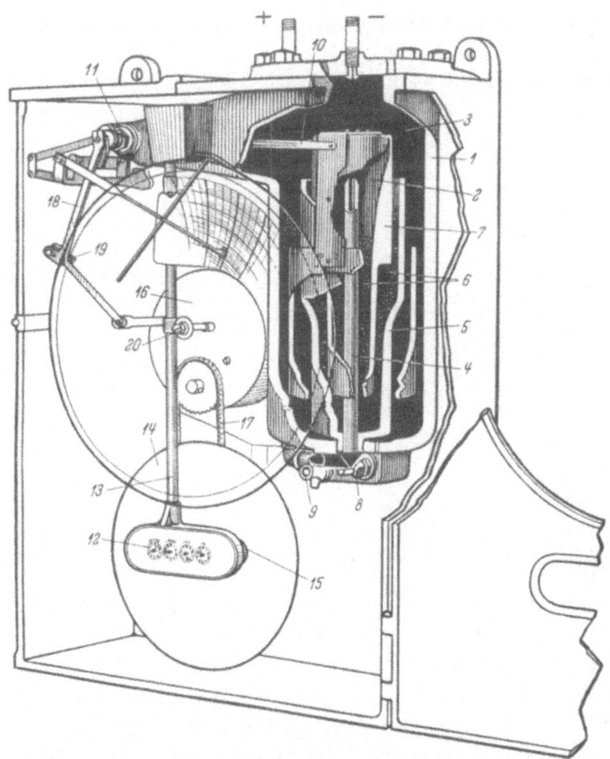

Abb. 272. Glocken-Druckunterschiedmesser im Teilschnitt mit profilierter Tauchglocke und Zählergetriebe mit Reibradübertragung (Bailey).
1 Druckraumgehäuse, *2* Pluskammer, *3* Minuskammer, *4* Plus-Zuführungsrohr, *5* Quecksilberbehälter, *6* Quecksilber, *7* profilierte Tauchglocke, *8* Ausgleichventil, *9* Ablaßstutzen, *10* Gestänge zur Übertragung des Tauchglockenhubes auf die Drehstopfbuchse, *11* Drehstopfbuchse, *12* Zählwerk, *13* Schwenkarm des Zählwerks, *14* Zählerscheibe, *15* Reibrädchen, *16* Uhrwerk, *17* Kettenantrieb für die Zählerscheibe *14*, *18* Antriebsgestänge für den Schwenkarm *13*, *19* Nullberichtigung für das Zählwerk, *20* Mittenbefestigung für das runde Diagrammblatt.

sprechend einstellt und Zeiger oder Schreibhebel mitnimmt (vgl. S. 68). Entsprechend der amerikanischen Eigenart wird die Wurzel nicht gezogen; Anzeiger und Schreiber behalten die ursprüngliche quadratische Skala. Die Zählung erfolgt hier durch Motor und Zeitschalter an einem Springzählwerk und stets in Verbindung mit dem Schreibinstrument.

d) Glockenmesser. Die Glockengeräte werden infolge ihrer großen Füllräume praktisch nur für Niederdruckmessungen verwendet. Sie sind die älteste Form der Mengenmesser, die mit Differenzdruck arbeiten, sehr betriebssicher und stellen an die Wartung keine großen Ansprüche. Sie entsprechen in allen Teilen den Druckmessern nach dem Tauchglockenprinzip. Die Wurzelziehung wird durch Ein-

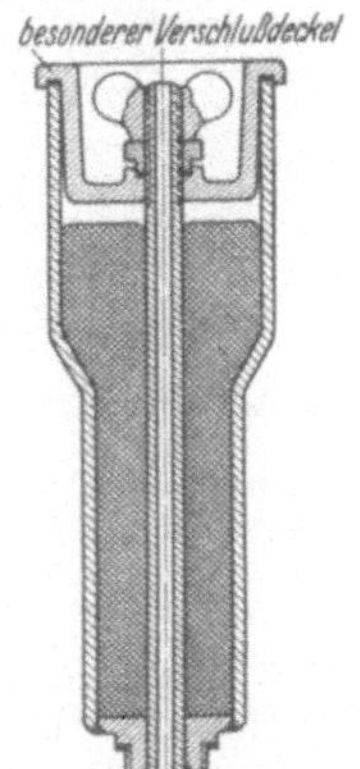

Abb. 273. Quecksilberbehälter (Teil 5 der Abb. 272) als Transportgefäß für das Quecksilber verwendet.

setzen eines besonders geformten Rotations-Paraboloids in die Glocke erreicht[1] (Abb. 271 und 272).

Aus konstruktiven Gründen muß hier, wie bei den Schwimmermessern, der Scheitel des Paraboloids weggelassen werden. Der lineare

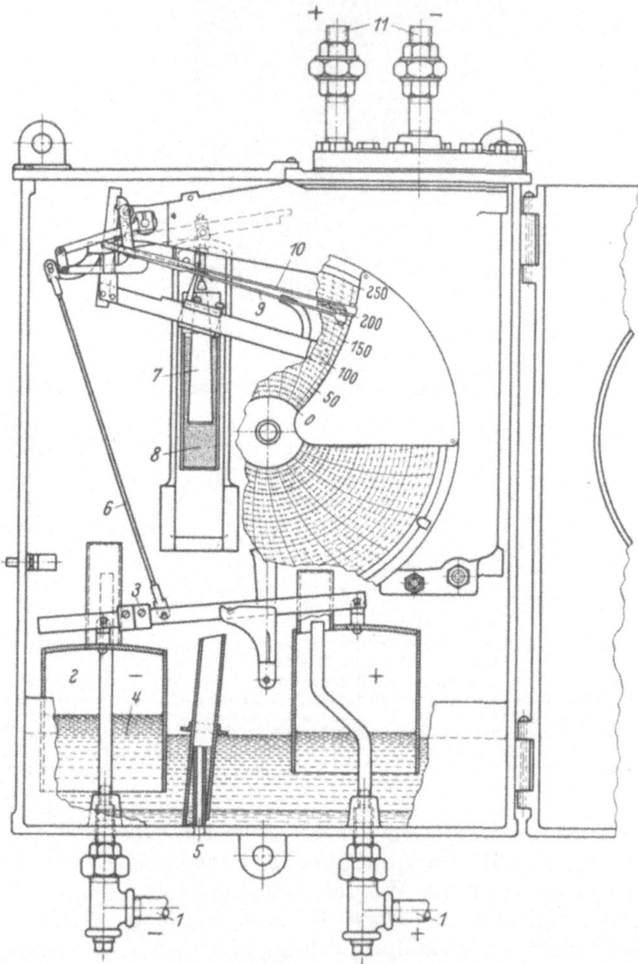

Abb. 274. Druckunterschiedmesser für Niederdruck, als Tauchglockenwaage ausgebildet (Bailey, Dampf-Luft-Schreiber) vgl. S. 104.

1 Meßanschlüsse (Luftmenge), *2* Tauchglocke, *3* Justiergewicht am Waagebalken, *4* Öl als Meßflüssigkeit, *5* Überlauf, *6* Übertragungsgestänge, *7* Tauchkörper zur Wurzelziehung, *8* Queck-silber, *9, 10* Schreibhebel, *11* Meßanschlüsse (Dampfmenge).

Bereich beginnt deshalb erst bei 10 oder 20%. Von der Menge und dem spezifischen Gewicht der Trennflüssigkeit sind die Glockenmesser in gleicher Weise wie die Schwimmermesser abhängig.

---

[1] D'Huart: Meßtechn. 1927 Nr. 4 und 5. Junge: Wärme 1929 Nr. 25 S. 485 bis 491.

Entsprechend den bei Druckmessern üblichen Ausführungsarten wird das ganze Anzeige- und Schreibwerk entweder mit unter die druck-dichte Haube gesetzt, oder die Bewegung der Glocke wird durch drehende oder gleitende Durchführungen nach außen übertragen. Bei einigen Ausführungen wird auch hier die magnetische Kupplung herangezogen. Bei sehr niedrigem statischen Druck kann die Füllung selbst als Abdichtung dienen (s. Abb. 271). Die Verbindung mit elektromagnetischer Übertragung durch Transformator ist ganz entsprechend der Anordnung bei den Schwimmermessern gelöst (s. S. 67).

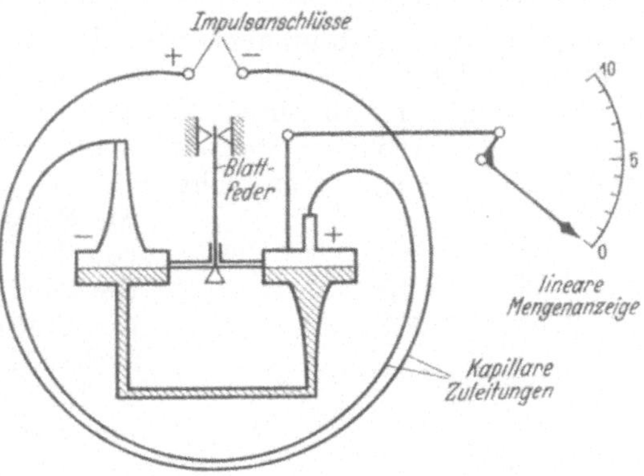

Abb. 275. Hydrostatische Gefäßwaage. Schema der Wurzel-ziehung (Askania).

Zwei getrennte Glocken an einem Waagebalken, je eine für jede der Komponenten des Differenzdruckes, zeigt Abb. 274. Durch Verschieben des in Quecksilber tauchenden Gewichtes kann eine stetige Verstellung des Meßbereiches vorgenommen werden. Dieses Instrument dient dann als einstellbarer Luftmesser bei Dampf-Luft-Folgezeigerinstrumenten (Bailey, Junkers-Thermotechnik).

e) Gefäßwaagen (hydrostatische Hubwaagen). Bei der folgenden Gruppe von hydrostatischen Mengenmeßgeräten stellt sich infolge des durch die Verschiebung der Meßflüssigkeit entstehenden Übergewichtes unter Überwindung der Einstellkraft eine neue Gleichgewichtslage an einer waageähnlichen Vorrichtung ein.

Der einfachste Fall ist der folgende:

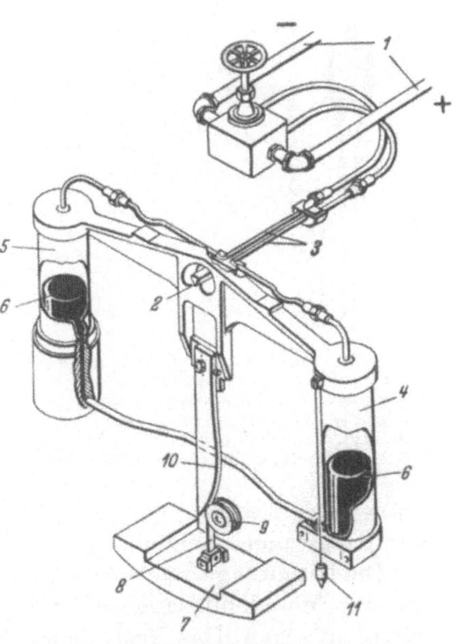

Abb. 276. Gefäßwaage, Wurzelziehung durch Rückstellgewicht und Kurvenscheibe (Cochrane Co.).

1 Meßanschlüsse, *2* Schneide und Pfanne, *3* Auf Verdrehen beanspruchte Druckzuleitungsröhrchen, *4* Pluskammer, *5* Minuskammer, *6* Quecksilber, *7* Gewicht, *8* Stahlband, *9* Feste Rolle, *10* Kurve, *11* Lot.

Zwei Gefäße sind starr an einem Waagebalken befestigt. Sind die Zuleitungen vollkommen nachgiebig, so würde die Waage bei dem geringsten Übergewicht kippen. Als Rückstellkraft dient entweder die

Elastizität der stets federnden Zuleitungen oder eine besondere Stellkraft. Abb. 275 zeigt dafür eine Blattfeder, Abb. 276 ein Ablaufgewicht, dessen Halteband bei Drehung des Systems über eine Rolle gezogen wird. Die Wurzelziehung kann auch mit Hilfe eines Gewichtes und eines durch Kurvenscheibe veränderlichen Hebelarmes erreicht werden (Hodgson).

Der Vorgänger dieser Gefäßwaage ist das Rohrgelenkdreieck von Gehre, dessen Bauart aber insbesondere infolge der Drehstopfbüchse den heutigen Ansprüchen nicht mehr gewachsen ist. Gefäßwaagen sind wie Schwimmer- und Glockenmesser von der Menge und dem spezifischen Gewicht ihrer Füllflüssigkeit abhängig. Der Einfluß des schwankenden spezifischen Gewichtes ist aber sehr gering.

Die modernste Form der Gefäßwaage für beliebig hohe Drücke ist in Abb. 277 schematisch und in Abb. 278 in Ansicht dargestellt. Der Hub des Topfes beträgt etwa 5 mm, die Meßbereiche sind 0 bis 2500, bis 5000 und bis 10000 mm WS. Bei 10000 mm WS ist das äußere U-Rohr etwa ¾ m lang. Die im Apparat enthaltene Quecksilbermenge, oder richtiger gesagt, die ins bewegliche Gefäß hinübergedrückte Menge, ist der zu messenden Gas-, Dampf- oder Wassermenge proportional. Die Mittelwertbildung bei schwankender Belastung ist also durchaus richtig. Das Quecksilbergewicht beträgt nur etwa 1 kg.

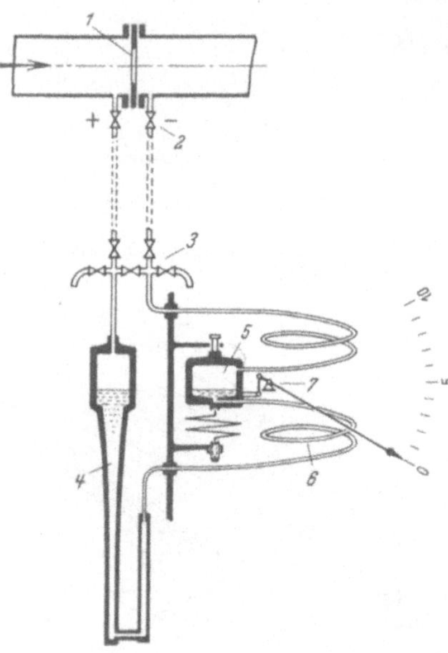

Abb. 277.   Hochdruck-Quecksilberwaage schematisch, (Askania).

1 Meßblende, *2* Absperrhähne, *3* Fünffachventil für Inbetriebsetzung usw. (vgl. Abb. 322), *4* profiliertes Gefäß, *5* Hubgefäß, *6* Verbindungskapillaren, *7* Meßwerk.

f) **Ringwaagen** (hydrostatische Drehwaagen). Im Anschluß an die weitgehenden Ausführungen über die Wirkungsweise der Ringwaage unter „Druckmessung" (s. S. 101) brauchen hier nur die Besonderheiten der Ringwaage-Mengenmesser erörtert zu werden.

Die Ringwaage nach Abb. 125 und 126, als Druckunterschiedmesser an eine Meßblende angeschlossen, würde die Menge mit quadratischer Skala anzeigen. Das Bestreben geht im wesentlichen darauf hinaus, mit einfachen Mitteln erstens einen stabilen und einstellbaren Nullpunkt zu schaffen und zweitens eine lineare Skalenteilung für den Durchfluß zu erhalten, was besonders für die Registrierapparate wichtig ist. Die Wurzelziehung ist hauptsächlich auf folgende Arten ausgeführt worden (Abb. 279—283):

1. mit Leitkurve und Rolle als Übersetzung zwischen Waagering und Zeigerwerk, dabei Verwendung eines einfachen Rückstellgewichtes nach Abb. 125 für die äußere Richtkraft[1],

---

[1] Gmelin: Chem. Fabrik 1930 Nr. 45 S. 447.

2. mit sichelförmigem Tauchkörper, wobei der Auftrieb in einem quecksilbergefüllten Trog die äußere Richtkraft bildet[1],

3. durch Heben eines Rückstellgewichtes über eine am Waagering befestigte Kurve,

4. mit einem äußeren und einem am Waagering befindlichen Drehpunkt für das an Hebeln hängende Rückstellgewicht[2],

5. mit einem äußeren Drehpunkt und zwei durch das Rückstellgewicht belasteten Wälzhebeln.

An dieser Aufzählung ist zu beachten, daß nur bei der ersten Art mit Leitkurve und Rolle die Winkeldrehung des Ringes proportional dem Druckunterschied erfolgt und die Wurzelziehung erst außen in der Übersetzung vorgenommen wird. Bei allen übrigen Bauarten ist bereits die Winkeldrehung des Ringes der Menge proportional.

Für die Stabilisierung der Null ist das Rückstellgewicht nach Abb. 279 am einfachsten, denn die geringste Auslenkung aus der Nullage bringt sofort ein erhebliches Einstellmoment. Hängt das Rückstellgewicht lose an einer Kurve (Abb. 281), so ist der Nullpunkt nicht einwandfrei zu erreichen. Entweder muß der Unempfindlichkeitsbereich in der Nähe der Null unterdrückt werden, oder die Kurve muß unterhalb einer bestimmten Winkelablenkung außer Tätigkeit treten und ein zusätzliches Rückstellgewicht allein für die Einstellung auf Null sorgen (Thermotechnik).

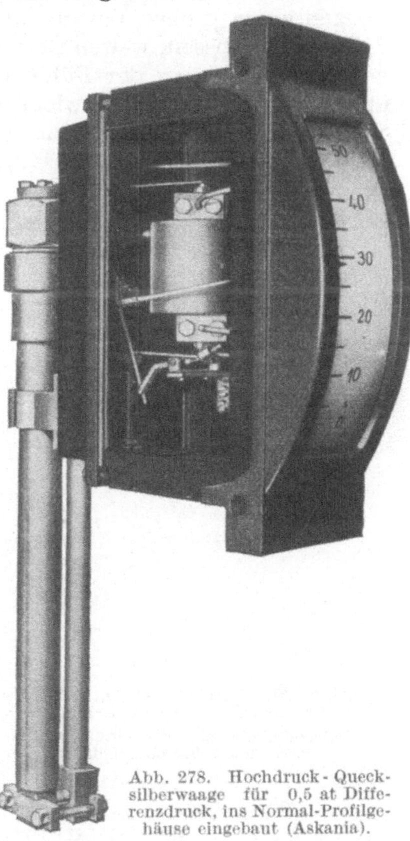

Abb. 278. Hochdruck - Quecksilberwaage für 0,5 at Differenzdruck, ins Normal-Profilgehäuse eingebaut (Askania).

Bei der Ausführung nach Abb. 282 belastet das Gewicht in der Nullage nur den äußeren Festpunkt. Durch die geringste Auslenkung der Waage bekommt es einen merklichen Kraftarm, so daß die Nullstellung gesichert ist.

Der Meßbereich ist bei Ringwaagen durch Austausch des Rückstellgewichtes oder durch Veränderung seines Hebelarmes (bei Abb. 283) in ziemlich weiten Grenzen veränderlich. Um möglichst großen Wirkdruck bei kleinen Abmessungen zu erhalten, wird der Ring bis zur Mitte mit Meßflüssigkeit gefüllt. Daher bewegen aber die mit Quecksilber

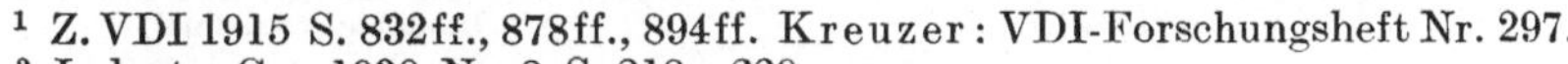

---

[1] Z. VDI 1915 S. 832ff., 878ff., 894ff. Kreuzer: VDI-Forschungsheft Nr. 297.
[2] Industr.-Gas 1930 Nr. 8 S. 218—220.

arbeitenden Hochdruckmesser viel
unnötiges Gewicht, das auf die
Schneidenlager drückt und bei Pulsationen Anlaß zu falscher Mittelwertbildung gibt.

Andererseits besitzen die Ringwaagen einen großen Vorteil darin,
daß sie in gewissen, weiten Grenzen
von Änderungen in der Füllmenge
und deren spezifischem Gewicht unabhängig sind, im Gegensatz zu allen
Messern mit profilierten Einsätzen,

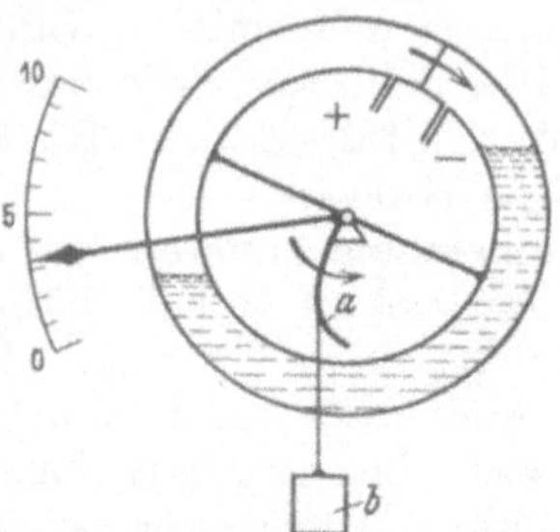

Abb. 281. Pendelgewicht, über
Kurve hängend (Hydro, Eckardt,
Thermotechnik).

a Kurve, b Rückstellgewicht, an
Stahlband hängend.

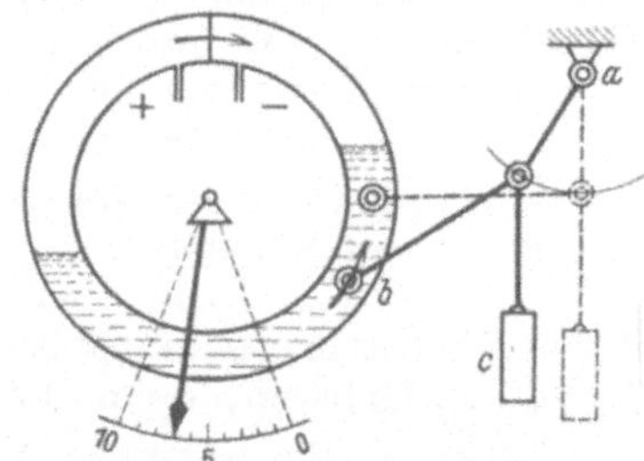

Abb. 282. Pendelgewicht, an äußerem
festen Drehpunkt (Debro-Rheinländer).
a fester Drehpunkt, b Drehpunkt an
Waagering, c Pendelgewicht.

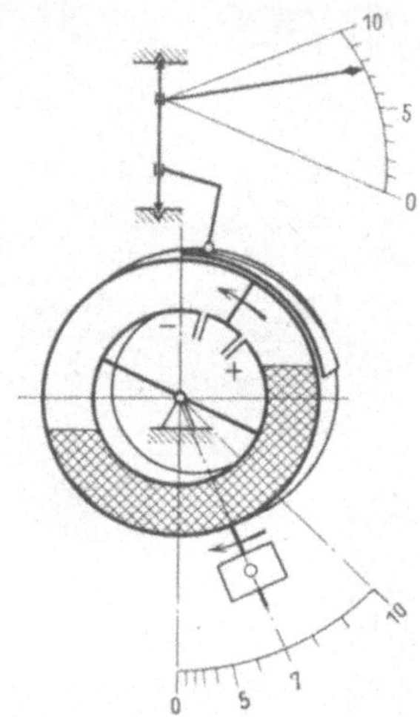

Abb. 279. Rückstellgewicht, Leitkurve
und Rolle (IGFarben, H. & Br., S. & H.).
Mengenteilung am Waagering quadratisch, am Schreibhebel linear.

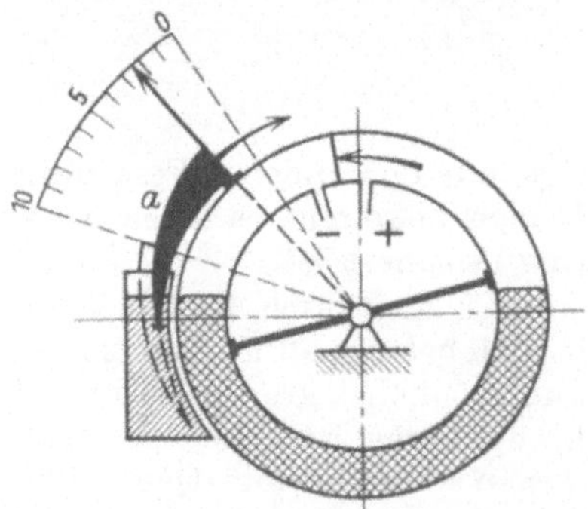

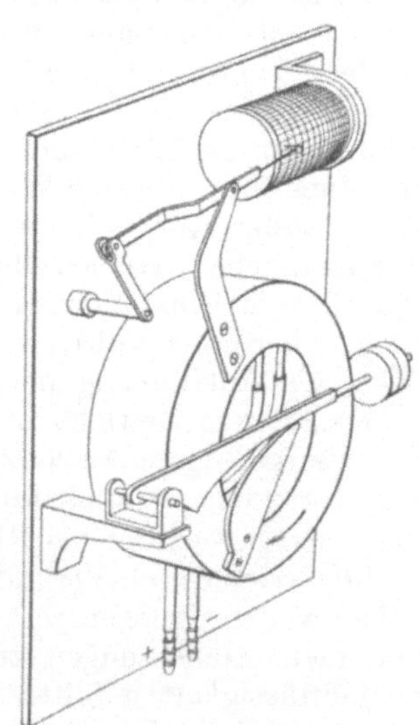

Abb. 280. Sichelförmiger Tauchkörper (Debro).
a Tauchsichel.

Abb. 283. Rückstellgewicht, Wälzhebel
belastend (Askania).

Abb. 279—283. Verschiedene Arten der Wurzelziehung an Ringwaagen.

bei denen die Lage der Oberfläche genau eingehalten werden muß. Lotrechte Aufhängung verlangen alle Ringwaagen; Abweichungen können durch Nullverstellung aufgehoben werden.

Die bildliche Darstellung eines modernen Ringwaage-Mengenmessers gibt die Abb. 284. Es ist ein Gasmengenschreiber für Niederdruck, wofür sich die Ringwaagemesser besonders eignen. Die runde Form des Waageringes legt es nahe, nicht nur die Anzeiger als normale Rundinstrumente auszuführen, sondern auch die Schreiber nach amerikani-

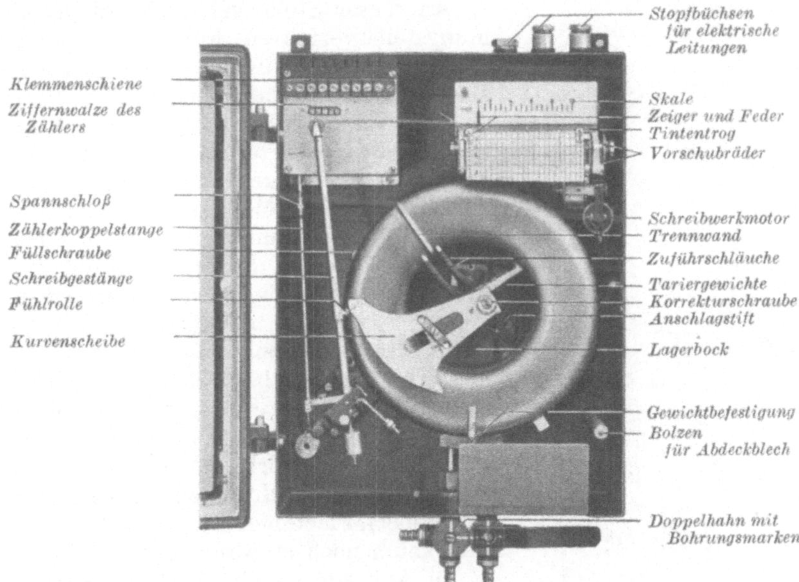

Abb. 284. Ringwaage-Schreibgerät für Niederdruck (H. & B.).

schem Muster mit Kreisdiagramm (s. Abb. 46) auszurüsten und in Rundgehäusen unterzubringen (S. & H.).

g) Membranmesser. Aus der vorangegangenen Beschreibung der verschiedenen Mengenmesser-Systeme geht hervor, wie großen Wert zuverlässige Membranmesser für die Meßtechnik haben müssen. Deren drei Hauptvorteile sind:

1. Lage-Unempfindlichkeit, da keine Füllflüssigkeit vorhanden,
2. Tragbarkeit, da ihr Gewicht gering ist,
3. Meßempfindlichkeit, da die Systemmasse sehr klein ist.

Außerdem sind die Membranmesser frostsicher.

Es sind bisher nur wenige Membran-Mengenmesser gebaut worden; die Ideal-Ausführung ist auch noch nicht erreicht. Bekannt sind insbesondere die durch verschiedene Hilfsmittel für Mengenmessung brauchbar gemachten Federmanometer. Ein solches Platten-Federmanometer, ausschließlich für höhere Drücke, für Preßluft und Dampfmengen bestimmt, zeigt Abb. 285. Anlageflächen, die der Form der Stahlmembran, z. B. durch Hintergießen genau angepaßt sind, sorgen für eine feste

Auflage bei Überlastungen und einseitigem Druck. Die Durchführung der Bewegung nach außen aufs Zeigerwerk geschieht durch zwei dünne Wellrohre, deren Widerstand mit eingeeicht wird (s. S. 112). Die bei Preßluftmessung sehr angebrachte Druckkompensation wird durch ein in die Wälzhebelübertragung eingreifendes Bourdonrohr erzielt.

Das Ein- und Abschalten muß bei Membranmessern mit gekuppelten Absperrorganen oder mit Doppelhahn geschehen, damit Druckschläge nach Möglichkeit verhindert werden (s. S. 114).

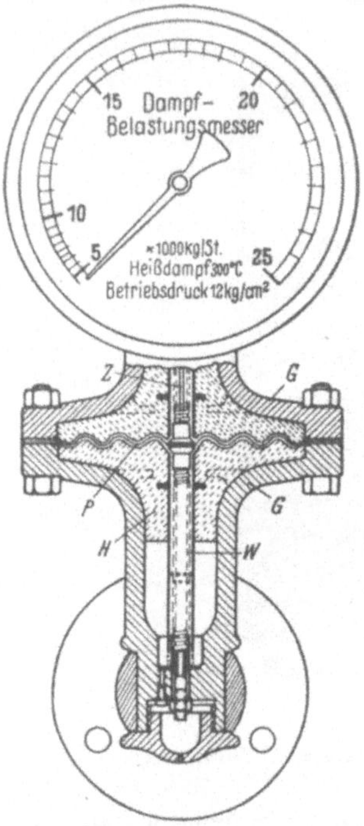

An dieser Stelle sei auch auf das Strömungsteilerverfahren hingewiesen, welches ebenfalls eine dünne, nahezu masselose Membran zur Messung benutzt (S. 230).

Bei Niederdruck ist in den Mengenmessern die charakteristiklose Membran, die nur Kraft übertragen soll, vorteilhafter als die biegungssteife Meßmembran; solche charakteristiklosen Membranen sind bereits früher an einigen Stellen erwähnt worden (S. 6, 106, 162). Es wird ein großes Hubvolumen verlangt, um hinsichtlich der Verstellkräfte den Ringwaagen und Glockenmessern nicht nachzustehen; denn es darf nicht übersehen werden, daß ein Mengenmesser eine ganze Reihe Reibung verursachender Zubehörteile enthält (Wurzelziehung, Durchführungen, große Zeiger, Ferngeber). Flachmembranen in dieser Größe sind kaum noch einwandfrei herstellbar.

In Abb. 286 ist ein Membranmesser, der sich besonders für schnell veränderliche Strömungen eignen würde, im schematischen Schnitt dargestellt[1]. Es handelt sich nur um einen dem idealen Druckunterschiedmesser nahekommenden Vorschlag, dessen praktische Verwirklichung noch nicht befriedigend gelungen ist. Bisherige Ausführungen weichen in wesentlichen Punkten von den notwendigen Voraussetzungen ab (s. a. S. 212).

Abb. 285. Druckunterschiedmesser mit hintergossener Stahlmembran für Mengenanzeige (Eckardt). *G* Gehäuse, *P* Stahlmembran (Plattenfeder), *H* Gußmasse, *W* Wellrohrabdichtung, *Z* Zeigergestänge.

Der Druck an der möglichst charakteristiklosen Membran erhält in Abb. 286 die Gegenkraft durch eine Windungsfeder. Da diese Feder, ebenso wie die Membran, als masselos gelten kann, sind alle Nachteile vermieden, die sonst mit der Verwendung von Gewichten und Flüssigkeiten verknüpft sind. Die Wurzelziehung geschieht durch ein leichtes Wälzhebelpaar oder ein Gelenkdreieck, und zwar wird sie sofort hinter der masselosen Membran vorgenommen, wo die Schwingungen des Systems noch nahezu unverzerrt den Verlauf des Druckunterschieds

---

[1] Siehe auch Sauer: Staudruckmessung bei pulsierenden Stoffströmen. Sammlung Messen und Prüfen Heft 4 S. 60, Knapp, Halle (Saale).

wiedergeben. Die nach hinten durchgeführte Achse führt daher Pendelungen aus, deren Größe der Wurzel aus dem Druckunterschied eines jeden Augenblicks proportional ist. Erst außerhalb des Druckraumes werden die Schwingungen mit Hilfe einer losen Kupplung und einer auf der Zeigerachse sitzenden Schwungmasse zu einer ablesbaren Kurve geglättet.

Das Gelenkdreieck ist ein Kurbeltrieb. Die Ableitung der Bewegungsgleichung ergibt, daß zwischen dem Hub der Membran und dem Drehwinkel der Achse die Beziehung

$$s = C_1 \cdot \alpha^2 \; (- C_2 \cdot \alpha^4 + C_3 \cdot \alpha^6 \mp \cdots)$$

besteht. Der Hub (der Druckunterschied) ist also für Winkel bis 30⁰ praktisch proportional dem Quadrat des Drehwinkels (der Mengenanzeige). Durch Versetzen der Gelenke läßt sich der kleine, durch das Abbrechen der Reihe entstehende Fehler auch noch beseitigen.

Die lose Kupplung kann aus einer nach beiden Seiten wirkenden Doppelspiralfeder bestehen. Eine zur Durchführung vorgesehene magnetische Übertragung tut gleichzeitig dieselben Dienste; sie dürfte

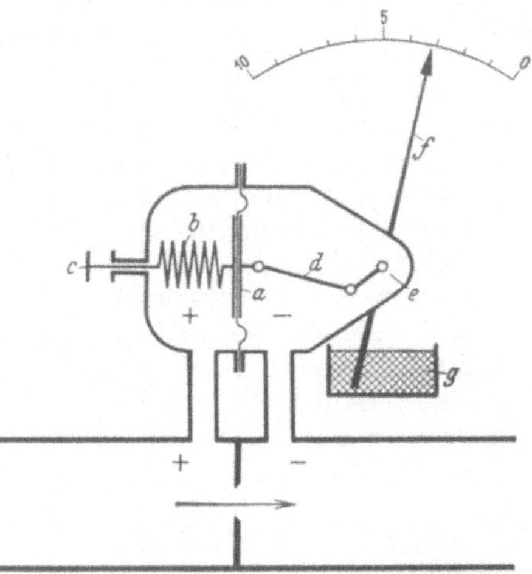

Abb. 286. Schema eines Membrangasmessers für schnell veränderliche Strömungen (nach Sauer).
a schlaffe Membran mit Verstärkungsscheiben, b Rückstellkraft durch Zugfeder, c Einstellschieber, d Gelenkviereck zur Wurzelziehung, e Durchführung und elastische Kupplung zur Mittelwertbildung, f Zeiger, g (Flüssigkeits-) Dämpfung.

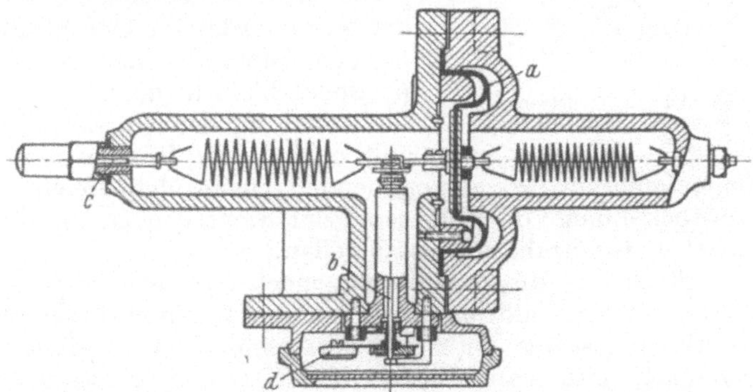

Abb. 287. Membran-Dampfmesser (Kent-Hodgson). Membranhub max 7,5 mm.
a Membran aus Hartgummi, b Zeigerwelle, c Nullstellungsschraube unter Schutzkappe, d Gewicht zur Ausschaltung von totem Gang und Gestänge.

allerdings höchstens eine Umdrehung machen, damit Überschlagen eines ganzen Ganges mit Sicherheit vermieden wird.

Eine ältere, aber kennzeichnende Ausführung zeigt Abb. 287. Diese Bauart trägt den eben entwickelten Gesichtspunkten zum Teil bereits Rechnung. Die Membran ist aus dünnem Hartgummi; zwei Federn geben die Rückstellkraft und sorgen für die Einhaltung der Nullage[1].

D. Teilstrommessung.

Unter Teilstrommessung werden gewöhnlich zwei Meßverfahren zusammengefaßt, die an sich wenig miteinander zu tun haben:

1. die unmittelbare Messung eines rückkehrenden Zweigstromes und
2. die Messung mit dem sogenannten Strömungsteiler, in dem der Zweigstrom entspannt wird und nicht zurückkehrt.

Es handelt sich bei beiden Verfahren fast ausschließlich um Gasmessungen, insbesondere zur Bewältigung großer Mengen. Sie sollen die Kosten der Meßanlagen verringern, indem sie die Verwendung von Stationsgasmessern oft riesiger Abmessungen vermeiden. Mit den Strömungsteilern kann außerdem auch bei stark schwankendem Druck gemessen werden, ohne daß dafür zusätzliche Einrichtungen nötig sind.

1. Unmittelbare Teilstrommessung.

Bei der einfachen Teilstrommessung mit rückkehrendem Zweigstrom befindet sich in Haupt- und Zweigleitung je ein Widerstand von rechnerisch oder durch Versuch bestimmbarer Größe, meistens ein Venturirohr, seltener eine Blende (Abb. 288). Im Verhältnis der Widerstände der Teilleitungen von der Trennung bis zur Wiedervereinigung teilt sich die strömende Menge. Ist der Leitungswiderstand im betrachteten Rohrstück klein gegen den entstehenden Differenzdruck, so werden die Durchflußmengen bei sich ändernder Last so lange proportional bleiben, als sich die Durchflußzahlen an den Drosselstellen nicht ändern. In dem für die unmittelbare Teilstrommessung in Frage kommenden engen Meßbereich wird das voraussichtlich immer der Fall sein. Zur Sicherheit ist die Größe der Reynoldsschen Kennzahl R_D festzustellen.

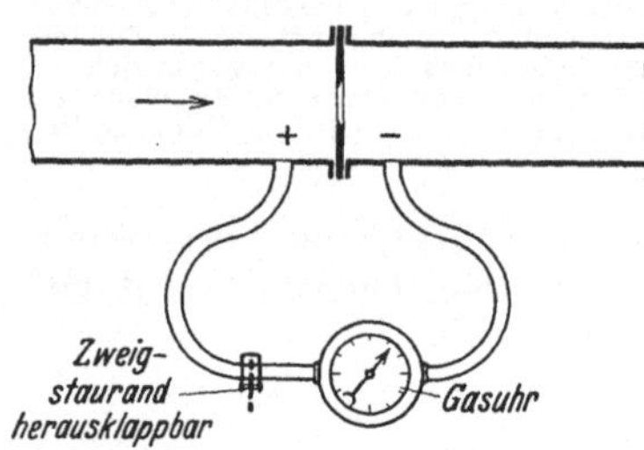

Abb. 288. Unmittelbare Teilstrommessung, schematisch dargestellt.

Nun muß aber in die Zweigleitung noch das eigentliche Meßgerät eingeschaltet werden, und damit kommt der Nachteil dieser unmittelbaren Teilstrommessung erst zur Auswirkung. Dem Gaszähler, gleich welcher Bauart, muß man 2 bis 5 mm WS Druckverlust zum Betrieb zubilligen. Dieser Druckverlust steigt mit der Durchflußmenge und ist außerdem bei den rotierenden Zählern während eines Umlaufes durchaus nicht konstant. Der Differenzdruck an der Teilstromdrossel ist also um mindestens 2 mm WS kleiner, als er theoretisch sein müßte. Da diese 2 mm bei geringer Menge verhältnismäßig viel ausmachen, wird der Fehler, der an der oberen Grenze des Meßbereiches unwesentlich

---

[1] Z. VDI 1922 S. 943; 1923 S. 408.

ist, nach unten hin eine immer größere Rolle spielen. Der Teilstrom ist kleiner als dem Widerstand am kleinen Staurand entspricht, denn der Differenzdruck muß auch noch den Druckverlust der Gasuhr bestreiten. Eineichen der Abweichung, wie bei Anzeigerskalen (Rotamesser, siehe S. 183), ist bei Zählung nicht möglich. Praktisch kann der Fehler u. U. durch eine geringe Vergrößerung des Multiplikators wieder ausgeglichen werden, so daß bei mittlerer Menge die Zählung stimmt und darüber zu viel, darunter zu wenig gezählt wird.

Der Meßbereich kann natürlich nicht weit gewählt werden, denn einerseits begrenzt der an der Blende mögliche Druckverlust den Differenzdruck für die größte Menge, und andererseits darf der Druckverlust der Gasuhr einen gewissen, durch die Anforderung an die Genauigkeit festgelegten Hundertsatz von Differenzdruck bei der geringsten Menge nicht überschreiten. Schon bei einem Verhältnis zwischen kleinster und größter Menge von nur $1:2$ wird der statische Druck wohl immer mindestens 100 mm WS betragen müssen.

Das Teilstrom-Staurändchen wird zweckmäßig austauschbar angeordnet; bei seiner Kleinheit muß ja immer mit Verschmutzung gerechnet werden. Als recht brauchbar hat sich die Zusammenfassung von zwei oder drei gleichen Staurändchen in einem Revolverkopf erwiesen. Nach Bedarf wird nach Lösen der Flanschbolzen ein sauberer Staurand eingeschwenkt. Die Reinigung kann dann in Ruhe vorgenommen werden.

Bei der unmittelbaren Teilstrommessung ist zu beachten, daß die Zählung vom Druck abhängig ist. Diesen Mangel teilt das Verfahren mit jeder Gasuhr, da ja Volumen ohne Berücksichtigung von Druck und spezifischem Gewicht gemessen wird. Das durchströmende Gewicht ist bei konstantem Druck mit Hilfe eines einzigen Umrechnungsfaktors zu finden. Bei schwankendem Druck muß eine selbsttätige Dichtekorrektur am Zählwerk angebracht werden, wenn sofort Gasgewicht abgelesen werden soll. Eine Ausführung dieser Art war schon bei den Hochdruckgaszählern erwähnt worden (Abb. 210). Die Korrektur, die dort dem veränderten Luftdruck (z. B. bei der Treibgasmessung in Luftschiffen) Rechnung tragen soll, wird dadurch bewirkt, daß das Zählwerk nicht unmittelbar mit dem Gaszähler gekuppelt ist, sondern über ein kleines Reibradgetriebe arbeitet. Das getriebene Rädchen ist einerseits mit der Zählwerksachse und andererseits mit einer Membran verbunden. Die Membran dehnt sich je nach dem Druck mehr oder weniger aus und schiebt das Reibrädchen auf dem treibenden Rad hin und her. Die Zählung ist proportional dem Abstand des getriebenen Reibrädchens von der Achse des treibenden Rädchens.

Ins Gebiet der Teilstrommessung gehört an ausländischen Ausführungen der Shunt-Druckluftmesser von Kent, der den Turbinengaszähler nach Hodgson im Teilstrom verwendet[1]. Ähnlich wie den Flügelrad-Gaszählern steht bei uns die Meßtechnik dieser Art Mengenmesser sehr abwartend gegenüber; sie sind infolgedessen bisher nur wenig bekannt geworden.

---

[1] Gas J. Bd. 153 (1928) S. 151—153.

2. Strömungsteiler.

Ein für die Zwecke der Teilstrommessung bei schwankendem Druck besonders erfundener Apparat ist der Strömungsteiler. Bei diesem wird die Strömungsenergie nicht, wie bei dem Druckunterschiedverfahren, zur Messung benutzt, sondern lediglich zur Abtrennung eines stets verhältnisgleichen Teilstromes, der nicht wieder in die Hauptleitung zurückkehrt[1]. Dieser Teilstrom wird entspannt und in einem kleinen Gaszähler gemessen. Infolgedessen spielen nicht nur die Schwankungen im Gasdruck, sondern auch die der Gastemperatur und der Gaszusammensetzung für die Messung keine Rolle. Das Verfahren liefert unmittelbar ohne jede Hilfsmessung entspannte Gasmenge (bzw. durch Dichtekorrektur auch Nm^3). Es erfüllt damit eine wesentliche Vorbedingung für die Eichfähigkeit, die nach den gültigen Bestimmungen an die Volumenmessung (Liter) gebunden ist. Die Strömungsteiler sind deshalb ein Ersatz für die Stationsgasmesser (s. S. 165), wenn deren Kosten zu hoch und ihre Anlage zu umfangreich wird. Der Messer ist zunächst als Preßluftmesser bekannt geworden, und zwar durch das Preisausschreiben des Reichskohlenrates von 1924 für einen in Grubenbetrieben brauchbaren Druckluftmesser, dessen Anforderungen er als einziger gerecht werden konnte[2].

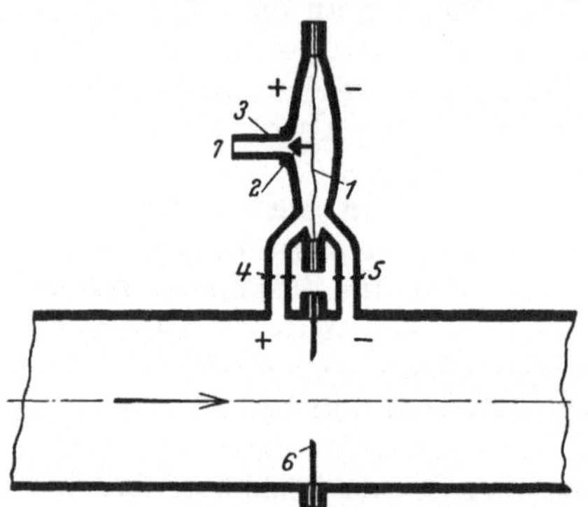

Abb. 289. Strömungsteiler zur Gasmessung, schematische Darstellung (Askania).

1 Membran, *2* Ventilnadel, *3* Auslaßventil, *4* Meßdrossel, *5* Schutzdrossel, *6* Drosselgerät in der Hauptleitung, *7* Anschluß für den Mengenzähler.

Der Apparat besteht im wesentlichen aus einer dichten, leicht beweglichen Membran, meist aus dünngewalztem Metallblech; sie trennt zwei Kammern (Abb. 289), die mit der Vorderseite (+) bzw. der Rückseite (−) eines Stauorgans, in den meisten Fällen einer Blende, verbunden sind. Durch die Pluskammer hindurch lenkt die Membran eine Nadel, die im Ruhezustande ein Auslaßventil abschließt. Beide Kammern sind gegen die Leitung durch zwei kleine Drosselöffnungen, einfache oder mehrfache enge Blenden, abgeschirmt.

Ein durch Strömung entstehender Druckunterschied pflanzt sich in die Kammern fort und drückt die Membran durch, so daß das Nadelventil geöffnet wird[3]. Der Apparat wirkt nun als Regler, und zwar wird durch das Öffnen des Nadelventils der Druck auf beiden Seiten der Membran auf den Druck hinter der Blende eingeregelt. Dadurch wird erreicht, daß die kleine Blende im Zuflußkanal stets unter den gleichen Druckverhältnissen wie die Hauptblende steht. Da die Tem-

---

[1] Z. VDI 1924 Nr. 49; Glückauf 1924 S. 260; 1925 S. 225; 1930 Nr. 32.
[2] Presser, H.: Ergebnisse des Preisausschreibens über Druckluftmesser; Glückauf 1926 S. 101—106.
[3] Meßtechn. 1926 Nr. 12 S. 252—257.

peratur an Hauptblende und Nebenblende dieselbe ist, oder jedenfalls Gleichheit leicht zu erreichen ist, müssen Haupt- und Teilstrommenge stets verhältnisgleich sein.

Die Konstanz der Durchflußziffer an der kleinen Blende ist natürlich Gegenstand besonderer Untersuchungen gewesen. Diese haben ergeben, daß die Brauchbarkeit sehr von der Form der Durchlaßöffnungen abhängt. Es sind Formen gefunden worden, die sich an die Erfahrungen von S. 204 anlehnen, deren Durchflußziffer bis zu sehr kleinen Reynoldsschen Zahlen praktisch konstant bleiben.

Die Dauerhaftigkeit dieser kleinen Meßblende ist nur eine Materialfrage; sie ist zur vollen Zufriedenheit gelöst worden. Verschmutzung wird durch ein einfaches, umschaltbares, infolge der Kleinheit des Teilstromes fast keinen Widerstand bietendes Filter wirksam verhindert (vgl. Abb. 290).

Der Zustand des Ausströmventils hat auf die Messung keinen Einfluß, solange das Ventil imstande ist, die durch die kleine Blende fließende Menge herauszulassen. Bei Gasströmen, die leicht abscheidbare Kondensate enthalten, könnte sich das Nadelventil infolge der durch die Abkühlung bei der Expansion eingeleiteten Kondensation zusetzen. In diesen seltenen Fällen schafft eine Heizeinrichtung in Form einer um das Nadelventil gewundenen Heizspirale Abhilfe, indem dadurch die Temperatur des Teilstromes im Nadelventil dauernd über der Abscheidetemperatur gehalten wird.

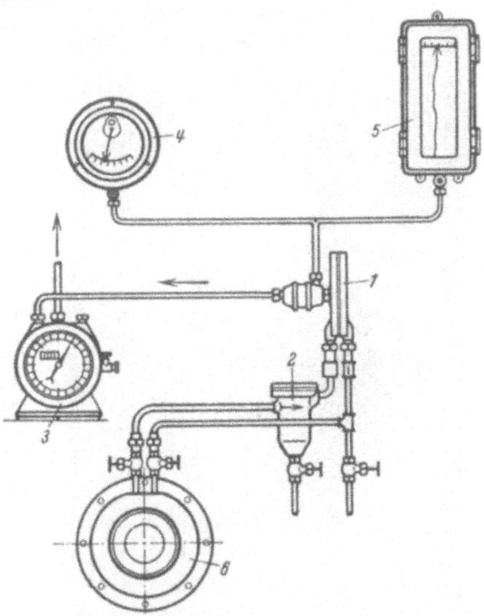

Abb. 290. Darstellung einer vollständigen Gasmeßanlage mit Strömungsteiler.

1 Strömungsteiler, *2* Filter, *3* Mengenzähler, *4* Belastungsanzeiger (Druckmesser), *5* Belastungsschreiber (Druckschreiber), *6* Drosselgerät.

Um eine Prüfung der kleinen Blenden von Zeit zu Zeit vornehmen zu können, wird die Zuleitung zu der Pluskammer doppelt und umschaltbar ausgeführt. Diese Umschaltvorrichtung ist als „Zweifach-Parallelstaurand", besonders bei der Ferngasmessung, zur Sicherung des Betriebes in Gebrauch (vgl. Abb. 291).

Von der Größe der Plus-Meßblende in ihrem Verhältnis zur Hauptblende hängt die Einhaltung eines bestimmten „Multiplikators" zwischen Haupt- und Teilstrommenge ab. Die kleine Plus-Blende muß also genau vermessen sein. Die in die Minus-Zuleitung eingesetzte dient dagegen nur zur etwa gleichstarken Abbremsung eines Druckstoßes, z. B. bei plötzlicher Inbetriebsetzung, um Überlastungen der Membran, die die Wirksamkeit des Nadelventils beeinflussen müssen, zu verhüten. Die Größe dieser Staudrossel ist deshalb nicht so bedeutungsvoll.

Der durch das Nadelventil ausgetretene entspannte Gasstrom durchströmt einen normalen Gaszähler und wird dort fortlaufend gezählt. Durch Vervielfachen mit dem Multiplikator ergibt sich die tatsächliche Menge in der Hauptleitung.

Der Teilstrom, wie schon bemerkt, wird bei Raumtemperatur und Atmosphärendruck gemessen. Bei Gasmessern mit Wasserfüllung ist das Gas, wie beim Stationsgasmesser, voll gesättigt; bei Glyzerin- oder Ölfüllung bleibt es trocken. Die Korrektur auf einen Normalzustand kann auch hier selbsttätig durch eine Dichteberichtigung erfolgen (s. oben). Ferner ließe sich der Teilstrom anschließend verbrennen und dadurch unmittelbar die Anzahl Kalorien bestimmen, die durch die Leitung geflossen sind (s. S. 247).

Durch Einschalten eines Strömungswiderstandes (z. B. einer Kapillarpatrone oder einer kleinen Blende) in die Abflußleitung zum Gaszähler wird ein Stau hervorgerufen, der dem Mengendurchfluß unmittelbar bzw. quadratisch proportional verläuft. Ein Druckmesser, der den Vordruck dieses Widerstandes anzeigt, gibt daher gleichzeitig Augenblickswerte der Menge an (Abb. 290). Die Skala erhält dann statt der Druckeinteilung die passende Mengenteilung, z. B. in m³/h. Die Kapillarpatrone hat den schon erwähnten Nachteil (S. 205), daß die Meßwerte stark von der Zähigkeit und damit von der Temperatur abhängen. Man kann den Teilstrom aber auch in der üblichen Weise im entspannten Zustand mit Staurand und $\sqrt{h}$-Gerät registrieren.

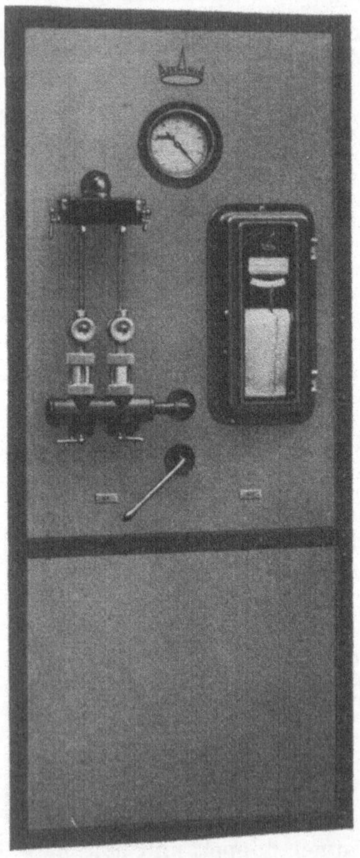

Abb. 291. Meßfeld einer Ferngas-Überwachungsanlage.
Oben: Mengenzähler, rechts: Belastungsschreiber, links: Zweifach-Parallelstaurand mit Filter, unten: Umschalthebel.

Abb. 291 zeigt ein Meßfeld einer Ferngasmeßanlage. Links befindet sich die Umschaltvorrichtung für den Zweifach-Parallelstaurand, oben ist das Zifferblatt des Zählers mit großem Zeiger und Springziffern zu sehen, rechts der Belastungsschreiber.

Da das Meßsystem — Membran und Nadelventil —, an den Kräften gemessen, nahezu gewichtslos ist, eignet sich der Messer insbesondere für schnellschwankende Ströme, bei denen sowohl die Druckunterschiedmessung als auch die Volumenmessung auf Schwierigkeiten stoßen. Der Druckunterschied verliert bei Pulsationen seinen Sinn als Maß der

Geschwindigkeit (s. S. 188); die proportionale Stromabtrennung an zwei Blenden, die unter gleichen Strömungsbedingungen stehen, bleibt aber davon unbeeinflußt. Dafür haben auch zahlreiche Versuche die Bestätigung geliefert.

E. Sonderverfahren zur Mengenmessung.

1. Unter diesem Sammelbegriff soll zunächst eine zwar nicht viel angewendete, aber sehr interessante Mengenmeßmethode, die **Hilfsstrommessung**, kurz behandelt werden.

Es werden darunter solche Verfahren verstanden, bei denen mit Hilfe einer fremden Energiequelle (Druckluft, elektrischer Strom) ein beliebiger Hilfsstrom so gesteuert wird, daß er der zu messenden Strömung stets proportional ist. Der Hilfsstrom wird als Druckluftstrom oder elektrischer Strom von außen zugeführt und nach Menge und Druck (Spannung) so eingerichtet, daß Augenblicksmenge und Gesamtmenge leicht zu messen und zu zählen sind. Ferner gibt die Hilfsstrommessung noch die Möglichkeit, ohne erst den Umweg über ein Anzeigeinstrument mit angebautem Fernsender zu nehmen, Fernübertragungen auf mäßige Entfernungen unmittelbar auszuführen (s. S. 65).

Der bereits in früheren Abschnitten erwähnte und unter Kompensationsverfahren (s. S. 14) behandelte Druckwandler gehört als Mengenmesser zu dieser Gattung. Bei der Druckmessung war er im wesentlichen dazu benutzt worden, kleine Drücke, die unmittelbar an einem Anzeigeinstru-

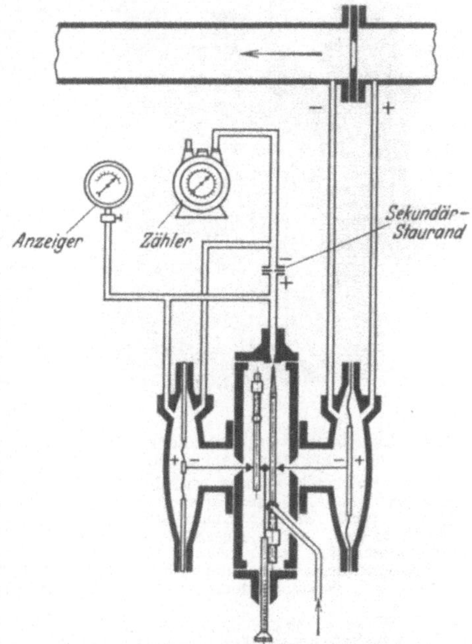

Abb. 292. Druckwandler zur Gasmengenmessung, schematisches Schaltbild. (Vgl. Abb. 12 und 13.)

ment nicht mehr zu verfolgen sind, auf bequem meßbare Druckwerte zu übersetzen. Bei der Mengenmessung kann dieser Gesichtspunkt ebenfalls maßgebend sein. Vorwiegend ist hier jedoch ausschlaggebend, daß der Druckwandler zwanglos eine Zählung der Gasmenge liefert, daneben aber auch eine Orts- oder Fernanzeige von Momentanwerten geben kann.

Abb. 292 zeigt im Anschluß an Abb. 12 und 13 schematisch die Wirkungsweise und die Schaltung des als Mengenmesser verwendeten Druckwandlers. Das Strahlrohr bläst wie sonst in die gegenüberliegende Düse, die eingeblasene Luft strömt jedoch über eine als starker Widerstand wirkende kleine Blende ab. An dieser Blende erzeugt die Strömung einen Differenzdruck, der, wie bekannt, quadratisch mit der Durchflußmenge ansteigt. Er wird auf die beiden Seiten der Sekundärmembran geleitet und bildet dort die Rückführkraft, die dem an der Primärmembran wirkenden Differenzdruck das Gleichgewicht hält. Durch das Spiel der Membrankräfte am Strahlrohr wird der Hilfsstrom so eingeregelt, daß er dem Primärstrom dauernd proportional verläuft.

Durch die Bemessung der Weite der kleinen Meßblende hat man die Größe des sekundären Flusses in der Hand. Zur Zählung dieses Hilfsstromes werden normale Gaszähler verwendet; die kleinste Type mit 1 Flamme = 150 l/h genügt in den meisten Fällen. Neuerdings wird die Hilfsstrommenge gern etwas größer gewählt, so daß die gewöhnlichen vierflammigen nassen Gaszähler oder zehnflammige trockene Hochleistungsgasmesser genommen werden können. Weil die Mehrkosten verhältnismäßig gering sind, werden auch häufig die besser ausgestatteten Experimentiergasmesser verwendet.

Als Meßwert für die Anzeige dient der Druck vor der sekundären Blende. Da dieser — von dem unvermeidlichen Druckverlust des Zählers abgesehen — mit der Menge quadratisch ansteigt, ist die in Mengeneinheiten geteilte Skala des Druckmessers im unteren Teil des Meßbereiches zusammengedrängt. Weil die Anzeige im allgemeinen nur zur überschlägigen Unterrichtung dienen soll, genügt das fast immer.

Abb. 293. Membrandruckwandler zur Gasmengenmessung (Askania).
Links: Meßdruckmembran, rechts: Rückführmembran, auf dem Deckel: Druckluftanschluß, hinten: Knauf des Einstellschiebers, vorn: Anschluß für den Mengenzähler, nach rechts führend: Druckanzapfung vor und hinter der Sekundärblende.

Die Bauart des Impuls- und des Rückführsystems ist auf die Wirkungsweise des Druckwandlers ohne Einfluß. Für Niederdruck werden schlappe (charakteristiklose) Membranen verwendet, die lediglich als Kraftübertragung und Trennwand benutzt werden (Abb. 293). Membrandosen sind für mittlere Drücke und Quecksilberwaagen für sehr hohe Drücke in Gebrauch. Grundsätzlich eignen sich auch andere Systeme, z. B. Ringwaagen und Tauchglocken (Hydro). Deren große Verstellkräfte könnten sogar bei einem Kompensationsverfahren wie diesem von Nutzen sein, wenn nicht die praktische Verwendung sehr durch das Gewicht der Systeme und ihren Umfang beeinträchtigt würde.

Eine wesentliche Rolle spielt auch die durch die Massen von System und Füllung verursachte Trägheit, die gerade bei diesem Kompensationsverfahren störend wirkt. Insbesondere das Rückführsystem muß ganz leicht beweglich sein und eine sehr kurze Eigenschwingung haben, damit es zur Vermeidung von Pendelungen sofort anspricht. Verkehrt ist also auch im allgemeinen das Drosseln der Rückführleitung, wenn das Strahlrohr pendelt. Dieses Dämpfen verursacht eine falsche Mittelwertbildung, da die am Strahlrohr angreifenden Kräfte gemittelt werden, welche dem Druckunterschied, aber nicht der Menge, proportional sind.

Höchstens die Fernleitung zum Anzeigeinstrument darf gedrosselt werden, z. B. um eine zufällige Resonanzstelle zu verschieben. Schwankungen sind möglichst primär zu beseitigen, aber auch dann wegen der genannten falschen Mittelwertbildung nicht durch Drosseln, sondern durch sonstige Vorkehrungen in der Hauptleitung.

Übersteigt der statische Druck des Gases, das gemessen werden soll, etwa 100 mm WS, so ist es möglich, ohne besondere Druckluftzufuhr auszukommen; dann genügt schon der Gasdruck, um mit diesem einen Druckwandler unmittelbar zu betreiben (Abb. 294). Einen praktischen Vorteil hat diese Betriebsart außerdem noch dann, wenn

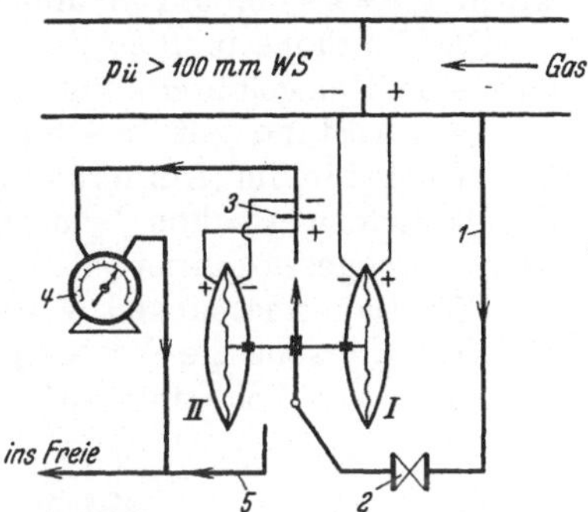

Abb. 294. Druckwandler für Selbstbetrieb mit Hilfe des Gasdruckes, schematisch dargestellt.

I Meßdruckmembran, *II* Rückführmembran, *1* Druckgaszuleitung, *2* Regelventil, *3* Sekundärblende, *4* Mengenzähler, *5* Ableitung des Betriebsgases aus dem abgedichteten Gehäuse ins Freie.

das spezifische Gewicht des Gases durch Änderungen in der Zusammensetzung schwankt. Diese Schwankung beeinflußt den Druckunterschied an der Hauptblende im halben Prozentsatz. In der Zählung des Hilfsstromes hebt sich der Fehler aber wieder heraus, da an der Sekundärblende bei diesem Selbstbetrieb die gleiche Abweichung eintreten muß.

Weitere Verfahren dieser Art, die mit elektrischem Hilfsstrom arbeiten, und deren Aufbau dem pneumatischen Druckwandler sehr ähnlich ist, sind schon S. 15 u. 16 erwähnt worden.

2. Für große Flüssigkeitsmengen, besonders in offenen Gerinnen, die häufig nur einmalig oder gelegentlich für Abnahme- oder Prüfzwecke gemessen werden müssen, z. B. in Wasserkraftwerken,

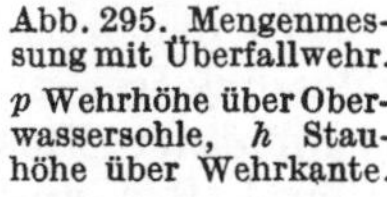
Abb. 295. Mengenmessung mit Überfallwehr.
p Wehrhöhe über Oberwassersohle, *h* Stauhöhe über Wehrkante.

sind besondere Verfahren entwickelt und in den letzten Jahren durch zahlreiche Versuche auf ihre Genauigkeit untersucht worden.

Mit ausgemessenen Becken zu messen, scheitert fast immer an den zu bewältigenden Mengen. Dagegen ist die Wehrmessung für offene Wasserläufe gut verwendbar; bei ihr wird die Stauhöhe vor einer scharfen Überfallkante bestimmt (Abb. 295). Theoretisch gilt für Wehre ohne seitliche Zusammenziehung des Strahles die Formel:

$$Q = \tfrac{2}{3} \cdot k \cdot B \cdot \sqrt[2]{2\,g\,h^3}\,, \qquad (32)$$

worin *B* die Wehrbreite und *h* die Stauhöhe über der Überfallkante ist.

Nach den von Rehbock[1] an zahlreichen Eichergebnissen angestellten Untersuchungen ist die neue genauere Gleichung

$$Q = \left(1{,}782 + 0{,}24 \cdot \frac{h_e}{p}\right) \cdot B \cdot h_e^{3/2}\ \mathrm{m^3/sec}\,, \qquad (33)$$

worin $h_e = h + 0{,}0011$ m und p die Wehrhöhe ist.

Die Stauhöhe muß so weit vor der Überfallkante gemessen werden, daß eine Spiegelabsenkung mit Bestimmtheit noch nicht vorhanden ist. Als Abstand gilt $> 4\,h$ oder $> 2\ (p + h)$, da $h \lesseqgtr 0{,}6\,p$ sein soll. Der Rückstau im Abflußkanal macht sich durch Abweichungen von der Wehrformel schon bemerkbar, ehe der Spiegel bis an die Wehrkante hochgestiegen ist.

Für Dauermessungen wird die Stauhöhe in derselben Weise registriert wie sonstige Wasserspiegelschwankungen (s. S. 249), also z. B. mit Hilfe von Schwimmern[2].

Abb. 296. Venturikanalmessung bei „freiem Abfluß" (S. & H.).

Auch die pneumatische Übertragung mit Tauchrohr und Druckluftzufuhr dürfte gelegentlich wegen ihrer Einfachheit praktisch sein.

In den letzten Jahren hat sich der Venturikanalmesser für die Messung frei strömender, insbesondere chemisch angreifender oder verschmutzter Flüssigkeiten, z. B. Laugen in Zellstoff-Fabriken, eingeführt[3]. Bei ihm ist das Venturiprinzip auf offene Gerinne übertragen worden (Abb. 296). Die Einschnürung erfolgt seitlich, und gegebenenfalls auch durch eine flache Bodenschwelle; erforderlich ist diese nicht. Der Druckverlust ist beim Kanalmesser kleiner als beim Überfallwehr. Außerdem ist er unempfindlich gegen Ablagerungen aller Art, weil keine

[1] Wassermessung mit scharfkantigen Überfallwehren. Z. VDI 1929 S. 817—823.

[2] Kirchner: Rohwasser-Meßanlage der Städt. Wasserwerke Breslau. GWF 1931 Nr. 23 S. 527—529 (Hydrometer).

[3] Engel: Wassermengenmessung mit offenen, seitlich eingeschnürten Kanälen (Venturikanälen). Z. VDI 1933 Nr. 48 S. 1285—1287.

Garthe: Venturikanalmesser. ATM V 1253—1 (März 1934).

Grunwald: Der Venturikanalmesser, Theorie und Anwendung. Siemens-Z. 1934 Nr. 12 S. 404—410.

toten Ecken vorhanden sind. Die Messung der Spiegelschwankungen geschieht nach denselben Verfahren wie bei der Wehrmessung.

Vorbedingung ist das Entstehen der sogenannten „schießenden" Strömung, eines Fließzustandes, der auch als „freier Abfluß" bezeichnet wird. Dieser Zustand ist an einem Wassersprung im Unterwasserkanal beim Übergang zur normalen Strömung kenntlich. Die Höhe des Ober-

wasserspiegels ist dann vom Unterwasserspiegel unabhängig. Das spezifische Gewicht der Flüssigkeit spielt wie bei der Wehrmessung, jedoch entgegen dem Verhalten beim Venturirohr, keine Rolle. Die Durchflußmenge läßt sich eindeutig, und wenn keine Bodenschwelle vorhanden ist, auch in einfachster Form mit der Wassertiefe vor der Einschnürung als einziger Meßgröße in Beziehung bringen.

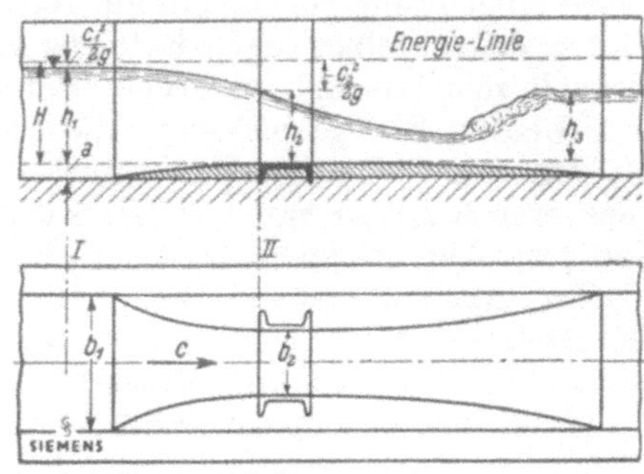

Abb. 297. Schema eines Venturikanals.

Diese Gleichung lautet (vgl. Abb. 297):

$$Q = k \cdot b_2 \cdot \sqrt{g} \cdot C \cdot h_1^{3/2} . \tag{34}$$

Hierin liegt die Durchflußzahl k zwischen 0,97 und 1, ansteigend mit den Abmessungen der Meßanlage; von der Zähigkeit soll sie im schießenden Zustand unabhängig sein. C ist bei Kanalmessern mit Schwelle von h_1 abhängig, also veränderlich im Verlaufe des Meßbereiches. Fehlt die Schwelle und kann die Zulaufgeschwindigkeit c_1 vernachlässigt werden, wird C im Grenzwert $= 0,543$. Dann lautet die vereinfachte Gleichung für $b_2/b_1 < 0,3$

$$Q = 1,7 \cdot b_2 \cdot h_1^{3/2} \ \mathrm{m^3/sec} . \tag{35}$$

Wie aus der Gleichung (34) hervorgeht, wächst der Meßdruck (die Spiegelhöhe) beim Venturikanal (und auch bei der Wehr-

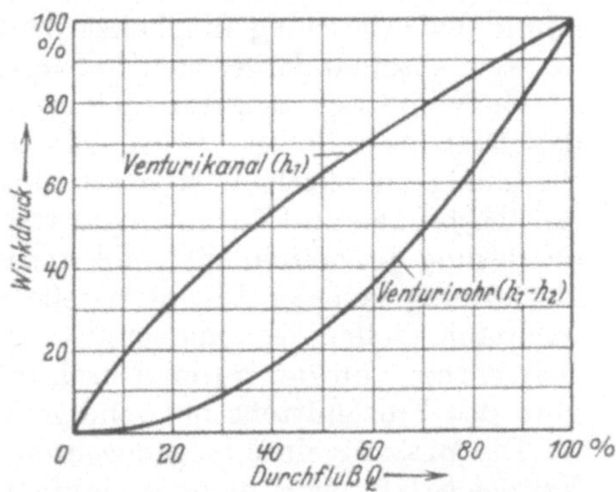

Abb. 298. Die Änderung des Meßdruckes (der Spiegelhöhe) mit dem Durchfluß. Vergleich zwischen Venturikanal und Venturirohr (nach ATM 1934), vgl. auch Abb. 19.

messung) im wesentlichen prop. $Q^{2/3}$, dagegen beim Venturirohr und den anderen üblichen Drosselgeräten prop. Q^2 (Abb. 298). Für weite Meßbereiche ist daher der Venturikanal im Vorteil, denn bei kleinen Mengen gibt er erhebliche Spiegelbewegungen als Meßwert. Beim Venturikanal ist der obere Teil des Meßbereiches etwas zusammenbedrängt, beim Venturirohr aber der untere Teil meßtechnisch unbrauchbar.

Für offene Kanäle wie für Druckleitungen sind folgende Verfahren gleicherweise verwendbar:

a) Ottflügel, c) Salzgeschwindigkeit,
b) Pitotrohr, d) Salzverdünnung,
e) Schließdruckverlauf (nach Gibson).

Die Ottflügel sind eine besondere Form von Anemometerflügeln. Nach einer Reihe von Umdrehungen wird ein Kontakt gegeben und mit einem Zeitschreiber registriert. Die Flügel werden zum praktischen Gebrauch mit Laschen versehen und u. U. zu mehreren an einer verschiebbaren Stange befestigt, die es gestattet, die Flügel an beliebige Stellen des Strömungsquerschnittes zu bringen. Unter Zuhilfenahme mehrerer Rahmen mit zahlreichen Ottflügeln sind Versuche durchgeführt worden, bei denen der Querschnitt bis zu 360 Meßpunkten enthielt[1].

Das Ausland zieht die Pitotmessung den Ottflügeln vor. Mit dem Pitotrohr wird der Querschnitt in gleicher Weise abgetastet. Die Ablesung des Staudruckes erfolgt z. B. an U-Rohr-Manometern.

Nach den Verfahren c und d wird an bestimmter Stelle eine Salzlösung, meistens nahezu gesättigte Kochsalzlösung, in die strömende Wassermenge eingespritzt. Bei dem Salzgeschwindigkeitsverfahren[2] wird die Zeit festgestellt, nach der die Salzwolke an einer entfernten Meßstelle ankommt. Das geschieht durch Messung der mit dem Salzgehalt steigenden elektrischen Leitfähigkeit des Wassers mit einer in die Strömung hineinragenden Elektrode, die in zwei durch das Wasser kurz geschlossene Stromzuführungen ausläuft. Die aufgezeichnete Stromstärke steigt im Moment des Vorbeiströmens der Salzwolke, die sich, damit der Ausschlag möglichst deutlich und zackig wird, noch nicht zu weit auseinandergezogen haben darf.

Ganz im Gegensatz dazu geht beim Salzverdünnungsverfahren[3] das Bestreben dahin, die Salzlösung möglichst gleichmäßig mit der Strömung zu mischen. Hier ist also das Dazwischenliegen von Überfall, Tosbecken und Turbinen nur von Vorteil. Die Menge der eingefüllten Salzlösung je Zeiteinheit muß genau bestimmt werden. In gehöriger Entfernung von der Einspritzstelle werden dann die Wasserproben an mehreren Stellen des Querschnittes zugleich entnommen, nachdem man sich vorher von der guten Durchmischung überzeugt und die seit Beginn des Einschüttens notwendige Wartezeit ermittelt hat.

Die Messung eines beigemischten Farbstoffes durch kolorimetrischen Vergleich läßt sich nicht so einfach durchführen wie die eines Salzgehaltes. Immerhin verdient Erwähnung, daß man mit sehr geringen Farbstoffmengen auskommt. Fluoreszein ist noch in einer Verdünnung von 1:100000 bis 1:1000000 quantitativ erkennbar; Eosin benötigt etwa ein Verhältnis 1:1000.

Das Gibson-Verfahren[4] setzt ein Abschlußorgan in der Leitung

---

[1] Abnahmeversuche am Kraftwerk Ryburg-Schwörstadt. Z. VDI 1931 Nr. 13 S. 382.

[2] Ruppel: ATM. V 1249—1 (1931).

[3] Z. VDI 1922 S. 18; VDI-Nachr. 1928 Nr. 6 S. 3 u. 4.

[4] Pantell: Z. VDI 1924 S. 366—367, S. 662—663 u. 840. Thoma, D. u. andere: Mitt. des Hydraul. Inst. d. TH München Heft 6, 1933.

voraus, das für die Messung mitbenutzt werden kann. Es wird der Druckverlauf in der Rohrleitung aufgezeichnet, wie er z. B. beim Schließen einer Turbine entsteht. Daraus läßt sich die sekundliche Durchflußmenge ableiten.

Über die genannten Verfahren sind u. a. am Walchensee-Werk (a, b, c und e)[1] und in der dort gelegenen Versuchsanstalt (a, c, d)[2] eingehende Vergleichsversuche ausgeführt worden.

3. In bestimmten Fällen sind das Salzgeschwindigkeits- und das Salzverdünnungsverfahren auch sinngemäß auf Gasmessungen übertragen worden. Diese Meßmethoden werden als Impfverfahren bezeichnet.

Bei der Impfschußmethode wird die Zeit zwischen dem Schuß und der Ankunft der Gaswolke an dem entfernten Ort der Probenahmen festgestellt. Chlorgas als Impfmittel braucht nur als Gehalt von 0,005% vorhanden zu sein[3]. Die Feststellung geschieht z. B. durch Ausströmenlassen eines kleinen Gasstrahles gegen Jodkaliumpapier, das sich bei Ankunft der Chlorgaswolke plötzlich blau färbt. Die Abweichung gegenüber der Vergleichsmessung mit einem Gaszähler betrug 2 bis 2,5%.

Bei dem Verdünnungs-Impfverfahren in genauer Übertragung der entsprechenden Wasser-Meßmethode wäre eine zu große Impf-Gasmenge erforderlich, als daß eine praktische Ausführung möglich wäre. Erst durch die Abzweigung eines kleinen Teilstromes mit Hilfe zweier Stauränder in Haupt- und Nebenleitung konnte die Impfstoffmenge in erträgliche Grenzen gebracht werden[4]. Die Messung des Verdünnungsgrades geschieht mit den bekannten automatischen Gasprüfern (s. S. 282). Als Impfgase kommen Kohlensäure, Sauerstoff und Wasserstoff in Frage, deren Messung keine Schwierigkeiten bereitet.

Diese beiden Verfahren können für die Messung pulsierender Ströme (an Kolbenmaschinen) außerordentlich wichtig werden, da sie allein nicht von den Stößen im Gasstrom beeinflußt werden können, im Gegensatz zu sämtlichen mechanisch wirkenden Apparaten, Gaszählern, Schwimmerdurchfluß- und Druckunterschiedmessern (s. S. 212, 240 usw.).

4. An weiteren mittelbaren Mengenmeßvorrichtungen ist wohl die bekannteste der Thomas-Messer. In England und Amerika häufig in Gebrauch, ist er bei uns kaum benutzt worden. Die Wirkungsweise ist kurz folgende[5].

Am Beginn und am Ende der Meßstrecke befinden sich Thermometer beliebiger Art, die die Temperaturerhöhung $(t_2 - t_1)$ des Gases durch einen im Gasstrom liegenden elektrischen Widerstand anzeigen. Die Wärmemenge W wird aus der elektrischen Leistung bestimmt. Dann ergibt sich die Gasmenge in Gewichtseinheiten, sofern ihre spezifische Wärme bekannt ist: $G = \dfrac{W}{c \cdot (t_2 - t_1)}$ kg.

---

[1] Z. VDI 1930 Nr. 17 S. 521—528. [2] Z. VDI 1930 Nr. 44 S. 1499—1504.

[3] Stahl u. Eisen 1931 Nr. 8 S. 235. Bericht über die Z. öst. Ver. Gas- u. Wasserfachm. Bd. 70 (1930) S. 140—142.

[4] Kraftwirtschaft auf deutschen Eisenhüttenwerken. Stahl u. Eisen 1930 Nr. 25 S. 859/60,

[5] Krönert: ATM. V 1248—1 (1933).

Ist die Apparatur so eingerichtet, daß sie den Temperatur-Unterschied $(t_2 - t_1)$ durch selbsttätiges Zu- und Abschalten von Widerständen gleichhält, dann wird die Wärmemenge bzw. die elektr. Leistung das unmittelbare Maß für das Gasgewicht. Die Gasmenge kann dann also auch unmittelbar mit einem Wattstundenzähler summiert werden. Einen besonderen Hinweis verdient noch die Tatsache, daß der Thomas-Gasmesser unmittelbar das Gewicht, nicht das Volumen mißt. Er wäre dadurch in den meisten Fällen im Vorteil vor allen übrigen Gasmeßverfahren.

Weitere Verfahren, über deren Eignung jedoch noch nichts vorliegt, versuchen, rein physikalische Zusammenhänge zur Messung heranzuziehen, z. B. die durch die Gasströmung geänderte Ionen-Wanderungsgeschwindigkeit (DRP. 483166, 42e/23) oder die an isolierten Rohrleitungsstücken entstehenden elektrischen Ladungen (DRP. 487354, 42e/23). Auch der Unterschied der Schallgeschwindigkeit entgegen und in Richtung der Strömung wird zur Messung vorgeschlagen (DRP. 520484, 42e/23).

F. Messung pulsierender Strömungen.

Die Messung pulsierender Strömungen ist noch heute das Sorgenkind der Praktiker und Wissenschafter.

Gaszähler sind nicht verwendbar. Das Sperrwasser kommt in Bewegung und schließt nicht mehr richtig ab. Schwere Stöße zerstören die Zähler vor der Zeit.

Bei den Druckunterschied-Verfahren ist hauptsächlich zu beachten, daß, entsprechend der auf Seite 188 gegebenen Deutung für den Staudruck, der Druckunterschied an einer Drossel stets ein Maß für die gesamte vorhandene kinetische Energie ist und daß alle auf dem Druckunterschiedprinzip beruhenden Verfahren daher nur ein Maß für die mittlere Energie liefern. Diese ist aber bei pulsierender Strömung immer um den Betrag der Pulsationsenergie größer als bei gleichförmiger, manchmal um 100%, je nach der Schärfe der Pulsation. Der Druckunterschied hängt also bei pulsierender Strömung nicht mehr eindeutig mit der mittleren Fließgeschwindigkeit zusammen, wie das bei gleichförmiger Strömung der Fall ist. Eine Trennung beider Energiearten scheint mit den bisherigen Verfahren aussichtslos zu sein; es müßte da ein grundsätzlich anderer Weg eingeschlagen werden. Dem Sinne nach scheint die Erklärung das Richtige zu treffen, denn alle Druckunterschiedmesser zeigen bei Pulsationen wirklich zu viel an.

Es kommt ferner hinzu, daß die meisten der bekannten Druckunterschied-Mengenmesser infolge ihrer bewegten Massen einen verkehrten Mittelwert ihres Ausschlags bilden. Der gemittelte Ausschlag am Zeiger ist proportional

$$\sqrt{\frac{\Sigma h}{n}} \qquad \text{statt} \qquad \frac{\Sigma \sqrt{h}}{n}.$$

Dieser Unterschied im Mittelwert beträgt bei einer Sinusquadrat-Schwingung für den Differenzdruck (Abb. 299 oben), zu der eine einfache Sinusschwingung für die Menge gehört (Abb. 299 unten):

$$\sqrt{\frac{1}{2}} : \frac{2}{\pi} = 0,707 : 0,637 \ .$$

Die Mehranzeige beträgt also:

$$\frac{0,707 - 0,637}{0,637} \cdot 100 = 11\% \ .$$

Wenn die Schwingung nach dem rechteckigen Diagramm der Abb. 300 verläuft, ist das gleiche Verhältnis: 0,707 : 0,500 und die Mehranzeige:

$$\frac{0,207}{0,500} \cdot 100 = 41,5\% \ .$$

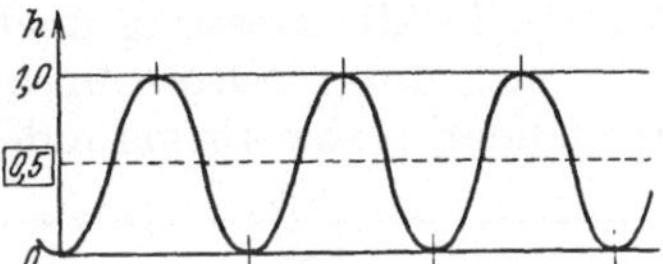

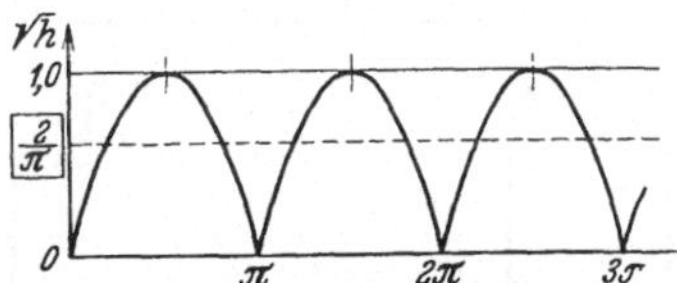

Hieraus folgt, daß bei Preßlufthämmern oder Dampfmaschinen allein schon infolge falscher Mittelwertbildung noch weit größere Fehler möglich sind. Daß auch der Druckunterschied an sich nach dem vorher Gesagten zu groß ausfällt, ist dabei noch gar nicht berücksichtigt.

Abb. 299. Oben: Sinusquadrat-Schwingung des Differenzdrucks: $h = h_0 \cdot \sin^2 \frac{t}{t_0}$, unten: Sinusschwingung der Menge $M = M_0 \cdot \sin \frac{t}{t_0}$.

Durchflußschwimmermesser haben den Nachteil, daß nur das Heben des Schwimmers durch die Strömung, das Sinken dagegen durch das eigene Gewicht erfolgt. Es fehlt also, selbst wenn der Hub infolge der Ausbildung des Durchflußkegels proportional der Durchflußmenge wächst, die Voraussetzung für eine richtige Mittelwertbildung. Außerdem gilt aber hier von der Größe des Druckunterschieds am Schwimmer das gleiche wie bei der eigentlichen Druckunterschiedsmessung.

Die Periodenzahl der Schwingungen ist natürlich immer von ausschlaggebendem Einfluß. Es ist hier angenommen, daß die Schwankungen so schnell vor sich gehen, daß sich die Massen ohne jede Pendelung vollkommen auf den betreffenden Mittelwert einstellen. Im prak-

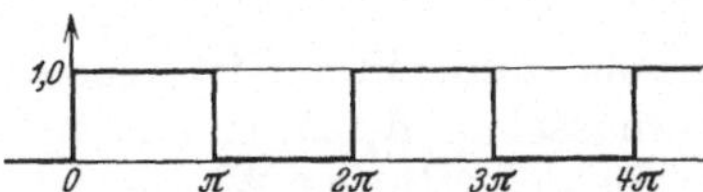

Abb. 300. Rechteckige Schwingungsform.

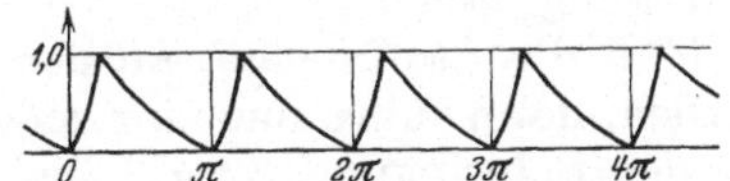

Abb. 301. Unsymmetrische Belastungsstöße.

tischen Beispiel kommt aber auch den Resonanzerscheinungen eine wesentliche Bedeutung zu, denn dann ist jede Messung unmöglich (vgl. S. 24 usw.).

Unsymmetrische Belastungsstöße, die, etwa wie Abb. 301 zeigt, keine Sinusform aufweisen, verursachen bei allen hydrostatischen Mengenmessern einseitige Veränderungen des Gleichgewichts, d. h. Fehlanzeigen. Das geschieht immer, wenn eine Masse durch eine masselose Druckkraft ausgeglichen wird. Das Gleiche ist der Fall, wenn Erschütterungen in senkrechter oder waagerechter Richtung mit einseitig stärkerer Beschleunigung, wie sie in Walz- und Hammerwerken an der Tagesordnung sind, auf diese Meßsysteme treffen. Dann kann nur erschütterungsfreie Aufstellung, die natürlich häufig kostspielige Gründungen erforderlich macht, Abhilfe schaffen.

Apparate mit Flüssigkeitsfüllung scheiden für die Messung ungedämpft pulsierender Ströme nach Ansicht der meisten Fachleute aus. Dabei ändert an dieser theoretisch und praktisch begründeten Einsicht die Tatsache nichts, daß gelegentlich ein solcher Apparat brauchbare Ergebnisse geliefert hat. Die Verhältnisse sind eben so verwickelt, daß dann die wahren Gründe nicht festgestellt wurden. Im Schwingungsknoten ist die Messung noch am ehesten möglich.

Auch durch Drosseln der Impulsleitungen kann einmal ein zutreffender Meßwert gefunden werden. Dieses häufig geübte Drosseln in beiden Impulsleitungen entspricht hinsichtlich seines Erfolges im Grunde einer Mittelwertbildung durch träge Massen vor der Wurzelziehung und ist eben darum bei Druckunterschiedsmessungen falsch; bei der Druckmessung liegt der Fall ja anders. Auch die Einschaltung eines großen Gefäßes in die Impulsleitungen muß im allgemeinen aussichtslos sein, obgleich gerade hiermit gelegentliche Zufallserfolge erzielt wurden. Die Messung kann nur dann als grundlegend gesichert gelten, wenn die Schwankungen in der Hauptleitung vor der Meßstelle beseitigt werden.

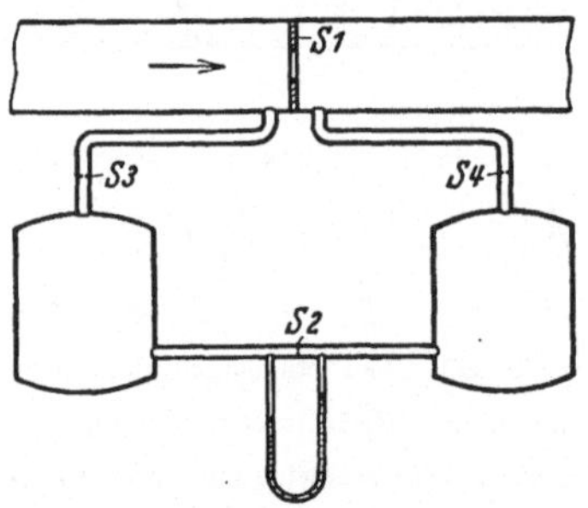

Abb. 302. Anordnung von Blenden und Ausgleichsgefäßen zur Messung stoßweise strömenden Gas- und Dampfmengen (Askania; IGFarben).

Mit der Anordnung nach Abb. 302, die einen Teilstrom abzweigt und diesen, durch Pufferräume beruhigt, über eine kleine Meßblende leitet, scheinen zuverlässige Messungen möglich zu sein, da die bekannten Fehlerquellen vermieden sind. Erfahrungsberichte liegen nicht vor, weil diese Anordnung einen hohen Meßdruck erfordert, der selten zur Verfügung steht.

Muß die Stoffmenge, pulsierend wie sie nun einmal ist, gemessen werden, dann führt nur eine möglichst masselose Apparatur zum Ziel, die den Schwingungsverlauf bis hinter die selbsttätige Wurzelziehung unverzerrt überträgt. Erst hier darf die Dämpfung angebracht und die Schwingung zu einer Kurve geglättet werden. Das Meßsystem muß möglichst dicht an die Meßstelle herangerückt werden und durch weite Zuleitungen mit ihr verbunden sein, damit trotz eines vorteilhaften großen Hubes der gesamte Füllraum und der Füllwiderstand klein bleiben. Im wesentlichen können diese Forderungen nur von Membranmessern erfüllt werden. Es sei aber auch auf einige der (s. S. 238) beschriebenen Sonderverfahren hingewiesen, z. B. das Salzgeschwindigkeits- und das Salzverdünnungsverfahren für Wassermessungen und die entsprechenden Impfmethoden für Gasmessungen, denen bei Meßaufgaben dieser Art weite Verwendungsmöglichkeiten offen stehen.

Druckunterschied-Membranmesser nach Abb. 286 (s. S. 227) und insbesondere die Strömungsteiler (s. S. 230), sind im Hinblick auf solche Meßaufgaben gebaut. Die Hilfsstromverfahren können richtige Werte nur dann geben, wenn ihr System so leicht anspricht, daß auch das Sekundärsystem noch ungehemmt nachfolgen kann. Kleiner als 1 sec dürfen die Perioden bei den Druckwandlern kaum werden. Der Sekundärdruckmesser für die Menge ist dann stark zu drosseln, damit der wirksame sekundäre Füllraum klein gehalten wird.

An größeren Forschungsarbeiten über das Gebiet der pulsierenden Ströme, die allerdings zum Teil auf anderen Voraussetzungen fußen und andere Absichten verfolgen, sind die von Kreuzer und Sauer zu nennen[1]. Die Zeitschriften-Literatur hat sich zu Zeiten etwas ausgiebiger damit befaßt, doch kam die Frage immer wieder sehr bald zur Ruhe[2].

G. Messung von Wärmemengen.
Allgemeines.

Das Gesetz über die Temperaturskala und die Wärmeeinheit vom 7. 8. 1924[3] setzt in seinem § 2 fest:

„Die gesetzlichen Einheiten für die Messung von Wärmemengen sind die Kilokalorie (kcal) und die Kilowattstunde (kWh).

Die Kilokalorie ist diejenige Wärmemenge, durch welche ein Kilogramm Wasser bei atmosphärischem Druck von 14,5 auf 15,5° C erwärmt wird.

Die Kilowattstunde ist gleichwertig dem Tausendfachen der Wärmemenge, die ein Gleichstrom von 1 gesetzlichen Ampere in einem Widerstand von 1 gesetzlichen Ohm während 1 Stunde entwickelt und ist 860 kcal gleich zu erachten.‘‘

Den Zusammenhang mit den mechanischen Arbeitseinheiten geben folgende Wärmeäquivalente:

1 kcal = 427 mkg,

woraus die bekannte Zahl $A = 1/427$ folgt, und

1 PSh = 632 kcal.

Ein BTU des englisch-amerikanischen Maßsystems (British Thermal Unit) ist gleich 0,252 kcal und erwärmt, der Definition der kcal entsprechend, 1 engl. Pfund Wasser um 1° Fahrenheit.

Hinsichtlich der Messung von Wärmemengen sind zwei gänzlich verschiedene Aufgaben zu unterscheiden.

Das erste Verfahren beruht auf der Messung des Produktes von Stoffmenge und Temperaturdifferenz und kommt überall dort in Frage,

---

[1] Kreuzer: Statische und dynamische Untersuchungen von Mündungsdampfmengenmessern. Forsch.-Arb. Ing.-Wes. Nr. 297. Sauer: Staudruckmessung bei pulsierenden Stoffströmen. Sammlung Messen und Prüfen Heft 4 Knapp, Halle.

[2] Rummel: Z. VDI 1910 S. 255ff. u. 311ff. Contzen: Arch. Wärmewirtsch. 1922 Nr. 9 S. 169ff. Gramberg: Arch. Wärmewirtsch. 1925 Nr. 2 S. 45; vgl. auch Gramberg: Technische Messungen Bd. 1 (1923) S. 278/79.

[3] DIN 1309. Jakob: Das deutsche Gesetz über die Temperaturskala und die Wärmeeinheit. Z. VDI 1924 Nr. 45 S. 1176—1178.

wo die Wärme mit Hilfe eines strömenden Stoffes gefördert wird, also in der Hauptsache bei Heizvorgängen (Warmwasser).

Die andere Aufgabe ist die Wärmeleit- bzw. -verlustmessung, insbesondere an Kesselmauerwerk und Isolationen. Bei dieser ist also der Wärmefluß durch einen Körper hindurch zu messen.

1. Messung an einen Stoff gebundener Wärmemengen[1].

Ausführungen der ersten Art sind im Jahre 1925 durch ein Preisausschreiben des Verbandes Deutscher Zentralheizungs-Industrieller angefordert worden, nachdem bis dahin bezüglich Einfachheit nur wenig erreicht worden war[2]. Begreiflicherweise kam es dabei hauptsächlich auf Warmwasserzähler für Zentralheizungen an, bei denen gleichzeitig beliebig schwankende Temperaturen zu berücksichtigen waren. Die verschiedenen Lösungen sind natürlich auch auf anderen Gebieten gut zu gebrauchen.

Das Preisausschreiben stellte folgende Bedingungen technischer und wirtschaftlicher Art:

DieWassergeschwindigkeit sollte von 0,02 m an ordnungsmäßig gemessen werden. Als Meßgenauigkeit waren ± 2% gefordert. Der Preis sollte im Höchstfalle 5% vom Wert der betreffenden Anlage betragen. Die technischen Bedingungen gipfeln also in einer zuverlässigen Wassermengenmessung und einer genauen und schnellen Temperaturmessung. Außerdem war ein besonderer Hilfsantrieb durch Uhrwerk oder Strom nach Möglichkeit zu vermeiden.

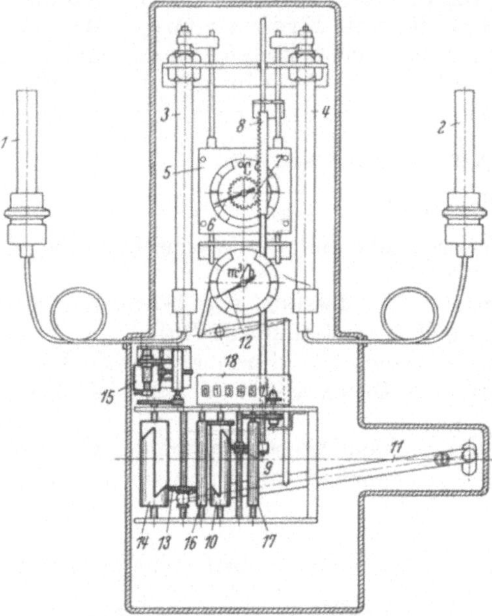

Abb. 303. Multiplikations- und Zählwerk mit Staffelwalzen vom Wärmezähler Samson.

1, 2 Wärmefühler, *3, 4* Ausdehnungskörper, *5* Differentialgetriebe, *6* Anzeiger für die Temperaturdifferenz, *7* Zahnrad, *8* Zahnstange, *9* Zahnrad, prop. Temperaturdifferenz verschoben, *10* Staffelwalze zu *9*, *11* Schwenkhebel, prop. Wassermenge bewegt, *12* Anzeiger für die Wassermenge, *13* Zahnrad, prop. Wassermenge verschoben, *14* Staffelwalze zu *13*, *15* Elektromotor mit Übersetzung für langsamen Antrieb von *14*, *16* Zahnwalze zwischen *10* und *13*, *17* Zahnwalze, von *9* angetrieben, *18* Zählwerk, von *17* betätigt.

Der Wärmezähler „Samson" enthält in der Ausführung nach Abb. 303 einen Schwimmerdurchflußmesser für die Wassermenge, wie er in Abb. 232 (s. S. 184) im Schnitt gezeigt wurde, und zwei Thermostate mit Flüssigkeitsfüllung als Wärmefühler für die Temperaturen im Vor- und im Rücklauf. Der Hub des Schwimmers wird über eine mit kleinen Well-

---

[1] Netz: Wärmemengenmesser. Arch. Wärmewirtsch. 1931 Nr. 12 S. 345—348.
[2] Wärme- u. Kälte-Techn. 1930 Nr. 20 S. 9—11.

rohren gedichtete Achsdurchführung auf das aus zwei Staffelwalzen bestehende Multiplikationswerk übertragen. Die Zähne der Walzen sind so gestaffelt, daß unten alle, oben keiner, in der Mitte die Hälfte mit dem Zahnrad zum Eingriff kommen. Das Maß für die Temperaturdifferenz gibt ein Differentialgetriebe. Die erste Walze wird von einem kleinen Motor angetrieben und nimmt das Zahnrad je nach seiner Stellung während eines kleineren oder größeren Teils eines Umlaufes mit. Dieses Zahnrad nimmt die zweite Walze mit, deren Bewegung sich ähnlich auf das zweite Zahnrad überträgt. Dieses dreht sich dann dem Produkt beider Meßgrößen entsprechend.

Neuere Ausführungen verwenden eine einfache Klappe, deren Hub das Maß für die Menge ist (Bauart Sandvoß-Schilling), oder einen Flügelradwassermesser.

Der Wärmemengenmesser „Pondo" kommt ohne einen besonderen Antrieb für das Zählwerk aus[1]. Er enthält ein Flügelrad zur Wassermessung und zwei Quecksilberdruckthermometer, die mit Hilfe der Bewegung der zwei angeschlossenen Bourdonfedern und eines Ausgleichsgetriebes die Temperaturdifferenz anzeigen (Abb. 304). Das Flügelrad des

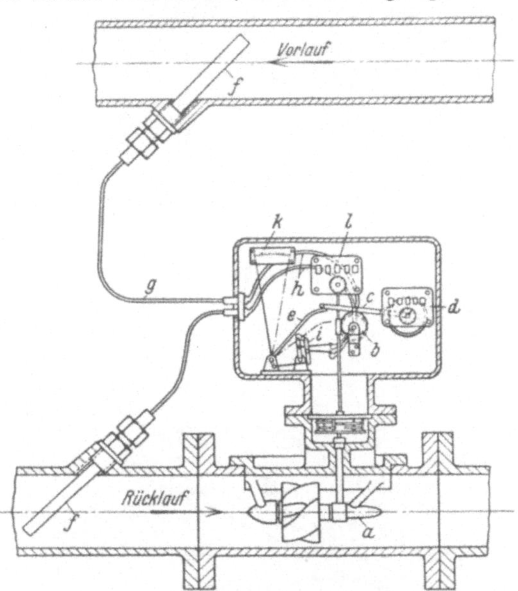

Abb. 304. Wärmemengenmesser Pondo (Wagner).

a Flügelrad-Wasserzähler, *b* Exzenterscheibe, *c* Zählwerkhebel, *d* Zählwerk für die Wärmemenge, *e* Hebel, *f* Wärmefühler im Vorlauf und im Rücklauf, *g* Kapillarleitung, *h* Röhrenfedern, *i* Differentialgetriebe, *k* Anzeiger für den Temperatur-Unterschied, *l* Zählwerk des Wasserzählers.

Wassermessers treibt eine Exzenterscheibe, die den Antriebhebel des Zählwerks in pendelnde Bewegung versetzt. Entsprechend der Differenzbewegung des Temperaturzeigers wird noch ein weiterer Hebel verstellt, der den Hub des Zählerantriebhebels begrenzt und so aus der durch das Flügelrad eingeleiteten Auf- und Abbewegung, deren Schnelligkeit der Wassermenge proportional ist, ein der Temperaturdifferenz proportionales Stück herausschneidet. Temperaturdifferenz und Wassermenge werden auch getrennt angezeigt bzw. gezählt, so daß die Angaben des Wärmezählers ständig nachgeprüft werden können[2].

Dieser Lösung ähnlich ist auch das Verfahren, ein das Zählwerk antreibendes Uhrwerk nach Durchlaufen einer bestimmten Wasser-

---

[1] Arch. Wärmewirtsch. 1929 Nr. 6 S. 212.

[2] Erfahrungen mit einem Wärmemengenmesser, Mitt. der Dresdener Gas-, Wasser- und Elektrizitätswerke. Arch. Wärmewirtsch. 1930 Nr. 11 S. 364.

menge durch den Wassermesser auslösen zu lassen, wobei die jeweilige Laufdauer des Uhrwerks von der die Temperaturdifferenz messenden Vorrichtung begrenzt wird (Meinecke).

Genau so, nur rein elektrisch, arbeitet der Wärmemengenzähler nach Geyger[1]. Widerstandsthermometer in Vorlauf und Rücklauf erzeugen mittels einer besonderen Meßspannung und einer geeigneten Schaltung eine Drehung der Aluminiumscheibe eines spannungsunabhängigen Induktionszählers proportional dem Unterschied zwischen Vorlauf- und Rücklauftemperatur. Der Mengenmesser schaltet die Scheibe derart auf ein Zählwerk, daß die Einschaltzeit der durchgehenden Menge proportional ist.

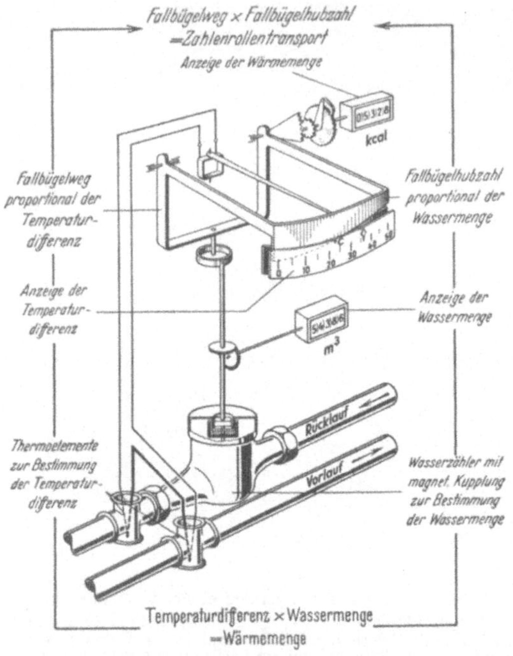

Der Wärmemengenzähler nach Abb. 305[2] mißt die Temperaturdifferenz durch Thermoelemente und die Wassermenge durch einen Flügelradzähler mit magnetischer Kupplung im Triebwerk. Ein Fallbügel betätigt über ein Klinkwerk das Wärmemengenzählwerk. Sein Hub ist durch den Temperaturzeiger begrenzt, seine Hubzahl durch die Drehzahl des Wasserzählers bestimmt. Das Produkt aus Temperaturdifferenz und Wassermenge wird mechanisch durch das schräge Druckblech am Fallbügel gebildet. Die Skala für die Temperaturdifferenz und die beiden Zählwerke für Wassermenge und Wärmemenge sind dicht nebeneinander im Fenster des Apparatgehäuses angeordnet.

Abb. 305. Arbeitsweise des Fallbügel-Wärmemengenzählers (S. & H.).

Ferner ist noch der rein elektrisch arbeitende Wärmemengenmesser von Langen zu nennen. Die beiden Temperaturen werden durch zwei Widerstandsthermometer gemessen, die in benachbarten Zweigen einer Wheatstoneschen Brücke liegen (Abb. 306). Die Wassermenge wird mit dem bekannten Hallwachs-Messer festgestellt (s. S. 214). Dieser und ein Elektrolytzähler liegen hintereinander im Diagonalzweig der Brücke. Ein überlagerter Wechselstrom sorgt für sicheren Übergang an den Platinkontakten des Wassermessers; von der Wärmemeßapparatur wird er durch eine Selbstinduktionsspule abgeschirmt.

---

[1] Arch. Wärmewirtsch. 1932 Nr. 3 S. 81—82; Arch. Elektrotechn. 1933 S. 384—388. — Vgl. auch Cordes: Wärme 1934 S. 59—61 [B. & R.].

[2] Grüss: Siemens-Z. 1933 Nr. 5 S. 217—220.

Die Verwendung eines Motorzählers statt des Elektrolytzählers macht wegen des verhältnismäßig großen Energiebedarfes Schwierigkeiten. Zur Abhilfe werden die Wärmefühler verdoppelt und in alle vier Zweige gelegt. Der verwendete Motorzähler ist ein Wechselstrom-Wattstundenzähler, an dem die zweifache Beeinflussung durch den Mengenimpuls und den Temperaturimpuls möglich ist.

Diese Anlage ist natürlich vielfach teurer als die erstgenannten. Sie kommt daher nur für größere Anlagen, für Fernheizungen u. dgl., in Frage. Den oben angeführten Forderungen für einen einfachen Warmwasserzähler kann und will diese Apparatur nicht gerecht werden.

In engem Zusammenhang hiermit steht auch die Frage nach der Gesamtenergie eines Gases, die Hencky durch Zusammenfassung des Kalorimeters und des Strömungsteilers löst. Der mit dem Strömungsteiler (s. S. 230) abgezapfte Teilstrom wird einem Kalorimeter zugeführt, das nach geringen Umstellungen in seiner Anordnung (z. B. Konstanthalten der Kühlwassermenge) die Wärmeenergie, also: Menge mal Heizwert, unmittelbar anzeigt, registriert und zählt (Askania) (DRP. Nr. 506 213, 42i/16)[1].

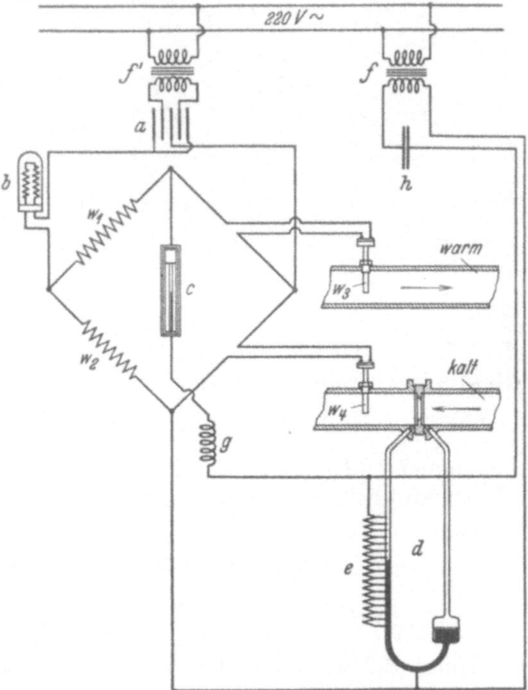

Abb. 306. Schaltungsschema des Wärmemengenzählers nach Langen (Hallwachs).
a Gleichrichter, b Eisendrahtlampe, c Elektrolytzähler, d Quecksilbermanometer, e Stufenwiderstand (vgl. Abb. 262 bis 264), f, f', Transformer, g Selbstinduktionsspule, h Kondensator, w_1, w_2 unveränderliche Widerstände, w_3, w_4 Widerstandsthermometer im Vorlauf und im Rücklauf.

2. Wärmeleit- und -verlust-Messung.

Für die Wärmeleit- bzw. -verlustmessung an Kesselmauerwerk und Isolierungen ist ein Sonderverfahren bekannt unter der Bezeichnung: Wärmeflußmessung nach der „Hilfswandmethode". Sie wurde nach Vorarbeiten von Hencky und Schmidt insbesondere im Forschungsheim für Wärmeschutz in München für wärme- und kälte-

---

[1] S. S. 265, Fußnote 2. Neumann, S. 131.

technische Zwecke ausgebaut und angewendet[1]. Nach diesem Verfahren können auch die Eigenschaften von Isoliermaterialien, hauptsächlich die Wärmedurchgangszahl im Betriebszustand, ohne Herstellung be-

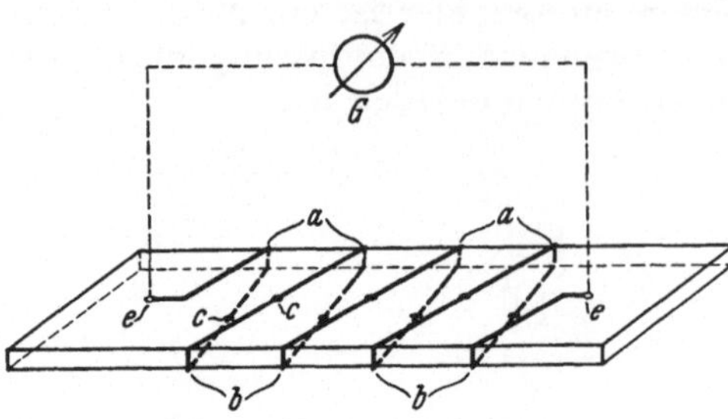

Abb. 307.   Schema für den Wärmeflußmesser (Forschungsheim, München).

a, b Schenkel der Thermoelemente, c Lötstellen, wech-
selnd warm und kalt, e Enden der Thermosäule,
G Galvanometer.

sonderer Versuchseinrich-
tungen bestimmt werden. Das ist z. B. für Abnahmen von großem Wert.

Wie der Name schon sagt, wird auf die Oberfläche, durch die die Verlustwärme-menge austritt, eine platten-förmige Hilfswand aufgelegt. Diese bildet einen zusätz-lichen Widerstand, durch den die Wärme ebenfalls noch hindurchströmen muß. Dabei entsteht natürlich, als

Vorbedingung eines Wärmeflusses, ein Temperaturunterschied zwischen der Ober- und Unterseite der Platte. Aus diesem Unterschied läßt sich die hindurchtretende Wärmemenge nach der Gleichung

$$Q = k \cdot F \cdot z \cdot (t_i - t_a) \tag{36}$$

bestimmen. Fläche F, Zeitdauer z, Wärmedurchgangszahl k müssen als bekannt gelten. $t_i - t_a$ wird mit Thermoelementen gemessen (Abb. 307).

XI. Behälterstandsmessung.

Übersicht.

Unter Behälterstandsmessung ist allgemein die Messung nicht strö-mender Flüssigkeiten, Gase oder fester Körper (hauptsächlich Kohlen-staub) verstanden. Durch das Merkmal „nicht strömend" soll dabei lediglich der Gegensatz gegen die Strömung in einer Leitung mit be-stimmter Fortbewegungsrichtung festgelegt werden. Bewegungen, wie die Wellen auf der Flüssigkeitsoberfläche in einem Hochbehälter oder das Nachrutschen von Staubmassen in einem Bunker, beeinflussen die Messung ruhender Mengen zwar auch, aber nur vorübergehend und in beiden Richtungen mit gleicher Wahrscheinlichkeit.

Die Grenze zwischen Armatur und Apparat kann nicht scharf ge-zogen werden. Aus Armaturen werden durch Angliederung von Vor-richtungen, die dem Apparatebau entlehnt sind, Anzeigeinstrumente. Das Wasserstandsglas wird erst in Verbindung mit einer eingeteilten Skala, die auf eine gewisse Entfernung bestimmte Stellungen klar er-kennen läßt, zum Apparat.

---

[1] Mitt. aus dem Forschungsheim für Wärmeschutz e. V. Heft 8 S. 46ff., München 1930. Regeln für die Prüfung von Wärme- und Kälteschutzanlagen. VDI 1930. Hencky, K.: Gesundh.-Ing. 1919 S. 496. Schmidt, E.: Arch. Wärme-wirtsch. 1924 S. 9.

Sämtliche Vorrichtungen für unmittelbare Ablesung, für Registrierung oder Fernmeldung von ruhenden Massen in Behältern bestimmter Umgrenzung werden zweckmäßig in die folgenden vier Gruppen eingeteilt:

A. Messer für den Flüssigkeitsspiegel in offenen, d. h. drucklosen Behältern,

B. Messer für den Flüssigkeitsspiegel in Druckbehältern, hauptsächlich in Dampfkesseln,

C. Gasometerstandsanzeiger,

D. Bunkerstandsanzeiger.

A. Messer für den Flüssigkeitsspiegel in offenen Behältern.

Als offene Behälter kommen hauptsächlich Hochbehälter für Wasser und Öl in Frage. Es gehören hierher aber auch alle sonstwie begrenz-

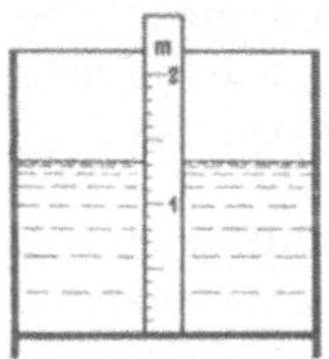

Abb. 308. Meßlatte.

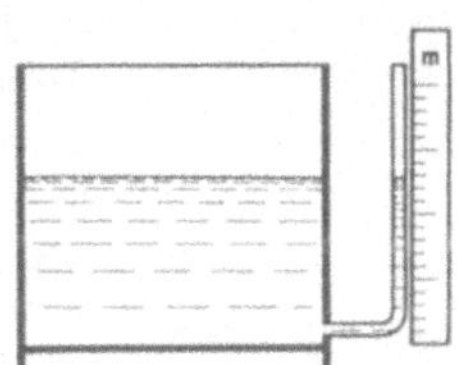

Abb. 309. Kommunizierendes Rohr mit Skala.

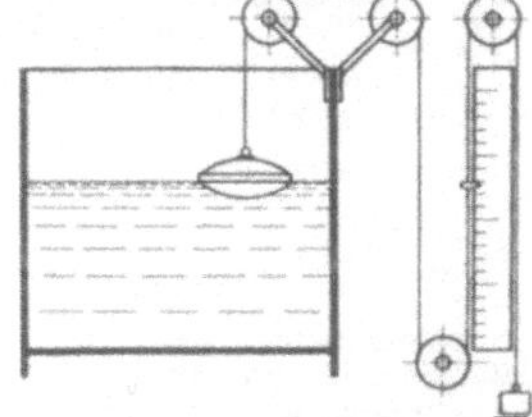

Abb. 310. Schwimmer mit Seil und Rollen und mit Ablesemarke vor der Skala.

ten Flüssigkeitsmengen, bei denen die Spiegelhöhe ein Maß für die Menge darstellt: Flüsse, Kanäle, Wasserbecken aller Art. Bei Gewässern haben die Wasserstandsanzeiger den besonderen Namen Pegel.

Die ersten Mittel, um die Höhe eines Flüssigkeitsspiegels zu kennzeichnen, sind die Meßlatte (Abb. 308) und das kommunizierende Glasrohr mit Skala (Abb. 309) gewesen. Zur Kenntlichmachung des Standes an einer beliebig aufgestellten Skala bediente man sich dann des Schwimmers, der mit Seil und Rollen eine zeigerähnliche Marke vor der Skala auf und ab bewegt (Abb. 310). Mit dieser Anordnung war es auch möglich, die tatsächlichen Schwankungen des Spiegels in beliebiger Vergrößerung anzuzeigen. In vielen der heute gebräuchlichen Bauarten sind das kommunizierende Rohr oder der Schwimmer noch enthalten.

Bei modernen Anlagen befindet sich auf der Achse der Rolle, die sonst das Seil des Schwimmers nach außen führte, oder mit ihr zwangläufig gekuppelt, eine Kontaktbahn, ein Drehwiderstand oder der Anker eines Induktions-

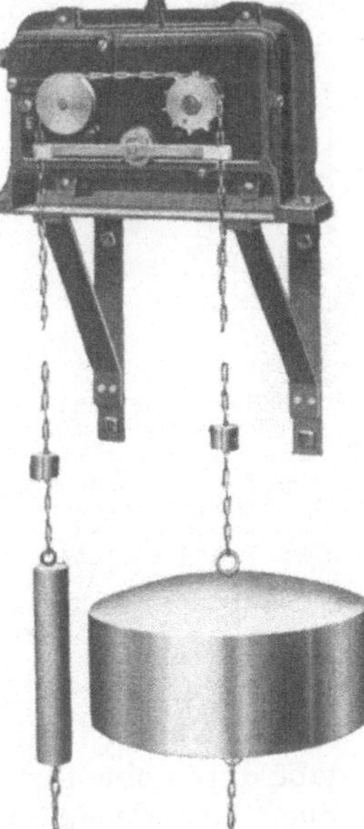

Abb. 311. Kontaktwerk mit zwei Magnetspulen (S.&H.).

systems (vgl. Abb. 88) als Geber für elektrische Fernmessung. Es sei nebenbei bemerkt, daß dieselben Übertragungsarten auch bei anderen

Bewegungsfernzeigern, wie sie für Gasometer oder Förderanlagen nötig sind, angewendet werden. Die folgenden Ausführungen gelten daher gleich für diese mit.

Für sprungweise Anzeige des Standes, je nach der Größe des Meß-bereiches von cm zu cm oder in größeren Abständen, betätigt der

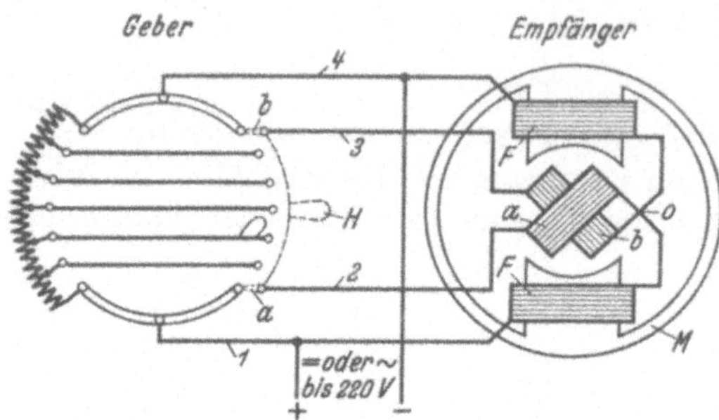

Abb. 312. Spannungsteilersystem mit Kreuzspule (nach Neu-feldt u. Kuhnke).

a, b Schleifbürsten am Geberhebel H, um 90° versetzt.   F Feldspulen des Magnet-feldes M,   a, b Ankerspulen,   1—4 Fernleitungen.

Schwimmer ein Kontakt-werk (Abb. 311). Ist der Schwimmer um ein In-tervall gestiegen, dann gibt das Kontaktwerk unmittelbar nacheinan-der einen Stromstoß in beide Fernleitungen, bei Sinken des Schwimmers in umgekehrter Reihen-folge. Der zugehörige An-zeiger enthält ein be-sonderes Elektromagnet-system, dessen Anker den Zeiger betätigt. Das Kon-taktwerk kann auch ver-schiedene Widerstände einschalten, deren Verhältnis an einem beson-ders gebauten Kreuzspulmeßwerk angezeigt wird (Abb. 312); es sind dann aber vier Fernleitungen er-forderlich.

Bei sprungweiser Anzeige des Behälterstandes macht es sich unangenehm bemerkbar, daß am Abzeigeinstrument nicht jeder-zeit zu sehen ist, ob der Spiegel fällt oder steigt. Bis zur näch-sten Kontaktgabe kann es unter Umständen lange dauern. Eine gewisse Übersicht gibt es schon, wenn man den Flüssigkeitsstand an einem Schreibinstrument re-gistrieren läßt; dann kann man, wenigstens bei größeren Spiegel-schwankungen, aus der Steigung der Treppenkurve einigermaßen die bevorstehende Stufe beurteilen.

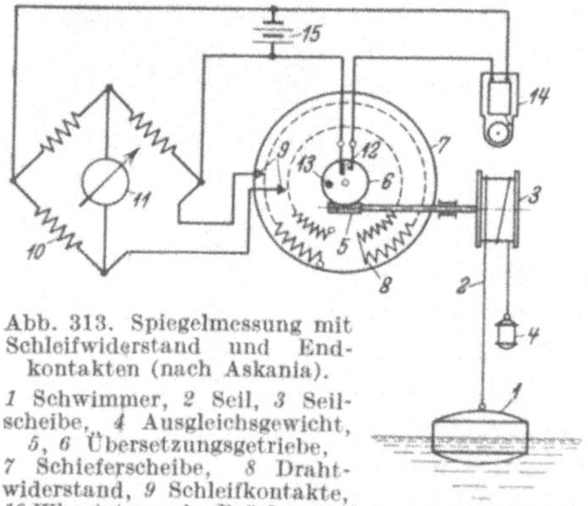

Abb. 313. Spiegelmessung mit Schleifwiderstand und End-kontakten (nach Askania).

1 Schwimmer, 2 Seil, 3 Seil-scheibe, 4 Ausgleichsgewicht, 5, 6 Übersetzungsgetriebe, 7 Schieferscheibe, 8 Draht-widerstand, 9 Schleifkontakte, 10 Wheatstonesche Brücke, 11 Galvanometer, 12 Si-gnalkontakt, 13 Mitnehmer, 14 Warnsignal, 15 Stromquelle.

Der Nachteil wird ganz vermieden, wenn die sprungweise Kontakt-gabe durch eine fortlaufende Anzeige ersetzt wird. Das geschieht durch einen zusammenhängenden Drahtwiderstand mit Schleifkontakt oder mit einem quecksilbergefüllten Ring mit eingesetztem Widerstand (Ring-rohr, s. S. 67). Die Abb. 313 mit Schleifwiderstand zeigt das Prin-zip für beide. Von dem auf der Scheibe aufgezogenen Widerstand wird bei fallendem Spiegel ein Stück nach dem andern aus dem Stromkreis genommen, bei steigendem Spiegel entsprechend zugeschaltet. Die Änderungen werden mit Hilfe einer Wheatstoneschen Brücke gemessen.

Soll eine große Höhenschwankung genauer dargestellt werden, als mit einem einzigen Anzeiger möglich ist, dann kann noch eine Unterteilung in zwei Instrumente mit Grob- und Feinteilung vorgenommen werden. Die Feinteilung wird im Laufe des Gesamtmeßbereiches mehrmals durchlaufen, hat also zweckmäßig einen geschlossenen Kreis zur Skala (Abb. 314). Zum Antrieb dient der gleiche Schwimmer; die Feinteilung erhält nur eine größere Übersetzung.

Bei Verwendung von Wechselstrom kann auch nach dem Induktionsprinzip gearbeitet werden. Bei diesem Verfahren wird der Verlauf der Spiegelschwankung ebenfalls nicht abgestuft, sondern fortlaufend übertragen. Es beruht darauf, daß sich aufeinandergeschaltete Spulen, die in gleichartigen Wechselstrommagnetfeldern drehbar angeordnet sind, stets in entsprechende Lagen einstellen. Geber und

Abb. 314. Gas- und wasserdichter Empfänger mit Grob- und Feinteilung für Anzeige von 225 000 m³ in Stufen von 100 zu 100 m³ (Neufeldt & Kuhnke).

Empfänger sind gleich gebaut. Die Schaltung ist bereits in Abb. 87 gezeigt.

Besondere Warnsignale durch Licht oder Lärm bei bestimmten Füllungsgraden können für sich getrennt durch ein besonderes, einfaches Kontaktwerk gegeben werden. In Abb. 313 sind sie als zusätzliche Einrichtung angeordnet. Zwei Kontakte für „Voll" und „Leer" werden in den Endstellungen durch einen Mitnehmer betätigt.

Eine recht einfache Darstellung der Spiegelhöhe auf ganz anderer Grundlage ergibt sich durch Messung der veränderlichen Druckhöhe am Boden des Behälters. Es genügt, ein gewöhnliches Manometer, das für Wasserdruckmessung geeignet ist, in einer bestimmten Höhe unterhalb des Behälters zu montieren (Abb. 315).

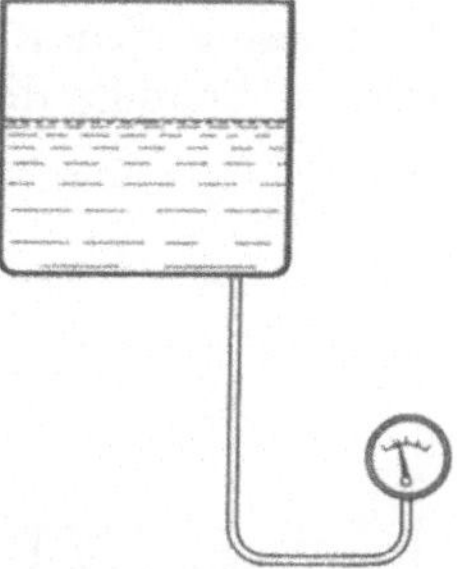

Abb. 315. Messung der Druckhöhe mit Manometer.

Muß der Druckmesser erheblich tiefer als der Behälter angebracht werden, so erhält man infolge der Flüssigkeitshöhe von der Mitte des Druckmessers bis zum Boden des Behälters einen für die eigentliche Messung ungenützten Anzeigebereich. Um diesen auszuschalten, bringt man ein besonderes Niveaugefäß so an, daß sich sein Spiegel stets auf der Höhe des vorgesehenen höchsten Wasserspiegels befindet (Abb. 316).

Als Anzeigeinstrument muß dann ein Druckunterschiedmesser verwendet werden, der einerseits von dem konstanten Druck in der Leitung unter dem Niveaugefäß und andererseits von der Flüssigkeitssäule unter dem schwankenden Behälterspiegel beeinflußt wird.

Auch pneumatisch ist der Flüssigkeitsspiegel sehr einfach zu messen. Wenn eine breite Tauchglocke in einem Behälter bis auf den Grund hinuntergelassen wird (Abb. 317), so drückt der dort herrschende Flüssigkeitsdruck die in ihr eingeschlossene Luft zusammen. Je tiefer der Behälter und je schwerer die Flüssigkeit, desto stärker wird der Druck sein. Im Verhältnis zu der Spiegelschwankung im Behälter wird der Spiegel in der Tauchglocke nur wenig schwanken. Schließt man an den Luftraum der Tauchglocke ein dünnes Röhrchen an und leitet dies zu einem Druckmesser, so zeigt dieser den Druck der Luft in dem abgeschlossenen Raum der Tauchglocke an und damit den Druck der jeweils über der Tauchglocke lastenden Flüssigkeitssäule. Bei diesem Meßverfahren ist der Platz des Anzeigeinstrumentes innerhalb von etwa 200 m Entfernung beliebig. Zum Schutze des Druckmessers bei chemisch wirkenden Flüssigkeiten kann rund um die Tauchglocke eine widerstandsfähige Membran lose gespannt werden. Die Druckzuleitung zum Anzeigeinstrument muß unbedingt dicht sein, weil sonst die Flüssigkeit die Luft hinausdrückt und selbst allmählich in der Meßleitung bis zur Höhe des Spiegels im Behälter ansteigt.

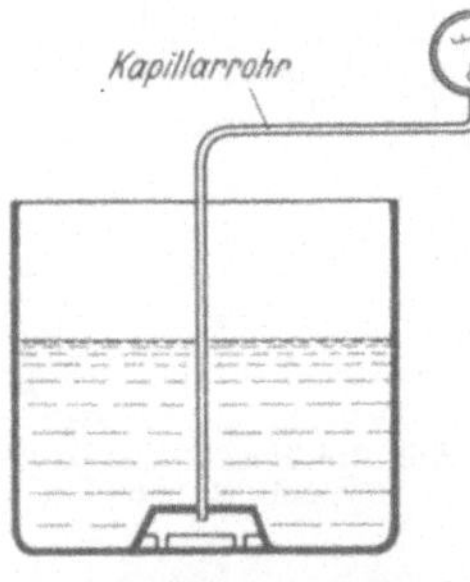

Abb. 316. Messung der Druckhöhe durch Vergleich mit einem Normalspiegel mittels Differenzdruckmesser (nach Hübner & Mayer).

Abb. 317. Messung der Druckhöhe mit Tauchglocke und anschließender Kapillarleitung.

Statt der Tauchglocke genügt auch ein einfaches Tauchrohr von ½ bis 1″ ⌀ (Abb. 318). Weil aber solch ein Gasrohr nur einen geringen Speicherraum hat, muß eine Vorrichtung vorgesehen werden, die das Luftpolster in Rohr und Druckleitung dauernd ergänzt. Am einfachsten geschieht dies mit der (s. S. 10) bereits behandelten Schutzluftarmatur, welche ununterbrochen Luft in die Rohrleitung einströmen läßt. Überschüssig eingeführte Luft perlt am unteren Ende des Standrohres über. Diese Luftblasen sind ein Zeichen für die ordnungsmäßige Füllung des Tauchrohres. Gleichzeitig bietet die Luftzufuhr bei Messung chemisch wirkender Flüssigkeiten den nötigen Schutz.

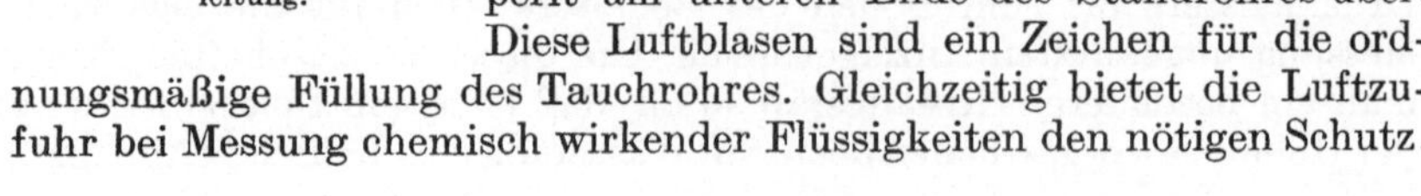

Rein elektrisch arbeitende Vorrichtungen[1] ohne bewegliche Teile, wie Schwimmer, Kontaktwerke oder Drehwiderstände verwenden einen in die Flüssigkeit ragenden Stab von hohem Widerstand, der bei ansteigendem Flüssigkeitsspiegel mehr und mehr kurzgeschlossen wird. Die bekannteste, sehr einfache Vorrichtung dieser Art besteht aus einer geerdeten Metallröhre, die gleichzeitig dem Widerstandsstab als Halt dient. Die Stoßstellen des Widerstandsstabes sind durch Kappen leitend überbrückt, infolgedessen geht die Widerstandsänderung stetig vor sich. Der Widerstand der Flüssigkeit spielt nur eine untergeordnete Rolle gegenüber dem des Stabes, wird aber bei der Eichung berücksichtigt. Die Zuverlässigkeit des Verfahrens ist umstritten.

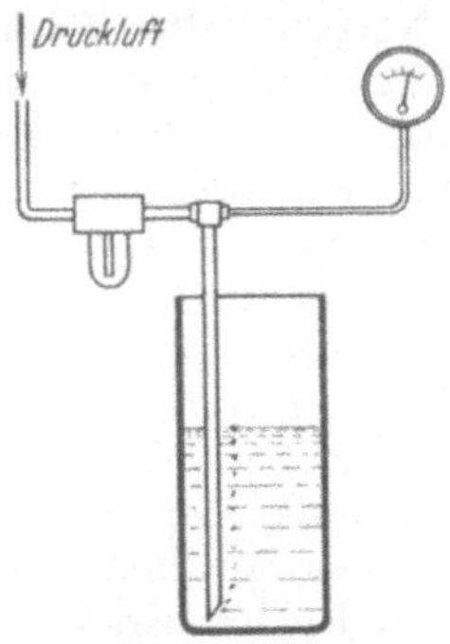

Abb. 318. Messung der Druckhöhe mit Tauchrohr unter Einblasen von Schutzluft.

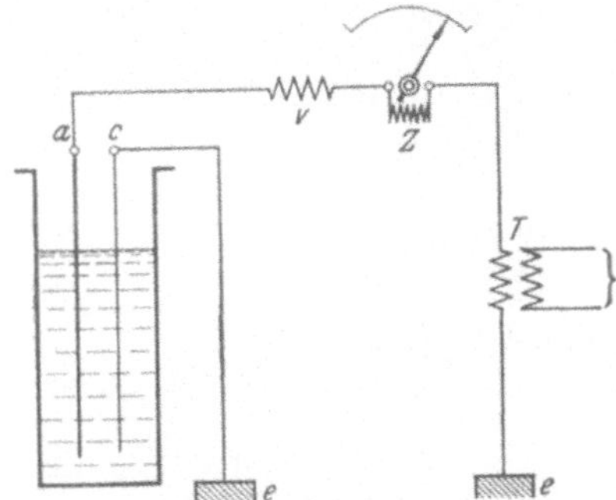

Abb. 319. Behälterstandsmessung mit Widerstandsstab.
a Widerstandsstab, c geerdete Metallröhre, e Erde, v Vorwiderstand, T Transformator, Z Anzeiger.

Für die Fortleitung des Meßimpulses genügt eine einzige Leitung, da die Erde als Rückleiter benutzt wird (Abb. 319). Um Elektrolyse zu verhindern, muß zum Betrieb Wechselstrom verwendet werden.

Auch die Verschiedenheit der Dielektrizitätskonstanten z. B. einer Flüssigkeit und eines Gases kann benutzt werden (Kapazitätsmessung[1]).

An sämtlichen genannten Vorrichtungen können zur Warnung bei Überschreitung des höchsten oder bei Unterschreitung des niedrigsten Spiegels Alarmglocken oder Lichtsignale in Tätigkeit gesetzt werden. Je nach der Bauart liegen die Kontakte für diese Signale im Geber (Abb. 313) oder im Anzeigeinstrument (Abb. 315—318).

B. Messer für den Flüssigkeitsspiegel in Druckbehältern.

Das Hauptanwendungsgebiet ist die Messung des Wasserstandes in Dampfkesseln. Die erste Ausführung, das einfache Wasserstandsglas mit zwei Anschlüssen, je einen zum Dampf- und Wasserraum, ist auch heute noch die sicherste Vorrichtung, die es für die Wasserstandsmessung in Kesseln gibt. Keine der vielen Bauarten, die für bestimmte Zwecke ihre Vorteile haben, ist gesetzlich an Stelle beider vorgeschriebenen Wasserstandsgläser zugelassen.

Solange im Dampfkesselbau die Flammrohrkessel und sonstige niedrig gebaute Kessel vorherrschten, genügte ein einfaches Wasser-

---

[1] Petroleum 1934 Nr. 24 S. 6—7.

standsglas vollständig. Einige optische Zusatzeinrichtungen, wie besondere Arten und Formen der Gläser oder Beleuchtung von rückwärts, waren alles, was sich zur besseren Kenntlichmachung des Wasserstandes als zweckmäßig erwies. Erst die Einführung von hochragenden Kesseln mit Obertrommeln machte besondere Ausrüstungen erforderlich[1]. Die Sehlinie des untenstehenden Heizers hinauf zu dem Wasserstandsglas war in ungünstigen Fällen beinahe senkrecht. Von einer genauen Ablesung konnte da, trotz Neigung des Glases, keine Rede mehr sein, und Hinaufsteigen nur zum Zwecke der Ablesung war mühsam und zeitraubend. Man versuchte zunächst, durch Spiegel dem Heizer die Ablesung von unten zu erleichtern. Das widerspricht aber ebenfalls der Notwendigkeit, daß der Heizer von jeder Stelle des Kesselvorraumes aus den Wasserstand erkennen soll. Die Spiegelablesung war naturgemäß nur an einer bestimmten Stelle möglich, die der Heizer immer erst aufsuchen mußte.

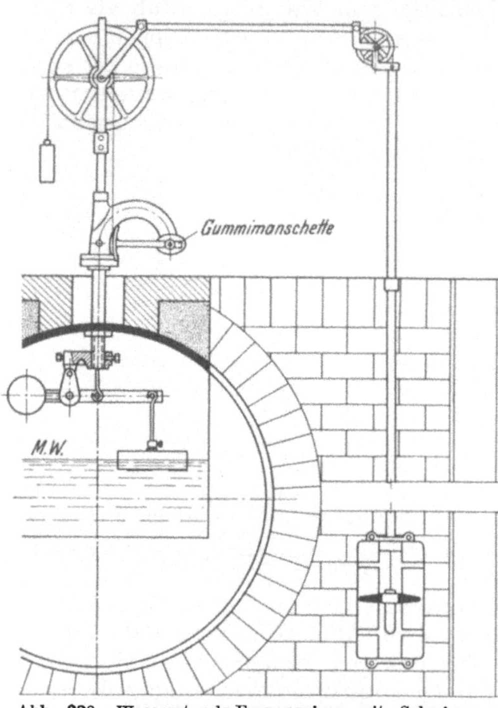

Abb. 320. Wasserstands-Fernanzeiger mit Schwimmer, Gummimanschetten und Seilübertragung (Hannemann).

Der Wasserstand war also nach unten bzw. an eine für die Ablesung günstiger gelegene Stelle zu übertragen. Zu dem Zwecke wurde versucht, die Vorrichtungen mit Schwimmer und Rolle, die sich zur Spiegelmessung in drucklosen Behältern als zuverlässig erwiesen hatten, hierher zu übernehmen. Zahlreiche Ausführungen dieser Art scheiterten an der Vorbedingung, für die Übertragung eine gut dichtende und trotzdem wenig Reibung bietende Durchführung aus dem Kesselinnern zu schaffen. Nur der in Abb. 320 dargestellte Wasserstandsmesser hat diese Schwierigkeit zur Zufriedenheit überwunden. Den Erfolg brachten die elastischen Gummimanschetten, die der Achse als Stopfbüchse dienen. Die Drehung der Achse ist so gering, daß sie ohne gleitende Bewegung in der Stopfbüchse nur durch die Formänderung der Gummimanschetten aufgenommen wird. Die übrigen Einzelteile der Vorrichtung dienen lediglich dazu, den großen Schwimmerhub in die kleine Drehbewegung in der Stopfbüchse zu verwandeln und diese dann wieder in die gut

---

[1] Lohmann u. Kraemer: Wärme 1933 S. 549—553. Marcard u. Botzong: ZVDI 1935 S. 1397—1399.

erkennbare Bewegung einer auf und ab gehenden Marke zu übersetzen. Bei einer besonderen Anordnung gibt diese Marke den Wasserstand an farbig beleuchtetem Milchglas deutlich auf größere Entfernung zu erkennen (s. Abb. 33).

Die Schwierigkeiten bei der Übertragung der Schwimmerbewegung nach außen vermeiden „heruntergezogene" Wasserstandsanzeiger nach Abb. 321, die mit den einfachsten mechanischen Hilfsmitteln arbeiten. In dem etwas erweiterten Wasserstandsglas befindet sich ein kleiner Schwimmer, der durch ein nahezu senkrecht nach unten führendes druckdichtes Rohr hindurch einen zylindrischen Anzeigestab an einer Kette trägt. Dieser Anzeigestab bewegt sich je nach der Schwimmerbewegung auf und ab. Sein unteres Ende stellt eine klar erkennbare Marke dar, die die Ablesung an einem normalen Wasserstandsglas gestattet. Der Nachteil dieser Vorrichtung ist, daß der Anzeigestab nicht erheblich nach der Seite oder gar bis in benachbarte Räume versetzt werden kann.

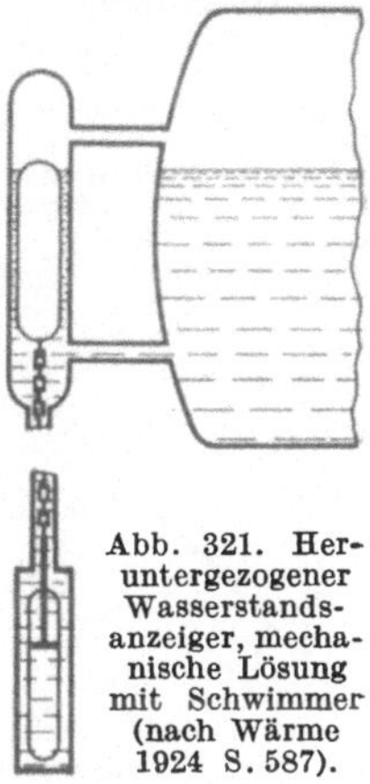

Abb. 321. Heruntergezogener Wasserstandsanzeiger, mechanische Lösung mit Schwimmer (nach Wärme 1924 S. 587).

Hier reiht sich eine Gruppe von Vorrichtungen an, die unter der Bezeichnung „Hydrostatische Wasserstandsmesser" zusammengefaßt werden können. Sie lösen die Aufgabe, das anzeigende Organ beliebig entfernt anzubringen, in einwandfreier Weise. Das gemeinsame Merkmal ist ein Kondensationsgefäß, das ähnlich dem schon in Abb. 316 gezeigten Niveaugefäß durch Überlauf einen bestimmten Spiegel einhält, auf den der Kesselwasserspiegel durch Druckunterschiedmessung bezogen wird. Dieses Niveaugefäß ist mit dem Dampfraum des Kessels verbunden (Abb. 322). Ein Absinken der Flüssigkeitssäule infolge einer Verschiebung innerhalb des Anzeigeinstrumentes bei Änderung des Wasserspiegels im Kessel wird fast augenblicklich durch Nach-

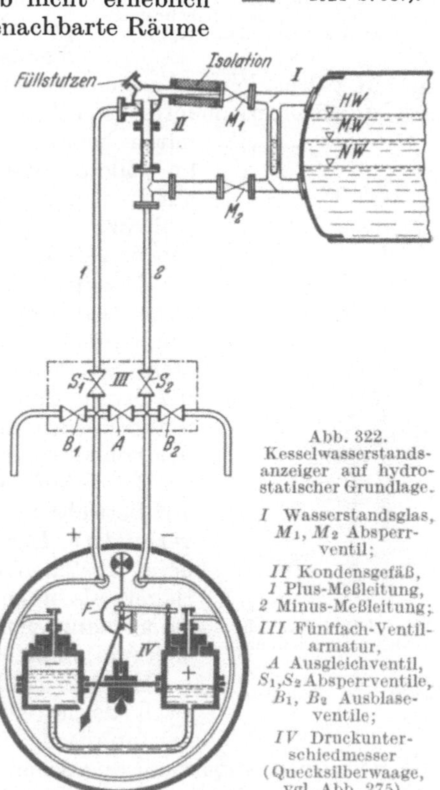

Abb. 322. Kesselwasserstandsanzeiger auf hydrostatischer Grundlage.

I Wasserstandsglas, M_1, M_2 Absperrventil;

II Kondensgefäß, 1 Plus-Meßleitung, 2 Minus-Meßleitung;

III Fünffach-Ventilarmatur, A Ausgleichventil, S_1, S_2 Absperrventile, B_1, B_2 Ausblaseventile;

IV Druckunterschiedmesser (Quecksilberwaage, vgl. Abb. 275).

kondensation ersetzt. Das Niveaugefäß ist im Durchmesser so groß, daß die anfängliche Spiegelsenkung nur einige Millimeter betragen

kann. Da sie selbsttätig umgehend wieder beseitigt wird, ist diese
Fehlanzeige unerheblich.

Als Anzeigeinstrument kann jeder Differenzdruckmesser genommen

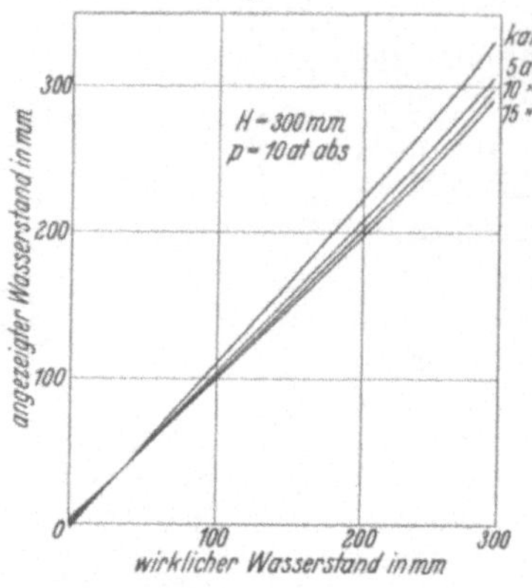

Abb. 323. Berichtigung für die Anzeige
eines auf 10 at abs. geeichten hydrostatischen Wasserstandsanzeigers[1].

werden, der für den Dampfdruck geeignet ist. Die Bauart ist nebensäch-
lich; der Meßbereich von 200 bis 600 mm
muß nur gut damit beherrscht werden
können. Je nach dem statischen Druck
wird man die Auswahl zwischen Quecksilberwaage, Schwimmermanometer,
Ringwaage und Membranmesser zu treffen haben. Von den Mengenmessern
gleicher Bauart unterscheidet sich das
Anzeigeinstrument dann im wesentlichen
nur durch das Fehlen der Vorrichtung
zur Wurzelziehung.

Wegen des größeren spezifischen Gewichts ihrer kalten Wasserfüllung zeigen diese hydrostatischen Kesselwasser-
stands-Fernmesser zu wenig an, wenn
sie mit kaltem Wasser geeicht wurden. Man kann das bei der Eichung
des Anzeigeinstrumentes leicht berücksichtigen, wenn die Betriebs-

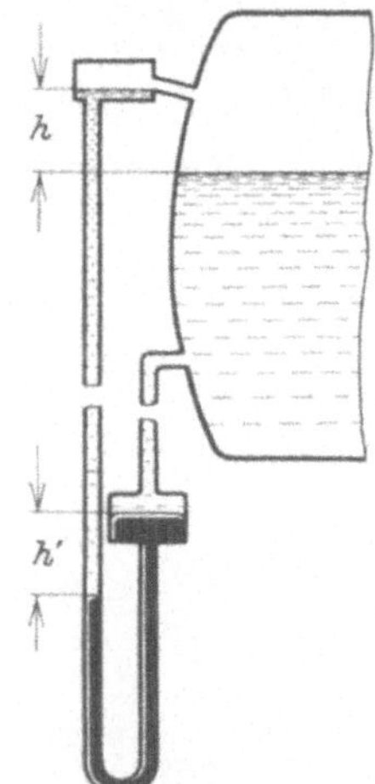

Abb. 324. Hydrostatischer
Kesselwasserstandsanzei-
ger (Igema).
h' ∼ h, wenn spez. Ge-
wicht der Manometer-
flüssigkeit ∼ 2.

daten bekannt sind. Die möglichen Fehler sind
an anderer Stelle berechnet worden[1]. Für einen
auf 10 at abs. geeichten Wasserstandsanzeiger gibt
Abb. 323 den Einfluß betriebsmäßiger Abweichungen von diesem Eichdruck an.

Es zeigt sich, daß die Fehler stets gering sind,
wenn es sich um normale Kesselspiegelschwankun-
gen handelt. 10 mm werden nicht überschritten.
Mehr Beachtung braucht dieser Fehlerquelle nur
bei Ruths-Speichern wegen des großen Spiegel-
unterschiedes und bei Hochdruckkesseln wegen
der hohen Temperatur geschenkt zu werden.

Beim Anfahren von Kesseln wird durch die
auf Betriebszustand geeichte Skala das Überspeisen
verhindert. Der Wasserstand im kalten Kessel ist
beim Abstellen der Speisepumpen tatsächlich geringer als angezeigt wird. Bei der Erwärmung
steigt dann der Spiegel, aber die Anzeige ändert
sich nur wenig.

Hierher gehört auch der in Abb. 324 schematisch dargestellte Wasserstandsanzeiger, der die
heruntergezogene Anzeige, von einer gewissen
konstruktiven Anpassung abgesehen, an einem ganz normalen Wasserstandsglas zu erkennen gibt[2]. Der Anzeiger ist ein normales U-Rohr-

[1] Schaack u. Lohmann: Siemens-Z. 1929 S. 604—612.
[2] Wärme 1924 Nr. 49 S. 585—587.

Manometer, dessen einer Schenkel stark verbreitert ist, so daß die ganze Flüssigkeitsbewegung in dem engen Schenkel ausgeführt wird. Um den Eindruck eines normalen Wasserstandsglases noch augenfälliger zu machen, wird als Manometer-Füllflüssigkeit eine Flüssigkeitsmischung verwendet, deren spezifisches Gewicht ungefähr 2 ist (s. S. 95). Dadurch wird die Bewegung der Flüssigkeitskuppe im Manometer genau so groß wie die des Wasserspiegels.

Eine weitere Gruppe bilden die sogenannten **Pfleiderer-Wasserstände**, deren Prinzip unter Angliederung auch anderweitig gebrauchter instrumenteller Vorrichtungen besonders bei höheren Drücken zur Verwendung kommt. Der Pfleiderer vermeidet ebenfalls alle Durchführungen und Stopfbuchsen und ermöglicht trotzdem eine zwangläufige Kupplung des Impulsgebers mit dem Anzeigegerät, im Gegensatz zu magnetischen Durchführungen. Ein geschlossenes zylindrisches Gefäß (Abb. 325),

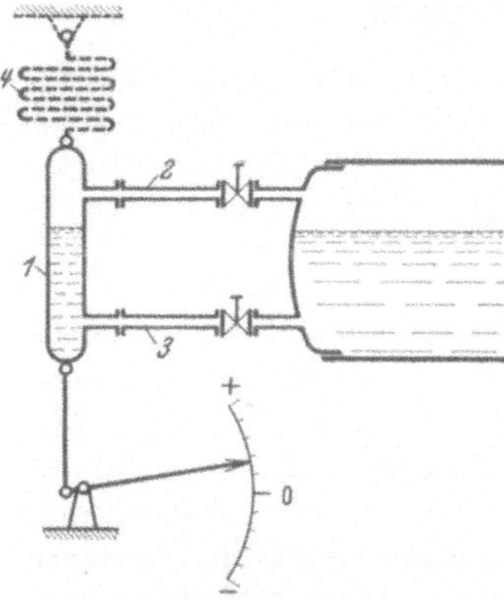

Abb. 325. Kesselwasserstandsanzeiger mit kommunizierendem Gefäß (Pfleiderer).
1 kommunizierendes Gefäß, *2, 3* elastische Verbindungsrohre, *4* zusätzliche Tragfeder.

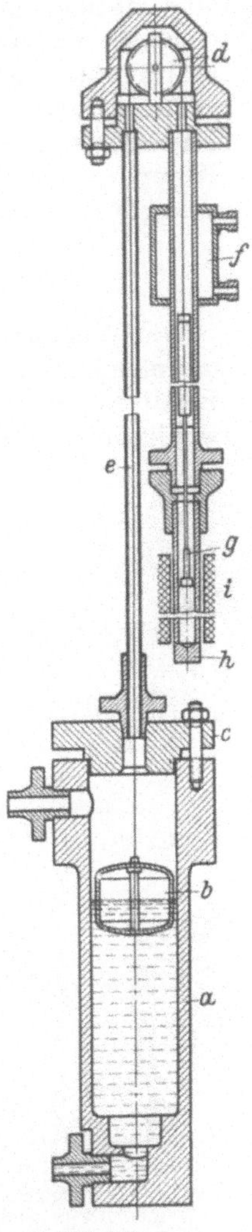

das den Unterschied zwischen dem vorgesehenen höchsten und dem niedrigsten Wasserstand etwas an Länge übertrifft, ist unten mit dem Wasserraum und oben mit dem Dampfraum durch je ein langes biegsames Rohr verbunden. Das Gewicht des Zylinders und der Rohre wird durch Blatt- oder Schraubenfedern getragen oder durch Gewichte an einem Waagebalken ausgeglichen. Das Gewicht der Wasserfüllung, das infolge der Spiegeländerungen im Kessel stark schwankt, macht sich dann unter Durchbiegung der elastischen Zuleitungsrohre durch Heben oder Senken des Zylinders bemerkbar. Dieser Ausschlag des Zylinders kann durch mechanische Zwischenglieder unmittelbar ein Anzeigeinstrument betätigen (Hübner & Mayer; Kuhlmann).

Für sehr hohe Drücke ist man wieder auf die magnetische Übertragung aus dem Druckraum zurückgekommen. Frühere Ausführungen mit unmittelbarer Betätigung des Anzeige- und Schreibwerkes hatten keinen dauernden Erfolg. Der Höchstdruck-Wasserstandsanzeiger nach

Abb. 326. Schwimmer-Wasserstandanzeiger für Höchstdruck (nach Löffler, Ausführung S. & H.).
a Gehäuse, *b* Schwimmer, *c* Deckel, *d* Umlenkrolle, *e* Drahtlitze, *f* Kühler, *g* Weicheisen (oder Magnetkern), *h* Bronzerohr, *i* Solenoid (oder Klappenapparat).

Abb. 326 läßt einen kleinen Magneten durch eine druckdichte, magnetisch indifferente Wand hindurch ein Solenoid beeinflussen und gibt damit eine stetige Fernanzeige[1]. Um Fehlerquellen und Störungen der elektrischen Fernübertragung ganz auszuschalten, hat man auch um das indifferente Druckrohr herum ein Gehäuse mit mehreren Klappen angeordnet, die von dem im Innern auf und ab bewegten permanenten Magneten angezogen werden. An der Stellung der jeweils betätigten Klappe ist die Höhe des Magneten und damit der Stand des Wasserspiegels zu erkennen.

C. Gasometerstandsanzeiger.

Bei Versuchsgasometern, sogenannten Meßglocken, erfolgt die Ablesung mit Visier und Meßlatte an ein bis drei auf dem Umfang des Behälters angeordneten Meßstellen (Abb. 327). Der Glocke hält ein Gewicht auf der anderen Seite einer Seilrolle ganz oder zum Teil das Gleichgewicht. Das Übergewicht der Glocke bestimmt den Druck, unter dem die Gasfüllung steht. Dieser Druck wird am Manometer der Anschlußleitung angezeigt. An einem spiralförmigen Arm der Seilrolle hängt noch ein kleineres Gewicht, dessen Hebelarm bei zunehmendem Eintauchen der Glocke in die Sperrflüssigkeit größer wird. Es dient zum Ausgleichen des Übergewichts der Glocke, das sich beim Eintauchen infolge des wachsenden Auftriebes verringert. Bei sinkender Glocke würde der Gasdruck sonst allmählich geringer werden und Umrechnungen erforderlich machen.

Für die Überwachung von großen Gasometern auf Gaswerken werden, von der unmittelbaren Seilübertragung des Hubes auf eine Marke abgesehen, Vorrichtungen ähnlich den Schwimmern mit Seilrolle und Drehwiderstand nach Abb. 311 bis 313 als Ferngeber verwendet. Ein Anzeigegerät zeigte bereits Abb. 314. Es handelt sich ja auch im Prinzip um die gleiche Aufgabe wie bei drucklosen Flüssigkeitsbehältern. Die Auf-und-ab-bewegung der Glocke oder der Scheibe entspricht dem Schwimmerhub.

Bei genauen Gasometerbeobachtungen macht eine einwandfreie Bestimmung der mittleren Temperatur Schwierigkeiten. Die Temperatur der Wasserfüllung soll nach Möglichkeit nur wenig von der äußeren

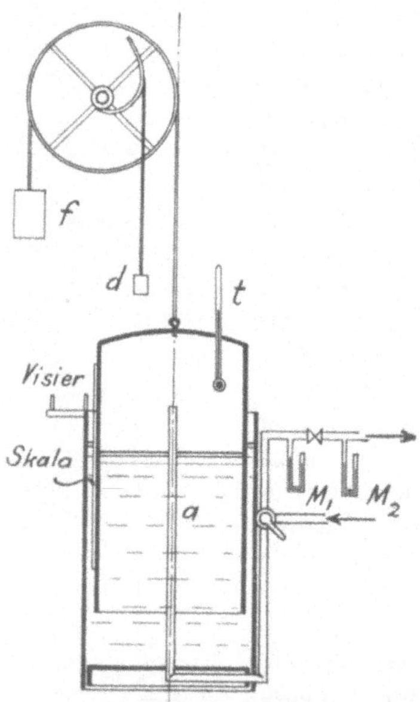

Abb. 327. Meßglocke für Gasmengenmessungen (nach Gramberg).
a Abschlußflüssigkeit (Wasser). M_1, M_2 Manometer, t Thermometer, d Gegengewicht am veränderlichen Hebelarm, f Gewicht für Einstellung des Gasdrucks.

---

[1] Wärme 1930 Nr. 28 S. 546.

Lufttemperatur abweichen; das ist aber kaum erreichbar. Bei Sonnenschein ist die Temperatur im Innern sehr ungleich. Auch die Windgeschwindigkeit macht sich, allerdings bedeutend weniger, einesteils durch erhöhte Reibung infolge des seitlichen Druckes, andernteils durch ungleiche Wärmefortleitung bemerkbar. Bewölkung ist also mindestens die Voraussetzung für genaue Mengenmessungen mit großen Gasbehältern; am besten geschehen solche Versuche nachts und bei Windstille. Strömungsmesser, sind wegen dieser Schwierigkeiten der Volumenmessung vorzuziehen, wenn es auf laufende genaue Ergebnisse ankommt.

Die Auffüllmethode soll hier nur erwähnt werden; sie wird hauptsächlich bei der Leistungsmessung von Kompressoren verwendet. Ein Behälter von bestimmtem Volumen wird auf einen gewissen Druck aufgefüllt und aus Volumen, Druck und Zeit die Menge bestimmt. Es ist ein für Dauermessungen nicht geeignetes Versuchsverfahren. Da äußere apparatetechnische Besonderheiten nicht vorliegen, sei auf die einschlägige Literatur verwiesen[1].

D. Bunkerstandsanzeiger.

Die Kontrolle des Inhaltes von Bunkern für feste Materialien aller Stückgrößen ist immer schon angestrebt worden. Die Verwendung von Kohlenstaub zur Kesselfeuerung hatte dieses Verlangen wieder nachdrücklich entstehen lassen[2].

Genauigkeitsgrade, wie man sie von anderen Messungen her gewöhnt ist, lassen sich hier noch nicht erreichen. Das liegt an der Eigenart der Meßaufgabe, besonders am Fehlen einer stets eindeutig bestimmbaren Oberfläche. Von der Oberflächenbeschaffenheit unabhängig macht nur der Vorschlag, den ganzen Bunker auf eine Waage zu setzen. Abgesehen von konstruktiven Schwierigkeiten würde die Genauigkeit von dem hohen, stets mitzuwiegenden Gewicht des Bunkers beeinträchtigt werden. Allerdings wäre eine ununterbrochene Fernanzeige möglich.

Es ist naheliegend, in die Bunkerwände Schaulöcher und dazu gegenüber innen oder außen Beleuchtungskörper einzusetzen. Wenn diese im Innern starr angeordnet sind, geben sie aber Anlaß zu Brückenbildungen und Fehlmessungen.

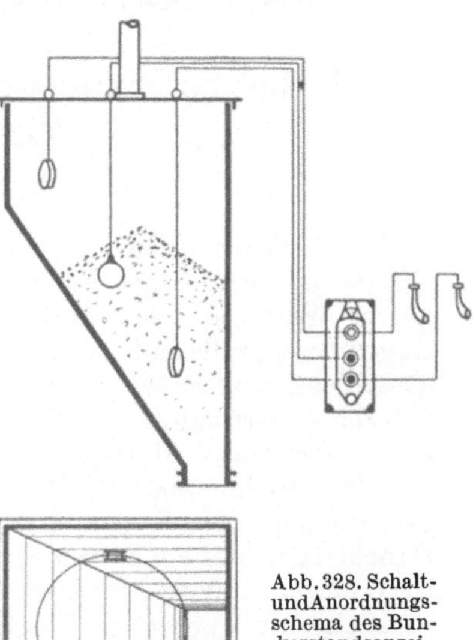

Abb. 328. Schalt- und Anordnungsschema des Bunkerstandsanzeigers mit pendelnden Meßdosen (Kohlenscheidungs-Ges.).

---

[1] Gramberg: Band I Technische Messungen.
[2] Giesecke: Feuerung 1929 Nr. 3 S. 29—31.

Selbsttätige ununterbrochene Fernanzeige ermöglicht der Vorschlag, Selenzellen in die eine Bunkerwand und Lichtquellen in die gegenüberliegende einzusetzen. Die Selenzelle schließt einen Stromkreis, sobald sie belichtet wird. Mehrere Selenzellen und Lichtquellen in verschiedenen Höhen lassen sich dann zu sprungweiser Anzeige zusammenstellen.

Auch Schwimmer sind zur Anzeige vorgeschlagen worden, unter anderem sich drehende oder schwingende Schwimmer, die die genannten Nachteile starrer Anordnungen im Bunkerinnern vermeiden sollen. Ferner sind druckempfindliche Membranen in die Seitenwand der Bunker eingebaut worden, die, wenn sie vom Bunkerinhalt bedeckt sind, infolge des Seitendruckes einen Kontakt schließen. Bei dieser Anordnung ist aber zu beachten, daß sich die Masse im Bunker beim Anfüllen als Kegel staut und beim Entleeren in der Mitte absinkt, so daß die Überdeckung der Membranen an der Seitenwand kein eindeutiges Bild geben kann. Dem sucht eine Anordnung auf etwa halbem Umfang verteilter, pendelnd an Gasrohr aufgehängter Signalgeber ähnlicher Bauart abzuhelfen (Abb. 328 u. 329).

Abb. 329. Meßdose zum Bunkerstandsanzeiger Abb. 328.

XII. Gaszusammensetzung und Untersuchung der Eigenschaften.

Übersicht.

Die Untersuchung der Zusammensetzung eines Gases und seiner Eigenschaften[1] beginnt mit dem spezifischen Gewicht bzw. der Dichte. Dieser Wert, der nicht unbedingt bei wechselnder Zusammensetzung eine andere Größe zu bekommen braucht, hat bei allen brennbaren Gasen ausschlaggebende Bedeutung; es ist bereits S. 192 usw. gezeigt worden, daß die Ausströmung aus Düsen und Brennern sehr wesentlich von der Dichte des Gases abhängt.

Wesentlicher noch ist die Kenntnis des Heizwertes, der der Gütegarantie zugrunde liegt und den Energiegehalt des Gases kennzeichnet. Daneben gewinnt auch die Messung der Heizwirkung mit der wachsenden Erkenntnis ihrer technischen Bedeutung an Verbreitung.

Weiterhin werden die Möglichkeiten und die technischen Verfahren zur Bestimmung aller oder einzelner Bestandteile besprochen. Der Anfang zu technischen Apparaturen beruht hier auf der Abgasanalyse zur Feststellung der Bestandteile Kohlensäure, Unverbranntes bzw. Sauerstoffüberschuß, die eine Beurteilung der Verbrennung ermöglichen. Auch

---

[1] Schäfer-Langthaler: Einrichtung u. Betrieb eines Gaswerkes, 4. Aufl. München: Oldenbourg 1929.

Gramberg: Technische Messungen Bd. 1. Weyrich: Neuerungen in Apparaten u. Meßinstrumenten f. d. Gasindustrie. GWF 1930 S. 816—819.

Unmittelbar die Differenz zwischen Luft- und Gasgewicht mißt auch die Gassäulenwaage nach Abb. 331, in ihrer ursprünglichen Ausführung mit dem Krellschen Mikromanometer vereinigt, später nach Simmance und Abady umgestaltet und mit Zylinder oder Tauchglocke versehen (Abb. 332). Diese Ausführung mit Tauchglocke ist ebenfalls unter dem Namen Luxwaage bekannt.

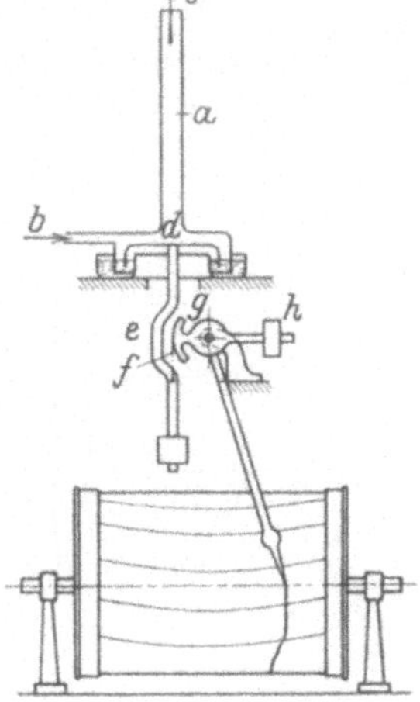

Der Gasdichtemesser selbst ist nichts weiter als ein Feindruckmesser, und seine Bauart ist an sich gleichgültig. Der wesentliche Bestandteil der Meßanordnung ist das mit — nahezu — ruhendem Gas gefüllte Standrohr, wie das Schema der Abb. 331 zeigt. Bei den Gassäulenmessern liegt es nur an dem Arbeitsvermögen des Druckmessers, ob auch Registrierung der Anzeige durchführbar ist; also auch die Glockenmesser nach S. 103 sind dafür verwendbar. Der Meßdruck beträgt bei 2 m Standrohrlänge — wie eine kurze Rechnung zeigt — nur 0,2 mm WS auf je 0,1 kg/m³ Dichteunterschied zwischen Gas und Luft. Abb. 333 zeigt den Aufbau eines Standrohrdichtemessers, der sich zur pneumatischen Anzeige des Druckwandler-Prinzips bedient. Durch Änderung der normal 1 m betragenden Standrohrlänge mit Hilfe zweier Skalen für Temperatur und Barometerstand können bei diesem Apparat die langsamen Schwankungen der beiden Zustandsgrößen von Hand herausgeregelt werden, so daß immer das Normalgewicht bei 0⁰ und 760 mm QS angezeigt wird.

Den Übergang zu den mittelbar messenden Apparaten stellt die zunächst als Rauchgasprüfer bekannt gewordene Gaswaage „Ranarex" dar. Da dieser Apparat aber Unterschiede des spezifischen Gewichtes mißt, ist er tatsächlich ein Gasdichtemesser. Seine frühere Bedeutung als Rauchgasprüfer im engeren Sinne ist im Sinken, weil andere Systeme zwangloser vollständige Gasanalysen geben können; aber auf den Seitengebieten der industriellen Technik und in der chemischen Großindustrie hat er sich sehr eingeführt, besonders wenn es sich um das Verfolgen eines bestimmten

Abb. 332. Schreibende Gaswaage nach Simmance u. Abady.

a Standrohr, b Gaseintritt, c Gasaustritt, d Tauchglocke, e Gestänge, f Zugband, g Waagebalken, h Einstellgewicht.

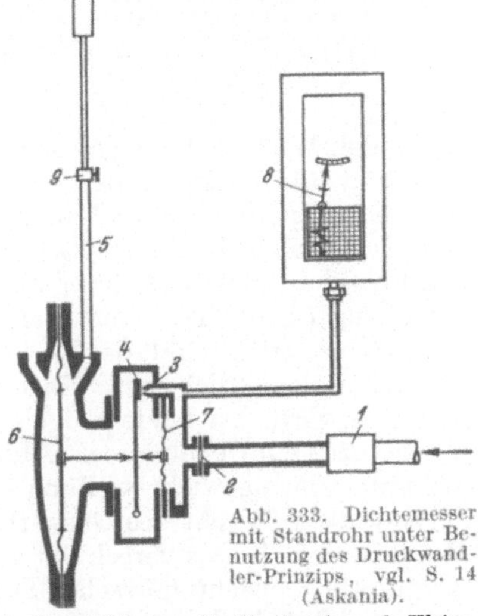

Abb. 333. Dichtemesser mit Standrohr unter Benutzung des Druckwandler-Prinzips, vgl. S. 14 (Askania).

1 Gaszuleitung mit Druckregler, 2 Kleine Blende, 3 Düse, 4 Hebel mit Prallplatte, 5 Standrohr, 6 Impulsmembran, 7 Rückführmembran, 8 Gasgewichtsschreiber, 9 Änderung der Standrohrlänge zwecks Reduzierung auf Normalzustand.

Bestandteiles in Gasmischungen handelt, z. B. des Wasserstoffs im Wasserstoff-Stickstoff-Gemisch bei der synthetischen Ammoniakerzeugung.

Das System besteht aus zwei Kammern mit je einem Ventilator für das Gas und die Vergleichsluft. Beide Ventilatoren werden mit gleicher Drehzahl von einem kleinen Elektromotor angetrieben. In den ent-

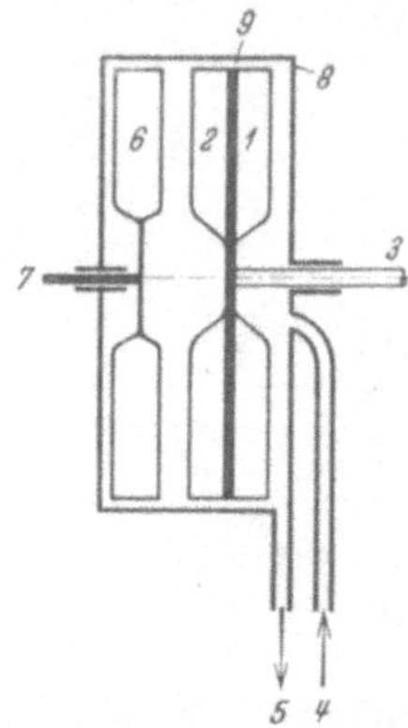

Abb. 334. Meßkammer des Gasdichtemessers Ranarex, schematisch (AEG).

1 Ventilatorflügel, *2* radiale Treibflügel geben dem Gas die Drehung, *3* Antriebswelle, *4* Gaseintritt, *5* Gasaustritt, *6* Flügel des Meßrades, *7* nicht rotierende Meßradachse, *8* gasdichte Kammer, *9* Ringschlitz.

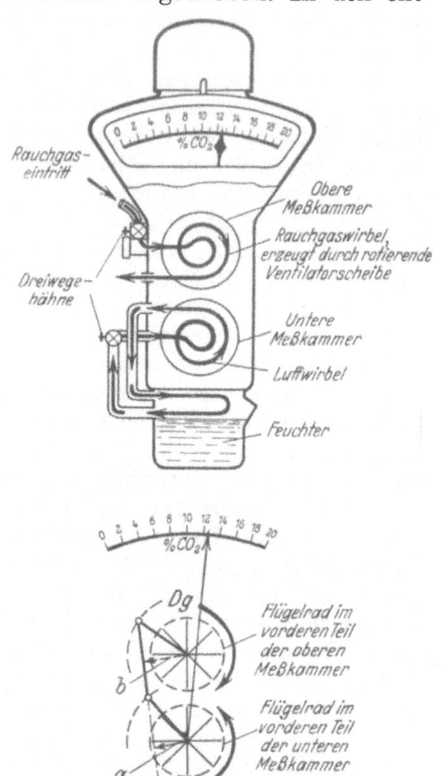

Abb. 335. Aerodynamischer Dichtemesser Ranarex Oben: Wirbelschema und Stromführung. Unten: Kupplung der Meßräder beider Kammern.

stehenden Wirbeln bewegen sich Gas und Luft mit großer Geschwindigkeit. Jeder Wirbel sucht ein vorn in seiner Kammer sitzendes Flügelrad mit in Drehung zu versetzen (Abb. 334), und den stärkeren Antrieb erhält das Rad, das von dem dichteren Gase getroffen wird. Da beide Flügelräder durch ein Hebelviereck (Abb. 335) verbunden sind, stellen sie sich auf eine Gleichgewichtsstellung ein. Jede Veränderung der Gasdichte verändert die Wucht des Gaswirbels und damit seine Kraftwirkung am Hebelviereck. Dieses verschiebt sich bis zu einer Stellung, in der wieder Kräftegleichgewicht herrscht. Der Ranarex-Dichtemesser steigert also den hinsichtlich des Arbeitsvermögens recht belanglosen Unterschied im Gewicht durch Energiezufuhr von außen zu der ein größeres Arbeitsvermögen darstellenden Massenwucht in den Wirbeln. Ein fest mit einem der beiden Flügelräder verbundener Zeiger nimmt für jeden beliebigen Gasdichte-Unterschied eine bestimmte Stellung ein (s. a. Abb. 32).

Die mittelbaren Meßmethoden benutzen irgendeine Eigenschaft des

Gases, die mit dem spezifischen Gewicht in einem bestimmten Zusammenhange steht. Hauptsächlich ist die Abhängigkeit der Ausströmung aus einer Düse herangezogen worden. Im Gegensatz zu der unmittelbaren Messung mit Standrohr wird hier das Verhältnis zweier Meßwerte, nicht ihre Differenz, bestimmt. Nach diesem Ausströmprinzip arbeitet der Schilling-Bunsen-Apparat. In der Umgestaltung von Zipperer ist er in Abb. 336 dargestellt. Unter dem Druck einer bestimmten Wassersäule strömt das Gas durch eine feine Platindüse aus. Die Zeit Z, in der der Wasserspiegel von der unteren zur oberen Metallspitze ansteigt, wird abgestoppt und mit der entsprechenden Zeit für Luft gleicher Temperatur verglichen. Es ist dann mit guter Annäherung

$$\gamma_{Gas} = \gamma_{Luft} \cdot \left(\frac{Z_{Gas}}{Z_{Luft}}\right)^2 .$$ Die absolute Höhe von Temperatur und Druck spielt hier im Gegensatz zu den Differenz messenden Apparaten keine Rolle. Die Genauigkeit des Schilling-Bunsen-Apparats ist umstritten. Neuere Versuche ergaben Streuungen um einige % und mehr, wenn auf die Veränderlichkeit der Durchflußzahl α keine Rücksicht genommen wird[1] (s. a. S. 194 usw.).

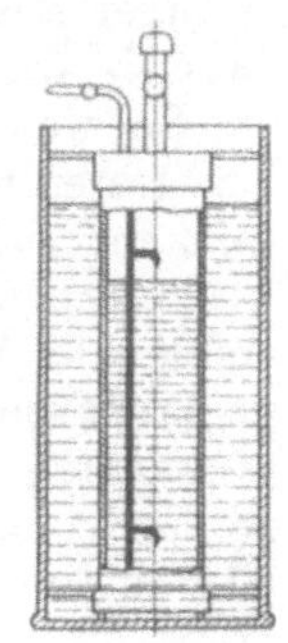

Abb. 336. Schilling-Bunsen-Ausströmungsapparat, Bauart Zipperer, mit Spitzenablesung.

Selbsttätige Anzeige und Registrierung nach dem gleichen Verfahren ist vor Jahren in dem Densographen nach Prof. Strache ausgeführt worden; dieser Apparat hat sich aber nicht durchsetzen können. Die Ausström-Apparate sind auf Laboratorium und Reise beschränkt geblieben.

Auch die Anregung, die Diffusion durch eine poröse Wand und die auf der Seite des schwereren Gases entstehende Drucksteigerung für die Dichtemessung auszunützen, ist nicht zu technischer Reife gediehen. Lediglich zur qualitativen Bestimmung von Gasbestandteilen wird das Diffusionsprinzip verwandt („Spurenprüfer").

B. Heizwert[2].

Der Heizwert ist für Erzeuger und Abnehmer die wertbestimmende Zahl eines Brennstoffs. Er gibt die Energiemenge, die ein Kubikmeter eines Gases oder ein Kilo eines Treiböles oder einer Kohle enthält, in Kalorien gemessen an. Auch der Heizwert wird, wie sonst üblich, allgemein für den Nm^3 (0^0 C, 760 mm QS, trocken) angegeben. Damit ist wegen der bekannten gesetzmäßigen Beziehungen, denen die Einflüsse von Temperatur, Druck und Feuchtigkeit unterliegen, die Möglichkeit für Umrechnungen auf jeden beliebigen anderen Zustand gegeben. Für Vergleiche mit anderen Gasen und als Grundlage für die Verrechnung ist der Normalzustand unerläßlich.

---

[1] Kretzschmer F.: Genauigkeitsgrenzen des Schilling-Bunsen-Gerätes zur Gasdichte-Bestimmung. Forschung 1932 Nr. 3 S. 150—152.

Schiller, W.: Bestimmung der Dichte u. Zähigkeit von Gasen mit dem Schilling-Bunsen-Gerät. Forschung 1933 Nr. 5 S. 225—229.

[2] S. Fußnote S. 260 und 261; Sander: Gasprüfung. Z. VDI 1929 Nr. 16 S. 531—536. Neumann: Meßtechn. Richtlinien für die Heizwertbestimmung des Kokereigases. Arch. Eisenhüttenwes. 1929/30 Nr. 2 S. 123—132 (Mitt. 128 d. Wärmestelle Düsseldorf).

Bei Gemischregelungen, die auf Heizwert arbeiten, muß auf den Heizwert im Betriebszustande eingeregelt werden[1]. Wird auch hier der Normalheizwert zugrunde gelegt, so ergeben sich je nach der — nicht überwachten bzw. nicht geregelten — Temperatur der Gaskomponenten verschiedene Mischungen, die beträchtliche Unterschiede in der Verbrennungstemperatur hervorrufen können, und gerade auf diese — weniger auf konstanten Heizwert — kommt es z. B. im Stahlwerksbetrieb an.

Bei wasserstoffhaltigen Brennstoffen, und zwar bei Gasen, flüssigen und festen Brennstoffen, ergeben sich zwei Stufen für die Energieabgabe: zunächst wird der Wasserstoff zu dampfförmigem Wasser verbrannt, und dann wird bei weiterer Abkühlung noch die Kondensationswärme infolge der Verflüssigung des Wasserdampfes frei. Für den Heizwert gibt es daher leider zwei verschiedene Deutungen, die häufig zu langen Auseinandersetzungen über ihre Berechtigung geführt haben. Die beiden, je nach der willkürlichen Beendigung des Vorganges verschiedenen Stufen des Heizwertes werden der untere und der obere genannt. Dabei stellt der obere, für den sich heute die Bezeichnung „Verbrennungswärme" immer mehr einbürgert, die höchste erreichbare Energieabgabe dar. Der obere Heizwert setzt sich allmählich für alle Vergleiche und Wirkungsgradberechnungen berechtigterweise durch. Es gibt nur noch wenige Staaten, in denen der untere Heizwert für Abnahmeversuche zugrunde gelegt wird[2]. Die deutschen Regeln für Abnahmeversuche an Dampfanlagen sehen den oberen Heizwert als Norm an; daneben wird der untere Heizwert empfohlen, wenn seine Benutzung zweckmäßiger ist.

Sämtliche Kalorimeter messen zunächst den oberen Heizwert H_o, da Beginn und Ende der Messung bzw. Brenngas und Abgas gleiche Temperatur haben. Nur wo zusätzlich das entstandene Verbrennungswasser bestimmt werden kann, ist auch die Messung des unteren Heizwertes H_u möglich.

Für Leuchtgas ist 1921 in Krummhübel für Heizwert, spezifisches Gewicht und Gehalt an unverbrennlichen Gasen (CO_2 und N_2) eine Vereinbarung getroffen worden. 4200 Kalorien/Nm³ wurden als Richtwert festgelegt; das spezifische Gewicht sollte, wie schon früher einmal erwähnt, 0,5 kg/m³ und der Inert-Gehalt 15% nicht überschreiten.

Der Fehler der messenden Apparaturen ist sehr verschieden. Der genaueste Apparat, das Handkalorimeter von Junkers, kann bis zu etwa $\pm 0,4\%$ entsprechend ± 20 kcal/m³ bei Leuchtgas genau sein[3]. Bei dem entsprechenden selbsttätigen Registrierapparat ist diese weitgehende Genauigkeit umstritten. Bei allen übrigen Apparaturen ist jedenfalls mehr als $\pm 1\%$ im allgemeinen nicht zu erwarten. Dafür haben diese teilweise nicht zu unterschätzende Vorteile, wie Billigkeit, Einfachheit und Handlichkeit[4].

---

[1] Herberholz: Meßtechn. 1928 Nr. 6 S. 143.

[2] Der Heizwert im Auslande. Arch. Wärmewirtsch. 1927 S. 191 u. 250.

[3] Gas- u. Wasserfach 1930 S. 468ff.

[4] Dommer: Einiges über Definition u. Bestimmung des Heizwertes von Gasen. Gas- u. Wasserfach S. 180—182. Schneider: Meßgenauigkeit von Gasuntersuchungsmethoden. Gas- u. Wasserfach 1929 S. 829/30.

Die Berechnung des Heizwertes baut sich auf der Analyse und den bekannten Heizwerten der reinen Gase auf. Sie ist im Gegensatz zu den festen und flüssigen Brennstoffen einigermaßen genau. Fehler bis zu einigen Prozent können entstehen, wenn über die Beschaffenheit der beigemischten schweren Kohlenwasserstoffe keine Klarheit besteht. Ganz wie bei der rechnerischen Dichtebestimmung ist man dann auf die willkürliche Annahme eines Mittelwertes für deren Heizwert angewiesen, der erheblich falsch sein kann.

1. Hand-Kalorimeter.

a) Das älteste aller Kalorimeter, von bloßen Versuchsausführungen abgesehen, ist das von Professor Junkers[1]. Es ist jederzeit den neu entstandenen Anforderungen angepaßt worden, so daß es noch heute für alle sonstigen Apparaturen als Kontrollinstrument benutzt und vorgeschrieben wird; an Genauigkeit ist es unübertroffen. Wegen geringen Preises und größerer Einfachheit sind natürlich viele andere Bauarten, die zum Teil auf ganz anderer Grundlage erdacht sind, in der Praxis zu weiter Verbreitung gekommen.

Nach Ablauf der Schutzrechte für das Junkers-Kalorimeter werden in allen Ländern gleiche oder ähnliche Apparate gebaut. Es genügt daher, von dieser Art nur das ursprüngliche Junkers-Hand-Kalorimeter zu besprechen (Abb. 337). Der Grundgedanke ist der, daß unter gleichbleibendem Druck dauernd eine bestimmte Gasmenge verbrennt und an eine gleichmäßig strömende Kühlwassermenge die ganze Verbrennungswärme abgibt. Der Nachteil anderer, allerdings einfacherer Apparaturen, die mit abgemessenen kleinen Gas- und Wassermengen und höheren Temperaturunterschieden gegen die Umgebung arbeiten, ist dadurch vermieden, daß Gas- und Wasserstrom längere Zeit andauern und infolgedessen ein Gleichgewichtszustand eintreten kann. Wenn während der Meßperiode Beharrungszustand eingetreten ist, gilt zwischen zwei beliebig abgestoppten Zeitpunkten:

$$H_o = \frac{Q_w}{Q_g} \cdot \Delta t, \tag{37}$$

worin Q_w die Wassermenge, Q_g die Gasmenge und Δt die Temperaturdifferenz zwischen dem ein- und ausfließenden Wasser darstellt.

Der Gasmesser ist ein Experimentier-Gasmesser, dessen Genauigkeit mit besonderer Eichvorrichtung bis auf 0,25% getrieben werden kann. Die Kühlwassermenge wird auf einer Waage gemessen. Das Verbrennungswasser kann gesondert aufgefangen werden, wenn auch der untere Heizwert bestimmt werden soll.

$H_u = H_o - 600 \cdot w$ gilt allgemein als recht genaue Überschlagsformel. 600 ist ein ausreichender Mittelwert für die Verflüssigungswärme von 1 Liter Wasser, w ist die Menge des Verbrennungswassers in l/m^3 Gas.

Um Abstrahlungs- und Berührungsverluste an den Mantelflächen zu vermeiden, empfiehlt es sich, mit großen Wassermengen und kleinen

---

[1] S. Fußnote S. 260. Ferner: Z. VDI 1894 S. 1395; 1895 S. 564.

Temperaturdifferenzen zu arbeiten. Abgas und Kühlwasser werden im Gegenstrom geführt, so daß sich die Verbrennungsgase praktisch bis auf Kühlwassertemperatur abkühlen können. Brenngas, Verbrennungsluft und Abgas (also auch das Kühlwasser am Eintritt) sollen möglichst gleiche Temperatur (Raumtemperatur) haben. Für hohe Anforderungen an die Genauigkeit muß der Vermeidung aller Fehlerquellen sehr große Sorgfalt gewidmet werden[1].

Das nicht ganz genaue Umschalten des Kühlwasserabflusses von Hand kann durch eine elektro-magnetische Umschalt-Vorrichtung auto-

Abb. 337. Junkers-Handkalorimeter.
Von links nach rechts: Gasmesser mit Mikrometerhahn, Gasdruckregler, Eigentliches Kalorimeter. Darunter: Glasmensur f. d. Kondensat, Spiegel zum Beobachten der Flamme. Darüber: 2 Thermometer $^1/_{10}°$; links: Überlauf und Regelung des Wasserzuflusses; rechts: Wasserablauf und Umschalthahn. Waage oder Mensur für die erwärmte Wassermenge.

matisch ausgeführt werden. Alle 10 Liter Gasdurchgang wird durch Kontakt an der Gasuhr das Kippblech geschwenkt. Neuerdings ist auch der Wasserleitungsanschluß vermieden; das Kühlwasser fließt aus einem großen, oberhalb der Apparatur festangebauten Gefäß in genau feststellbarer Menge zu.

b) Das Union-Hand-Kalorimeter[2] (Abb. 338) vergleicht den Heizwert des fraglichen Gasgemisches in einem Doppelversuch mit dem eines Vergleichsgases (Knallgas). Da beide Verbrennungen unter gleichen

<hr>

[1] Mitteilung 128. Neumann: Arch. Eisenhüttenw. 1929/1930 Nr. 2 S. 123 bis 132. Grewe: Arch. Eisenhüttenw. 1930/1931 Nr. 2 S. 75—85. Tabelle u. Versuchsbericht. Gas- u. Wasserfach 1930 S. 468.

[2] Gas- u. Wasserfach 1921 S. 83—86; Z. VDI 1921 S. 206.

äußeren Bedingungen stattfinden, was Barometerstand, Raumtemperatur und Dampfgehalt anbetrifft, mißt diese Kalorimeterbauart unmittelbar den auf 0^0 und 760 mm QS und trockenes Gas reduzierten Heizwert. Das Junkerssche Kalorimeter bestimmte dagegen den Heizwert im Betriebszustand.

In der Bürette werden, gewissermaßen als Eichmessung, durch den Schwachstrom eines Akkumulators etwa 20 cm³ Knallgas aus dem angesäuerten Sperrwasser hergestellt und entzündet. Die entwickelte Wärme wird von der umgebenden Petroleumfüllung aufgenommen. Durch ihre Ausdehnung gibt diese an einer Kapillare ein Maß für den Heizwert an. Dann folgt die entsprechende Messung mit dem Versuchsgas. Die anzuwendende Menge schwankt zwischen 5 cm³ bei Methan und etwa 80 cm³ bei armen Gasen, da das abgeschlossene Gas-Luft-Gemisch einerseits mindestens etwas Luftüberschuß aufweisen, andererseits aber noch innerhalb der unteren Explosionsgrenze liegen muß. Die Ausschläge in der Kapillare geben den Heizwert nach der Formel

$$H_0 = \frac{Q_k \cdot h_g}{Q_g \cdot h_k} \cdot 2020 \text{ Kalorien}, \qquad (38)$$

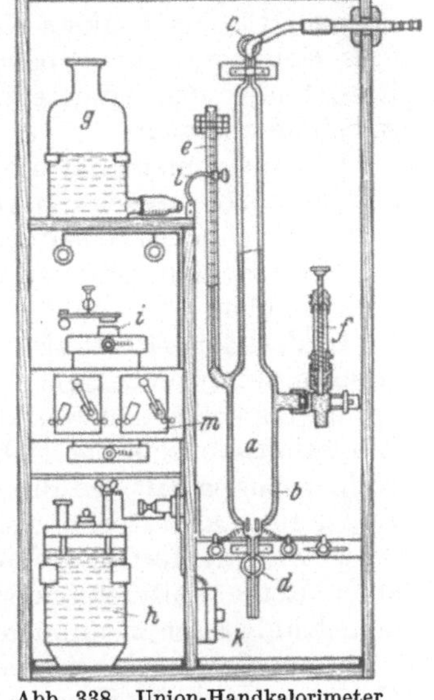

Abb. 338. Union-Handkalorimeter (nach Dommer).

a Meßbürette, *b* Mantelgefäß, *c* Dreiwegehahn, *d* Absperrhahn, *e* Steigrohr mit Millimeterteilung, *f* Feinregelung für die Nullpunkteinstellung, *g* Niveaugefäß, *h* Akkumulator, *i* Funkeninduktor, *k* Druckknopf für Zündung, *l* Schalter für Lampe, *m* Schalter für Elektrolyse.

wobei Q_k und Q_g cm³ Knallgas und Versuchsgas und h_k und h_g die entsprechenden Ausschläge in der Kapillare sind. 2020 Kalorien/m³ ist der reduzierte Heizwert des Knallgases. Durch Zusatz einer bestimmten Menge Knallgas können also auch solche Gasgemische auf ihren Energieinhalt untersucht werden, die, wie Verbrennungsabgase, zwar noch brennbare Bestandteile enthalten, aber nicht mehr zündbar sind.

Das Union-Hand-Kalorimeter ist tragbar. Alle zur Ausrüstung gehörigen Teile befinden sich innerhalb eines Holzrahmens. Die baldige Erschöpfung des Akkumulators durch den starken Stromverbrauch der Elektrolyse und das Hantieren mit Schwefelsäure und Glas sind Nachteile der Apparatur, die aber wegen der Handlichkeit bei ausreichender Genauigkeit nicht so schwer ins Gewicht fallen.

c) Das **Kaloriskop von Strache-Löffler**[1] läßt die jedesmalige Eichung mit einem Vergleichsgas fort, da es von einem innen versilberten Vakuummantel (Dewarsches Vakuum) gegen Wärmeabstrahlung geschützt ist. Die Zustandsgrößen Raumtemperatur und Barometerstand werden an besonderen Hilfsinstrumenten festgestellt. Im übrigen ist das Prinzip das gleiche wie beim Union-Handapparat. Die Kugel des Thermometers

---

[1] Meßtechn. 1928 Nr. 5 S. 124—126; Gas- u. Wasserfach 1927 S. 1073—1077.

befindet sich mitten im Explosionsraum und nimmt die Wärme auf. Der Quecksilberfaden steigt nach der Zündung an und bleibt einige Sekunden am Maximum stehen. Je nach dem geschätzten Heizwert des Gases werden verschiedene Pipetten genommen, so daß das Luftmischungsverhältnis einen passenden Wert bekommt. Die Ablesung am Thermometer, mit der Eichwertzahl der betreffenden Pipette multipliziert, gibt den Betriebsheizwert. Die Umrechnung auf Normalzustand geschieht mit der Formel:

$$H_{red} = H \cdot \frac{760}{b - \varepsilon} \cdot \frac{273 + t}{273}, \tag{39}$$

die auch für das Junkers-Kalorimeter gilt. ε, die Dampfspannung, wird, falls Genaueres nicht bekannt, für hundertprozentige Sättigung bei Raumtemperatur eingesetzt, b bezeichnet den Barometerstand, t die Arbeitstemperatur.

Das Instrument hat die kleinsten Abmessungen ($35 \cdot 24 \cdot 16$ cm) und das geringste Gewicht (4 kg) aller zur Zeit eingeführten Apparate. Es gestattet schnelles Arbeiten. Nur 1½ Minuten sind für jede Bestimmung bei einer Genauigkeit von etwa 1% nötig. Die Batterie dient hier nur zum Zünden.

In dem Mikro-Gaskalorimeter nach Löffler[1], das dem Kaloriskop im wesentlichen gleicht, kann jedes beliebige Gas/Luft-Mischungsverhältnis hergestellt werden, so daß sich außer dem Heizwert noch die Explosionsgrenzen ermitteln lassen. Durch Absorption kann auch der Kohlensäuregehalt des Brenngases und des Abgases festgestellt werden. Es ist für Laboratoriumsgebrauch bestimmt.

d) Das **Graefe-Gas-Kalorimeter Modell „Gaswerk"**[2] läßt das Abgas in einer Reihe hintereinandergeschalteter Wärmeaustauschkammern mit dem Kühlwasser in unmittelbare Berührung treten. Wenn 1 Liter Gas verbrannt ist, unterbricht das ansteigende Sperrwasser selbsttätig den Gasstrom und die Flamme erlischt. Der Kühlwasserinhalt wird so bemessen, daß der Gesamtwasserwert des Wärmeaustauschers eine runde Zahl ist, etwa 1000 Kalorien/° C; dann wird die Umrechnung sehr einfach. Die Temperaturerhöhung ist dem Heizwert proportional wie beim Junkers-Kalorimeter. Hinsichtlich der Genauigkeit können natürlich keine großen Ansprüche gestellt werden, da alle verteuernden Einrichtungen weggelassen sind. Die Abweichungen von zuverlässigen Vergleichsmessungen liegen innerhalb von 2%.

Für niedrige Heizwerte wird dies Kalorimeter als Modell „Generator" gebaut.

2. Selbsttätige (schreibende) Kalorimeter.

a) Die moderne Betriebsführung in Gaswerken und Kokereien kann sich mit Handanalysen nicht mehr behelfen. Sie braucht unbedingt Momentananzeiger, also Apparate, die entweder laufend aus einem ununterbrochenen Beharrungszustand heraus oder durch schnell aufein-

---

[1] Meßtechn. 1930 Nr. 3 S. 85/86.
[2] Meßtechn. 1928 Nr. 7 S. 185—187; Z. VDI 1929 S. 533.

ander folgende periodische Bestimmungen den jeweiligen Heizwert zu
erkennen geben.

Der erste Apparat für Daueranzeige und -registrierung ist der **automatisierte Junkers-Handapparat** nach Abb. 339. Auf die Ausstattung, Wirkungsweise und Bedienung der Apparatur soll hier nicht näher eingegangen werden. Abgesehen von den Druckschriften der

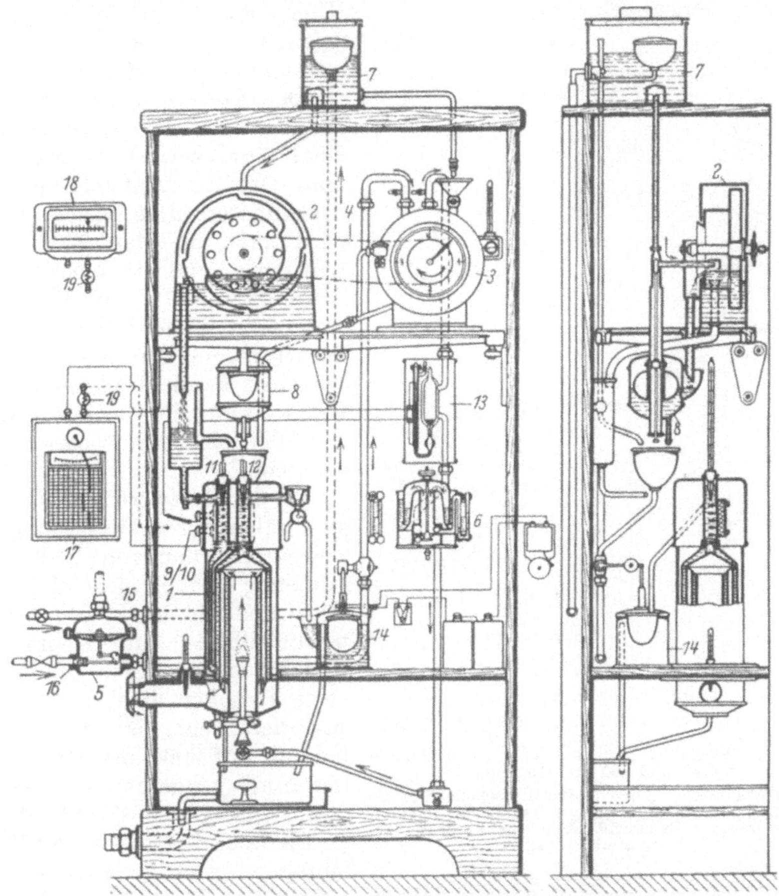

Abb. 339. Selbsttätiges schreibendes Junkers-Kalorimeter (schematische Darstellung).

1 Kalorimeter, *2* Wasserzähler, *3* Gaszähler, *4* Zwangläufige Kupplung (Kette), *5/6* Gasdruckregler, *7* Wasserbehälter mit Schwimmer, *8* Wasserglas, *9/10* Thermosäule mit den Anschlüssen, *11/12* Kontroll-Thermometer, *13* Vorrichtung z. Reduktion, *14* Wassermangelsicherung, *15* Wasserleitungsanschluß, *16* Gaszuleitung, *17* Schreibinstrument, *18* Anzeigeinstrument, *19* Ersatzwiderstand für *16*.

Herstellerfirma haben sich schon viele Fachleute mit diesen ausgezeichneten und überall anerkannten Apparaten befaßt, so daß ein paar Hinweise genügen[1].

---

[1] **Kranz:** Gas- u. Wasserfach 1927 S. 801—808; Meßtechn. 1928 Nr. 6 S. 141 bis 146. **Neumann:** Arch. Eisenhüttenw. 1929/1930 Nr. 2 S. 123—132. **Grewe:** Arch. Eisenhüttenw. 1930/1931 Nr. 2 S. 75—85.

Der Gaszähler und der Wasserzuteiler sind durch Kettentrieb zwangläufig gekuppelt, so daß das Verhältnis von Gas und Kühlwassermenge dauernd gleich groß bleibt. Dadurch wird der Heizwert proportional dem Temperaturunterschied zwischen eintretendem und austretendem Kühlwasser. Dieser Temperaturunterschied wird mit einer Thermosäule gemessen. Die Lötstellen sind abwechselnd im Zulauf und im Ablauf des Kühlwassers angebracht. Die elektrische Thermokraft wird auf ein Millivoltmeter oder ein Registrierinstrument übertragen.

Der Vorteil dieser elektrischen Darstellungsweise ist die Unabhängigkeit der Anzeige vom Ort der Aufstellung des Kalorimeters. Das Anzeigegerät wird man in der Nähe der Leitungen und Schieber, den Schreiber aber in der Meßzentrale oder beim Betriebsleiter unterbringen. Ein Zweikurvenschreiber kann gleichzeitig den Heizwert des Produktionsgases und den des Stadtgases aufzeichnen.

Da der Heizwert in den meisten Fällen nur wenig schwankt, erwies sich der von Null beginnende Meßbereich als unnötig und für die Ablesung als unvorteilhaft. Zum Gebrauch in Gaswerken, deren Stadtgas stets zwischen 4000 und 4500 Kalorien liegt, ist der Meßbereich auf 3000 bis 6500 Kalorien/m^3 eingeschränkt worden; damit wurde die Ablesung an Skala und Registrierstreifen einfacher und bedeutend genauer. An sonstigen Sondereinrichtungen von betriebstechnischem Interesse seien noch die selbsttätige Wasser- und Gasmangel-Sicherung, die Alarmvorrichtung zur Warnung bei Überschreiten von Grenzwerten und die Wärmeaustausch- und Sättigungs-Vorrichtung erwähnt.

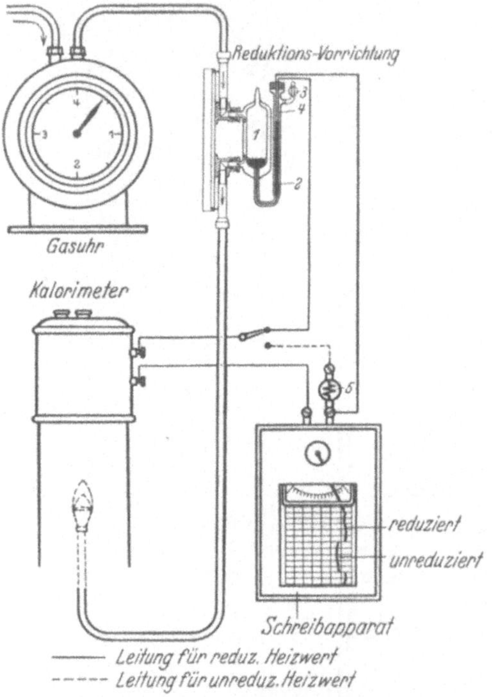

Es wurde schon darauf hingewiesen, daß das Junkers-Kalorimeter den Heizwert im Betriebszustande aufzeichnet. Da aber für Vergleiche der reduzierte Heizwert — bezogen auf trockenes Gas von 0° und 760 mm QS — benötigt wird, ist eine besondere Reduzier-Vorrichtung ersonnen worden, die diese Reduktion selbsttätig vornimmt. (Abb. 340.) Diese Vorrichtung enthält ein durch eine Quecksilbersäule abgeschlossenes Luftvolumen, das von dem Gasstrom umspült wird, das dadurch

Abb. 340. Vorrichtung zur Reduktion des Heizwertes auf 0° und 760 mm (Junkers).

1 Abgeschlossene Luft, *2* Sperrflüssigkeit (Quecksilber), *3* Schenkel, offen, gegen Luftdruck, *4* Widerstandsdraht, *5* Ersatzwiderstand für *4*, wenn Vorrichtung abgeschaltet.

auf dessen Temperatur kommt und die Quecksilbersäule entsprechend verschiebt. Ein Tropfen Wasser auf dem Quecksilber sorgt für volle Wasserdampfsättigung. Der Quecksilberverschluß wirkt ferner als Barometer; zwischen dem Druck innen und außen stellt er sich ins Gleichgewicht. Der im äußeren Schenkel eingesetzte Draht liegt im Stromkreis des Millivoltmeters; mit den Bewegungen der Quecksilbersäule ändert sich gesetzmäßig sein Widerstand. Mit Hilfe eines Umschalters kann am Registrierinstrument nach Bedarf der Normal-Heizwert oder der Betriebsheizwert, mit einem Zweikurvenschreiber auch beides nebeneinander aufgezeichnet werden. (Vgl. auch die Gasmengenreduktion auf Normalzustand, S. 169.)

b) Der **Union-Heizwertschreiber**[1] nach Abb. 341 ist von dem Union-Hand-Kalorimeter gänzlich verschieden. Er ähnelt am meisten dem Hand-Kalorimeter von Graefe, indem bei beiden eine genau bestimmte Gasmenge und ein bestimmtes Kühlwasservolumen ihre Wärmemenge austauschen. Der Union-Heizwertschreiber arbeitet periodisch und kann etwa alle 4 Minuten eine Heizwertbestimmung liefern. Die Wirkungsweise erscheint kompliziert, der Apparat ist jedoch vielfach erprobt.

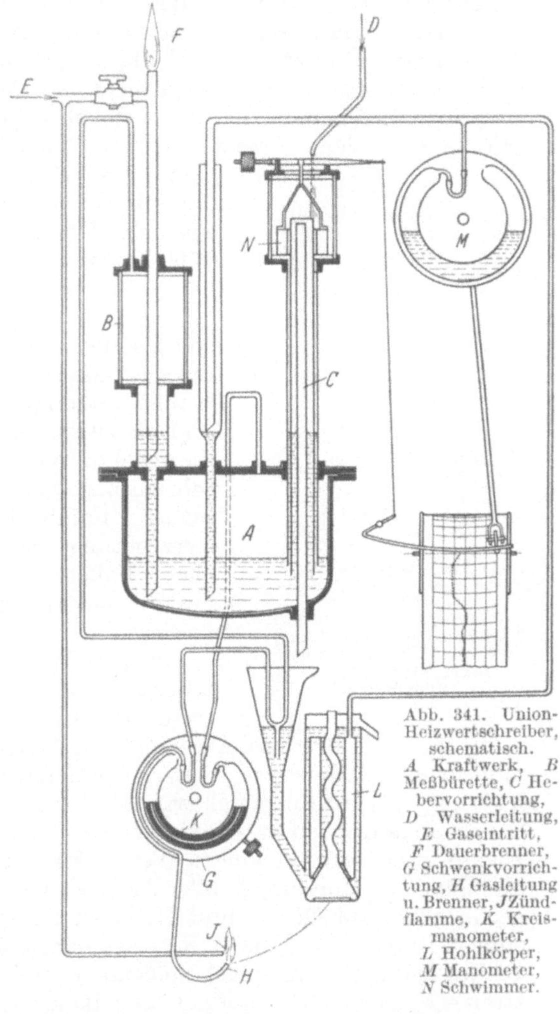

Abb. 341. Union-Heizwertschreiber, schematisch. *A* Kraftwerk, *B* Meßbürette, *C* Hebervorrichtung, *D* Wasserleitung, *E* Gaseintritt, *F* Dauerbrenner, *G* Schwenkvorrichtung, *H* Gasleitung u. Brenner, *J* Zündflamme, *K* Kreismanometer, *L* Hohlkörper, *M* Manometer, *N* Schwimmer.

Der Meßvorgang ist kurz folgender. Durch geschickte Anordnung von Wasserverschlüssen wird die Gasflamme gerade in dem Augenblick unter den eigentlichen Kalorimeter-Körper geschwenkt, wo die abgeteilte Gasmenge durch die steigende Wassersäule herausgedrückt zu

---

[1] Gas- u. Wasserfach 1924 S. 780—782 u. 788—791.

werden beginnt. Die Temperaturerhöhung des Kühlwassers erwärmt
ein angeschlossenes Luftvolumen; die dort infolgedessen entstehende
Druckerhöhung, die dem Heizwert genau proportional ist, wird an
einem Kreismanometer angezeigt.

Der Union-Heizwertschreiber gibt den oberen Heizwert, bezogen auf
0^0 und trockenes Gas, an; normale Schwankungen von Wasser- und
Raumtemperatur sind ja durch die Bauart ausgeglichen. Der Barometerstand dagegen ist in der Anzeige nicht berücksichtigt. Seiner Abweichung
von 760 mm QS muß daher wie üblich durch einen Faktor Rechnung
getragen werden[1]. Dieser ist aber besonders leicht festzulegen: je
$\pm$ 7,6 mm QS Abweichung, gerechnet auf
760 mm QS, geben $\mp$ 1% Berichtigung. Der
normale Meßbereich geht von 3000 bis
5500 Kalorien/m³.

c) In vereinzelten Fällen kann auch die
Dichte als Maß für den Heizwert benutzt
werden. Bei Gasgemischen, die wie Naturgas
nur aus Gasen gleicher Gattung, z. B. Paraffin-
Kohlenwasserstoffen, bestehen, sind Dichte
und Heizwert nahezu proportional. Da man
die Dichte mit verschiedenen, bereits beschriebenen, verhältnismäßig billigen Apparaturen unmittelbar und ohne wesentliche
Verzögerung messen kann, ist man in solchen Fällen bei Schnellmessungen nicht
auf die kostspieligen Heizwertschreiber angewiesen.

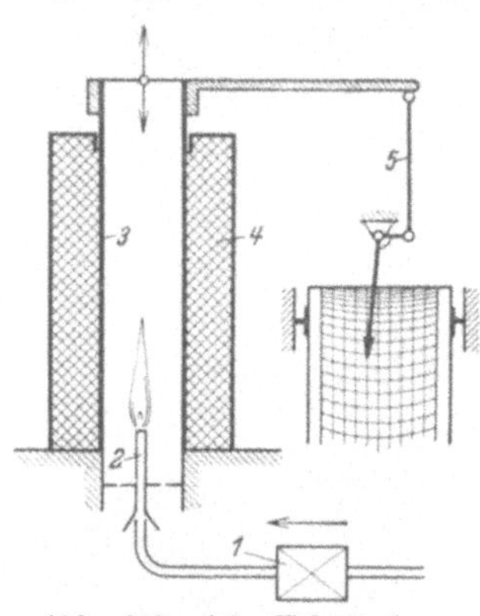

Abb. 342. Ados-Kalorimeter,
schematisch (Heizwirkungs-
messer).
1 Gasdruckregler, 2 Brenner,
3 Ausdehnungsrohr, 4 Wärmeschutz, 5 Übertragung der
Längsdehnung auf das
Schreibwerk.

Wegen Energiezählung mit Strömungsteiler und Kalorimeter wird auf S. 247 (Wärme-
mengenmessung) verwiesen.

d) Ein neues Betriebsinstrument, das Ados-Kalorimeter nach Abb. 342,
mißt nicht den Heizwert, sondern die **Heizwirkung,** die für alle Brenner-
feuerungen bedeutungsvoll ist, da Flammentemperatur und Kochzeit
davon abhängen[2]. Der Praxis entsprechend, erfaßt sie Heizwert und
Dichte zusammen in einem Wert. Wie schon gesagt, wird die Ausströmung aus Mündungen aller Art vom spezifischen Gewicht des Gases
beeinflußt. Sind Dichte und Heizwert konstant, dann strömt je Zeiteinheit immer die gleiche Kalorienmenge aus; ändert sich aber die
Dichte bei weiterhin gleichbleibendem Heizwert, dann wird die ausströmende Menge eine andere, und damit schwankt auch die Heizwir-
kung. Ihre Zahlengröße kann proportional Heizwert $\times \sqrt{\text{spez. Gewicht}}$
gesetzt werden.

Dementsprechend arbeitet das Ados-Kalorimeter. Aus einer Düse
strömt bei geregeltem Vordruck Gas aus. Dessen Menge ist $\sqrt{\gamma}$ proportio-

---

[1] Dommer: Gas- u. Wasserfach 1929 S. 180—182.

[2] Fahrenheim: Vereinfachte Heizwertbestimmung. Gas- u. Wasserfach 1926
Nr. 39 S. 838—840; Wärme 1928 Nr. 33 S. 611/12.

nal, also konstant, solange γ gleich bleibt. Das Gas verbrennt innerhalb eines nur unten eingefaßten Stahlzylinders, der sich infolge der Erwärmung in der Längsrichtung ausdehnt. Die Ausdehnung ist ziemlich proportional der Verbrennungstemperatur, diese ihrerseits der Heizwirkung. Die Bewegung am oberen freien Ende des Thermostatrohres wird als proportionales Maß für die Heizwirkung auf einen Schreibhebel übertragen.

Der Apparat ist einfach und bequem zu handhaben. So hohe Anforderungen hinsichtlich der Genauigkeit wie beim Junkers-Apparat dürfen allerdings nicht an ihn gestellt werden; dazu ist er ja schon aus Prinzip zu sehr von äußeren Einflüssen, wie Luftzug, Druck und Menge des Gases, abhängig. Bei neueren Ausführungen wird jedoch der Gasdruck vor dem Apparat durch einen Regler selbsttätig konstant gehalten, so daß die Fehlermöglichkeit wohl auch nur 1% beträgt.

3. Besondere Verfahren zum Ersatz oder zur Ergänzung der Kalorimeter.

Neben den Grundwerten der Gasnormung Heizwert, Dichte und Inertgehalt ist in neuester Zeit die Entzündungsgeschwindigkeit[1] zu erhöhter Bedeutung gekommen. Es steht fest, daß jeder der drei genannten Grundwerte allein die Güte eines Stadtgases nicht einwandfrei angeben kann. Die Überwachung aller drei Werte einzeln ist angebracht, aber ein wirklich klares Bild über das resultierende Verhalten des Gases im Brenner ist daraus doch nur schwierig zu entnehmen. Die Entzündungsgeschwindigkeit in einem Brenner wird die der Ausströmungsgeschwindigkeit entgegengerichtete Fortpflanzungsgeschwindigkeit der Verbrennung des primären Gas-Luft-Gemisches genannt. Sie ist also im Grunde nur eine gedachte Größe, bestenfalls ein Mittelwert. Am Innenkegel der Flamme, wo die Verbrennung einsetzt, heben sich die beiden Geschwindigkeiten

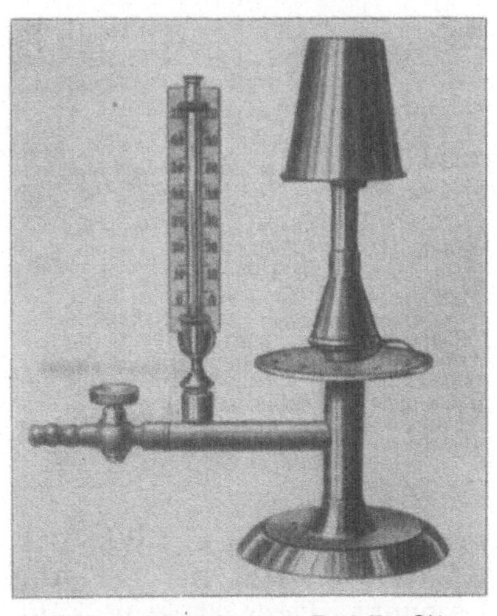

Abb. 343. Gasprüfer nach Prof. Dr. Ott.

auf. Wird die Ausströmungsgeschwindigkeit kleiner bzw. steigt die Zündgeschwindigkeit, dann wird der innere Flammenkegel immer kürzer, bis die Flamme nach kurzem Knattern zurückschlägt und verlöscht. Liegt der Rückschlagpunkt als Norm für ein Verbrauchsgas fest, so gestattet die zeitweilige Prüfung mit Hilfe der Entzün-

---

[1] Bunte u. Litterscheidt: Gas- u. Wasserfach 1930 Nr. 36, 37 u. 38. Terres u. Wieland: Gas- u. Wasserfach 1930 Nr. 5 u. 6. Bunte: Gas als Brennstoff. Gas- u. Wasserfach 1931 Nr. 41 S. 941—947.

dungsgeschwindigkeit, die Abweichungen in jedem einzelnen Strang der Produktionsgasleitung festzustellen und Vorkehrungen für die Abhilfe, z. B. durch Änderungen des Dampfzusatzes, zu ergreifen.

Der altbekannte Ottsche Gasprüfer nach Abb. 343, dem Bunsenbrenner ähnlich gebaut[1], ermöglicht, gewissermaßen diese Resultierende aller Gaseigenschaften zu bestimmen. Die Scheibe, an der der Zutritt der Primärluft geregelt wird, hat einen Zeiger, der über einer in 100 gleiche Teile geteilten Skala spielt; durch Drehen des Zeigers wird immer mehr

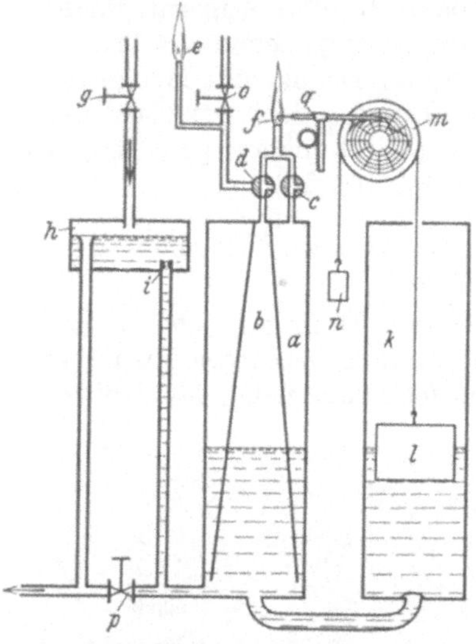

Abb. 344. Wirkungsweise des Entzündungsgeschwindigkeitsmessers Union nach Dr. Dommer.

a Zylindrisches Rohr, *b* Konisches Rohr, *c*, *d* Dreiwegehähne, *e* Dauerflamme, *f* Visiereinrichtung, *g* Absperrventil für Wasserzufluß, *h* Überlauf, *i* Düse, *k* Zylindrisches Rohr, *l* Schwimmer, *m* Diagrammblatt, *n* Gegengewicht, *o* Absperrventil für Gas, *p* Ablaßventil, *q* Stellschraube, *c*, *d*, *p* sind miteinander gekuppelt.

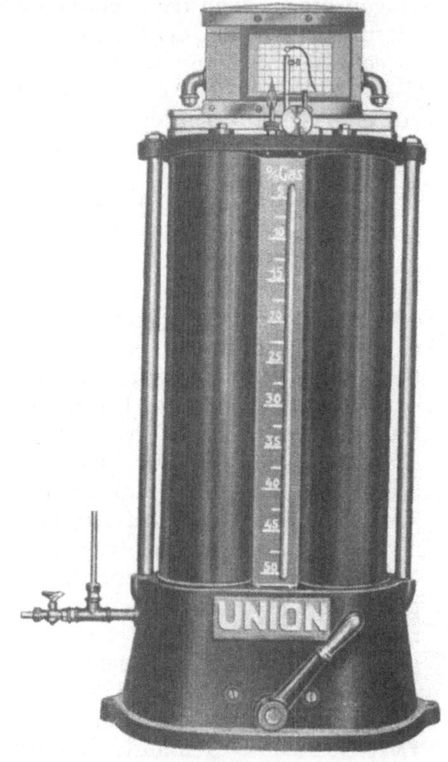

Abb. 345. Entzündungsgeschwindigkeitsmesser Union.
Unten Handgriff für *c*, *d* und *p* (vgl. Abb. 344).

Primärluft gegeben. Wo das Knattern einsetzt, ist der Ablesepunkt; dieser ist keine Zahl von physikalischer Bedeutung, aber doch von großem praktischen Nutzen (Ott-Zahl). Jede Abweichung von der festgesetzten Ott-Zahl zeigt, daß das Gas nicht normal ist, und die Richtung der Abweichung bestimmt die erforderlichen Gegenmaßnahmen. Der Schirm um die Düse herum soll nur die Flammenbildung vor äußeren Luftströmungen schützen.

Mit einiger Genauigkeit kann der Ott-Prüfer, wenn das spezifische Gewicht und die Zusammensetzung unverändert bleiben, auch als Ersatz

---

[1] Gas- u. Wasserfach 1925 Nr. 29 S. 448/49; 1927 Nr. 8 S. 174/75.

für einen Heizwertmesser verwendet werden[1]. Da aber jede Änderung der Betriebsweise in der Gaserzeugung auch das Verhältnis des Heizwertes zur Ott-Zahl ändert, muß die Heizwertskala einer hierfür entworfenen Ablesetafel verstellbar eingerichtet sein[2].

An dem sehr ähnlich aufgebauten neueren Gasprüfer nach Dr. Hofsäß (Hydro) wird die Höhe des inneren Flammenkegels durch einen

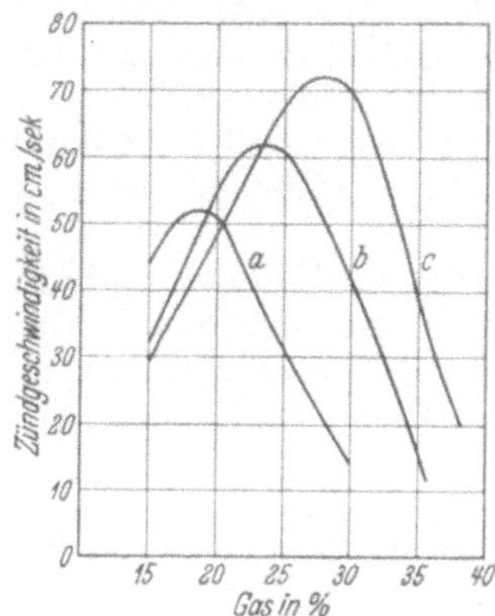

Abb. 346. Diagramm zu Abb. 345.
a Reines Steinkohlen-Destillationsgas, *b* mit 46% Wassergaszusatz, *c* mit 64% Wassergaszusatz.

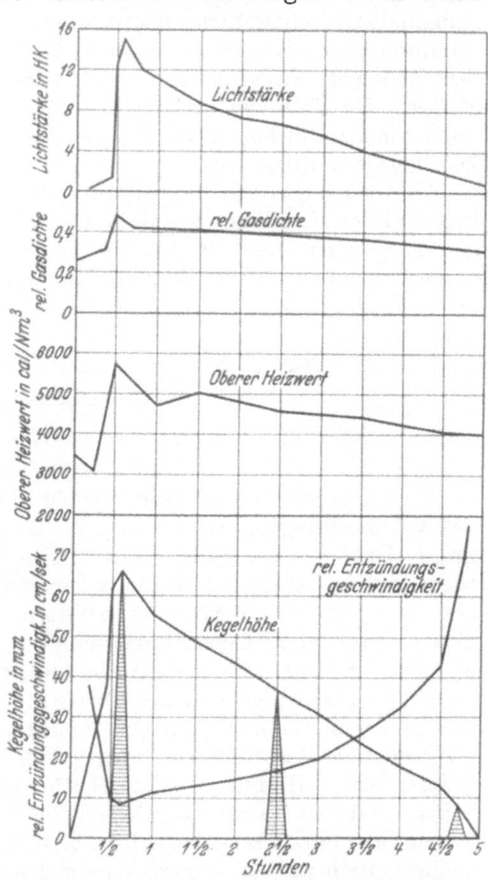

Abb. 347. Überwachung der Entgasungsvorgänge einer Steinkohle auf Grund der Entzündungsgeschwindigkeit und sonstiger Eigenschaften (nach Hydro).

Sehschlitz im Schutzmantel mit Spiegel und Millimeterskala abgelesen und daraus mit Hilfe einer Tabelle die Entzündungsgeschwindigkeit bestimmt.

In Abb. 344 und 345 ist noch ein Instrument dargestellt, mit dem bei gegebenem Gasgemisch die Zündgeschwindigkeit über dem Prozentverhältnis Gas zu Luft als Diagramm aufgezeichnet werden kann[3]. Wie Abb. 344 zeigt, wird der Gasgehalt im Gemisch durch den konischen Einsatz im Laufe des Meßvorganges allmählich vergrößert; dadurch verändert sich die Höhe des Flammenkegels. Dessen Spitze wird mit der Visiereinrichtung verfolgt und dabei gleichzeitig die Kegelhöhe auf dem von einem Schwimmer bewegten Diagrammblatt aufgezeichnet.

---

[1] Gas- u. Wasserfach 1926 Nr. 52 S. 1135.
[2] Gas- u. Wasserfach 1927 Nr. 14 S. 322/23.
[3] Meßtechn. 1929 Nr. 11 S. 327; Gas- u. Wasserfach 1930 S. 816/17.

Abb. 346 zeigt ein Diagramm mit drei Kurven für reines Steinkohlen-destillationsgas und für Zusatz von Inerten oder Wassergas. Mit er-höhtem Zusatz an Wassergas steigt die Zündgeschwindigkeit bei gleichem Mischungsverhältnis. Ein für reines Steinkohlengas eingestellter Brenner würde also die Flamme bei Betrieb mit wassergasverdünntem Stein-kohlengas zurückschlagen lassen. Man sieht, daß selbst kleine Verände-rungen der Zündgeschwindigkeit, die beim Fehlen jeder genaueren Über-wachung oder beim schematischen Regeln des Wassergaszusatzes nach dem Heizwert unvermeidlich sind, eigentlich eine andauernde Neuein-stellung der Brenner erforderlich machen. Es folgt, daß in Zukunft immer mehr Gewicht auch auf die Beobachtung der Zündgeschwindig-keit gelegt werden wird.

Abb. 347 zeigt noch im Diagramm die Änderung der Zündgeschwindig-keit und der Kegelhöhe zusammen mit Heizwert und Dichte im Verlauf der Entgasung einer Steinkohle. Kegelhöhe und Zündgeschwindigkeit ändern sich bedeutend mehr als Heizwert und Dichte und geben daher einen guten Anhalt für die Überwachung.

C. Überwachung der Gaszusammensetzung, insbesondere der Feuerungsabgase.

1. Orsat und orsatähnliche Apparaturen für Versuchsmessungen[1].

Die klassische Rauchgasuntersuchung begann mit der Feststellung des Verbrennungsproduktes CO_2. Es ist bekannt, daß die Verbrennung unter der Voraussetzung eines Brennstoffes aus reinem Kohlenstoff theoretisch verlustlos verläuft, wenn die Abgase soviel an Kohlensäure enthalten, wie die Verbrennungsluft an Sauerstoff enthält, also 21%. Diese weitgehende Ausnutzung scheitert an der Schwierigkeit, wirklich an jedes Kohlenstoffteilchen das nötige Sauerstoffteilchen heranzu-bringen. Erfahrungsgemäß muß ein gewisser Luftüberschuß über den theoretischen Luftbedarf hinaus zugegeben werden, will man nicht un-vollkommene Verbrennung verursachen (Kohlenoxydbildung, Reste von Wasserstoff und Methan oder Abscheidung als Ruß). Ferner ist zu be-achten, daß jeder Brennstoff flüchtige Bestandteile enthält oder bei Er-hitzung abspaltet (Wasserstoff, Kohlenwasserstoffe), die nicht nur zu CO_2, sondern auch zu Wasser verbrennen. Dieses Verbrennungswasser schlägt sich aber vor der Analyse nieder. So gibt es für jeden Brennstoff einen anderen günstigsten Kohlensäuregehalt. Mittelwerte sind: 13 bis 15% für gute Steinkohle, 10 bis 12% und weniger für Braunkohle, 7 bis 9% für Leuchtgas; nur bei Brenngasen, die wie Gichtgas schon selbst ver-hältnismäßig viel CO_2 mitbringen, kann er erheblich mehr als 21% be-tragen. Jedenfalls steht fest, daß der CO_2-Gehalt für die Güte der Ver-brennung nur einen Anhalt gibt. Bestimmtes über das Fehlen unver-brannter Bestandteile, besonders Kohlenoxyd und Wasserstoff, kann die CO_2-Bestimmung nicht aussagen. Unverbrannt gebliebene Bestandteile

---

[1] Gramberg: Technische Messungen S. 511—532 u. S. 535/36; Mitteilungen der Wärmestelle Düsseldorf Nr. 19, 20, 61. Schäfer-Langthaler: S. 263—267.

müssen durch einen besonderen Meßvorgang festgestellt werden. Auch auf den Grad des Luftüberschusses läßt die CO_2-Bestimmung nicht eindeutig schließen, selbst wenn man den Brennstoff einigermaßen kennt. Mit Sicherheit ist der Luftüberschuß nur durch unmittelbare Messung des Sauerstoffgehaltes im Abgas zu bestimmen.

Die klassische Orsat-Apparatur ist infolgedessen für die Absorption von CO_2, O_2 und CO eingerichtet. Drei Gefäße mit Absorptionsflüssigkeit (Kalilauge, gelber Phosphor oder Pyrogallussäure, Kupferchlorür), eine Meßpipette, ein Niveaugefäß, dazu Schläuche und Hähne, sind die ganze Ausrüstung. Diese einfachste Ausführung, von der natürlich zunächst keine große Genauigkeit zu erwarten war, hat im Laufe der Jahrzehnte viele Umgestaltungen und Ergänzungen erfahren. Auf die chemische Analyse mußte nämlich, da sie allein eindeutige und leicht kontrollierbare Ergebnisse liefert, bei Vergleichsmessungen, z. B. zum Nachprüfen der automatischen Apparate auf physikalischer Grundlage, immer wieder zurückgegriffen werden. An Sicherheit übertrifft sie bei sorgfältiger Durchführung und bei einwandfreier Herstellung der Apparatur alle anderen Verfahren.

Doch soll die Handhabung des Orsat-Apparates hier nicht behandelt werden; das ist an anderer Stelle schon hinreichend geschehen. Auch hinsichtlich der am klassischen Modell vorgenommenen Verbesserungen und Erweiterungen und der Gründe dazu soll auf die umfangreiche Literatur verwiesen werden[1].

2. Selbsttätige Apparaturen für Betriebsmessungen.

Es ist bei der Langwierigkeit von Gasuntersuchungen mit dem Orsat-Apparat erklärlich, daß seit langem eifrig daran gearbeitet wurde, diese Überwachung selbsttätig zu gestalten. Als eine wirksame Unterstützung des Heizers konnte die CO_2-Anzeige erst gelten, wenn der Meßwert mit nur kurzer Verzögerung, nach höchstens zwei Minuten, ablesebereit war.

Daß zunächst alle Vorgänge der chemischen Analyse beibehalten und lediglich die Handhabung durch mechanische Zwischenglieder betrieben wurde, ist sehr naheliegend. Es soll auch nicht verkannt werden, daß die Selbstschreiber auf chemischer Grundlage Vorteile haben, die sie trotz aller Umständlichkeit wettbewerbsfähig erhalten. Der wesentliche Vorzug ist die unbedingte Eindeutigkeit der angezeigten Meßwerte. Mit der gleichen Apparatur, nur mit dem zugehörigen anderen Absorptionsmittel, lassen sich auch CO und O_2 bestimmen und registrieren. Der Antrieb geschieht entweder durch Elektromotor oder mittels Druckwasser; seine Ausbildung ist aber für die Arbeitsweise an sich unwesentlich.

Als Muster selbsttätiger CO_2-Messer mit chemischer Arbeitsweise ist in Abb. 348 der Ados-Apparat dargestellt. Duplex-Apparate messen in jedem zweiten Arbeitsgange auch Unverbranntes, indem vor der

---

[1] Neumann-Strähuber: Arch. Eisenhüttenw. 1928/1929 S. 557; Stahl u. Eisen 1929 S. 805. Brüggemann: Glückauf 1928 S. 1394. Ramsin: Wärme 1928 S. 134.

CO_2-Absorption CO und H_2 verbrannt werden und nach der Absorption das Volumen um den Raum des CO_2, des CO und des H_2 verkleinert

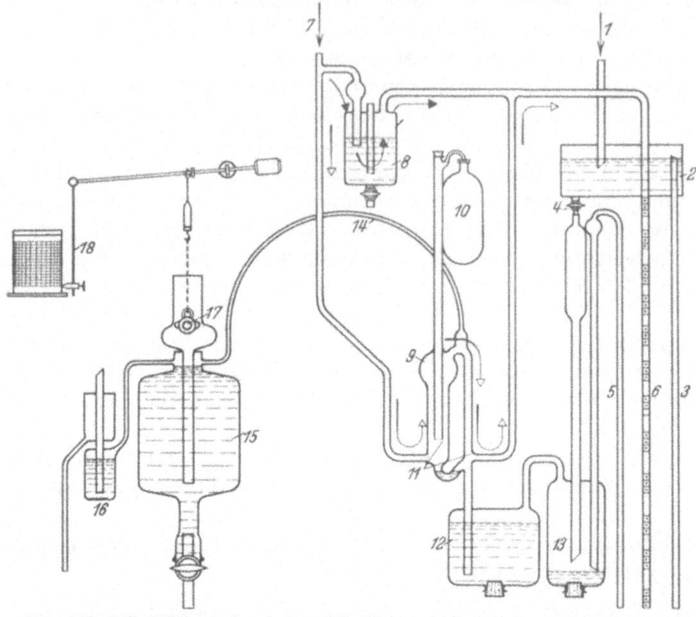

Abb. 348. Selbsttätiger chemischer CO_2-Messer (Ados), schematisch dargestellt.

1 Treibwasser-Zulauf, *2* Wassereinlaufkasten, *3* Wasser-Überlauf, *4* Einstellhahn, *5* Heber, *6* Wasserstrahlpumpe, *7* Gaseintritt, *8* Sperrgefäß für Gasdurchtritt während der Analyse, *9* Meßgefäß, *10* Gummibeutel als Druckausgleich mit der Atmosphäre, *11* Abschlußkanten, *12* Sperrflüssigkeit, *13* Kraftwerk mit Wasser, *14* Kapillarrohr, *15* Absorptionsgefäß, *16* Ausgleichgefäß für überlaufende Kalilauge, *17* Glaskugel als Schwimmer, *18* Schreibzeug.

wird. Der Mono-Duplex zeichnet dabei abwechselnd CO_2 allein und $CO_2 + CO + H_2$ auf (Abb. 349).

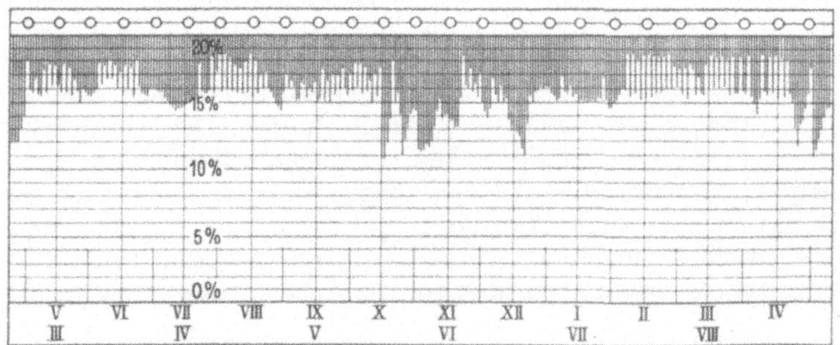

Abb. 349. Diagramm des Mono-Duplex-Apparates für CO_2 und $CO + H_2$.

Die Wirkungsweise der selbsttätig arbeitenden Orsat-Apparate soll hier nicht näher behandelt werden. Alle Bauarten ahmen die Bewegungen der Handanalyse nach und zeichnen den Hub ihres Niveaugefäßes verkürzt als Maß für den absorbierten Bestandteil auf. Für Einzelheiten der Wirkungsweise und der Bedienung müssen die Gebrauchsanweisungen zu Rate gezogen werden.

Als Nachteile der automatischen Orsat-Apparate werden immer genannt: Zerbrechlichkeit der vielen Glasbestandteile, unangenehmes Arbeiten mit den Absorptionsflüssigkeiten, zu große Anzeigeverzögerung.

Der Einwand der Zerbrechlichkeit im Betrieb ist unerheblich, denn er kann im Grunde nur für Transport und Montage gelten; sonst hängt der Apparat ruhig an der Wand. Auch das Vorhandensein von Chemikalien ist kein überzeugender Mangel. Lediglich die Anzeigeverzögerung kann nicht abgeleugnet werden; mindestens 2 Minuten braucht jeder chemische Apparat. Dem steht aber gegenüber, daß der Meßvorgang offen zutage liegt, daß sogar die Richtigkeit am Apparat selbst nachgeprüft werden kann, und daß die Anzeigen unbedingt eindeutig sind. Übrigens wird der Mono-Apparat neuerdings auch ganz in Metall hergestellt[1].

Wie schwer man auch die Nach- und Vorteile ins Gewicht fallen lassen will, jedenfalls ist den Mängeln des chemischen Verfahrens die Entstehung einer großen Zahl von Rauchgasprüfern auf physikalischer Grundlage zu verdanken. Diese vermeiden, wenigstens großenteils, die genannten Nachteile, sind dafür aber hinsichtlich der Eindeutigkeit unterlegen.

Die erste technische Methode, die das klassische Orsat-Prinzip durchbrach und auf der Verschiedenheit der physikalischen Eigenschaften der einzelnen Gasbestandteile aufbaute, arbeitete Bosch aus, als er mit Hilfe der verschiedenen Brechung der Gase seine Gasreaktion schneller als bisher möglich verfolgen wollte. Das Interferometer ist das genaueste Verfahren, das es bis heute gibt; doch ist auch hier die Messung von den übrigen beigemischten Bestandteilen abhängig. Ferner kann es nur für unmittelbare Beobachtungen benutzt werden; es bleibt also in seiner Verwendungsfähigkeit auf Versuchsmessungen beschränkt.

Die Zahlenwerte der in Frage kommenden Eigenschaften sind in der Tabelle 7 für die in Gasgemischen auftretenden Gasarten zusammengestellt. Es geht daraus hervor, daß die Werte für CO_2 fast überall erheblich von den Werten der übrigen normalen Gasbestandteile abweichen. Es zeigt sich aber auch, daß gewisse Gase dem CO_2 entgegenwirken und seine Anzeige erheblich fälschen können. Das ist z. B. der Fall bei der Wärmeleitfähigkeit und beim spezifischen Gewicht von Wasserstoff. Der Unterschied in der Wärmeleitfähigkeit von Wasserstoff gegenüber Luft (bzw. gegenüber O_2 und N_2) ist rund zwölfmal so groß wie der zwischen CO_2 und Luft. 1% Wasserstoff würde also bei der Messung die Wirkung von 12% CO_2 vollkommen aufheben. Diese Erscheinung ist auch tatsächlich, besonders in Abgasen von Braunkohlefeuerungen, die stets Reste von Wasserstoff enthalten, eingetreten und hat manche Erörterung in der Fachliteratur hervorgerufen[2]. Geholfen hat man sich hier

---

[1] Brasch: Wärme 1931 Nr. 24 S. 460—462.

[2] Pflaum: Untersuchungen am Siemens-Rauchgasprüfer. Arch. Wärmewirtsch. 1927 S. 304—308. Fickert: Fehlanzeigen bei Rauchgasprüfern. Arch. Wärmewirtsch. 1928 S. 124. — Versuche mit selbsttätigen Rauchgasprüfern. Arch. Wärmewirtsch. 1931 S. 256—258 (Bericht über Polytechn. Weekblad, Amsterdam 1930, S. 818.

hauptsächlich durch Erweiterung der selbsttätigen Untersuchung aus die unverbrannten Bestandteile oder durch Entfernung des Unverbrannten vor der CO_2-Messung. Wird Unverbranntes festgestellt, dann ist die CO_2-Anzeige so lange nicht richtig, bis er durch betriebliche Vorkehrungen wieder verschwunden ist. Ähnliche Zusammenhänge, jedoch nicht in so beträchtlicher Auswirkung, finden sich auch beim spezifischen Gewicht und bei der Zähigkeit.

Unter Benutzung des spezifischen Gewichts zur CO_2-Bestimmung ergeben sich Apparaturen, die den zur Dichtebestimmung benutzten und auf S. 262 usw. beschriebenen Apparaturen gleichen. Die Gassäule mit einem Feindruckmesser beliebiger Bauart wird wegen ihrer Einfachheit in Prinzip und Betrieb immer im Wettbewerb bleiben. Die sogenannte Gaswaage ist dagegen für den Kesselhausbetrieb zu empfindlich. Daß auch diesem Meßverfahren, abgesehen von den sehr geringen zur Verfügung stehenden Druckunterschieden, die unbedingte Eindeutigkeit fehlt, wenn Wasserstoff im Gas vorkommen kann, ist nach dem Vorhergesagten klar. Der auch als Rauchgasprüfer viel verwendete Dichtemesser Ranarex ist schon beschrieben worden (Abb. 334 und 335).

Eine zweckmäßige Kombination zweier Eigenschaften ist in dem Rauchgasprüfer nach Abb. 350 ausgeführt[1]. Wie die Tabelle 7 zeigt, ist das spezifische Gewicht der Kohlensäure größer, ihre Zähigkeit dagegen kleiner als die entsprechenden Werte für Luft. In der Kapillare

Tabelle 7. Zur Analyse verwendete Stoffwerte von Gasen.

	Landolt-Börnstein Tafel Nr.	Luft	CO_2	CO	O_2	N_2	H_2	CH_4	H_2O-Dampf	Verwendung
γ Spezifisches Gewicht kg/m³ bei 0° 760 mm QS	78	1,293	1,977	1,250	1,429	$1{,}250_5$	$0{,}089_9$	0,717	0,804	Standrohr Ranarex (Uehling)
Zähigkeit bei 0° $\eta \cdot 10^6$ kg sec/m²	54	1,784	1,395	1,680	1,968	1,680	0,865	1,060	0,967	—
Verhältnis beider $\times 10^6$*	—	1,380	0,705	1,344	1,378	1,344	9,630	1,480	1,202	Union
Wärmeleitzahl für Luft = 100	272/73	100	60	98	103	102	710	126	130	S. & H. und viele andere
Brechungszahl weißes Licht gegen Luftleere $(n_0 - 1) \cdot 10^6$	178	292	450	340	270	300	140	450	250	Interferometer Zeiß

* mit 9,81 vervielfacht, gleichlautend mit kinematischer Zähigkeit ν m²/sec bei 0⁰.

[1] Dommer: Arch. Wärmewirtsch. 1927 Nr. 3 S. 92/93.

findet deshalb die Kohlensäure einen kleineren Widerstand — abhängig von der Zähigkeit — als O_2 und N_2, dagegen in der nachgeschalteten Düse — abhängig vom spezifischen Gewicht — einen größeren als Luft. Der Widerstand von Kapillaren und Düsen ist so abgestimmt, daß er bei Durchgang von Luft und bei einem bestimmten, beiderseits gleichen Saugzug gleich wird. Wird nun durch die eine Seite Gas, durch die andere Luft gesogen, so stellen sich beiderseits zwischen Kapillaren und Düsen verschiedene Drücke ein, und zwar der höhere auf der Gasseite. Die Differenz, die proportional dem CO_2-Gehalt ist, kann an einer Wassersäule, aber auch an jedem beliebigen Druckunterschiedmesser abgelesen werden.

CO wird nach dem gleichen Prinzip gemessen, indem es vorher über glühendem Kupferoxyd zu CO_2 oxydiert wird. Ein Raumteil CO gibt dabei einen Raumteil CO_2. Wird jetzt durch die eine Seite das ursprüngliche Gas, durch die andere das durch die Oxydation mit erhöhtem CO_2-Gehalt versehene Gas gesogen, dann wird unmittelbar CO angezeigt.

Die dritte Eigenschaft, das Wärmeleitvermögen, benutzen die heute weit verbreiteten elektrischen Rauchgasprüfer (S. & H., Böhme, Klinkhoff, Cambridge, Brown). Abb. 351 zeigt das Gemeinsame der verschiedenen Ausführungen. Ein feiner Platindraht ist im Gasstrom ausgespannt und wird auf etwa 200° erhitzt. Je nach dem CO_2-Gehalt ist das Wärmeleitvermögen des Gases verschieden und damit auch der Wärmeverlust, den der Draht erfährt. Damit die Raumtemperatur ihren Einfluß verliert, ist eine zweite Kammer mit einem gleichen Glühdraht, aber mit Luftfüllung, daneben angeordnet. Da ein CO_2 haltiges Gasgemisch eine geringere Leitfähigkeit als Luft hat, wird der Draht im Gas heißer und sein Widerstand dadurch etwas höher werden,

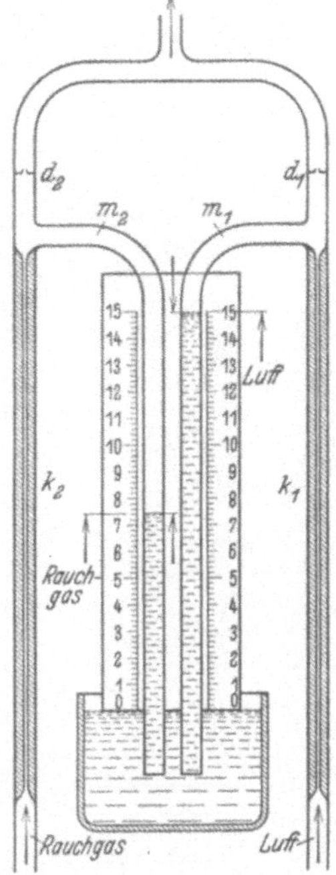

Abb. 350. Rauchgasprüfer mit Kapillare und Düse (Union, nach Dommer). k_1, k_2 Kapillaren, d_1, d_2 Düsen, m_1, m_2 Schenkel des Differenzdruck-Manometers.

als bei dem von Luft umspülten Draht. Die Schaltung benutzt die Wheatstonesche Brücke, und zwar befinden sich zwei gegenüberliegende Drähte der Brücke im Gasstrom, die beiden anderen in Luft, um die Wirkung zu erhöhen.

Wie schon oben erwähnt, ist die Anzeige dieses CO_2-Messers nur dann einwandfrei, wenn kein Wasserstoff im Gas ist. Das ist aber selbst bei gasarmer Kohle nie ganz sicher, und deshalb wird die elektrische CO_2-Messung im allgemeinen durch die Messung der unverbrannten Bestandteile CO und H_2 ergänzt. Bei Braunkohle und ähnlichen, viele flüchtige Bestandteile und viel Wasser enthaltenden Brennstoffen ist diese zusätzliche Messung notwendig. Die Anzeige des CO_2-Messers kann als richtig gelten, wenn CO und H_2 gar nicht oder nur in Spuren vorhanden sind.

Der Gebeapparat für den Gehalt an Unverbranntem ähnelt im Aufbau dem CO_2-Geber. Durch die eine Kammer streicht Luft, durch die andere Gas, aber jetzt verbrennen die brennbaren Bestandteile durch die katalytische Wirkung des auf etwa 400° erhitzten Platindrahtes. Die Verbrennung macht sich durch eine Zunahme der Temperatur und damit des Drahtwiderstandes bemerkbar. Die Messung geschieht wieder mit Hilfe der Wheatstoneschen Brücke und mit einem Galvanometer oder einem elektrischen Schreibapparat (vgl. Abb. 351).

Das frühere Einregulieren der Gasgeschwindigkeit durch den Saugzug fällt heute weg, da die eigentlichen Meßkammern im Nebenstrom liegen und lediglich infolge Diffusion durchströmt werden. Die Geschwindigkeit ist also nur unter dem Gesichtspunkte der Anzeigeverzögerung einzustellen.

Die verschiedenen Hersteller haben gegenüber Abb. 351 einige abweichende, z. T. umstrittene Einrichtungen getroffen, die Mängel der Wärmeleitfähigkeitsmessung beheben sollen. Durch eine Membran zwischen Luft- und Gaskammer wird z. B. Druckausgleich geschaffen. Oder der abschaltbare $CO + H_2$-Apparat wird vor dem CO_2-Geber durchströmt und der für die genaue CO_2-Messung schädliche Wasserstoff zwischen beiden durch Verbrennung entfernt. Das Verbrennungswasser wird gleich hinter der Verbrennungsvorlage niedergeschlagen oder absorbiert. Das mitverbrannte CO kann die CO_2-Messung nur wenig beeinträchtigen (Böhme).

Von gemischt chemisch-physikalischen Verfahren hat sich nur eins eingeführt, und zwar in Amerika. Abb. 352 zeigt die Verbindung der CO_2-Messung auf Grund des spezifischen Gewichtes mit dem Absorptionsverfahren. Die Meßdüsen *1* und *2* haben gleiche Öffnung. Bei CO_2 haltigen Gasen verringert sich hinter dem Absorptionsgefäß sowohl die Menge als auch

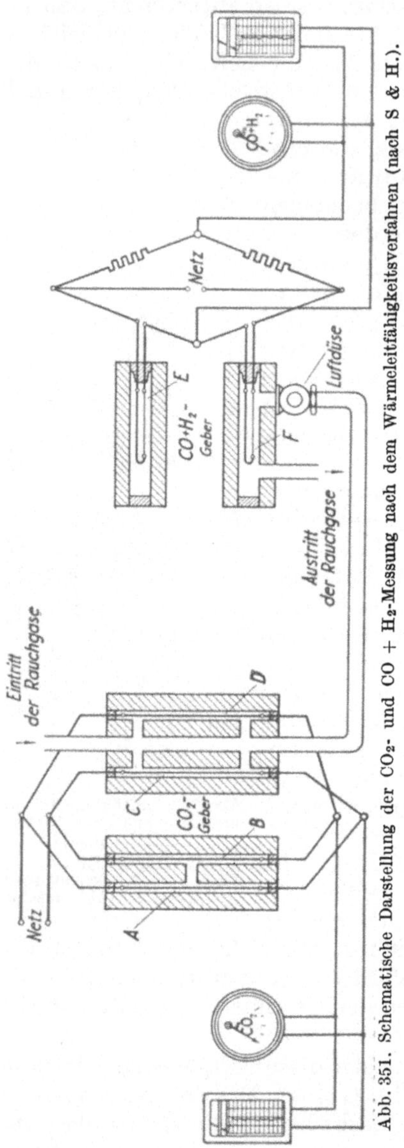

Abb. 351. Schematische Darstellung der CO_2- und $CO + H_2$-Messung nach dem Wärmeleitfähigkeitsverfahren (nach S & H.).

das spezifische Gewicht. Die Verteilung des Druckabfalles vom Gaseintritt bis zur Strahlpumpe wird also wesentlich anders als bei hindurchströmender Luft, und zwar ist der Unterdruck am Anzeigeinstrument größer als bei Luft, desto größer, je mehr CO_2 vorher im Gas enthalten war.

Ein kleiner Handapparat von Taschenformat, auf chemischer Grundlage beruhend, aber mit festem Absorptionsmittel (gelöschtem Kalk), ist in Abb. 353 im Schnitt dargestellt[1]. Dieser kleine Apparat zeigt den jeweiligen CO_2-Gehalt dadurch an, daß bei Drehen des Zeigerknaufes das Glühlämpchen aufleuchtet, sobald die Membran berührt wird. Der Zeiger steht dann auf dem augenblicklichen CO_2-Gehalt. Die Membran biegt sich durch, weil durch die Absorption der Kohlensäure ein Unterdruck in dem abgeschlossenen Volumen des Apparates eintritt. Wird der Zuleitungshahn auf Luft umgestellt, dann muß das Lämpchen am Nullpunkt der Skala aufleuchten. Dieser Handapparat bildet den Übergang zu der Gruppe der sogenannten Gasspurenprüfer.

Die Ausnutzung der Diffusion mit nachfolgender Absorption oder Druckmessung, wie sie mehrfach in der Patent-Literatur erscheint, ist nicht bis zur marktfähigen Ausführung gekommen. Allerdings ist das Verfahren in verschiedenen Spurenprüfern wiederzuerkennen.

---

[1] Groß: Gas- u. Wasserfach 1929 Nr. 20 S. 479; Wärme 1930 S. 567.

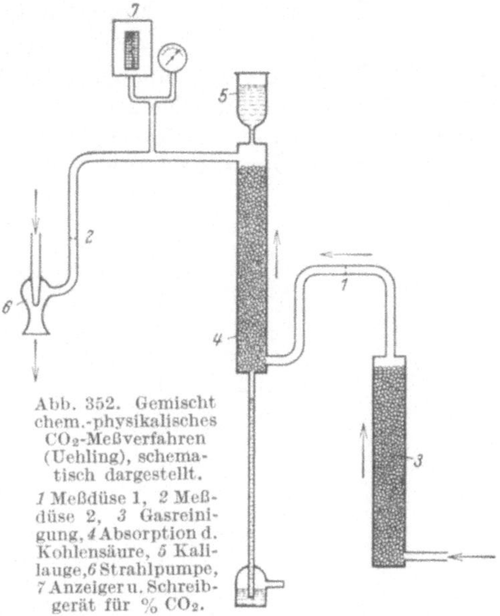

Abb. 352. Gemischt chem.-physikalisches CO_2-Meßverfahren (Uehling), schematisch dargestellt.

_1_ Meßdüse 1, _2_ Meßdüse 2, _3_ Gasreinigung, _4_ Absorption d. Kohlensäure, _5_ Kalilauge, _6_ Strahlpumpe, _7_ Anzeiger u. Schreibgerät für % CO_2.

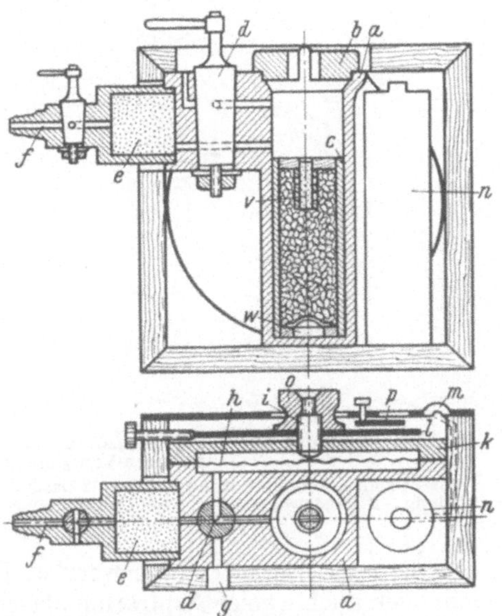

Abb. 353. Rauchgasprüfer „Karboskop" (Ing. A. Groß, Wien).

_a_ Hohlzylinder mit _b_ Verschlußschraube, _c_ Absorptionsgefäß in _a_ mit gelöschtem Kalk, _d_ Dreiwegehahn in Analysen-Stellung, _e_ Baumwollfilter, _f_ Eingangsstutzen‘ _g_ Gasaustritt, _h_ Membran, _i_ Meßschraube, _k_ Isoliersteg, _l_ Skalenscheibe, _m_ Lämpchen, _n_ Taschenlampenbatterie, _o_ Griffknopf für _i_, _p_ Zeiger, _v, w_ Öffnungen in _c_ zwecks Durchströmen des Absorptionsmittels.

3. Einbau und sonstige allgemeine Richtlinien für Rauchgasprüfer.

Die Entnahme der Rauchgase für Handanalysen geschieht meistens mit Hilfe von Sammelgefäßen oder Sammelrohren mit Hähnen an beiden Enden. Für das Ansaugen des Gases, wenn es — wie meist der Fall — unter Unterdruck steht, werden Strahlpumpen für Druckluft-

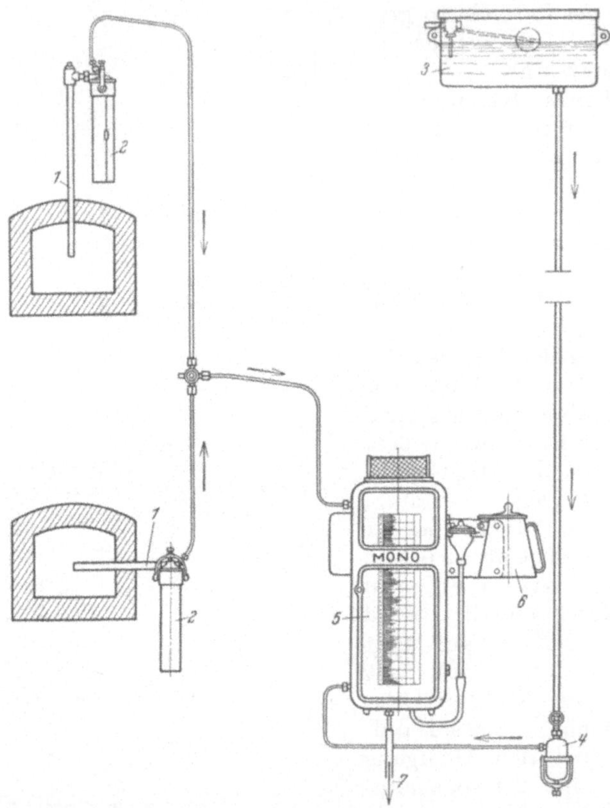

Abb. 354. Anordnung einer Duplex-Apparatur für 2 Meßstellen mit Gassauger zur Beseitigung der Analysen-Verzögerung (nach Maihak).

1 Gasentnahme mit Karborundumfilter, *2* Gastrockenfilter, *3* Wasserhochbehälter mit Spiegelregelung, *4* Druckwasserfilter, *5* Schreibstreifen im Glasfenster. *6* Laugen-Füllvorrichtung, *7* Wasserabfluß.

oder Druckwasserbetrieb verwendet. Für seltene Probenahmen bedient man sich auch zweier Aspirationsflaschen unter Ausnutzung der Heberwirkung. Die neueste Darstellung der zu beobachtenden Vorsichtsmaßregeln befindet sich in der Mitteilung Nr. 123 der Wärmestelle Düsseldorf[1].

Die Meßstelle muß nach gründlicher Untersuchung der Strömungsverhältnisse so ausgewählt werden, daß die angesaugte Probe wirklich

---

[1] Arch. Eisenhüttenw. 1928/29 S. 568—573.

aus einem einwandfreien Gasstrom stammt (Abb. 354). Die Zusammensetzung soll an der Entnahmestelle möglichst gleichmäßig sein; tote Winkel müssen unbedingt vermieden werden.

Die Entnahme selbst vermitteln Rohre aus Eisen oder Metall, bei hohen Temperaturen aus keramischen Massen, die mehr oder weniger tief in den Gasstrom eingetaucht werden. Gekühlte Entnahmerohre haben den Vorzug größerer Haltbarkeit bei hohen Temperaturen und einwandfreier Entnahme der Proben infolge Vermeidung der Nachverbrennung. Der Kosten wegen werden sie aber nur an sehr wichtigen Meßstellen eingebaut. Ungekühlte Entnahmerohre dürften bei höheren Temperaturen eigentlich nur dann verwendet werden, wenn brennbare Bestandteile nicht mehr vorhanden sind. Für die Rauchgasentnahme sind sie also für gewöhnlich ausreichend. Die lichte Weite ist möglichst klein zu wählen; die Grenze gibt der Gehalt an Staub und Teer an. 3 mm Durchmesser sind genügend; größere Weiten erhöhen unnötigerweise den Füllraum und damit die Anzeigeverzögerung.

Die Ansaugeleitung muß mit Gefälle verlegt werden und an allen tiefsten Punkten Wassersäcke enthalten. Gaskühler zur Abscheidung von Wasserdampf und Filter sind nach der Eigenart des Gases zu bemessen. Ihre Größe ist auch für die Anzeigeverzögerung bzw. die Mehrleistung der Saugpumpe bestimmt.

Als Sperrflüssigkeit wird fast immer Wasser verwendet. Da Wasser aber viele Gase in erheblichen Mengen lösen kann, ist für die Sättigung des Sperrwassers vor Beginn der Entnahme zu sorgen. Bei selbsttätigen Dauermeßapparaten entfällt dieser Einwurf, da sich der Sättigungszustand sehr bald von selbst einstellt und dann erhalten bleibt.

4. Besondere Verfahren zur Ergänzung und zum Ersatz der Rauchgasprüfer.

Maßgebend für den Verbrennungsvorgang ist der Sauerstoff. Die Verbrennungserzeugnisse CO_2 und H_2O ohne CO und unverbrannte Gasteile entstehen nur, wenn genügend Sauerstoff zur Verfügung steht. In Anbetracht dieser Tatsache nimmt es wunder, daß der Bestimmung des Sauerstoff- bzw. des Luftüberschusses so wenig Bedeutung bei der Zusammenstellung der selbsttätigen Überwachungs-Apparaturen beigemessen wird. Das ist nur dadurch zu erklären, daß in der Entwicklungszeit der Feuerungsüberwachung selbsttätige Apparate für die Bestandteile CO_2 und Unverbranntes leichter als für den Sauerstoffrest zu bauen waren. Sie ermöglichten ja auch bei Kenntnis des Brennstoffes eine einigermaßen sichere Beurteilung des Verbrennungsvorganges. Es ist also durch die damaligen technischen Möglichkeiten das tatsächliche Bild der Zusammenhänge verschoben worden, und dieser Zustand ist bis auf den heutigen Tag ziemlich unverändert geblieben.

Die Anwesenheit von Sauerstoff im Abgas kann stets als Zeichen eines genügenden Luftüberschusses angesehen werden. Voraussetzung ist natürlich, daß dieser Sauerstoff nicht aus Undichtigkeiten des Mauerwerkes stammt. Der günstigste CO_2-Gehalt ist, wie schon erwähnt, bei jeder Brennstoffsorte ein anderer, und nur bei reinem Kohlenstoff würden 21% CO_2 erreicht werden können. Einen Anhalt über den möglichen CO_2-Gehalt kann erst die Untersuchung des Brennstoffes ergeben. Wieviel Sauerstoff zur Bildung von Wasser gebraucht wurde, hängt mit der CO_2-Messung nicht im geringsten zusammen. Ein niedrigerer CO_2-Gehalt, als dem günstigsten entspricht, kann einerseits ein Zeichen für starke Verdünnung durch zuviel Verbrennungsluft sein, andererseits für unvollkommene Verbrennung, d. h. zu wenig Luft. Außer durch unmittelbare Feststellung des $CO + H_2$-Gehaltes kann diese Frage noch durch Temperaturmessung geklärt werden. Bei zuviel Verbrennungsluft wird die Temperatur heruntergezogen. Auf Grund dieses Zusammenhanges sind vielfach CO_2-Messer und Abgastemperaturmesser als Doppelinstrument zusammengefaßt worden (Eckardt; Brown Instr. Co.; vgl. Abb. 95).

Es steht also fest, daß die unmittelbare Messung des Sauerstoffrestes der kürzeste Weg zur genauen Feuerungsüberwachung ist, wenn der Zustand des Kessels genau bekannt ist und die Probe an einer einwandfreien Stelle entnommen wird. Trotzdem treten die Luftüberschußmesser auch heutigentags noch wenig in Erscheinung. Mit physikalischen Konstanten ist dem Sauerstoffgehalt nämlich nicht beizukommen. Seine Zahlenwerte weichen viel zu wenig von den übrigen Bestandteilen der Abgase, besonders von CO und N_2, ab. Andererseits müßte auf chemischer Grundlage doch erst ein CO_2-Messer dem Sauerstoffmesser vorgeschaltet werden, da O_2 erst nach Entfernung des CO_2 mit Phosphor oder Pyrogallussäure absorbiert werden kann.

Der einzige bekannt gewordene, unmittelbar messende Luftüberschußmesser verbrennt den Sauerstoff katalytisch nach Beimischung von reinem Wasserstoff und mißt nach Niederschlagen des entstehenden Verbrennungswassers die Kontraktion, die — was bemerkenswert ist — den dreifachen Betrag des ursprünglichen Sauerstoffgehaltes ausmacht. Der Antrieb ist rein elektrisch. Der Wasserstoff wird einer Flasche entnommen; eine Füllung reicht mehrere Monate. Der Druck wird auf einer Skala von 0 bis 20% Sauerstoff angezeigt, deren wesentlicher Teil (0 bis 10%) fast die ganze Skala einnimmt. Der Zeiger soll sich in der erfahrungsgemäß vorteilhaftesten Zone zwischen 3 und 7% bewegen. Die drei Abschnitte: Luftmangel, günstiger und zu großer Luftüberschuß sind farbig gekennzeichnet (s. Abb. 35, Thermotechnik).

Hinsichtlich ihrer grundsätzlichen Berechtigung eng verwandt mit der Sauerstoffrest-Bestimmung durch Analyse sind die Dampf-Luft-Folgezeigerinstrumente. Besonders für kleine Kessel, die die Kosten einer vollständigen Apparatur zur Abgasanalyse nicht tragen können, ist man immer wieder bemüht gewesen, Folgezeigerinstrumente für Dampf und Luft oder ähnliche wesentliche Betriebsgrößen (Gas, Kohle) einzuführen und damit als Ersatz anderer kostspieliger Apparaturen gewissermaßen ein Kesselhauptgerät zu schaffen.

Dampfmenge und Kohlenmenge sind durch die Verdampfungsziffer, die thermische und betriebstechnische Kenngröße der Verbrennung, verknüpft. Setzt man auf Grund eines Leistungsversuches beide Meßwerte, etwa an Profilskalen, übereinander, so daß sich die Bestwerte gegenüberstehen, so gibt jede Abweichung des Dampfmesserzeigers nach unten einen Mangel in der Feuerführung zu erkennen (s. Abb. 98). Da die Kohlenmenge schwer meßbar ist, wird als Ersatzwert die Verbrennungsluftmenge herangezogen. Kohlenmenge und Verbrennungsluftmenge haben je nach der Eigenart des Brennstoffes ein bestimmtes günstigstes Verhältnis. Die Messung der Luft geschieht bei Unterwind, wenn angängig, an einem in den Unterwindkanal eingebauten Stauorgan (Blende), bei Saugzug als proportionale Abgasmenge durch den Differenzdruck zwischen Kesselanfang und Kesselende. Die Meßinstrumente sind hier also Mengenmesser. Der Dampfanzeiger ersetzt den sonst üblichen besonderen Dampfmesser und kann jede normale Bauart haben. Anders das Folgezeigerinstrument für Luft oder Abgas. Auch dieses ist ein Differenzdruck- oder Mengenmesser, aber es muß hinsichtlich des Meßbereichs einstellbar sein, weil der Differenzdruck an den genannten, meßtechnisch äußerst ungünstigen Meßstellen vorher nicht genau bestimmbar ist. Einige dieser Luftmesser lassen sich, z. B. durch Kurvenscheiben oder besonders profilierte Tauchkörper bei Ringwaagen, auch an die Kesselcharakteristik anpassen, die ja gerade bei den hier vorwiegend in Frage kommenden kleinen Kesseln alter Bauart bei Nennlast ein ausgesprochenes Maximum aufweist.

Genau genommen verlangt auch jede Kohlensorte eine etwas andere Verhältniszahl zur Dampfmenge, jedoch beträgt der Unterschied vom Anthrazit bis zur Gasflammkohle nur etwa 5%. Wechselnder Aschegehalt und Feuchtigkeitsgehalt machen sich dagegen stärker bemerkbar, insbesondere bei Braunkohle.

Das Folgezeigergerät ersetzt nicht nur die Apparatur zur Abgasanalyse, sondern auch den Dampfmesser. Das ist bei der Beurteilung der Kostenfrage zu beachten. In Amerika ist dieses Verfahren weit verbreitet (Bailey, vgl. Abb. 274).

Bei elektrischen Rauchgasprüfern (S. & H., Böhme) bzw. bei solchen mit elektrischer Fernanzeige (z. B. Mono) ist auf der Zählung des CO_2-Gehaltes ein Heizer-Prämiensystem aufgebaut worden[1]. Ausgehend von dem CO_2-Gehalt, der für den betreffenden Brennstoff als günstig und normal erreichbar anzusehen ist, läßt sich für die Dauer einer Heizerschicht ein Zahlenwert festlegen, den die elektrische Summierung der Anzeige ergibt, wenn dieser CO_2-Gehalt dauernd aufrechterhalten wird. Je nach der Abweichung von diesem Bestwert nach unten wird die Prämie bemessen. Da für gewöhnlich hinsichtlich der Wärmeausnutzung $0,2\% \ CO = 1\% \ CO_2$ zu setzen sind, wird der Leitwert für den CO_2-Gehalt so angesetzt, daß CO mit Gewißheit bis auf Spuren vermieden ist. Die CO_2-Zähler sind gewöhnliche Elektrizitätszähler oder Elektrolytzähler nach Abb. 11).

D. Besonderheiten der Nutzgasüberwachung.

Der Unterschied der Nutzgasüberwachung gegenüber der Rauchgasprüfung besteht im wesentlichen darin, daß die letztere Wert auf die Bestimmung von Sauerstoff, Kohlensäure und von Spuren an brenn-

---

[1] Siemens-Z. 1926 S. 118.

baren Bestandteilen legt, während beim Nutzgas die brennbaren Gase CO, H_2 und CH_4, auch schwere Kohlenwasserstoffe, den Wert bestimmen und hochprozentig vorhanden sind. Sauerstoff und Kohlensäure treten dabei meist ganz zurück; bei Schwel-, Leucht-, Koksofen- und Wassergas ist auch an Stickstoff nur verhältnismäßig wenig vorhanden[1].

Der Gang der Untersuchung kann allerdings der bewährte der Orsatanalyse mit der Reihenfolge CO_2, O_2, CO bleiben. Auch die Absorptionsmittel sind dieselben; nur wird für CO Kupferchlorür in ammoniakalischer Lösung benutzt, wenn Wasserstoff vorhanden ist, aber nicht mit CO zusammen bestimmt werden soll. Schwere Kohlenwasserstoffe verursachen leicht größere Ungenauigkeiten, wenn ihr Vorhandensein nicht berücksichtigt wird. Ihre Absorption muß an zweiter Stelle, also nach der Kohlensäure, geschehen. Sie wird mit rauchender Schwefelsäure vorgenommen. Eine Rolle spielen die schweren Kohlenwasserstoffe aber nur bei den reicheren Gasgemischen, etwa vom Koksofengas an. Das Übrigbleibende enthält noch H_2 und CH_4, die durch fraktionierte Verbrennung bestimmt werden; der Rest wird als Stickstoff angesehen.

Neuerdings wird vielfach die Anschauung vertreten, die Vollanalysen nach dem erweiterten Orsat-Prinzip fallen zu lassen und sich mit der unmittelbaren Bestimmung der brennbaren Bestandteile CO, H_2 und CH_4 zu begnügen. Außer der Schnelligkeit soll auch die Zuverlässigkeit größer sein. Der Gasrest, der zunächst immer einfach als Stickstoff angesehen wurde, kann mit dem sehr genauen Interferometer mit reinem Stickstoff verglichen und aus dem Unterschied auf die Art sonstiger Beimischungen geschlossen werden[1].

Den heutigen Bedürfnissen der Praxis (Hochofenwerk, Stahlwerk, Gaswerk) wird z. Z. mit automatischen Apparaten nicht recht Genüge geleistet. Die bereits früher behandelten automatischen Gasprüfer auf chemischer Grundlage können zwar für die Nutzgasüberwachung ungeändert übernommen werden. Man braucht aber für jeden einzelnen Bestandteil einen besonderen Apparat, abgesehen von CO_2 und $CO + H_2$, die in den verschiedenen Duplex-Apparaten gleichzeitig aufgezeichnet werden. Erst in der neuesten Zeit sind auch andere Duplex- und Triplex-Apparate gebaut worden, die diese Lücke ausfüllen sollen[2]. So beschränken sich aber die industrielle Technik und die Gaswirtschaft vorläufig im allgemeinen noch darauf, die notwendigsten Bestandteile ihrer Gasgemische zu überwachen.

Für aggressive Gase, wie Cl und SO_2, werden ebenfalls die chemischen Verfahren herangezogen. Die Meßbereiche können nach Bedarf eingerichtet werden. Auf die Eigenart des betreffenden Gases muß natürlich beim Bau des Apparates, insbesondere hinsichtlich der Werkstoffe, Rücksicht genommen werden.

Die physikalischen Apparate sind der Nutzgasüberwachung ebenfalls nähergetreten. Aber auch sie können immer nur für einzelne Bestandteile herangezogen werden. Erwähnt seien der Ranarex und die Wärmeleitfähigkeitsmesser für Wasserstoff in den H_2-N_2-Gemischen der Stick-

---

[1] Raßfeld: Gas- u. Wasserfach 1929 Nr. 15 S. 344—347.
[2] Gas- u. Wasserfach 1931 Nr. 19 S. 428—431.

stoffindustrie, wo die stark abweichenden Stoffwerte des Wasserstoffes einwandfreie Messungen erlauben.

Die Unzulänglichkeit der Gemischüberwachung mit selbsttätigen Apparaten betrifft bei verkäuflichen Nutzgasen aber nur den Erzeuger, der mit seinen Grundstoffen wirtschaftlich umgehen muß. Für den Verbraucher gelten ja andere Gesichtspunkte: Nach Menge wird bezahlt, daher interessiert der Heizwert; und die Dichte ist wesentlich, weil sie die durch die Brenner strömende Menge beeinflußt. Für diese beiden Stoffwerte: Dichte und Heizwert, sind vorzügliche Apparate, auch als Kombination, vorhanden.

Erörterungen über den Nachweis von Beimengungen im Leuchtgas, wie z. B. Ammoniak, Schwefelwasserstoff, Teer, Benzol, Schwefel, würden hier zu weit führen[1].

E. Sonstige Beimengungen in Gasen.

1. Feuchtigkeitsgehalt[2].

Die Bestimmung des Feuchtigkeitsgehaltes in Gasen und Gasgemischen ist heute für die Technik außerordentlich wichtig geworden. Der Wasserdampfgehalt beeinflußt weitgehend die technische Verwertung aller Gase, insbesondere auch die Messung von Dichte, Heizwert und Menge. Auf Grund der Nachfrage sind in den letzten Jahren einige zuverlässige Geräte entwickelt worden, die nahezu allen Anforderungen an eine moderne Meßanlage gerecht werden können.

Es standen der Technik zwar auch früher zu diesem Zwecke eine Reihe Verfahren und Apparaturen zur Verfügung. Diese waren aber der Meteorologie entlehnt oder auf die Bedürfnisse des Laboratoriums zugeschnitten. Die Anforderungen der Technik konnten damit hinsichtlich Schnelligkeit, Übersichtlichkeit, Einfachheit und Preiswürdigkeit nur teilweise erfüllt werden. Auch ist zu bedenken, daß die technische Feuchtigkeitsmessung häufig wegen höherer Drücke und Temperaturen (z. B. beim Hochofenwind) andere Wege als die Meteorologie beschreiten muß, zum mindesten aber eine der Verwendung angepaßte Ausführung verlangt.

Gas und Wasserdampf können nicht in beliebigem Mengenverhältnis zueinander stehen, sondern für den Teildruck des Wasserdampfes gibt es eine obere Grenze, die von der Temperatur abhängig ist. Diese Temperaturabhängigkeit des Sättigungsteildruckes wird durch die bekannte Spannungskurve (Abb. 355) dargestellt. Die Dampfmenge, die die Luft je m³ aufzunehmen vermag, steigt danach sehr schnell mit der Tempe-

---

[1] Sander: Z. VDI 1929 S. 537; s. a. Schaefer-Langthaler S. 422.

[2] Bongards, H.: Feuchtigkeitsmessung. Oldenbourg 1926. Gramberg: Technische Messungen. Berlin: Julius Springer 1923. Hütte Bd. 1 26. Aufl. S. 1007/08. Wundt: Mitt. 62 der Wärmestelle Düsseldorf. Lüth: Arch. Eisenhüttenw. 1929 Nr. 6 (Dez.); 1930 Nr. 4 (Okt.); Nr. 6 (Dez.) (Mitt. der Wärmestelle Düsseldorf. Nr. 143—145). — Lieneweg: Maschinenbau-Betrieb 1934 S. 7—10.

Vgl. auch Guthmann: Betriebserfahrungen mit Feuchtigkeitsmeßgeräten für staubhaltige Industriegase. Mitt. der Wärmestelle Düsseldorf Nr. 200 [Arch. Eisenhüttenw. 1934 Nr. 12 (Juni) S. 673—678].

ratur an. Ist ein Gas mit Wasserdampf voll gesättigt und wird es ab-
gekühlt, so muß Wasser in flüssiger Form ausfallen. Jene — tiefere —
Temperatur, bei der bei gegebener Feuchtigkeitsmenge in g/m³ flüssiges
Wasser auszufallen beginnt, heißt „Taupunkt".

Nach unten ist dem Wasserdampfgehalt keine Grenze gesetzt. Unterhalb von 20⁰ C ist der Teildruck des Wasserdampfes so gering (unter

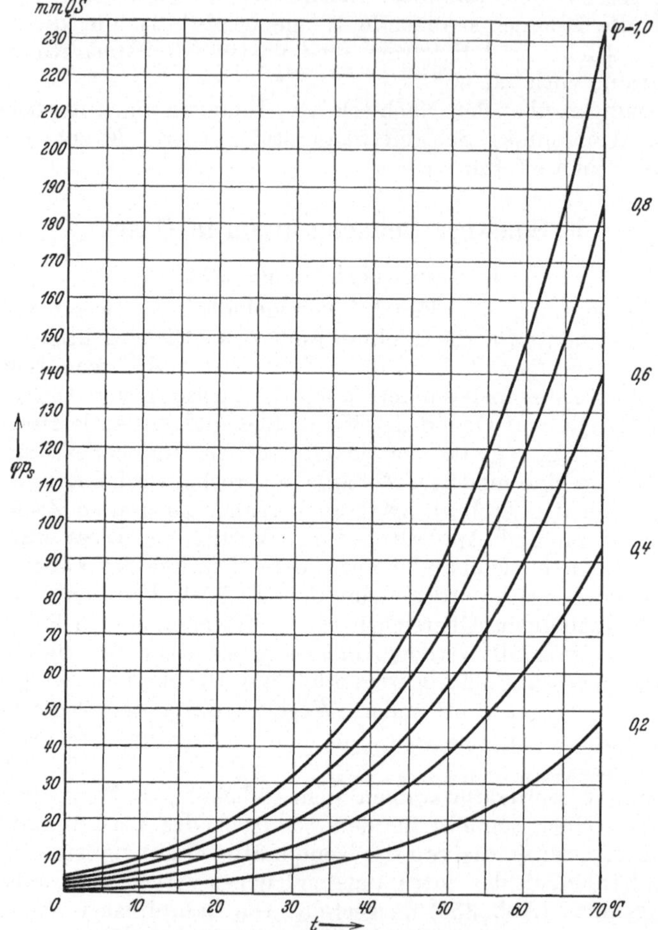

Abb. 355. Sättigungskurven für Wasserdampf $p_d = \varphi \cdot p_s$ bei $\varphi = 0{,}2;\ 0{,}4 \ldots 1{,}0$.

17,5 mm QS), daß er häufig bei der Bestimmung von Menge, Dichte
und Heizwert außer acht bleiben kann, insbesondere wenn volle Sättigung, also höchster Gehalt, nicht anzunehmen ist.

Die Feuchtigkeitsrechnung betrachtet den Wasserdampf übrigens
fast durchweg als ideales Gas, das den Gasgesetzen folgt. Das ist bekanntlich dann bei Dämpfen statthaft, wenn ihr Zustand weit genug
von der Sättigungsgrenze entfernt ist. Der Fehler des mit der Gas-

gleichung berechneten Dampfvolumens beträgt bei 80° erst 1%, tritt also selbst bei recht hohen Temperaturen praktisch noch nicht in Erscheinung. Aus diesem Zusammenhang ergibt sich auch das reduzierte spezifische Gewicht des Wasserdampfes bei 0° und 760 mm QS, das aus der Gasgleichung abgeleitet wird und nur als Rechenhilfe zu .werten ist.

$$\gamma = \frac{1}{v} = 0{,}289 \cdot \frac{p}{T} = 0{,}289 \cdot \frac{760}{273} = 0{,}804 \ \mathrm{kg/Nm^3}. \tag{40}$$

Aus dem Gesagten ergeben sich somit zwangläufig zwei Maße für die Feuchtigkeit:

Der tatsächliche Gehalt an Wasserdampf, die absolute Feuchtigkeit, in g je m³ trockenen Gases oder feuchten Gemisches und

die relative Feuchtigkeit, φ genannt, die durch das Verhältnis des bestehenden Dampfteildrucks zu dem bei der betreffenden Temperatur höchstmöglichen dargestellt wird, $\varphi = \dfrac{p_d}{p_s}$.

Ist das Gas voll gesättigt, dann ist $\varphi = 1$. Der Wert der absoluten Feuchtigkeit in g/m³ ist technisch nur selten von Wichtigkeit; die relative Feuchtigkeit ist dagegen sehr wesentlich, für viele technische Vorgänge sogar ausschlaggebend. Auch der menschliche Organismus ist von dem Sättigungsverhältnis in seinen Lebensregungen sehr abhängig. Man fühlt sich erfahrungsgemäß, unter Voraussetzung normaler Temperaturen, bei etwa 70% iger Sättigung am wohlsten; nahe dem Sättigungspunkt ist es „schwül".

Die Bestimmung der relativen Feuchtigkeit hat daher auch die sorgsamste Ausbildung erhalten und ist zu einwandfreien Meßverfahren ausgebaut worden. Die beiden hauptsächlich verwendeten Instrumente sind das Haarhygrometer und das Psychrometer. Beide sind durchaus keine anspruchslosen Geräte, sondern verlangen viel Pflege und Aufmerksamkeit. Jenes benutzt die mit dem Prozentgehalt veränderliche Dehnung des menschlichen Haares zur Anzeige. Dieses besteht aus einem trockenen und einem dauernd feucht gehaltenen Thermometer, die beide von demselben Gasstrom umspült werden. Durch die Kühlung infolge der Verdunstung seiner Benetzung entsteht an dem feuchten Thermometer eine Temperaturerniedrigung. Aus der Höhe der Temperatur und der sogenannten „psychrometrischen Differenz" ist dann der Feuchtigkeitsgehalt abzuleiten.

Dieses zweite Verfahren berührt sich eng mit der Temperaturmessung, auf die (s. S. 131) daher des öfteren zurückgegriffen wird. Die temperaturmessenden Verfahren können elektrisch betrieben werden und sind deshalb für Dauer- und Fernanzeige besonders brauchbar; dieser betriebstechnische Vorteil hat ihnen ein gewisses Übergewicht verschafft. Es liegt aber keine Berechtigung vor, aus diesem Grunde die ganze Feuchtigkeitsmessung, wie es oft geschieht, als Teil der Temperaturmessung zu betrachten und dementsprechend dort einzugliedern.

Für stichprobenartige Feststellung der absoluten Feuchtigkeit, also für die Messung in g/m³, wie sie bei strömenden Gasen zur Berechnung oder Umrechnung von Menge und Heizwert notwendig ist, sind hauptsächlich drei Verfahren nennenswert; alle drei bestimmen unmittelbar das Gewicht. Das erste Verfahren absorbiert den Wasserdampf in einigen hintereinandergeschalteten, vor den Versuchen gewogenen Chlorkalziumröhrchen. Ein Gaszähler mißt die gesamte während des Versuches durch die Röhrchen strömende Menge; die Gewichtszunahme der Röhrchen, bezogen auf die reduzierte trockene Gasmenge, ergibt dann Gramm Feuchtigkeitsgehalt je Nm^3. Das letzte Röhrchen darf nicht mehr an Gewicht zunehmen. Wegen des hohen Leergewichtes ist große Sorgfalt nötig, um einigermaßen genaue Ergebnisse zu erzielen.

Das zweite Verfahren schlägt die Wassermenge durch Abkühlung nieder und mißt sie in einem in cm^3 eingeteilten Röhrchen. Die Gasmenge wird auch hier mit einem Zähler gemessen. Bei beiden Verfahren ist darauf zu sehen, daß die Temperatur des Gases außerhalb der Gasleitung vor dem Apparat nicht sinkt, wenigstens nicht unter den Taupunkt, weil sonst schon vorher flüssiges Wasser ausfallen könnte.

Das dritte Verfahren (Vaporoskop von Strache-Carmann)[1] entnimmt in einem Probeglase von bekanntem Fassungsraum, das in die Gasleitung gehängt und zum Temperaturausgleich zunächst vom Gas durchströmt wird, eine Probe von der jeweiligen Zusammensetzung und Temperatur. Nach Abkühlung in kaltem Wasser bis möglichst weit unter den Taupunkt wird das verschwundene Dampfvolumen an den Teilstrichen des Glaskörpers abgelesen, wobei der Wasserspiegel innen und außen gleich hoch stehen muß. Die Temperatur von Gas und Kühlwasser wird gleichzeitig mitgemessen, die Umrechnung auf Volumenprozent geschieht nach üblicher Art.

Bei einer Abwandlung des Vaporoskops behält das Gefäß wirklich konstantes Volumen; es arbeitet also ohne Wasserverschluß. Der Unterdruck nach der Abkühlung wird an einem Manometer abgelesen. Er ist dem Volumen des Wasserdampfes proportional. Die Ergebnisse dieses Drucktemperaturverfahrens sind recht genau, wenn das Füllvolumen des Manometers und seiner Zuleitung klein gehalten wird. Der Nachteil des Gerätes, daß fortlaufende Messung nicht möglich ist, bringt andererseits den Vorteil mit sich, daß auch stark verunreinigte Gase damit untersucht werden können.

Die Bestimmung des Feuchtigkeitsgehaltes durch Beobachtung des Taupunktes ist eines der ersten Verfahren gewesen, da sich der eintretende Niederschlag an glänzenden Flächen überaus sinnfällig bemerkbar macht[2]. Durch abwechselndes Kühlen und Wärmen der Niederschlagsfläche läßt sich die Temperatur des Taupunktes zwischen zwei Grenzen einschließen, deren Abstand nur wenige zehntel Grad zu betragen braucht. Technisch haben diese Verfahren bisher noch keine allgemeine Bedeutung; erst neuerdings wendet man sich dieser Methode wieder zu. Der Taupunktsspiegel der I. G. Farbenindustrie (Abb. 356)[3] ersetzt das menschliche Auge, das den Niederschlag beobachten soll, durch eine Strahlungsmessung. Die Kühlung der Spiegelfläche wird selbsttätig auf den Taupunkt eingeregelt (D.R.P. 510953 42i/19).

---

[1] Feuerungstechnik 1927 Nr. 11 S. 121/22.   [2] Bongards: S. 95ff.
[3] Gmelin: Chem. Fabrik 1930 Nr. 46 S. 457.

Die mittelbare Gewichtsbestimmung mit Hilfe einer Dichtemessung braucht wohl nur erwähnt zu werden. Das spezifische Gewicht des Wasserdampfes ist 0,62 von dem der Luft. Die Verhältnisse sind also nicht schlechter als bei Rauchgasprüfern, wo CO_2 gegenüber Luft gemessen wird. Die Messung verlangt einen empfindlichen Druckunterschiedmesser und kann im übrigen nach den Methoden der Dichtemessung ausgeführt werden. Standrohr und Ranarex sind bereits dafür verwendet worden.

Die Wärmeleitfähigkeit des wasserdampfhaltigen Gasgemisches im Vergleich zu trockener Luft (vgl. Tabelle 7) benutzen z. B. Leeds & Northrup bei ihren Potentiometerschreibern und verwenden dabei zwei Analysen und zwei Vergleichszellen[1]. Der Meßbereich erstreckt sich angeblich von Null bis Sättigung zwischen — 150 und + 200°. Im

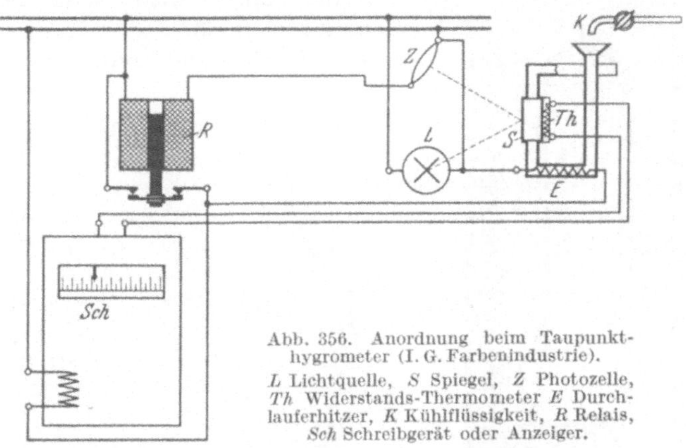

Abb. 356. Anordnung beim Taupunkthygrometer (I. G. Farbenindustrie).

L Lichtquelle, *S* Spiegel, *Z* Photozelle, *Th* Widerstands-Thermometer *E* Durchlauferhitzer, *K* Kühlflüssigkeit, *R* Relais, *Sch* Schreibgerät oder Anzeiger.

Gegensatz zur einfachen Untersuchung der Gaszusammensetzung auf CO_2 ist hier die Einwirkung der Temperatur zu beachten. Das Gas darf nicht unter den Taupunkt abkühlen, solange es in der Apparatur ist; das verhindert natürlich eine einfache Ausgestaltung nach diesem Verfahren.

Die Haarhygrometer, die ältesten Feuchtigkeitsmeßgeräte, benutzen die Eigenschaft, die entfettetes Menschenhaar mit einer ganzen Reihe von Faserstoffen teilt, sich mit dem relativen Wasserdampfgehalt der Luft zu längen oder zu kürzen, und zwar in weiten Grenzen unabhängig von der Temperatur. In den letzten Jahren haben auch Versuche, die Ersatzstoffe für das Menschenhaar schaffen sollten, Erfolg gehabt; der neue hygroskopische Stoff wird aus Azetatseide hergestellt (Lambrecht)[2]. Neben der Längung ist übrigens auch die Gewichtsveränderung hygroskopischer Stoffe bei schwankender Luftfeuchtigkeit

---

[1] Rosekrans: Ind. Engng. Chem. (Anal. Ed.) 1930 (II) Nr. 2 S. 129—134, Bericht Chem. Fabrik 1931 Nr. 20 S. 222.

[2] Skriba: Menschliches Haar und Kunsterzeugnisse als Meß- und Steuerelemente. Meßtechn. 1934 Nr. 8 S. 145—147.

zur Messung herangezogen worden[1]. Erwähnung verdient auch das Cellophan, und zwar als Schutz für Haarhygrometer infolge seiner Wasserdampfdurchlässigkeit, aber auch als Meßorgan für relative Feuchtigkeit[2].

Die Haarhygrometer sind im wesentlichen zur Messung der Feuchtigkeit im Freien oder in geschlossenen Räumen bestimmt. Ihr einfacher Aufbau (Abb. 357) hat viel zu ihrer weiten Verbreitung in Praxis und Wissenschaft beigetragen. Fernhygrometer für elektrische Fernübertragung aus unzugänglichen Räumen enthalten einen Schleifwiderstand, dessen Bürste von der Bewegung des Haarbündels mitgenommen wird. Beim Haarhygrometer nach Abb. 358 trägt die gebogene Skala eine Teilung für φ von 0

Abb. 357. Haarhygrometer (Fueß).
M Gaze-Schutzfenster, *a* Berichtigung,
t Thermometer.

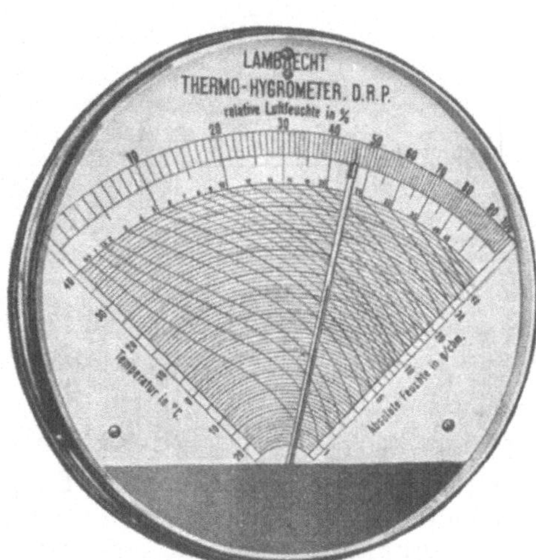

Abb. 358. Thermo-Hygrometer (Lambrecht). Ausbildung der Ableseskala.

bis 100%. Das Besondere an diesem Instrument ist die Ausführung des Zeigers, der aus einer Glaskapillare besteht und als Thermometer mit Weingeist gefüllt ist[3]. Durch die Länge der Flüssigkeitssäule werden im Verein mit dem Kurvenschaubild auf der Skala noch folgende häufig gebrauchte Werte angegeben:

Lufttemperatur,
absoluter Feuchtigkeitsgehalt in g/m³,

[1] **Bongards:** Feuchtigkeitsmessung in der Technik. Meßtechn. 1929 Nr. 6 S. 153—156. Zuschrift **Krafak.** Meßtechn. 1930 Nr. 6 S. 152—155.
[2] **Schweitzer:** Cellophan im Dienste der Feuchtigkeitsmessung. Naturwiss. 1933 Nr. 44 S. 784—787.
[3] **Skriba:** Thermohygrometer. Z. Instrumentenkde. 1934 Nr. 6 S. 198—201.

Sättigungsmenge in g/m³ bei der betreffenden Temperatur,
Taupunkt,
Feuchtigkeitsmenge in g/m³, die bei der betreffenden Temperatur noch aufgenommen werden kann.

Ein Nachteil der Haarhygrometer ist ihre Empfindlichkeit gegen unaufmerksame Behandlung[1]. Die Elastizität des Haares läßt langsam nach, und deshalb ist es angebracht, allwöchentlich einmal, etwa für eine Nacht, das Instrument zur Regeneration des Haares in die beinahe gesättigte Nachtluft zu stellen. 100%ig gesättigte Luft kann auch am Instrument durch Auflegen nasser Tücher hergestellt werden; dadurch läßt sich die richtige Einstellung des Sättigungspunktes jederzeit leicht nachprüfen.

Gelegentliche Nacheichungen sind unvermeidlich; bei der Einfachheit des Instrumentes kann man aber auch dies mit in Kauf nehmen. Die Erbauer der Instrumente haben zugleich auch Apparaturen für Nacheichungen zusammengestellt. Diese benutzen die Erscheinung, daß Salzlösungen oder verdünnte Säuren, je nach ihrer Konzentration, ein Gleichgewicht mit dem Wasserdampf der benachbarten Luftschichten einzustellen suchen. So hält z. B. feuchtes Kochsalz in einem verschlossenen Raum nicht zu großer Ausdehnung (höchstens 10 l) eine relative Feuchtigkeit von 75% aufrecht (s. Tabelle 8). Die einfachste Vorrichtung dieser Art besteht nur aus dem Salzgefäß, einem Ventilatorflügel und einer nach außen durchgehenden Justierschraube[2].

Die Psychrometer gehören zu der großen Gruppe der Verdunstungsmesser. Sie bauen aber nicht auf der Messung der Menge des verdunsteten Wassers auf, sondern auf Temperatur-

Tabelle 8.
Relative Feuchtigkeit über gesättigten Lösungen bei 20°, Bodenkörper vorhanden (nach Landolt-Börnstein, 2. Ergänzungsband Teil 2 S. 1288.

	Feuchtigkeit %		Feuchtigkeit %
K_2SO_4	97	NH_4NO_3	65
Na_2CO_3	92	$Ca(NO_3)_2$	55
KCl	86	K_2CO_3	45
$(NH_4)_2SO_4$	80	$CaCl_2$	35
NaCl	75	PHO_3	10

messungen. Wie schon gesagt, messen sie die psychrometrische Differenz, die Differenz zwischen der Anzeige eines trockenen und eines stets feucht gehaltenen Thermometers, die sich beide in der Luft mit dem zu bestimmenden Feuchtigkeitsgehalt befinden.

Es leuchtet ein, daß die Temperaturerniedrigung, die das feuchte Thermometer erleidet, nicht nur von der Höhe der bereits vorhandenen teilweisen Sättigung abhängt, sondern auch von der Geschwindigkeit, mit der sich die Luft an den Thermometern vorbeibewegt. Diese Einwirkung der Geschwindigkeit ist sehr erheblich. Man hat deshalb künstlich einen Luftzug hergestellt — daher die Bezeichnung „Aspirationspsychrometer" — und muß nur dafür sorgen, daß er immer nahezu

---

[1] Grundmann: Über Fehlerquellen bei Feuchtigkeitsmessungen mit Haarhygrometern. Z. Instrumentenkde. 1933 Nr. 3 S. 350—355.
[2] Lambrecht: Meßtechn. 1928 Nr. 1 S. 26/27. Obermiller-Fueß: Meßtechn. 1928 Nr. 9 S. 258. Bongards: Meßtechn. 1929 Nr. 6 S. 153—156.

gleich stark ist. Das Ergebnis eines Versuches über den Einfluß der Geschwindigkeit zeigt Abb. 359. Es geht daraus hervor, daß von etwa 2 m/sec Luftgeschwindigkeit an die weitere Veränderung in der Abkühlung des feuchten Thermometers schon sehr klein ist, so daß also diese Geschwindigkeit einen zuverlässigen Normalwert darstellen kann.

Der formelmäßige Zusammenhang, der der Messung der psychrometrischen Differenz zugrunde liegt, ist in der Sprungschen Psychrometer-Formel gegeben. Diese lautet — Druckangaben in mm QS —

$$p_d = p_f - k \cdot (t_{tr} - t_f) \cdot \frac{p}{760}. \tag{41}$$

Hierin sind: t_{tr} und t_f die Temperaturen am trockenen und am feuchten Thermometer, p der Gesamtdruck, p_f der zur Temperatur t_f gehörige Sättigungsdampfdruck, p_d der bestehende Teildruck des Dampfes und k eine Konstante, die so lange den Wert 0,5 hat, als der das Thermometer feucht haltende Mullbausch noch feucht ist; für Eis gilt $k = 0,445$.

Die gesuchte relative Feuchtigkeit φ ergibt sich dann als

$$\varphi = \frac{p_d}{p_s}, \tag{42}$$

wobei p_s der zur Temperatur t_{tr} gehörige Sättigungsdruck ist. Der für weitere Rechnungen gegebenenfalls benötigte Raumteil Wasserdampf ist:

$$r_d = \varphi \cdot \frac{p_s}{p}. \tag{43}$$

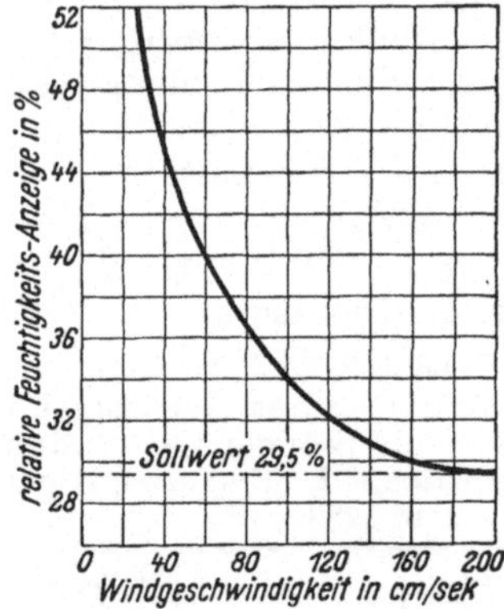

Abb. 359. Einfluß der Luftgeschwindigkeit beim Aspirationspsychrometer, Versuchs-Diagramm nach S. & H.

Wegen der genaueren physikalischen Zusammenhänge sei auf die in der Fußnote 2 S. 291 angegebene Literatur verwiesen.

Auf Grund von Versuchen bei der Physikalisch-Technischen Reichsanstalt ist die Sprungsche Formel wesentlich erweitert worden[1]. Die Zulässigkeit der psychrometrischen Messung steht danach bis zu 150° C, also weit über die Siedetemperatur des Wassers bei Normaldruck hinaus, fest. Die Temperatur des feuchten Thermometers kann dabei nicht über 100° steigen, sofern der Gesamtdruck gleich dem Barometerstand bleibt. Daraus folgt eine relative Grenzfeuchtigkeit, die z. B. bei $t_{tr} = 120°$ $\varphi = 51,5\%$ beträgt und nicht überschritten werden kann. Da bei Temperaturen über 100° der Begriff der relativen Feuchtigkeit seinen gewohnten Sinn verliert, kann man diese Grenzfeuchtigkeit nun wieder $= 100\%$ setzen und mit ihr weiterarbeiten.

Ferner wurde gefunden, daß ein Aßmannsches Aspirationspsychrometer (s. später) auf Grund noch nicht restlos aufgeklärter Zusammen-

---

[1] Ebert u. Pfeiffer: Z. Physik Bd. 35 (1926) S. 689—696; Bd. 43 (1927) S. 335—341; insbesondere Bd. 46 (1928) S. 420—426.

hänge (Wärmestrahlung, Wärmeleitung) eine kleinere als die theoretische psychrometrische Differenz gibt. Dieser Mangel muß durch einen Gütefaktor ausgeglichen werden, der mit steigender Temperatur immer

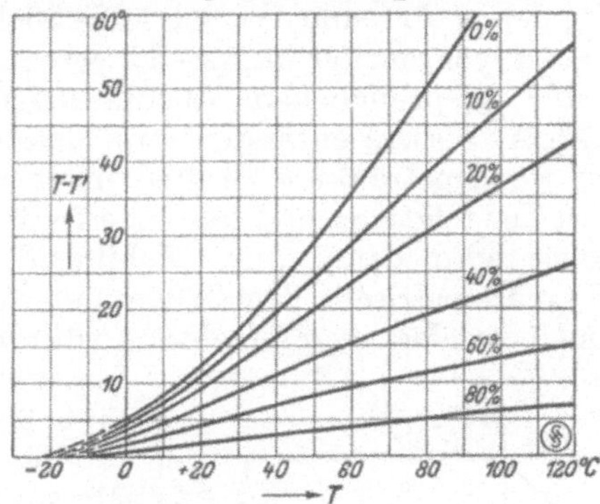
Abb. 361. Kurven gleicher relativer Feuchtigkeit, in Abhängigkeit von Temperatur und psychrometrischer Differenz (nach S. & H.).

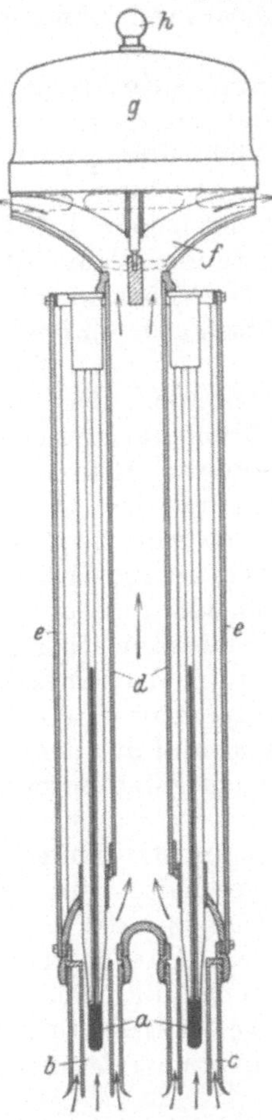
Abb. 360. Aßmannsches Aspirationspsychrometer.

a Thermometergefäße,
b Röhre ⎱ beide
c Hülse ⎰ hochpoliert,
d Rohr, ⎱ zum Halt der
e Rippen, ⎰ Thermometer,
f Exhaustor mit 4 Flügeln,
g Antrieb, h Knopf für ein
Kugelgelenk zur beliebig
geneigten Einstellung des
ganzen Instrumentes.

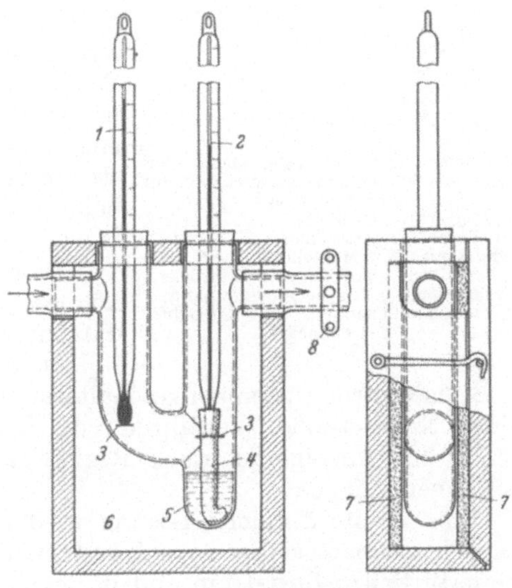
Abb. 362. Einfacher U-Rohr-Feuchtigkeitsmesser der Wärmestelle Düsseldorf.

1 trockenes Thermometer, 2 feuchtes Thermometer, 3 Marke für die Einstecktiefe, 4 Docht (Gaze oder Mull), 5 Wasser, 6 Wattepolster als Wärmeschutz, 7 Filzplatten als Wärmeschutz, 8 Quetschhahn.

mehr von 1 abweicht und oberhalb von 100^0 wieder konstant zu werden scheint. Er beträgt bei

$t_{tr} = 20^0$ . . . . 0,995, $t_{tr} = 90^0$ 0,950,
$t_{tr} = 40^0$ . . . . 0,985, $t_{tr} = 120^0$ . . . . 0,950.
$t_{tr} = 60^0$ 0,955,

Für andere Bauarten von Psychrometern gelten etwas andere Zahlen. Auch die Konstante in der Sprungschen Formel kann eine wesentlich abweichende Größe bekommen. Die experimentellen Untersuchungen allgemeiner Art sind fast ausschließlich mit dem genannten Aßmannschen Psychrometer angestellt worden.

 Die ursprünglichen Ausführungen der Aspirationspsychrometer (nach Aßmann) enthalten zwei Quecksilberthermometer, deren eines von wassergetränkten Stoffen umgeben ist (Abb. 360). Der gesuchte Wert der relativen und daraus erforderlichenfalls der absoluten Feuchtigkeit wird dann unter Zuhilfenahme einer beigegebenen Tabelle („Psychrometrische Tafel") oder einer Kurventafel gefunden (Abb. 361). Eine besonders vereinfachte Ausführung für die Zwei-Thermometer-Messung mit dem Gütefaktor 0,97 zeigt Abb. 362.

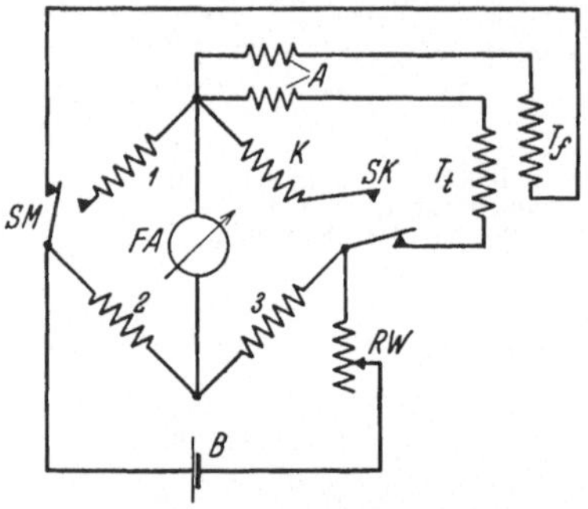

Für Anzeigen fern vom Ort der Messung müssen die Temperaturen elektrisch gemessen werden. Eine Messung ganz entsprechend den Quecksilberthermometern von Abb. 360 vermitteln die beiden Widerstandsthermometer in der in Abb. 363 angegebenen Schaltung. Die Widerstandsthermometer T_t und T_f werden nacheinander eingeschaltet, die Temperaturen am Instrument FA abgelesen und aus der Tabelle die relative Feuchtigkeit entnommen.

Abb. 363. Feuchtigkeits-Fernmeßeinrichtung mit Widerstandsthermometer für eine Meßstelle.
A Abgleichwiderstände, *B* Batterie, *FA* Feuchtigkeitsanzeiger, *K* Kontrollwiderstand, *SM* Meßschalter, *SK* Kontrollschalter, *1, 2, 3* Konstante Brückenwiderstände, *RW* Regelwiderstand, *Tt* Trockenes Thermometer, *Tf* feuchtes Thermometer.

Die beiden Widerstandsthermometer können auch so geschaltet werden, daß sofort die Differenz bzw. die Feuchtigkeit angezeigt wird. Das geschieht z. B. mit zwei zusammengeschalteten Wheatstoneschen Brücken und einer Nullmethode (Verfahren von S. & H. und Leeds & Northrup). Statt der Anzeige ist auch Registrierung z. B. an einem Zweifachschreiber möglich.

Eine zweite ähnliche Lösung wird mit Thermoelementen erreicht. Die Thermobatterie ist so angeordnet, daß die Lötstellen abwechselnd im natürlichen Luftstrom und im feucht gehaltenen Strom liegen. Der Thermostrom entspricht dann der Temperaturdifferenz.

In der Ausführung von Keiser & Schmidt befinden sich die feucht gehaltenen Lötstellen nicht wie sonst in einem saugenden Gewebe, sondern auf der Oberfläche eines porösen Tonzylinders, auf der das hindurchtretende Wasser verdampft[1]. Mit Hilfe des Tonkörpers wird das Psychrometer für Temperaturen weit über 100° C geeignet. Voraussetzung ist natürlich, abgesehen von der Hemmung des Temperaturausgleichs durch die beteiligten Massen, daß genügend Wasser durch

---

[1] Krafak: Meßtechn. 1930 Nr. 6 S. 152—155. Bongards: S. 198/99. Vgl. Fußnote 1 S. 296.

die Poren ausströmen kann. Aus der Besprechung der einschlägigen
Versuche ist die Schwierigkeit dieser Feuchtigkeitsmessungen über
100° hervorgegangen, und es ist daher bei Temperaturen von mehreren
100°, wie in Trockenöfen, für die das Psychrometer mit Tonkörper ins-

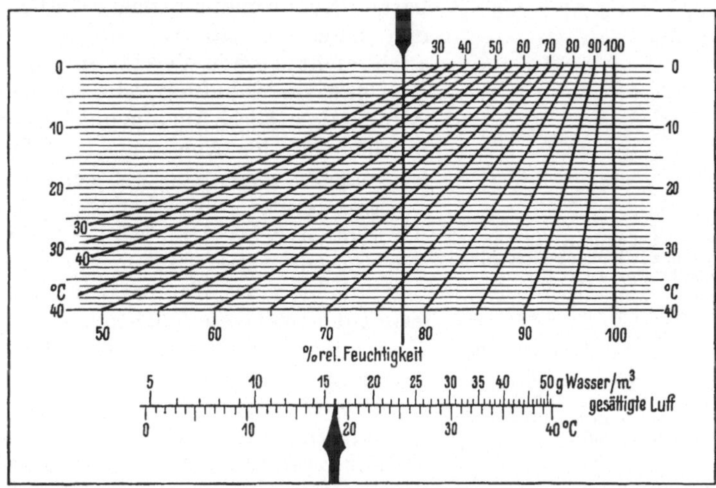

Abb. 364. Doppelskala für Feuchtigkeitsmesser mit Temperaturskala, für stark schwankende
Temperaturen geeignet (H. & B.).

besondere bestimmt ist, mehr als eine vergleichende Messung nicht
zu erreichen.

Kann die Temperatur als konstant gelten, d. h. sind die Schwankungen nicht größer als etwa
± 2°, so ist die Benutzung von
Tabellen oder Kurven vermeidbar, denn die Skala des Instrumentes läßt sich dann unmittelbar in Prozent relativer
Feuchtigkeit einteilen.

Bei mäßigen Temperatur-
schwankungen um einen Mittelwert, vielleicht bis zu ± 10°,
kann deren Einfluß dadurch
beseitigt werden, daß ein Quecksilberthermometer Widerstände
zu- oder abschaltet. Das Anzeigeinstrument sieht dann genau so aus wie im ersten Falle.

Bei sehr starken Tempera-

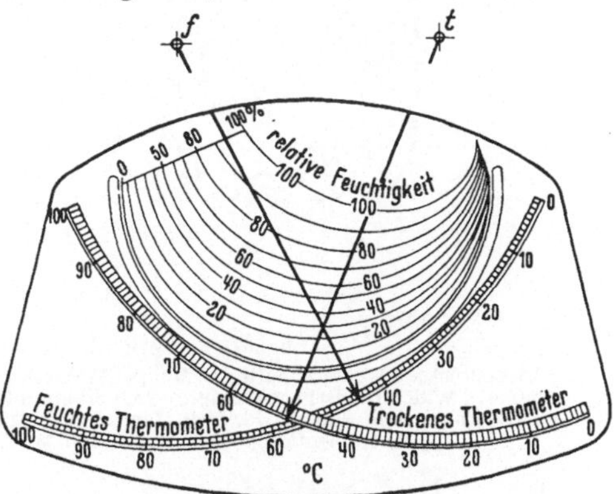

Abb. 365. Kurvenskala für relative Feuchtigkeit
mit Zwei-Thermometer-Anzeige ("Socius" von
Steinle & Hartung).

turschwankungen wird die Temperatur an einem zweiten Instrument
oder mit einem zweiten Zeiger am gleichen Instrument angezeigt. Je
nach der Temperatur ist dann die gültige Teilung für die Prozent-
ablesung zugrunde zu legen (Abb. 364). Bei dieser Kombination zweier

Meßinstrumente ist es möglich, alle gelegentlich wissenswerten Meßwerte, wie Wassergehalt in g/m³ oder in Raumprozenten oder den
Taupunkt, nötigenfalls unter Zwischenschaltung einer kurzen Kopf-
rechnung, abzulesen. Die Kurvenskalen dieser unbeschränkt brauchbaren Psychrometeranzeiger haben aber
den Nachteil, daß die Ablesung, wenn
auch nicht gerade Verständnis, so doch
eine gewisse Schulung oder Gewöhnung
voraussetzt. Diese Ausführung ist übrigens
hinsichtlich der Ablesung dem Thermo-
hygrometer nach Abb. 358 sehr ähnlich.

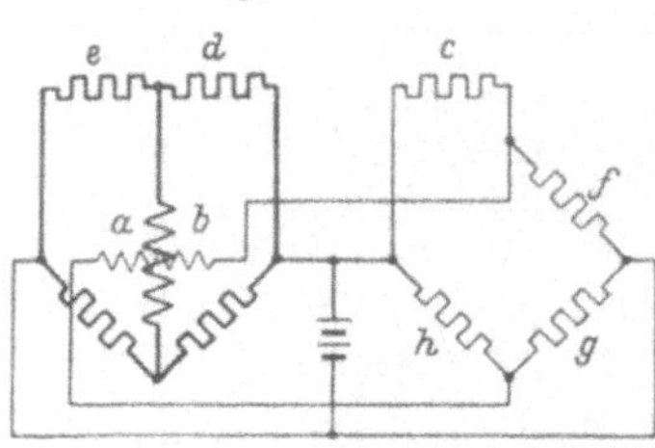

Abb. 366. Schaltung des Brückenkreuz-
spulgeräts zur Bestimmung der relativen
Feuchtigkeit (S. & H.).

a Hauptspule, *b* Richtspule, *c* Widerstandsthermometer zum Messen der
Lufttemperatur,
d trockenes Wider-⎫ zur Bestimmung
standsthermometer⎪ der psychrome-
e feuchtes Wider-⎬   trischen
standsthermometer⎭ Differenz,
f, g, h Widerstände in der Brücke der
Richtspule.

Eine etwas abweichende Anordnung
der Skalen zeigt Abb. 365. Auf den beiden Skalenkreisen stehen die trockene
und die feuchte Temperatur. Die Ablesung der relativen Feuchtigkeit geschieht
genau unter dem Schnittpunkt der beiden
Zeiger im Kurvenfeld.

Abb. 366 zeigt ein neuartiges Schaltschema für einen Feuchtigkeitsmesser. Es
enthält zwei Brücken; in der einen liegt
ein Widerstandsthermometer für die trockene Temperatur, in der anderen, und zwar in benachbarten Kreisen, je ein Widerstandsthermo-

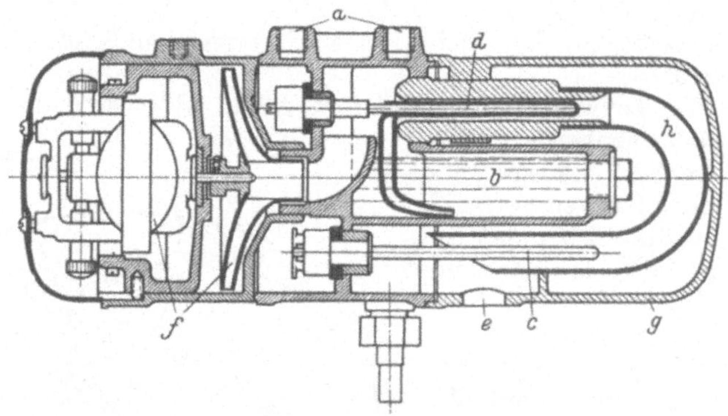

Abb. 367. Feuchtigkeitsmesser im Schnitt (S. & H.).

a Mittelstück, *b* Wasserbehälter, *c* Doppel-Widerstandsthermometer, beeinflußt *c* und *d* im Schaltschema, *d* Widerstandsthermometer, durch Strumpf feucht gehalten, wirkt auf *e* des Schaltschemas
ein, *e* Öffnung zum Eintritt der Luft, deren Feuchtigkeit gemessen wird, *f* Ansaugender Ventilator,
g Instrumentkappe, *h* Luftrohr vom trocknen zum feuchten Thermometer.

meter für die trockene und die feuchte Temperatur. Der Anzeiger ist ein
Kreuzspulinstrument, dessen Richtspule im Diagonalzweig der ersten
Brücke, dessen Galvanometerspule im Diagonalzweig der zweiten liegt[1].
Der zugehörige Geberapparat ist in Abb. 367 im Schnitt dargestellt.

---

[1] Lieneweg: Ein neuer Feuchtigkeitsmesser auf psychrometrischer Grundlage. Siemens-Z. 1930 Nr. 11 S. 584—591. Jaeckel: Z. VDI 1931 Nr. 31 S. 1000
u. 1001.

Bei hohen Temperaturen, wo zur dauernden Feuchthaltung des Saugstrumpfes über dem Thermostatrohr viel Wasser zugeführt werden muß, befindet sich oberhalb des Messers ein Behälter, der selbsttätig die nötige Wassermenge nachliefert. Diese Anordnung ist besonders dann erforderlich, wenn sich der Messer an unzugänglicher Stelle innerhalb des heißen Raumes befindet. Für Rohrleitungen kann der Geber auch einen Flansch bekommen, so daß er von der Seite hineinragt.

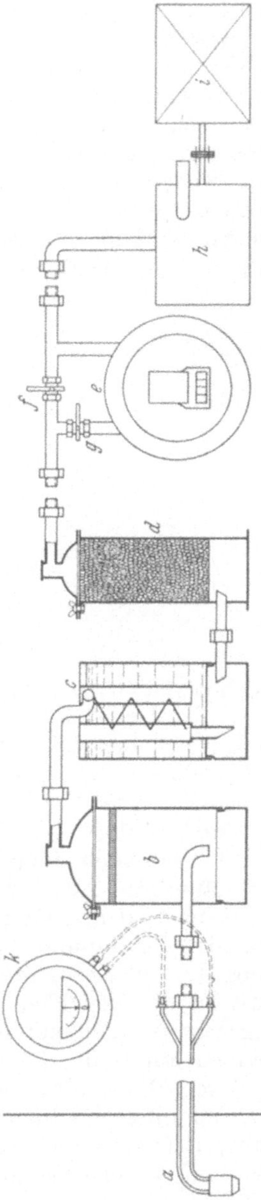

2. Staub[1].

Die Bestimmung von Staub und staubähnlichen Bestandteilen in Gasen (Nutzgas oder Abgas) muß hauptsächlich aus drei Gründen vorgenommen werden. Bei der Verwendung von Gichtgas für Gasmaschinen bestimmt die Menge und Feinheit des Staubes die Lebensdauer und die stetige Arbeitsfähigkeit der Kraftmaschine. Bei Generatoren und Feuerungen, besonders bei Kohlenstaubfeuerungen, zwingt der Verlust an noch brauchbaren Brennstoffen zu verschärfter Kontrolle, und schließlich spielen auch die Belästigungen der Anwohnerschaft durch Staub aller Art eine immer größer werdende Rolle.

Die noch vor wenigen Jahren übliche Bestimmung von Staub im Gas durch Filter aus Papier oder Tuch an Vorrichtungen verschiedenster Art ist den Anforderungen, die heute an ein brauchbares Staubmeßgerät gestellt werden[2], nicht mehr gewachsen. Durch Ausglühen von Staub samt Filter und nachfolgende Wägung wurde die Menge bestimmt. Brennbare Bestandteile wurden als nur in geringem Prozentsatz vorhanden angenommen, was z. B. bei Gichtstaub als gerechtfertigt erscheint. Wurde ohne Ver-

Abb. 368. Anordnung für Staubmessungen mit Staubmeßgerät nach Allner-Delbag (nach Bericht über Dortmunder Tagung; vgl. Fußnote 1). *a* Absaugerohr, *b* Staubsammelgefäß, *c* Eisgekühlter Wasserabscheider, *d* Chlorkalziumturm, *e* Gaszähler, *f, g* Meßblenden im Hauptstrom und im Teilstrom, *h* Pumpe, *i* Motor, *k* Druckunterschiedemesser.

---

[1] Meldau: Der Industriestaub. VDI-Verlag 1926. Meldau: Bericht an den Fachausschuß für Staubtechnik beim VDI. Meßtechn. 1929 Nr. 3 S. 66—69. Praktische Ergebnisse auf dem Gebiete der Flugaschebeseitigung und Staubmessung. Bericht über die Tagung des Fachausschusses für Staubtechnik in Dortmund 1929. VDI-Verlag 1930.

[2] Schultes: Anforderungen. Arch. Wärmewirtsch. S. 66—69.

aschung gewogen, so störte bei kurzen Messungen das schwankende Gewicht des Filters selbst, dessen Trockenheit nicht gleichmäßig zu halten ist.

Der wesentliche Nachteil dieser Art Filtermessung aber war, daß wegen Verstopfung oder Durchweichen des Filters nur kurze Zeit für jeden Versuch zur Verfügung stand, so daß die zurückgehaltenen Mengen äußerst gering waren[1]. Es wurden aber Meßvorrichtungen für Dauerversuche verlangt. Außerdem war die Abtrennung eines wirklich gleichwertigen Teilstromes sehr schwierig einzustellen und fortlaufend zu beobachten.

Einen wesentlichen Fortschritt bedeutet hier das Gerät nach Abb. 368, dessen Hauptteil, das Entnahmerohr, in Abb. 369 noch einmal vergrößert

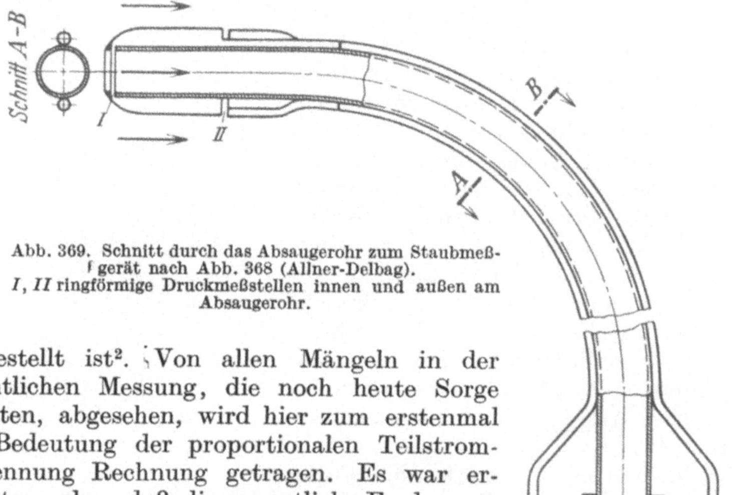

Abb. 369. Schnitt durch das Absaugerohr zum Staubmeß-
gerät nach Abb. 368 (Allner-Delbag).
I, II ringförmige Druckmeßstellen innen und außen am
Absaugerohr.

dargestellt ist[2]. Von allen Mängeln in der eigentlichen Messung, die noch heute Sorge bereiten, abgesehen, wird hier zum erstenmal der Bedeutung der proportionalen Teilstromabtrennung Rechnung getragen. Es war erkannt worden, daß die wesentliche Forderung: gleiche Geschwindigkeit im Entnahmerohr und an dem betreffenden Punkt der Leitung war. Auch die Notwendigkeit, die Mündung dem Strom genau entgegen zu öffnen, ist dort befolgt. Je nach der Stärke der Gasströmung mußte auch die Absaugung der Strahlpumpe einreguliert werden, um sowohl Stau als auch Sog an der Entnahmemündung zu vermeiden. Es fehlte bisher das Maß für die Gleichheit der Geschwindigkeit, das äußerlich sichtbar angezeigt werden konnte. Das ist hier so bewerkstelligt, daß sowohl außen am Rohr, als auch innen in der Mündung der statische Druck durch Ringschlitze entnommen und mit dünnen Leitungen zu einem Druckunterschiedmesser geleitet wird. Schlägt der Druckmesser nicht aus, dann ist man berechtigt, aus dem Fehlen eines Druckunterschiedes auf gleiche Geschwindigkeit zu schließen. Die übrige An-

<hr>

[1] Mitteilung 62 d. Wärmestelle Düsseldorf 1924 S. 177—184 (s. auch Allner: Braunkohle 1925 Nr. 15 S. 378.
[2] Braunkohle 1925/1926 S. 378—383 u. 399—402. Schultes: Ber. Dortmunder Tagung v. 27. 9. 29 d. Fachausschusses f. Staubtechnik beim VDI. 1930 S. 14—21.

ordnung bringt nichts wesentlich Neues gegenüber älteren Verfahren. Die Erläuterung mag der Abb. 368 überlassen bleiben.

Seit der Einführung dieses Gerätes bleiben hauptsächlich noch zwei Teilfragen übrig. Es war noch die gesamte Abscheidevorrichtung unter Berücksichtigung der äußeren Umstände (Gasart) zweckmäßig auszubilden[1] und Richtlinien für die Benutzung bei technischen Vergleichen auszuarbeiten. Erwähnt sei noch, daß auch die Teilstromabscheidung mit dem Entnahmerohr Gegenstand eifriger wissenschaftlicher Erörterungen ist. Es wird daran gearbeitet, dem Einlauf in das Entnahme-

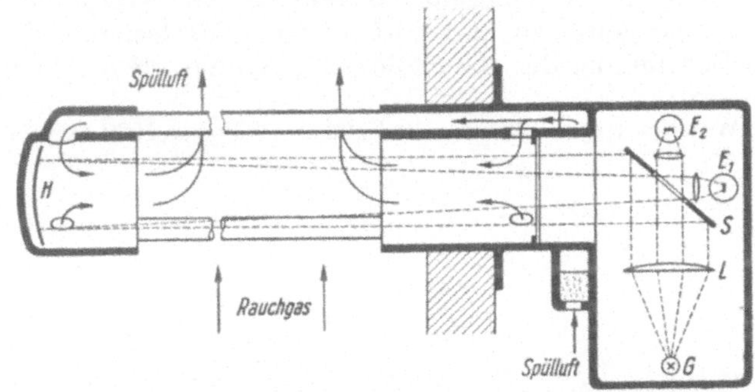

Abb. 370. Rauchdichte-Meßanlage im Schnitt (S. & H.).

G Lichtquelle, S Spiegel mit Ausschnitt, H Spiegel, L Linse, E_1, E_2 Thermoelemente von Strahlungspyrometern; durch Gegeneinanderschalten messen diese den Unterschied zwischen dem geschwächten und dem ungeschwächten Lichtstrom.

rohr die strömungstechnisch einwandfreie Kurve zu verschaffen, da natürlich trotz Druckgleichheit innen und außen wegen der endlichen Wanddicke die Abzapfung der Staubteilchen selbst nicht genau flächengleich zu sein braucht[2].

Es gibt auch eine Reihe von Verfahren, die sich physikalischer Beziehungen bedienen, und gerade diese Apparate sind für industrielle Anwendung besonders geeignet, da sie, obgleich man mit ihnen nicht genau und meist nur qualitativ messen kann, für Momentananzeige sehr gut geeignet sind. Bekannt sind diese Vorrichtungen hauptsächlich als Rauchdichteanzeiger geworden. Sie sollen dem Kesselbedienungsmann jederzeit ein annäherndes Bild über den Gehalt der Rauchgase an unverbranntem Kohlenstoff geben. Es sind im wesentlichen zwei Ausführun-

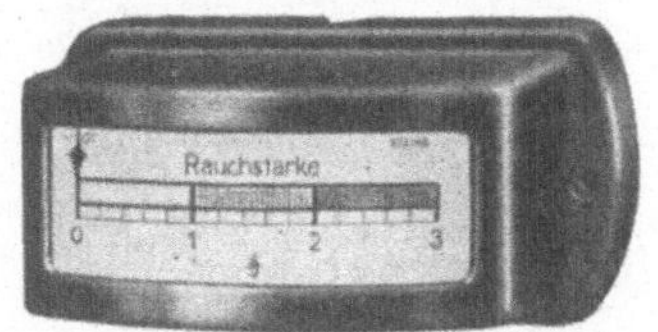

Abb. 371. Ringelmann-Skala am Anzeigeinstrument des Rauchdichtemessers nach Abb. 370.

gen vorhanden. Die erste nach Abb. 370 läßt den Lichtstrom einer Glühbirne durch den Rauchkanal hindurch auf ein Strahlungspyrometer fallen[3]. Je nach der Dichte des Rauches vermindert sich die

---

[1] Neumann-Strähuber: Arch. Eisenhüttenw. 1930/31 S. 151—154.

[2] van Tongeren: Ber. Dortmunder Tagung v. 27. 9. 29 d. Fachausschusses f. Staubtechnik beim VDI 1930 S. 22—27.

[3] Siemens-Z. 1928 S. 245—251; Bericht ETZ 1929 S. 22.

Intensität des auf das Thermoelement einwirkenden Lichtes. Die Anzeige ist elektrisch und fortlaufend, jedoch wird sie mit Hilfe einer
nach Rauchdichte grob abgestuften Ringelmann-Skala (Abb. 371) dargestellt.

Das zweite Verfahren ist in Amerika eingeführt. Es läßt das Licht-
bündel auf eine Selenzelle fallen[1]. Da bei dieser Meßvorrichtung wegen
der schwachen Ströme mit Elektronenröhren gearbeitet werden muß,
ist das erste Verfahren an Einfachheit und Übersichtlichkeit überlegen.

Der gleiche Grundgedanke ist vereinfacht auch so ausgeführt worden, daß mit Hilfe von Spiegeln das Bild der Glühlampe nach unten
zum Heizerstand geworfen und dort an einer Mattscheibe beobachtet
wird[2]. Die Beurteilung der Rauchdichte ist so natürlich sehr unsicher.

---

[1] Arch. Wärmewirtsch. 1927 Nr. 10 S. 322.   [2] Power 1929 Oktober S. 612.

Firmenverzeichnis.

Die Zahlen verweisen auf die Seiten des Buches.

Sachverzeichnis.